药用植物栽培学

主　编　李　芳　李国辉　吴　佳

合肥工业大学出版社

图书在版编目(CIP)数据

药用植物栽培学/李芳,李国辉,吴佳主编．—合肥:合肥工业大学出版社,2023.11
ISBN 978-7-5650-6162-2

Ⅰ.①药…　Ⅱ.①李…　②李…　③吴…　Ⅲ.①药用植物—栽培技术—高等学校—教材　Ⅳ.①S567

中国版本图书馆 CIP 数据核字(2022)第 225850 号

药用植物栽培学

李　芳　李国辉　吴　佳　主编　　　　责任编辑　王　丹

出　版	合肥工业大学出版社	版　次	2023 年 11 月第 1 版
地　址	合肥市屯溪路 193 号	印　次	2023 年 11 月第 1 次印刷
邮　编	230009	开　本	787 毫米×1092 毫米　1/16
电　话	基础与职业教育出版中心:0551-62903120	印　张	19
	营销与储运管理中心:0551-62903198	字　数	450 千字
网　址	press.hfut.edu.cn	印　刷	安徽联众印刷有限公司
E-mail	hfutpress@163.com	发　行	全国新华书店

ISBN 978-7-5650-6162-2　　　　定价:68.00 元

药用植物栽培学
编委会

策　划　卢宝伟

主　审　陈存武　韩邦兴

主　编　李　芳　李国辉　吴　佳

编　委　（排名不分先后）

陈乃富　戴　军　张新根

徐　涛　宋向文

前　言

中药是中华民族五千年传统文化的瑰宝，也是世界优秀文化的精华。中药是中国人民几千年来同疾病作斗争所积累的宝贵财富，对中华民族的繁衍昌盛和人民健康起着巨大的作用。中药材规范化生产是加快中药产业健康发展的重要保障，也是促进中药产业快速发展及推动中药走向世界医药之林的重要前提，同时在农业经济结构调整与新农村建设中起着举足轻重的作用。

“药用植物栽培学”是阐述药用植物生长发育、生长习性、田间管理、病虫害防治、采收、加工及贮藏和运输等基本理论，并在此基础上采取一定的栽培技术措施，以达到稳产、优质、高效目的的一门应用学科。其是中药学专业的必修课程，也是涉药专业的选修课程。该课程的理论知识与技术体系在指导学生从事药材生产和中药开发利用中起着重要作用，为培养从事药用植物栽培、生产和加工方面的人才奠定了基础，对促进中医药发展和新农村建设发挥着积极作用。

本书在前人研究的基础上，全面系统地介绍了药用植物栽培的产地生态环境、药用植物生长发育、药用植物繁殖与良种繁育、药用植物田间管理及病虫害防治、药用植物的采收加工、药用真菌的培育等内容，并列举了大别山地区重要的特色药材的规范化栽培技术。本书可作为农林和中医药高等院校的中药学、药用植物学或相近专业的教材和教学参考书，亦可供与中药材生产经营、中药资源开发利用及其他经济植物研究和生产有关的专业技术人员参考。

本书在编写时参阅了大量相关资料，谨此向相关作者表示感谢。同时，本书得到了“中药学硕士单位立项授权建设学科（0090121005）”的资助和安徽省中药生态农业工程研究中心的指导，在此一并表示感谢。本书虽经几次修改，但由于编写者水平有限，疏漏之处在所难免，敬请专家、读者提出宝贵意见，以便今后修订。

编　者

2022 年 9 月

目 录

第一章 绪 论

中药是中国人民几千年来防治疾病、养生保健的重要物质基础，对中华民族的生存繁衍、兴旺昌盛做出了巨大贡献。中药材是具有农副产品性质、用于防病治病的特殊商品。随着人口的增长和人们医疗保健意识的增强，中药的社会需求量也随之增加，野生中药资源已无法满足市场需求，因此，唯有大力发展中药材种植业方可满足人们健康的需要。中药材生产处于整个中药产业的源头，中药材品质的优劣和产量的高低不仅影响广大药农的经济利益，而且直接关联整个中药产业的效益、国际竞争力和可持续发展。

第一节 药用植物栽培学的内涵

一、药用植物栽培学的概念

中药绝大部分来源于药用植物。药用植物是指含有生物活性成分，用于治疗、预防疾病或具有保健功能的一类植物。药用植物栽培学是研究药用植物生长发育、产量和品质形成规律及其与环境条件间关系，并在此基础上采取栽培技术措施，以达到稳产、优质、高效目的的一门应用学科。药用植物栽培学以传统经验为基础，在其发展过程中逐渐融入现代科学理论和技术，不仅涉及的植物种类繁多，而且关联的学科范围广泛，具体包括生物学、植物生理学、植物生物化学、农业生态学、农业气象学、土壤学、农业化学、植物保护学及计算机等学科的基本理论及方法。药用植物栽培学主要涉及保证“植物-环境-措施”这一农业生态系统协调发展的各项农艺措施，包括了解不同药用植物的生物学特性、生长发育所需的环境条件，且在此基础上通过选地整地、繁殖和播种、田间管理、病虫害防治等各种栽培技术措施，满足药用植物生长发育和品质形成的要求，最大限度地提高药用植物的品质。

二、药用植物栽培的特点

（一）栽培种类繁多，栽培技术复杂

中国拥有丰富的中药资源。据第四次全国中药资源普查结果可知，中国可供药用的中药资源有 12807 种，其中药用植物约 11000 种、经营药材约 1200 种、常用药材约 600 种。目前已经人工种植成功的药用植物有 300 余种，这其中既有木本植物也有草本植物，有温带植物也有亚热带植物；药用部位既有营养器官也有繁殖器官，有地上部分也有地下部分。因此，不同药用植物的生长发育规律及对生态环境的要求差异很大。如人参、细辛、黄连等种植时

需有一定荫蔽条件；地黄、北沙参等阳性作物则需选向阳地块种植；甘草、黄芪、麻黄等原产于黄土高原，若向长江流域引种往往会因雨水过多导致生长不良，易遭病害。

（二）多数药用植物的栽培研究并不完善

中国药用植物栽培的历史可追溯到2000多年前，人们在药用植物的分类鉴定、选育与繁殖、栽培技术及加工贮藏等方面积累了一定的经验，但药用植物栽培与小麦、水稻等粮食作物种植的精工程度是无法相比的。在药用植物栽培过程中，沿袭传统种植经验的现象还很普遍，有的栽培技术甚至比较粗放，质量意识还相对薄弱，科学、高效的栽培技术推广体系尚不健全，中药材生产规模化、集约化程度还较低，已形成的优良品种还很少，中药材生产产量低、质量不稳定的现象还较为突出，这些已成为制约中药国际化、现代化的主要瓶颈。因此，必须加强药用植物的物种生物学、生态学、生理学、生物化学等方面的基础研究，并结合现代生物技术、现代农学及其他相关学科的知识和技术进行综合应用研究，加快药用植物栽培的理论和实践创新。

（三）药用植物道地的普遍性

中药材多具有鲜明的区域性分布特性，即所谓的道地性。道地药材是指传统中药材中具有特定的种质、特定的产区或使用特定的生产技术和方法所生产的货真质优的中药材，如安徽六安霍山石斛、吉林抚松人参、云南文山三七、宁夏枸杞、甘肃岷县当归、山东平邑金银花等。良好的生态条件、悠久的栽培历史及技术和优良的品种是道地药材形成的主要原因，遗传变异、环境演变和人文作用（含生产技术等）是道地药材形成的基本条件。

（四）药用植物栽培更注重质量

中药材作为一种特殊商品，可用于治病防病，其所含有效成分的高低是影响中药材质量乃至临床疗效优劣的主要因素，而有效成分又受药用植物的物种或品种、栽培技术、采收加工方法及贮藏条件等多种因素影响。因此，在药用植物栽培过程中更不可忽视其产品质量。

三、药用植物栽培在国民经济中的意义

（一）生产优质中药材

药用植物栽培的基本出发点或任务就是生产优质中药材以满足临床用药需要。随着人们生活水平的提高、保健观念的更新及医学模式从生物医学向“生物-心理-社会”医学转变，中药产业的发展空间日趋拓展。面对这一形势，为了使作为国粹的中药的优势得以更加充分的发挥，需要从战略高度制定发展优质中药材生产的计划与措施，从而生产出符合市场所需的安全、有效的中药材。

（二）维护中药产业可持续发展的生态效益

随着社会对植物药需求量的与日俱增，天然药用植物资源面临巨大压力。一些中药材如石斛、甘草、麻黄、银柴胡、肉苁蓉、雪莲、冬虫夏草、川贝母等由于被过度采挖或掠夺式开发，资源量逐年萎缩，已直接影响了中药产业的可持续发展。因此，药用植物栽培现已成为科学保护、合理开发和持续利用中药资源的最有效途径。现代栽培技术不仅能拓宽中药材来源，保护道地药材和野生珍稀濒危物种资源，而且还能达到提高产量和品质、

保障临床疗效的目的。

（三）实现经济效益和社会效益和谐统一

药用植物栽培对促进农业产业化进程、调整农村经济结构、增加农民收入、助力地方经济发展意义重大。近年来，全国许多地方政府高度重视药用植物栽培，纷纷将发展中药材规范化种植作为带动地方经济发展的突破口，把中药材种植产业作为农民增收、财政增长、农业增效的新兴支柱产业来抓，初步实现了经济效益和社会效益的统一。

（四）提升中药在国际上的竞争力

中药是中国具有自主知识产权和出口发展潜力的大宗商品之一，中药材是目前中国出口创汇的重要品种之一，对中国国民经济发展和社会进步具有积极的推动作用。中药材规范化生产可以解决长期存在的中药材产品质量不稳定、农药残留和重金属超标等瓶颈问题，从源头上控制中药材品质，为中药出口创汇提供技术保证。

四、药用植物栽培的地位与任务

药用植物栽培是中药产业群体中的第一产业和基础性产业。以规范化生产和产业化经营为主要特征的现代中药农业，是中药现代化、国际化的基础和前提条件。药用植物栽培与中药资源可持续利用是整个中医药事业发展的基础，其根本目标是保证优质药材持续、稳定地供应国内外市场，造福人类健康，同时实现资源开发利用与环境保护的协调发展。

药用植物栽培的核心内容和任务是生产优质中药材，即持续、稳定地生产中药材或其有效成分，实现紧缺或濒危中药资源的人工生产、野生抚育或半野生生产。药用植物栽培应根据药用植物不同种类和品种的要求，提供适宜的环境条件，采取与之相配套的栽培技术措施，充分发挥药用植物遗传潜力，探讨并建立药用植物稳产、优质、高效栽培的基本理论和技术体系；规范控制品种选育和驯化繁殖、田间管理、病虫害防治、采收加工、储运等环节，着力引进和发展现代栽培技术，大力发展规范化和集约化生产体系，实现安全、有效、稳定、可控的中药材生产目标。

学好药用植物栽培学，必须掌握与药用植物群体、环境及栽培措施 3 个环节有密切关系的各种知识，如植物生理学、植物生态学、生物化学、农业气象学、土壤学、植物保护学、中药化学等，并将相关学科的知识综合运用到药用植物栽培过程中，为最大限度地生产优质中药材提供智力储备。

第二节 药用植物栽培历史、现状与展望

一、药用植物栽培历史与现状

中国药用植物栽培历史悠久，几千年来，劳动人民在生产、生活及与疾病的斗争中，对药物的认识和需求不断提高，药用植物的获取方式逐渐从野生植物采挖转变为人工栽

培。在长期的生产实践中，人们在药用植物的分类、种质鉴定、选育与繁殖、驯化栽培，以及加工贮藏等方面积累了丰富的经验，为近代药用植物栽培奠定了良好的基础。

（一）药用植物栽培的萌芽期

大约在夏商时期，人们在生产和生活实践中逐渐接触并了解某些动植物对人体可以产生影响，进而逐步产生了原始医药。神农“尝百草之滋味，……一日而遇七十毒”（《淮南子·修务训》）的传说，充分反映了古人从十分遥远的时代便开始在实践中认识药物、应用药物。这个时期没有药用植物栽培，也谈不上中药材质量，人们只是采挖野生植物资源以供药用。

中国古籍中有关药用植物及其栽培的记载可追溯到2600多年前。《诗经》记述了蒿、芩、葛、芍药等100多种药用植物，以及枣、桃、梅等在当时已有栽培，这些植物既供果用，又可入药。《山海经》记载的药物达百余种，其中多数是药用植物，在当时除供食用外，已兼药用。《尚书·禹贡》《尔雅》都有关于中国北方的枣和南方的橘类等药用的记载。中国第一部农事历书《夏小正》对芸、桃、杏等的栽培也有记载。

薏苡是中国栽培最早的药用植物。薏苡这一特殊的禾本科作物在中国有6000～10000年的栽培驯化历史。有研究考证了商代甲骨文中有薏苡从沼田、湿地转移到上田种植，以及收获、加工、脱粒、选种、酿酒的描述，并且印证了浙江河姆渡遗址出土的薏苡种子有6000年以上的历史。《山海经》记载的“木禾”即为薏苡的古名。

春秋战国及秦汉时期，扁鹊、华佗、张仲景等名医的出现，以及中国现存最早的医书《黄帝内经》和中药学著作《神农本草经》的问世，标志着中医药学基本理论的形成和基本内容的确立。《神农本草经》载有252种植物类药材，并概括地论述了药材的生长环境、采集时间及贮藏等。张骞出使西域，陆续将红花、胡荽、安石榴、胡麻、胡桃、大蒜、苜蓿等既供食用又可入药的多种植物引种至关内。司马迁在《史记·货殖列传》中有“千亩卮（栀）茜，千畦姜韭，此其人皆与千户侯等”的记述。卮（栀）、茜在古时常作染料，姜、韭则为日常食物，但四者皆可供药用，反映了这些可获厚利的药食兼用的植物早就开始了规模化生产栽培。此外，《氾胜之书》《四民月令》等古农书记述的各类农作物的栽培技术和经验尤为详备，包括谷物、果蔬、竹木、花卉，以及桑、麻、棉、葛之类，其中有不少药食同用者。

魏晋南北朝时期，左思的《蜀都赋》描述了蜀都周围盛产药物，如川芎、黄连、当归、红花、辛夷、花椒等，且“神农是尝，卢跗是料”，就是指神农在此尝药、卢跗在此制药。贾思勰的《齐民要术》总结了6世纪以前黄河中下游地区劳动人民的农业生产经验，内容更为系统全面，显示出当时中国的农业生产水平已达到相当高度。此书记述了地黄、红花、吴茱萸、竹、姜、栀子、桑、胡麻、蒜等20余种药用植物的栽培方法。

隋代在太医署下专设“主药”“药园师”等职，掌管药用植物栽培，负责“以时种莳，收采诸药”，同时培训种植药材的专业技术人才；建立药用植物引种园，用以栽培各种药物。隋代还出现了药用植物栽培专著，据《隋书·经籍志》记载，当时已有《种植药法》《种神芝》等专著。

唐代医学、本草学均有长足的进步，如苏敬等编著的《新修本草》，全书载药850种，为中国历史上第一部由政府编修的药典，比举世闻名的欧洲《纽伦堡药典》要早800余年。这一时期，药用植物栽培也得到了相应的发展，《新修本草》中首载了四川绵州种植附子。孙思邈的《千金翼方》中收载了枸杞、牛膝、萱草、地黄等药物的栽培方法，其中枸杞就有4种栽培方法，详述了关于这些药用植物的选种、耕地、灌溉、施肥、除草等一整套栽培技术。

宋代非常重视药材普查、本草编修，其中唐慎微编撰的《经史证类备急本草》收载的药材达1700多种，人工栽培的药用植物有72种，如川芎、姜黄、百合、胡芦巴、山药、广藿香、地黄、茯苓、栀子等。苏颂的《本草图经》是一部具有很高学术价值的重要本草著作，书中除详述了每一药物的产地、生长环境、药材形态、品种鉴别及其他相关内容外，对部分药物亦简介了其栽培要点，或提示了某药为园圃所种、某药在某地多种植等。沈括的《梦溪笔谈》中《药议》一文，对各类药材的适收期进行了科学总结。韩彦直的《橘录》记述了橘类、枇杷、通脱木、黄精等数十种药用植物的栽培方法。据统计，宋代出口的药材至少有58种，这些都有力地促进了宋代药用植物栽培事业的发展。

元代的对外药材贸易十分活跃，通过海上出口的大宗药材如姜、肉桂、黄连、大黄等，大都是栽培的。农学著作《王祯农书》记载了不少药用植物的栽培技术，如姜、莲、芡、乌梅、木瓜、山楂、皂荚、红花、紫草、枸杞等。其中，姜在生长期刨出老姜出售、木瓜包花纸生产花木瓜的技术等，至今沿用。《农桑辑要》还将药物栽培列入“药草”专卷，表明当时人们对药用植物栽培的重视。

明代药材生产有了较大发展，栽培的药用植物已有200多种。有关本草学和农学的名著如王象晋的《群芳谱》、徐光启的《农政全书》等，都对多种药用植物的栽培方法作了详细论述。特别是李时珍在其巨著《本草纲目》中，记述了约180种药用植物的栽培方法，仅“草部”就记述了荆芥、麦冬等62种药用植物的人工栽培方法，为研究药用植物栽培提供了极其宝贵的科学资料。此时，药用植物的栽培已不在拘泥于道地药材传统产地，而是以药效为主要标准，重视栽培技术的创新。

清代药用植物栽培受药市兴衰影响较大。药市兴盛往往会促进当地及其周边地区药用植物栽培的发展，而且会促进地区间引种，如四川安县的山茱萸是从陕西引种的，四川中江的白芍是从渠县引种的，渠县的白芍又是从浙江杭州引种的。赵学敏、赵学楷兄弟皆为医药学家，其在所居的养素园中曾“区地一畦为栽药圃”。另外，陈淏子的《花镜》、汪灏的《广群芳谱》、吴其濬的《植物名实图考》等都对多种药用植物的栽培方法作了详细论述。

（二）药用植物栽培的形成期

中国近代社会动荡，国力衰退，加之受西医药的冲击，中医药发展受到严重抑制，中药材生产以采挖野生药材为主。尽管如此，药用植物栽培依然保持了一定的面积、产量和种类，这一时期是我国药用植物栽培的形成期，广大中医药学工作者仍对中药材栽培开展了一些研究工作。如1946年在四川的南川金佛山垦殖区设有常山种植场，专门进行野生常山变家种的研究，并且引种了不少药用植物；在江苏和广西建立药用植物种植场，栽培药用植物上百种；在四川还专门组织专家调查川芎、泽泻产地的种植经验；对贵州安顺地区药用植物分布和生态环境进行细致调查，并试种了除虫菊、颠茄、曼陀罗、洋地黄等重要药用植物。

中医药专著也有新发展，据不完全统计，现存民国时期的中药专著有260多种，大多体例新颖、类型多样、注重实用。特别是陈存仁的《中国药学大辞典》可称为中药发展史上第一部大型辞典，收药目4300条，每药附图，并始用科、属、种名表示中药基原。还有李承祐的《药用植物学》是中国第一部以现代科学观点编写的药用植物学大学用书，较系统地介绍了与药用植物有关的形态学、生理学和分类学知识，为后期的生药鉴定、药用植物栽培与成分探讨等提供了基础理论。另外，当时还出版了两本药用植物栽培方面的重要书籍，一是李承祜、吴善枢的《药用植物的经济栽培》，二是梁光商的《金鸡纳树之栽培与用途》，它们的出版标志着药用植物栽培学的形成。

（三）药用植物栽培的发展期

中华人民共和国成立后，党和政府高度重视对祖国医药遗产的继承和发展，药用植物栽培事业也得到了迅速发展。迄今，我国野生变家种成功的药用植物有200多种，如天麻、罗汉果、甘草、麻黄、细辛、川贝母等。通过我国中药工作者的努力，20多种国外名贵药用植物已在我国成功栽培，如番红花、西洋参、丁香、水飞蓟、胖大海等。全国常年大面积种植的药用植物有250多种，种植面积达1200万亩以上，药用植物种类和种植面积均达到了前所未有的规模。各地还先后建立许多新的药材产区和药用植物种植场及专门的科研机构，出版了《中国药用植物栽培学》《中药材生产技术》等数十部专著，药用植物栽培学已发展成为一门富有特色的独立学科。

随着科学技术的发展，现代生物学、农学、药物学的新理论与新技术开始广泛融入和影响药用植物栽培学的研究和发展，形成了药用植物栽培学广泛的理论体系，并逐步解决了以前遗留的难题及新出现的问题，如栽培粗放、种质混杂、农药污染、药材质量不稳定等。例如，在人参栽培技术方面，近年研究、总结出一套以施肥改土、集约化育苗、高棚调光、科学灌水、病虫害防治为特点的综合性农田栽培技术，所培育人参中的人参总皂苷、微量元素、挥发油等含量与伐林栽参基本相同，从而改变了我国人参栽培长期以来停留在原始伐林栽参的状况，保护了森林资源和生态平衡；在天麻的研究方面，证明了紫萁小菇等一类真菌对天麻种子的萌发具有促进作用；运用等位酶、DNA指纹及聚合酶链式反应（Polymerase Chain Reaction，PCR）等技术进行了分子亲缘的研究，为了解药用植物的种质资源遗传多样性和育种提供了理论依据；为降低药材中农药残留量，广泛开展了药用植物无公害栽培技术的研究；生物防治技术被应用到药材生产中，如利用管氏肿腿蜂防治蛀干害虫，利用木霉防治人参、西洋参等根类药材的土传病害；组织培养技术在药用植物研究中的应用也越来越广泛，主要用于药用植物的快速繁殖、脱毒苗生产及有效次生代谢产物的提取等方面。

1998年，我国开始实施“中药现代化科技产业行动计划”，先后立项支持了100余种中药材规范化种植研究项目，完成了100余种药用植物种植标准化操作规程（Standard Operation Practice，SOP）的制定，有力增强了药用植物的质量与产量的可控性。1999年8月，科技部与四川省共建了中国第一个中药现代化基地。在1998年3月的布鲁塞尔会议上，欧洲特殊药物制造业协会提出药材生产质量管理规范（Good Agriculture Practice，GAP）国际化问题，从此拉开了国际社会关注天然药物GAP的序幕。我国也于1998年开始了《中药材生产质量管理规范》（中药材 GAP）的起草工作，2002 年 4 月 17 日颁布《中药材生产质量管理规范（试行）》，并于 2002 年 6 月 1 日起施行。中药材 GAP 是专门对中药材生产实施规范化管理的基本准则，同《药物非临床研究质量管理规范》（Good Laboratory Practice，GLP）、《药物临床试验质量管理规范》（Good Clinical Practice，GCP）、《药品生产质量管理规范》（Good Manufacturing Practice，GMP）、《药品经营质量管理规范》（Good Supplying Practice，GSP）共同组成了药品的 5 个配套规范。中药材 GAP 从保证中药材质量出发，控制影响药材生产质量的各种因子，规范药材生产的各个环节乃至全过程，是保证中药材质量“稳定、可控”，保障中医临床用药“安全、有效”的重要措施。至此，质量控制成为药用植物栽培的基本准则，开启了药用植物栽培学研究的新常态。

2004 年，由高等教育出版社组织全国 18 所高校及 3 所专业研究单位的 20 多位在一线从事科研、教学的专家、教授共同编写的全国高等院校中医药现代化示范教材《药用植物栽培学》面世，其是我国药用植物栽培发展史上的一个重要里程碑，该部教材首次将中药材 GAP 的现代中药材生产理念和国家法规融入了教材，同时首次提出并诠释了药用植物栽培学的基本概念和内涵。这为新常态下药用植物栽培专业人才的培养与学科的发展提供了很好的导向。

二、药用植物栽培的展望

据统计，我国有 80％以上的城市居民自行购买过中成药，巨大的市场需求为国内中药行业的进一步发展提供了巨大的空间。我国中药行业年增长率达 20％以上，2020 年中药工业产值接近 3 万亿元，成为我国健康服务业的重要支撑。中药材生产是中药生产的第一环节、第一车间，中药材生产的过程在很大程度上影响中成药的质量，从而也影响中药疗效。2015 年 4 月，国务院办公厅转发工业和信息化部、国家中医药管理局等部门发布的《中药材保护和发展规划（2015—2020 年）》，其对那一个时期我国中药材资源保护和中药材产业发展进行了全面部署。这是我国第一个关于中药材保护和发展的国家级规划。该规划的颁布进一步明确了中药材生产规范化、基地化是中药行业发展的首要任务。因此，需继续深入开展药用植物栽培学研究，建立和完善各类药用植物的栽培技术体系，从而满足中药行业快速发展中对中药材质与量的各种新需求。

当前，我国的药用植物栽培仍然存在以下几个突出问题：（1）分散种植，生产无序，造成资源浪费；（2）种质混杂退化，药材质量与产量不稳定；（3）对药用植物自身的生物学特性及生长发育规律研究不够深入，栽培调控措施不到位；（4）种植模式单一，连作障碍严重；（5）病虫草害过于依赖化学防治，农药残留普遍存在；（6）化肥偏施、滥施，甚至使用植物生长调节剂，导致药材品质下降，土地生产力也逐渐下降。

综合上述问题，药用植物栽培的发展应注重下面几个方向。

（1）强基础理论研究，利用相关学科的研究成果，实现药用植物栽培科学化。药用植物栽培的研究涉及多学科、多领域的研究成果的综合运用。中药材栽培技术与其产量和质量的关系涉及植物体内有效成分的合成、转化、积累的动态变化，以及与生长环境的相互关系等，要有效解决这些问题必须多学科（如农学、植物学、遗传学、植物化学等）紧密协作，综合研究。

（2）加强道地药材生产，培育品牌产品。道地药材在整个中药材中所占比例较大，发展道地药材的生产是保证中药材质量的重要措施。应在道地药材研究的基础上，按照中药材产地适宜性原则，因地制宜，合理布局，统一规划，实现规模化、集约化生产经营。

（3）开展紧缺中药材资源再生和可持续利用的研究。对重要野生药用植物的生物学特性、生长发育规律进行研究，变野生为家种，减少对野生资源的依赖和破坏。

（4）加强药用植物种质资源搜集、整理和良种选育、繁育研究，实现种苗工厂化生产。发展药用植物生态种植，合理轮作，运用间作、套作及地膜覆盖等技术，维持田间生物多样性，减少、减轻病虫草害，培肥地力。

（5）研究不同药用植物的需肥特性，设计不同的平衡配方施肥方案。建立“能源与肥料”共生体系，发挥“生物、有机、无机复合肥”三维优势，做到“有机与无机营养结合”“大量与微量元素结合”“速效与缓效结合”，以及“植物体内酶激活与土壤肥力有效性相结合”，从而实现肥料的高效化、多功能化与无害化目标。

（6）大力开展现代生物技术在中药材生产中的应用研究。中药材生产与现代生物技术相结合，发展潜力巨大。例如，应用试管育苗、快速繁殖、脱毒等现代生物新技术培育优良品种；通过诱变杂交选择突变体等技术创制新品种；应用组织细胞工程大规模生产特定有效成分；应用发酵工程发展真菌类中药的多糖类产品；开展药用植物工厂化栽培以实现中药材规模化、现代化生产等。

由于经济价值日益凸显，越来越多的药用植物的野生资源濒临灭绝，合理地保护、利用野生资源，就要将人工栽培、药材质量控制和持续利用与保护的实践相结合，实现中医药的健康、可持续发展。

第三节　中药生态农业发展现状

一、中药生态农业的概念

中药生态农业是指应用生态学原理，遵循生态农业发展规律，以确保中药材质量和安全为目标，以社会、经济、生态综合效益为指标，结合系统工程方法和现代科学技术，因地制宜地设计、布局、生产和管理中药农业生产的发展模式。

二、中药生态农业的背景及现状

中药农业是我国现代农业的重要组成部分，更是整个中药产业的源头。历史上，我国中药材栽培一直处于小农经济的种植模式，多数品种的种植历史短、规模小，产区局限，栽培技术落后。从 20 世纪 80 年代起我国走上大量施用化肥、农药等的化学农业之路，导致中药材品质下降，也对生态环境造成了一定的破坏，因此，从发展趋势来看生态农业必将取代化学农业。

近年来，伴随着大健康产业的快速发展，中药材需求量剧增，为了满足不断增长的医疗需求，很多历史上以野生或少量栽培为主的中药材开始大面积种植。据估计，全国中药材栽培面积超过5000万亩，常见栽培品种达到200多种。但目前已实现人工栽培的药用植物中，95%以上具有连作障碍。中药材的连作障碍不仅表现为重茬，还表现为多年生同种药用植物随栽培年限增加，自毒作用显著加剧，如栽培4～5年后的人参随栽培年限增加，发病率显著上升。连作障碍导致中药材产量和质量下降、病虫害高发，甚至绝收。为克服连作障碍，中药材生产中大量使用了化肥、农药，但事实证明这种做法不但不能有效改善中药材生长状况，还会造成土壤和药材中农药残留及重金属超标，既危害用药安全，又污染生态环境。最近十几年来，GAP的推行，特别是固定产地和单品种机械化的规范种植，导致中药材可持续种植与环境（尤其是连作土壤环境）的矛盾异常突出。中药生态农业的理念及生产实践正是在此背景下产生的。

生态种植是当前国际社会最先进的环境友好型种植模式，是在保护、改善农业生态环境的前提下，遵循生态学、生态经济学规律，运用系统工程方法和现代科学技术，实现集约化经营的农业发展模式。由于近几十年来化学农业进入恶性循环，如化肥与农药投入不断增大、收益报酬不断递减、环境污染不断加重等，其对环境及人类的危害已引起全球的关注和反思，并受到了多国的限制。而生态农业的核心理念是“道法自然”，其独特的思考与生产方式决定了其具有整体性、多样性、高效性、优质性和持续性的特点，其在可持续农业方面的前景为全世界所认可。研究显示，近年来世界生态有机产业始终保持着持续、平稳增长的势头。2016年，《自然·植物》回顾和分析了40年来有机农业与常规农业的综合效益，指出与工业化农业相比，生态农业投资小、产出高，并且无污染、风险小，其综合效益显著优于化学农业，渐已成为21世纪全球农业发展的新方向。我国生态农业发展始于20世纪80年代，进入新世纪后，特别是“十二五”时期更是得到国家高度重视，在政策的引导下，我国生态农业的研究和实践开始进入高速发展期。作为我国现代农业的重要组成部分，中药生态农业在规模化和规范化种植方面取得了突出成果，随着新的生态种植模式及配套技术的发掘、整理、优化及示范推广应用，中药生态农业得到了飞速发展。

三、中药生态农业的发展思路及重点任务

中药材为中药产业的发展提供了强大的物质基础，优质可靠的中药材原材料是中药产业的源头。当前，70%的中药材靠人工种植，如何在种植过程中提升中药材的品质以保证中药产业可持续发展是中药生态农业发展面临的首要任务。

生态农业实践的基本做法是在对自然条件、资源状况和社会经济条件等进行调查研究的基础上，分析区域特征，确定对农业生产和社会发展的有利条件和限制因子，借鉴国内外生态种植的经验和教训，将先进的现代科学技术与实用、有效的传统农业技术相结合，合理开发、综合利用农业资源，因地制宜地选择生态农业模式及配套技术，并进行推广应用。中药生态农业的发展思路也大体如此。据此，当前中药生态农业发展的重点任务包括以下几个方面。

（1）发展、完善全国中药材生产格局分析及规划。在第四次全国中药资源普查获得的大量环境数据的基础上，完成中药材分布区划、产量区划、质量区划；参照大农业规划，

分析中药材分布格局，制定我国现代中药农业规划，完成中药材种植分区。

（2）区域中药农业典型特征提取。明确各区域优势、特色中药材品种及其生产特点和规律，确认该优势与当地自然生态和社会生态的相关性，分析优势、特色中药材品种生产和发展的有利条件和限制因子。

（3）各区域典型中药材与根际土壤微生态互作规律及机制研究。在各类农业区划内选择代表中药材，开展典型中药材与根际土壤微生态互作规律研究，并运用土壤宏基因组、代谢组等现代科学技术研究中药材与根际土壤的互作机制。

（4）中药材生态种植技术研究。依据各区域中药农业特征及各类典型中药材的生理生态学特性，综合研究品种筛选、栽培物候期、播种密度、养分平衡、测土配方、立体栽培、间作、套作、轮作、中药材与其他农林牧副产业的综合生产等各种实用技术。

（5）中药生态种植模式的提取及固化。综合考虑土地利用布局、生态系统组分能量流、生物种群结构安排、食物链关系设计、品种选择等因素，在景观、生态系统、群落、种群、个体和基因等不同尺度、不同生物层次，总结、提炼并固化经济适用、高效低毒的中药生态农业模式，开展大田推广应用。

（6）中药生态农业理论研究。分析各种生态农业模式及配套技术对提高中药材产量和质量、降低病虫害发生率、减少中药材生产中化肥与农药用量和保护生物多样性及生态系统服务功能的贡献，提出和完善中药生态农业的理论，并指导中药生态农业生产实践。

四、中药材 GAP 与中药生态农业的关系

中药材 GAP 与中药生态农业既有区别，又有联系，二者各有特点，但并不矛盾。当前，有两大关键问题制约着中药材 GAP 生产——一个是经济学问题（比较效益偏低），另一个是生态学问题（土壤微生态恶化，连作障碍严重），而这两个问题正是生态农业研究和实践的核心。

作为一个生态经济复合系统，中药生态农业将种植生态系统与种植经济系统综合、统一起来，可取得最大的生态经济整体效益。作为一种环境友好型农业模式，中药生态农业既体现了中药农业生产的科学配置，又体现了多学科、多部门交叉合作的现代产业模式。为此，在中药材 GAP 生产过程中，引入中药生态农业的理念和方法，按照生态与经济整体统一的原理，在中药材 GAP 生产中建立生态与经济两者之间的协调、统一关系，不仅是有效控制中药材栽培土壤污染及连作障碍，确保中药材产量和质量，保障用药安全及促进农业可持续发展的关键，也是保护中药农业立地条件及土壤微生态，减少农药残留及重金属污染，解决农业生态环境恶化，实现经济、社会和环境的和谐发展，促进生态文明建设的重要组成部分。依托中药材 GAP，发展中药生态农业对落实国家中药农业发展部署、转变中药农业发展方式、加强农业生态治理意义深远。

五、中药生态农业的意义

（一）符合乡村振兴战略下中药产业绿色发展的需求

2018 年，“生态文明”被写入《中华人民共和国宪法》，表明生态农业在我国发展到

了一个新的时期，这对中药生态农业来说既是机遇也是挑战。《中华人民共和国国民经济和社会发展第十四个五年规划和2035年远景目标纲要》提出，推动中医药传承创新，大力发展中医药事业，促进中药质量提升。坚持“绿水青山就是金山银山”理念，坚持尊重自然、顺应自然、保护自然，实施可持续发展战略，推动经济社会发展全面绿色转型，建设美丽中国。《“十四五”中医药发展规划》提出，推动中药产业高质量发展，制定中药材野生抚育及仿野生栽培技术规范和标准，推行中药材生态种植，集成创新、示范推广一批以稳定提升中药材质量为目标的绿色生产技术和种植模式。《“十四五”林业草原保护发展规划纲要》提出，在“十四五”期间推动林草中药材生态种植、野生抚育和仿生栽培面积达500万亩。针对在中药材生产中以产量为最大目标，使用大肥、大水、大农药造成土壤恶化、病虫害失控、连作障碍严重，危害中药临床用药安全等一系列问题，迫切需要在坚持“绿水青山就是金山银山”理念下探索出一条更符合中药材生长特性即安全、有效、有序、可持续的中药材生产之路，以实现环境友好型种植模式——生态农业在中药材生产中的应用。中药生态农业经过近几年的快速发展，其综合效益明显提高、药材品质显著提升，推动了中药生态产业的发展，在脱贫攻坚战役中起到了重要作用，为推动乡村振兴战略下中药产业绿色发展提供了重要参考。

（二）促进中药材产业可持续发展

中药生态农业具有追求生态平衡，注重农、林、牧、副、渔全面发展，有较强的自我调节和抵抗外界干扰的能力，重视农副产品的循环利用，坚持减少废弃物输出，通常不用化学合成的肥料、农药及生长调节剂，减少对生态环境的负面影响等特征。中药生态农业改变了以往药进粮退、药进林退的不可持续发展策略，大力推动林下种植和充分利用山地、荒坡地开展野生抚育或仿生栽培，既满足了中药材对特定生长环境的要求，增加了药农的经济收入，又为中药材的可持续发展与资源环境持续利用提供了科学、有效的解决方案。

（三）提升中药生态农业技术，促进生态产品价值实现

中药生态农业是“绿水青山就是金山银山”理念指引下产业生态化和生态产业化发展的行业典范。科学的种植技术能够保护生态环境，优良的生态环境造就优质的中药材，优质的中药材能够创造更大的经济价值与社会价值。中药生态农业既生产了优质的生态物质产品，也生产了生态服务产品和生态文化产品，在自然与人、人与社会既开放又紧密衔接的发展过程中，充分体现了中药生态农业在协调生态保护与经济发展等方面的优越性。当前，中药生态农业中的野生抚育、精细农业耕作、定向培育、土壤改良等技术已经取得了丰硕的研究成果，极大地促进了中药材生态种植模式的推广和应用。

（四）提供更多优质中药生态农业产品，满足人民对优美生态环境与健康的需要

中药最早源于自然，当今仍有一部分药材采摘于自然，保护生态环境就是保护我们的“药匣子”、守护民众的健康。中药生态农业的自身特征决定了其不仅是在进行物质产品的生产，同时也是在进行服务和文化产品的生产。中药生态农业在生产优质中药材和丰富中药材产品种类的同时，也减少了化肥和农药等农业投入品对耕地环境的污染，从而保护了

生态多样性和环境质量，创造了更加宜人的生态环境。中药生态农业实现了统筹发展生产、保护生态和提高民生福祉协同进步的目的。

第四节　药用真菌培育研究概况、意义与发展趋势

药用真菌是指能作为药物治疗疾病及具有滋补作用的一类真菌，是中药的重要组成部分。我国利用真菌作为药物有着悠久的历史，早在2500多年前，就有用“神曲”治疗饮食停滞、胸膈满闷、消化不良，用豆腐上生长的霉治疗疮痈等的记载。我国最早的中药学著作《神农本草经》及历代其他本草书籍中记载有茯苓、猪苓、木耳等10余种真菌药物；明代著名医药学家李时珍编写的《本草纲目》增添了桑黄、竹荪、马勃等40余种药用真菌；清代的本草书籍《本草备要》首次记载了冬虫夏草，并阐述了其药用价值。这些药用真菌经历了几千年的医疗和临床实践的考验，至今仍在广泛应用。据初步统计，全世界约有真菌25万种，已知有药效的约300余种，我国记载的真菌有3000余种，已阐明疗效的有100余种，其中通过人工培育作为药物使用的只占很小一部分。目前，药用真菌的主要来源是野生采集，因此通过人工培养乃至工厂化生产可充分保证药源，为药用真菌的广泛利用开辟了新的途径。

近几十年来，我国药用真菌事业不断发展，尤其是在1980年首届全国药用真菌学术会议以来，药用真菌事业的发展更为迅速。研究人员应用现代科学技术研究真菌类中草药，已从真菌中发掘和开发出约30种真菌药物制剂应用于临床。

一、药用真菌概述

药用真菌的分类是人们认识、研究和利用药用真菌的基础。野生药用真菌的采集、驯化和鉴定，药用真菌的杂交育种及资源开发利用都必须依据一定的分类学知识。

地球上的生物分为三大域：真核生物域、细菌域和古生菌域。真核生物域又分动物界、植物界和真菌界。真菌是一类真核生物，其特点是有真正的细胞核，无叶绿素，不能进行光合作用；细胞壁多数含有几丁质和β-葡聚糖；营养方式为异养吸收型，以产生大量无性或有性孢子的方式进行繁殖，一般有短暂的单核体阶段；单细胞或丝状多细胞为多核单倍体菌丝（同核或异核），大多数无鞭毛；陆生性较强，腐生、共生或寄生。菌株是单一菌体的后代，由共同祖先（同一种、同一品种、同一子实体）分离出来的纯培养物。

药用真菌是一类具有肉质、胶质、木质、革质子实体，能作为药物治疗、预防和抑制疾病及具有滋补作用的真菌。肉质菌和胶质菌主要为药食同源菌，如巴西蘑菇、灰树花、香菇、鸡腿菇、茯苓、木耳、银耳等；木栓质菌、木质菌主要为药用，如灵芝、树舌、桑黄、樟芝、桦褐孔菌、槐耳、云芝等。药用真菌在菌丝体、子实体、菌核或孢子中能产生氨基酸、维生素、多糖、苷类、生物碱、甾醇类、黄酮类及抗生素等多种物质，对人体有保健作用，对疾病有预防、抑制或治疗作用。药用真菌通常为肉眼可见、可以用手直接采摘、大小达到厘米级、单个子实体质量为50 mg以上的大型真菌，只有小部分属于小型真

菌，如红曲、粟粒黑粉等。我国药用真菌种类繁多，多数种类为食药兼用，少数种类为专一药用真菌。药用真菌中大部分是担子菌和子囊菌。担子菌药用种数约占药用真菌的90%，其中70%的药用种集中在6个较大的科，即多孔菌科（猪苓、茯苓、灵芝、桑黄）、口蘑科（香杏口蘑、蒙古口蘑）、红菇科（密褶黑红菇、大红菇）、牛肝菌科（牛肝菌）、马勃科（马勃）和蘑菇科（双孢蘑菇）等。子囊菌中的药用种主要集中在麦角菌科（冬虫夏草、蝉花、蛹虫草）、肉座菌科（竹黄菌、竹红菌）、黑粉菌科等。

广义的药用真菌分为两类：一类是药食两用型，如香菇、姬松茸、金针菇、竹荪等；另一类为医药专用型，如云芝、麦角菌、冬虫夏草等。狭义的药用真菌按照入药类型也分为两种类型：一类是直接用某一种真菌的子实体、菌核等入药，如茯苓、灵芝、僵蚕、木耳、马勃、香菇、冬虫夏草、银耳、蘑菇等；一类是用一种或多种真菌在各种基质上自然发酵形成的各种曲、酱、酒等入药，可称为真菌药物，如“神曲”“酱”“红曲”“酒酿”等。随着科学技术的不断发展，不断有新的真菌被研究发现具有某种药效，能用于临床实践。

二、药用真菌培育研究概况

我国是世界上培育药用真菌最早的国家。早在700多年前，元代《王祯农书》中就记载有香菇（蕈）的简易栽培方法，主要是人工在树干上砍出花口，通过野生香菇孢子自然飘落接种感染长出香菇。这一方法一直沿用到大约60年前，才被孢子水接种方法所代替，现今已发展到采用纯菌丝体人工栽培的方法栽培香菇。

1957年，研究者为了节约木材和克服产区的局限性，满足国内外市场的需要，开始采用木屑栽培香菇的研究，并于1960年初步获得成功。近年来，全国各地因地制宜，利用各种农副产品作为栽培香菇及其他多种药用真菌的原料，其栽培方法也多种多样，如野（室）外有坑道、荫棚、溪沟等段木栽培，室内有瓶栽、袋栽、菌砖栽、盆栽等栽培方法，不仅大大提高了产量，质量也远比老法栽培的要好。目前，江苏已建成我国最大的香菇栽培基地，福建古田已建成香菇生产半自动化车间。我国香菇栽培生产量逐步扩大，香菇产量现占世界产量的40%以上，我国已跨入世界香菇生产大国的行列。

茯苓在我国已有数百年的栽培历史。如宋元之际的《癸辛杂识》就记载有“茯苓生于大松之根，尚矣。近世村民乃择其小者，以大松根破而系于其中，而紧束之，使脂液渗入于内。然后择地之沃者，坎而瘗之，三年乃取，则成大苓矣”。这种掘根后用原苓引种的方法，现今在某些山区还常用。宋代《本草图经》上就记载有茯苓的采收方法：“以铁头锥刺地，如有茯苓，则锥固不拔，于是掘土取之。”这与现今采挖茯苓的“钻场法”是一致的。目前，全国已有许多地区进行了茯苓的人工栽培，其中以安徽、河南、湖北、云南、四川、福建等省产量较大。

我国也是世界上栽培银耳最早的国家。据记载，银耳的栽培始于1894年四川省通江县，其后传至贵州、湖北、陕西、福建等省，后来日本也仿效栽培。过去主要采用自然接种的老法栽培，产量较低。现今，不仅分离出了优良的银耳纯菌种，还掌握了栽培银耳的新技术。如在接种银耳纯菌种后，还需接种适当比例的银耳伴生菌——香灰菌丝，一般比例为 1000∶1 较好。其栽培方法除段木栽培外，还研究成功并广泛推广了瓶栽、菌床栽、塑料袋栽等方法，产量得到较大的提高。现在全国各地都有银耳栽培，不仅满足了临床的需要，也为药理、化学等研究创造了条件。

灵芝的栽培首载于清代的《花镜》一书中。目前，国内不少地区都在从事灵芝的瓶栽和段木栽培，并已发展至固体和液体发酵培养。

猪苓过去全靠野生资源以供药用，山西古县、陕西秦岭地区有关单位，经过多年努力取得了野生变家栽的初步经验。云南省近几年在室内人工分离培养菌核方面进行了探讨研究，并研制出猪苓的水培法。

1956—1959 年，中国医学科学院药物研究所开展了对麦角菌的人工接种栽培方面的研究并获得成功。在此基础上，又先后研究成功固体及液体培养麦角菌的方法，同时也对茯苓菌进行了发酵培养的探索性研究，在瓶内培养形成了菌核。

到目前为止，国内外对虫草的人工培养技术、工艺等进行了大量的研究。1980 年，日本学者进行了虫草属中 80 个种的人工培养，对含虫草菌素成分的蛹虫草的人工培养已获成功。我国的虫草（含虫草酸）研究起步较晚，早期研究成果较少。近年来，我国在对虫草蝙蝠蛾幼虫的饲养与虫草菌的分离培养研究方面取得了一定进展。

除培养上述几种药用真菌外，近几十年来，我国还成功地培养出紫芝、薄盖灵芝、雷丸、猴头、构菌、云芝、树舌、蜜环菌等多种药用真菌的子实体或菌核，并应用发酵工程技术大量培养出上述各种真菌，以及亮菌、安络小皮伞、木耳、层卧孔菌、竹黄菌、白僵菌（僵蚕蛹）等多种真菌的菌丝体以供药用。

综上所述，我国药用真菌培育研究取得了较好的成绩，对一些传统培育的真菌如麦角、香菇、银耳、茯苓等进行了方法改革，采用纯菌种全人工接种培育的新方法代替了过去自然接种半人工培育的老方法，获得较大成功。现今，所有药用真菌的培育都采用纯菌种人工培育的新方法，并已普及推广，发展迅速。目前，对药用真菌培育的研究正为实现药用真菌培育工厂化、自动化而努力，而且更多的药用真菌培育的研究应用了现代生物技术深层发酵方法。此种方法不仅能大大缩短生产周期，还能在工厂内有计划、大规模培育生产，或生物合成具有医疗价值的药物，如麦角新碱、银耳孢糖、香菇多糖、云芝多糖等，其质量易于控制、成本低，可获得更大的社会和经济效益。

三、药用真菌培育的意义

自古以来，我国就将多种真菌作为药物使用，并载入历代医药书籍，它们是中药的一个重要组成部分，经历了千年以上医疗实践的考验。同时，我国也是世界上培育药用真菌最早和生产真菌类药物制剂较多的国家，尤其是近几十年来，应用现代科学技术研究药用真菌，使我国药用真菌事业发展迅速。一些药用真菌经现代医药学研究证明，其功能是多方面的，且疗效安全、可靠。

我国真菌资源极为丰富，被作为药用真菌开发利用的仅是其中极少的部分。由于药用真菌的野生资源远远满足不了临床用药的需要，因此，进行药用真菌培育不仅可以解决药源问题，亦可从中寻找新药以获得更大的社会和经济效益。

四、药用真菌培育的发展趋势

进入 21 世纪，因受医药市场国际化的冲击，我国药用真菌培育的发展趋势主要有以下几个方面的特点。

（一）加强药用真菌的人工培育工作

药用真菌的野生资源十分有限，对其进行人工培育研究非常重要。工作重点是野生驯化的培育，进行菌种复壮，保证产品质量与提高生物效应，进一步完善发酵理论与生产工艺。

（二）大力研究、开发新药用真菌

除了传统品种与已经正式批准药用的种类以外，继续研究、开发已被研究证实确有药效的如蛹虫草、古尼虫草、金耳、金顶侧耳等 40 余种真菌，待正式批准药用。

（三）注重药用真菌特色，逐步与国际接轨

药用真菌对中医药发展十分重要，因此在理论与运用上都应该保持与发展其自身的特色，同时应该对其有效成分、性质、给药途径、临床效果等方面进行探索，一方面有利于掌握入药方式和生产工艺，另一方面也有利于与国际接轨。

总之，随着科学的进步，药用真菌事业将会有更大的发展，成为中医药中一支“突起的”异军，而这也需要菌物学与医药学工作者的共同努力。

第五节　大别山地区药用植物栽培现状、问题与展望

中药材种植是中医药产业、大健康产业原料供应和持续发展的物质基础，是国家鼓励和支持的战略性新兴产业，具有产业关联度大、延伸链条长、低能耗、无污染等特点，兼有经济、社会和生态多重效益，同时也是我国农业生产的重要组成部分，是农业增效、农民增收的重要来源。近年来，国家高度重视中药材产业发展，先后出台了《中医药发展战略规划纲要（2016—2030 年）》和《“健康中国 2030”规划纲要》等一系列重要规划，把中医药发展纳入了国家发展战略。

一、大别山地区药用植物栽培现状

大别山位于豫、鄂、皖 3 省交界处，介于北纬 30°10′～32°30′，东经 112°40′～117°10′之间；西接桐柏山，东延霍山（也称皖山）和张八岭，西段作西北—东南走向，东段作东北—西南走向；一般海拔为 500～800 m，山地主要部分海拔为 1500 m 左右，主峰天堂寨海拔为 1729 m。

大别山地区气候温暖、雨水充沛，地貌类型复杂多样，适宜多种野生动植物的繁衍和生长。优越的生态环境使这里成了天然的药材宝库，如图 1－1 所示。大别山地区中药材资源丰富、门类齐全、品种繁多、蕴藏量大，因此在大别山地区县域经济中，中药材产业占有独特的地位。目前，大别山大部分地区形成了“龙头企业＋农户”“龙头企业＋合作

图 1-1　大别山地区“西山药库”的生态环境

社＋农户”“龙头企业＋基地＋农户＋订单”等产业化发展模式。“十四五”以来，与中医药发展相关的规划、政策相继出台，中医药发展迎来了大好时机。大别山地区抓住发展机遇，着力打造绿色发展增长极、乡村振兴新高地、大别山革命老区高质量发展示范区，充分挖掘地域优势，大力发展中药材产业，大别山地区药用植物栽培进入快速发展阶段。

（一）大别山地区药用植物资源丰富

大别山地区独特的自然地理环境为药用植物栽培提供了良好的生长环境。大别山地区中药材资源种类多，如石斛、灵芝、白术、三七、丹参、白芍、金银花、苍术、青木香、菊花、天麻、板蓝根、茯苓、桔梗、党参、杜仲等，其中，享誉海内外的传统道地药材有霍山石斛、金寨灵芝、茯苓、天麻、百合、厚朴、金银花子等，如图 1-2 所示，并形成了一些传统的优势中药材种植区。另外，大别山地区丰富多样的地貌类型和绿色生态的旅游景观丰富了大别山地区的自然景观，同时这里也诞生了李时珍（蕲春）、万密斋（罗田）等名医，人文资源厚重。

图 1-2　大别山地区灵芝生长情况

（二）基础研究不断深入，加强新品种选育

在中药材种植业的发展过程中，中药材出现了全国普遍化种植现象，没有了适宜的生长环境，导致很多中药材的产量和经济效益下降，久而久之造成中药材的品种质量退化。因此，中药材种植既要选择最适宜的环境，也要进行新品种的选育。大别山地区通过产学

研合作，先后开展了霍山石斛、灵芝、桑黄等种源保护、种苗组培、药理药效应用、产品研发、标准研制、安全性评价等方面的基础性研究，并取得丰硕成果。尤其在霍山石斛的基因组测序、快速鉴别、有效药用成分挖掘等方面有了重大突破。

图 1－3　大别山地区道地中药材原种保护基地——天堂寨（左）、马鬃岭（右）

（三）道地中药材品牌优势日益彰显

近几年，大别山地区建设了一批道地中药材原种保护基地，如图 1－3 所示，道地中药材知名品牌不断涌现。安徽省六安市聚焦重点品种，大力支持中药材相关企业申报“三品”认证（即无公害农产品认证、绿色食品认证、有机农产品认证）、公共品牌和注册著、驰名商标，先后注册了“霍山石斛”“金寨灵芝”“金寨茯苓”“金寨天麻”等地理标志证明商标，如图 1－4 所示；深入挖掘霍山石斛作为道地药材的功效内涵，做靓品牌形象，霍山石斛产业现拥有马德里商标 1 个、中国驰名商标 1 个、省著名商标 9 个、市知名商标 4 个；霍山石斛品牌获评“中国百强农产品区域公用品牌”，五度荣登“中国品牌价值评价”榜单，2021 年单品牌价值达 63.75 亿元；霍山石斛炮制技艺被列入省级非物质文化遗产名录。蕲春县的全国驰名品牌有“本草纲目”“李时珍”“时珍”等，罗田县的“食为天”“楚天舒”获得湖北省驰名商标；英山桔梗、蕲春蕲艾、团风射干、武穴佛手山药及罗田九资河茯苓、金银花、苍术均获得原国家质量监督检验检疫总局的“地理标志保护产品”认证；麻城福白菊、武穴佛手山药分别获得原国家工商行政管理总局“中国地理标志”证明商标和农业农村部的“农产品地理标志产品”认证。

图 1－4　霍山石斛“地理标志保护产品”认证

二、大别山地区药用植物栽培面临的问题

“药材好，药才好”。当前，我国中医药事业和中药产业正处于“传承精华，守正创新”高质量发展的关键时期，中药材作为我国中医药事业和中药产业发展的基础性材料，“道地、安全、有效、经济”对促进中药产业高质量发展具有重大意义。近年来，大别山地区中药产业发展取得了巨大进步，产业基础特色鲜明，行业地位更为凸显，在实现农业增效、农民增收和乡村振兴等方面发挥了重要作用。但我们也应充分认识到，对照中药产业可持续和更高质量发展新要求，尤其是大健康产业发展呈现出的新特征、新要求，以及《中华人民共和国药典（2020 版）》对农药残留检测指标由原来的 6 种农药扩展到 33 种农药的更高标准，中药材种植的高质量发展任重道远，仍面临一些问题亟待解决。

（一）政策、资金仍然是产业发展的瓶颈

当前，中药材规模化种植的土地流转难、生产加工企业基础设施建设协调难、中药企业和种植户融资难，以及科研投入的不足等政策、资金问题仍是制约中药产业发展的主要因素。

（二）良种缺乏推广，栽培管理技术需要升级

在当前的中药材种植过程中，种植技术是影响中药材质量与品质的关键因素。一方面表现在种植户自身对中药材的了解不足，无法结合其本身的植物特征进行种植，如对其适宜生长的环境、日照、温度、湿度、海拔等科学的栽培技术与知识掌握不足；另一方面则表现在对中药材种子或幼苗的筛选和来源把控不足，既没有选择单一的优质品种，又没有进行植株检测，导致中药材生长的平均质量难以统一，无法实现高产、高质的稳定性。此外，种植户还缺乏中药材种植的管理经验，如在除草、病虫害防治、环境调控等方面，无法做到科学化种植，这也是严重影响中药材品质的因素之一。

（三）药用植物种质资源混杂

中药材种植中种质资源的选择是中药材生产的源头，对中药材的产量和质量有决定性影响。现阶段大别山地区中药材种质资源研究工作仍处于初级阶段，尚未建立完整的药材种质资源库和保护区，种质资源的质量无法得到有效的保障和科学的管理，且部分产地的野生中药资源被掠夺性采挖，导致其储量下降，有的甚至濒临灭绝，如霍山石斛、重楼、断血流、黄精等野生中药资源将有灭绝的风险。大别山地区缺乏优质种苗繁育基地，野生中药品种缺乏专业种源机构保护，除霍山石斛以外，苍术、灵芝、天麻等多数中药材的优质种苗、菌种等多由外地引进，品种选择存在盲目性，导致本地药材种植呈现出品种多样、品牌繁杂、规模小、批量小等特点，缺乏优质种苗，中药材市场中存在着品种混乱、质量不稳定等诸多问题，严重影响道地药材的发展。

（四）药用植物栽培标准化程度不高

由于认识不足，种植户在种植中药材中存在着种植不标准、下种量不足等现象。而且，标准化种植技术推广进展仍然比较缓慢，种植环节缺乏严格的质量控制体系，品种退化、化学和土壤污染等问题还没有得到有效解决，药材质量难以稳定；部分种植户仍按照

旧的行业标准进行种植，不符合中药材日益严格的规范标准，同时由于逐利心理等因素的干扰，部分种植户不愿花费成本去推动中药材标准化种植。

（五）农药残留问题

目前，很多剧毒农药已被我国相关部门明令禁用，即使是一些没有禁用的农药，在使用剂量上，相关部门也给予了明确的规定，尤其是对无公害作物的农药使用量的规定更加严格。即便如此，在一些病虫害防治技术较为落后的地方，农药的使用剂量仍然难以控制。同时，部分种植户为了提高经济效益，常常私自加大农药的使用剂量，严重超过了中药材生产的标准限定，导致出现农药残留超标、副作用增加、药性降低等现象。

三、大别山地区药用植物栽培展望

（一）实施原种保护

大别山地区的野生中药种质资源丰富，可以结合国家级和省级自然保护区，建立野生中药种质资源保护区，实施原种保护，为中药产业提供优质中药原种。

（二）优选栽培品种

基于“人无我有，人有我精，人精我特”的选择原则，优选规划范围内的栽培药材品种，确保中药产业的效益与可持续发展。如霍山石斛为特色、珍稀、道地品种，属于“人无我有”品种；灵芝、天麻、茯苓、黄精等药材在全国其他地方也有生产，但是大别山地区是其主产区，具有独特的药材品质，属于“人有我精”品种；漫水河百合、霍山赤芝等都是国家地理标志保护产品，与其他地方的百合、灵芝不同，属于“人精我特”品种。

（三）繁育优质种苗

由政府统一协调，与科研院所合作，依靠科技支持，突破种质资源繁育关键障碍，建设专业化、标准化、规模化的种苗生产基地，大规模繁育优质种苗，满足生产需要。

（四）实施生态栽培

明确中药材品质取决于有效成分与治疗效果，而不是中药材的田间长势与生物量。秉持先进的生产理念，实施生态栽培，创造有利于中药材有效成分积累与品质提升的生长环境，生产优质中药材，提升中药材品质。

第二章　药用植物栽培学理论基础

药用植物生长和发育是其生命活动中极为重要的生理过程，是由其体内细胞在一定的外界环境条件下同化外界物质和能量，按照自身固有的遗传模式与顺序进行分生与分化来体现的。深入了解药用植物生长与发育规律，有助于合理调节栽培技术措施，有效控制植物生长发育进程，以满足生产需要。

环境条件由许多生态因子组成，包括气候、土壤、肥料等，这些因子相互促进或相互制约，综合作用于药用植物的生长发育过程，在一定程度上影响着药材的产量与质量。

我国幅员辽阔，生态环境条件各异，中药材种植历史悠久，药用植物种类、品种繁多，栽培制度、模式差异较大，因此，正确采用栽培制度和模式对药用植物栽培具有十分重要的意义。

第一节　药用植物生长与发育

一、药用植物生长

（一）药用植物细胞生长

植物的生长是由组成它们的细胞的增生、体积加大及分化引起的。细胞的生长一般分为分裂期、伸长期和分化期 3 个时期。

1. 分裂期

在茎和根的生长点中的分生细胞原生质丰富，代谢旺盛，呼吸强度高，具有强分裂能力。分生细胞增大到一定程度时，就会发生细胞分裂，由一个母细胞分裂为两个子细胞。当子细胞生长到与母细胞同样大小时，又开始新的分裂。

2. 伸长期

生长点中的分生组织细胞只有一部分永远保持旺盛的分裂能力，而大多数则从分裂期转入伸长期。在细胞伸长阶段，细胞的体积显著增加。细胞伸长生长时，伴随细胞壁的增多，原生质的含量也显著增加，包括核酸、蛋白质等的合成不断加强。刚刚由分生组织形成的新细胞没有液泡，进入伸长阶段后，细胞中出现小液泡，然后小液泡逐渐增大并合并成一个大液泡。细胞形成液泡后，可进行渗透性吸水，随着水分的进入，细胞体积显著增大，此时是细胞生长最快的时期。

3. 分化期

细胞分化是指分生组织细胞转变为形态结构和生理功能不同的细胞群的过程。伸长期的组织细胞生长到一定阶段，往往会出现细胞异质性，即细胞的分化，形成薄壁组织、输导组织、机械组织、保护组织和分泌组织等不同的组织。分生组织细胞分化发育成不同的组织是植物基因在时间和空间上顺序表达的结果。

(二) 植物的生长曲线

任何一个正在生长的组织、器官或整个植物体都是由无数个正在生长的细胞组成，因此它们都具有与生长着的细胞相同的生长变化。通过测量，可绘制出生长量与时间关系的曲线，如图 2－1 所示。

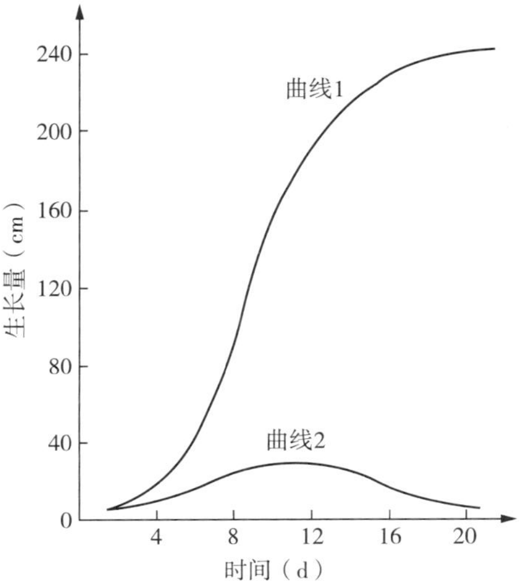

图 2－1　植物生长曲线

从图 2－1 的曲线 1 可以看出，组织生长速度起初较慢，乃是由于组织中的各细胞处于分裂期，细胞数量虽然迅速增多，但体积增加不明显；后来，生长速度急剧加快，乃是由于各细胞的生长进入伸长期，细胞体积迅速增加；到了后半段，生长速度减慢，乃是由于细胞生长逐渐进入分化期；最后，组织进入成熟定型期，生长趋于停止。

就植物的器官和一年生的整株植物而言，其在整个生长过程中的生长速度都表现出与图 2－1 的曲线 2 一致的“慢-快-慢”的特点，即开始时生长缓慢，以后逐渐加快，达到最高速度后又减慢，直至最后停止。个别器官或植物体所经历的“慢-快-慢”的整个生长过程被称为生长大周期。但是，植物生长的进程和速度是由其内部生命活动和环境条件的综合效应决定的。所以，在生产上可从植物在不同生活环境下所呈现的生长曲线分析其产生差异的原因，采取适时、合理的技术措施，有效地控制植物生长的进程和速度，以达到生产的预期目的，获得理想的经济产量。

(三) 药用植物生长的周期现象

地球上的一切生命都是靠太阳辐射流入生物圈的能量来生存的，植物也不例外。但是，由于地球的公转与自转，太阳辐射能呈周期性变化，因而与环境条件相适应的植物的生命活动也表现出同步的周期性变化。

1. 季节周期现象

植物的生长在一年四季中会发生规律性的变化称为植物生长的季节周期现象。这是因为一年四季中，光照、温度、水分等影响植物生长的外界因素是不同的。在温带地区，春季时温度回升，日照延长，植株上的休眠芽开始萌发生长；夏季时，温度与日照进一步升高和延长，水分较为充足，植株进入旺盛生长期；秋季时，气温逐渐下降，日照逐渐缩短，植株生长速率下降直至停止，进入休眠状态；到了冬季，植株处在休眠状态。植物生长的季节周期性也是植物对外界环境周期性变化的适应。药用植物体内某些有效成分含量的高低，有时也呈现季节周期性变化，这对药用植物的采收适期有较大影响。例如，三颗针在营养生长期与开花期，小檗碱的含量变化不大，而到了结果期，其含量可增加一倍以上。

2. 昼夜周期现象

植物的生长按温度的昼夜周期发生有规律的变化称为植物生长的昼夜周期现象，或植物生长的温调期现象。一般来说，在夏季，植物的生长速率在白天较慢，夜晚较快；而在冬季，植物的生长速率在白天较快，夜晚较慢。

产生植物生长昼夜周期性的原因主要是在夏季，白天温度高、光照强、蒸腾量大，植株易缺水，强光抑制植物细胞的伸长；晚上温度降低，呼吸作用减弱，物质消耗减少，积累增加，较低的夜温还有利于根系的生长及细胞分裂素的合成，从而有利于植物的生长。但在冬季，夜晚温度太低，植物的生长受阻。

3. 生理钟

植物生长的季节周期现象和昼夜周期现象都是外界环境周期性变化引起的。但是，有些植物在没有变化的外界环境下依然有昼夜周期现象。例如，豆科植物叶子夜合昼展的“睡眠运动”，菜豆叶白天伸展、晚上下垂的昼夜运动在恒定的外界环境下依然发生。植物不受环境条件的影响，在体内存在的内源性节奏变化称为生理钟或生物钟。生理钟现象的例子还有很多，如牵牛花破晓开放；夜合花入夜闭合，气孔见光张开；夜来香夜晚散发香气，在黎明时细胞分裂最快、光合强度最高等。生理钟现象对植物适应环境具有重要意义。如果生态节奏与植物内部节奏不同步，势必引起植物体内代谢紊乱，导致生理障碍。

（四）药用植物生长的相关性

植物的细胞、组织、器官之间有密切的协调，又有明确的分工；有相互促进的一面，又有彼此抑制的一面，这种现象称为相关性。生产上常采取施肥、灌排、密植、修剪等技术措施，正确调整与处理各部分之间生长的相关性，以期获得优质、高产。

1. 地上部分与地下部分生长的相关性

地下部分是指植物体的地下器官，包括根、块茎、鳞茎等，而地上部分是指植物体的地上器官，包括茎、叶、花、果等。它们的相关性可用根冠比（R/T），即地下部分的质量与地上部分的质量比值来表示。

$$\text{根冠比}=\frac{\text{地下部分的质量}}{\text{地上部分的质量}}$$

地下部分与地上部分的生长是相互依赖的。地下部分的根负责从土壤中吸收水分、矿物质及合成少量有机物、细胞分裂素等供地上部分所用，但根生长所必需的糖类、维生素等却由地上部分供给。许多试验证明，根是赤霉素、细胞分裂素的合成场所，这些微量活性物质可沿着木质部导管运输到地上部分，以促进核酸和蛋白质合成，有利于器官生长和形态建成。一般而言，植物根系发达，地上部分才能较好地生长，所谓“根深叶茂”就是这个道理。

地下部分与地上部分的生长还存在相互制约的一面，主要表现在它们对水分、营养等的争夺上，并通过根冠比的变化反映出来。

（1）土壤水分

土壤水分缺乏对地上部分的影响远比对地下部分要大。因为虽然根和地上部分的生长都需要水分，但由于根生活在土壤中容易得到水分，而地上部分的水分是靠根供应的，所以土壤缺水时地上部分会更缺水，它的生长会受到一定程度的抑制，导致根的相对质量增加，而地上部分的相对质量减少，根冠比增加。

当土壤水分较多时，由于土壤通气性不良，根的生长受到一定程度的影响，而地上部分由于水分供应充足而保持旺盛生长，因而根冠比下降，水稻生产上出现“旱长根、水长苗”就是这个道理。

（2）矿物质元素

不同营养元素或不同的营养水平对根冠比的影响亦有所不同。氮是由根吸收并运送到地上部分的，当土壤中氮素缺乏时，地上部分比地下部分更缺氮，因而地上部分的生长受到抑制，根冠比增加。氮素充足有利于地上部分蛋白质的合成，茎、叶生长旺盛，同时消耗较多糖类，使运送到地下部分的糖类减少，因而根的生长受到抑制，根冠比下降。磷、钾有调节碳水化合物转化和运输的作用，可促进光合产物向根和贮藏器官转移，通常能增加根冠比。

（3）光强度

在一定范围内，光强度增加，可促进叶片光合作用，积累较多营养物质，有利于根与树冠生长。但在强光下，空气相对湿度下降，植株地上部分蒸腾增加，组织中水势下降，茎、叶的生长易受到抑制，因而使根冠比增大；光照不足时，向下输送的光合产物减少，影响根部生长，而对地上部分的生长相对影响较小，所以根冠比降低。

（4）温度

根系生长与活动所需适温较树冠部低，低温可使根冠比增加。如在冬季，小麦地上部分虽已停止生长，但根仍在生长；又如，有些春播作物在早春温度较低时根系生长较快，而地上部分生长则较慢。

在生产上，控制与调整根和地下茎类药用植物的根冠比对产量影响较大。在生长前期，以茎、叶生长为主，根冠比低；在生长中期，茎、叶生长开始减慢，地下部分迅速增长，根冠比随之提高；在生长后期，以地下部分增大为主，根冠比达最高值。故在生长前期要求较高的温度、充足的土壤水分与无机氮素营养；到生长后期，适当降低土壤温度，施用充足磷肥、钾肥，有利于增大根冠比以提高产量。

2. 营养生长与生殖生长的相关性

营养生长和生殖生长同样存在着相互依赖和相互制约的关系。一方面，生殖生长必须依赖良好的营养生长，生殖生长也可以在一定程度上促进营养生长；另一方面，营养生长和生殖生长会因为对营养物质的争夺而相互抑制。正在生长发育的花、幼果常成为植物体营养分配的中心，使茎、叶中大量的矿物质、糖类、氨基酸等营养物质输送到花与幼果中去；同时，花、幼果还可制造一些生长抑制剂输送到茎、叶中以抑制营养器官的生长。所以，生产上常通过品种选育与栽培技术措施以调节营养器官与生殖器官二者的相互关系。

一般情况下，一次开花植物在生长前期营养器官生长占优势，当营养器官生长到一定阶段，生殖器官才逐渐形成，开花结实后营养器官的营养物质陆续向生殖器官转移，营养器官趋于消亡。如薏苡等禾本科植物抽穗后，其枝叶生长就明显受到抑制，随着生殖器官的发育，营养器官即告衰退。

多次开花植物的营养生长与生殖生长往往重叠和交叉进行，开花并不导致植株死亡，只是引起营养生长速率降低甚至停止生长。这一结果会导致“大小年”现象，即头年高产，次年低产。造成“大小年”现象的主要原因，就是“大年”时生殖生长过度造成了巨大的养分消耗，削弱了营养生长，致使植株营养不足，影响来年的花芽分化，导致花果减少，形成“小年”。因此，在生产中，可采取疏花疏果等措施，调节营养生长与生殖生长的矛盾，达到年年丰产的目的。同时，其他栽培措施也必须处理得当，以免二者关系失调，如水肥不足，营养器官生长较差，光合产物少，供应生殖器官的营养不足，势必影响花芽分化，造成大量落花落果现象；如果水肥过多，枝叶过茂，营养器官疯长，消耗大量营养物质，也将造成花芽发育不良，开花结实稀少。

在生产上，根据收获的部位是营养器官还是生殖器官，利用营养生长与生殖生长的相关性可制定出相应的生产措施。若以收获营养器官为主，则应增施氨肥促进营养器官的生长，抑制生殖器官的生长；若以收获生殖器官为主，则在前期应促进营养器官的生长，为生殖器官的生长打下良好的基础，后期则应注意增施磷肥、钾肥，以促进生殖器官的生长。

3. 顶端优势（主茎与侧枝及主根与侧根的相关性）

正在生长的顶芽对位于其下的腋芽常有抑制作用，只有靠近顶芽下方的少数腋芽可以抽枝，其余腋芽则处于休眠状态。但在顶芽受损伤或被人工摘除后，腋芽可以萌发成枝，快速生长，顶枝对侧枝的生长也具有同样的现象，这种现象称为顶端优势。由于顶端优势的存在使三尖杉等针叶类植物的树冠常呈现塔形。顶端优势的现象还表现在生长中的花序、幼叶抑制其下侧芽生长，主根抑制侧根生长，冠果抑制边果生长。关于顶端优势的原因，目前主要存在两种学说。一是 Goebel 提出的“营养学说”，认为顶芽构成营养库，垄断了大部分的营养物质，而侧芽因缺乏营养物质导致生长受到抑制。二是 Thimann 和 Skoog 提出的“生长素学说”，认为顶芽合成生长素并极性运输到侧芽，抑制侧芽的生长。

生产上的育苗移栽或对枝条及根进行修剪，目的在于调整根或茎生长的相关性，以达到特定生产目的。以花、果实等入药的药用植物，如金银花、枸杞、菊花等，则需通过整形修剪、摘心、打顶等措施控制顶端优势，促进侧枝的生长，多开花、多结实；而以茎木、树液、树皮入药的药用植物，如白木香、杜仲、厚朴等，应通过合理密植和修剪保持顶端优势，使主干发达，提高产量。

4. 植物的极性

极性是指植物体或植物体的一部分（如器官、组织或细胞）在形态学的两端具有不同形态结构和生理生化特性的现象。生产上剪取插枝进行扦插繁殖时，一般在枝条的形态学上端萌芽、抽枝、展叶，而在形态学的下端生根。这种现象是由插枝内部上下端生理上的差异造成的。植物体内存在的呼吸强度、渗透浓度、生长素含量和 pH 等方面的差异都与形态学上的极性密切相关。关于产生极性的原因，通常认为与生长素的极性运输有关。生长素在茎中极性运输，集中于形态学的下端，有利于根的发端，而生长素含量少的形态学上端则发生芽的分化。

植物的极性在生产实践上具有重要意义。在进行扦插繁殖时，应注意将形态学下端插入土壤中，不能颠倒；在嫁接时，一般砧木和接穗要在同一方向上相接，嫁接才能成功。

二、药用植物发育

植物的生长在时间和空间上不是无限的，都有其发生、发展、衰老和死亡的过程。因此，植物体在一定的环境条件下生长的同时，还按照一定的遗传模式发生着一系列有顺序、有规律的变化，导致营养器官向生殖器官（花、果实、种子）转变，称为发育。一般高等植物从受精卵开始，经历幼年期、成熟期和衰老期，直至消亡，完成个体发育周期。在整个周期中，花的形成常是植物体从幼年期转向成熟期的显著标志。

花的发育是一个非常复杂的过程，不仅植株在形态上发生了巨大变化，而且在开花之前，植物体内也发生了一系列复杂的生理生化变化。成花过程一般包括 3 个阶段：首先是成花诱导，某些环境刺激诱导植物从营养生长向生殖生长转变；然后是成花启动，分生组织经过一系列变化分化成形态上可辨认的花原基；最后是花的发育或花器官的形成阶段。

对成花过程起决定作用的是成花诱导过程，适宜的环境条件是诱导成花的外因。自然条件下，特定地区的温度和日照长度随季节不同而发生有规律的变化，植物在长期的进化过程中，逐步形成了对适宜温度和日照长度感应的敏感性，以更好地适应环境，顺利完成生活周期。但有些植物的成花对温度和日照长度要求不严，几乎可以在任何适宜生长的条件下成花。关于温度和日照长度对成花的影响现已有较多的研究，同时对决定植物开花的内部基因调控机制的研究也越来越多。

（一）光周期反应

日照长度的变化常是季节变化的信号。植物对于日照长度的反应称为光周期反应，它对植物生长发育具有重要的适应意义。在高纬度地区，秋季的短日照比冬季的低温先期来临，于是，短日照可作为诱导芽进入休眠和低温锻炼的信号，使植物休眠，安全越冬。更重要的是光周期反应还对植物花芽分化与开花产生显著作用。植物种类不同，成花所要求的日照长度亦不同，这就是植物成花的光周期反应。

根据植物开花对光周期的反应不同，一般将植物分为 3 种主要类型。

1. 短日植物

短日植物是指在昼夜周期中日照长度短于某一临界值（临界日长）时才能开花的植物。如果适当地缩短光照或延长黑暗可提早开花；相反，如果延长光照，则延迟开花或不能开花，如瘤突苍耳、菊花、紫苏、日本牵牛等。

2. 长日植物

长日植物是指在昼夜周期中日照长度大于某一临界值（临界日长）时才能开花的植物。延长日照长度可促进开花，而延长黑暗则推迟开花或不能开花，如天仙子、木槿等。

3. 日中性植物

日中性植物是指在任何日照长度条件下都能开花的植物。这类植物的开花对日照长度要求的范围很广，一年四季均能开花，如凤仙花、栀子、狭叶冬青、千里光、蒲公英等。

除了上述3种典型的光周期反应类型外，还有些植物的花诱导和花形成两个过程明显分开，且要求不同的日照长度，这类植物属于双重日长类型。如芦荟等，其花诱导过程需要长日照，但花器官的形成则需要短日条件，这类植物被称为长-短日植物。而风铃草、白三叶草、鸭茅等，其花诱导需短日照，而花器官形成需要长日条件，这类植物被称为长-短日植物。还有一类植物只有在一定长度的日照条件下才能开花，延长或缩短日照长度均抑制其开花，这类植物被称为中日性植物。如甘蔗开花要求11.5～12.5 h的日照长度，缩短或延长日照长度，对其开花均有抑制作用。所谓临界日长是指昼夜周期中诱导短日植物开花所需的最长日照或诱导长日植物开花所需的最短日照。对长日植物来说，当日长大于其临界日长时，即可诱导开花，且日照越长开花越早，在连续光照下开花最早。而对短日植物而言，日长必须小于其临界日长时才能开花，而日长超过其临界日长时则不能开花，但日长过短也不能使短日植物开花，如短日植物菊花（临界日长为15 h），在日长只有5～7 h时，开花明显延迟。

不同的植物诱导成花所需要的光周期数也不同。一般植物需要的光周期数是几个至几十个，但短日植物苍耳、长日植物白芥等只需要1个光周期（即1日）诱导就可诱导成花。一般增加光周期诱导的天数，可加速花原基的发育，增加花的数目。不同植物对光周期诱导要求的光强度不同，一般在50～100 lx，远远低于光合作用需要的光强。

无论是抑制短日植物开花，还是促进长日植物开花，都以红光最有效，蓝光效果很差，绿光几乎无效。对短日植物而言，红光阻止植株开花，远红光促进开花；对长日植物来说，红光促使植株开花，而远红光则阻止开花。

植物感受光周期的部位是叶片，而诱导开花的部位是茎尖的生长点。植物成花的光周期反应与植物地理起源和长期生长的生态环境有着密切关系。寒带植物多属于长日性，其自然开花期多在晚春和初夏；而热带和亚热带植物多属于短日性，开花期有些是在早春，有些则在夏末或初秋日照较短时；日中性植物可在不同的日长下成花，它们的地理分布则受温度等其他条件的限制。

在生产上，异地引种需注意其光周期反应。长日植物北移时，生长季节的日照比原产地长，易于满足它对长日的要求，发育将提前完成，生长期缩短，但长日植物南移时，则发育延迟，甚至不能成花。相反，短日植物北移时，夏季日照长而延缓发育，南移时则提早成花。所以，原产地与引入地的条件差异较大会导致过早或过晚成花，造成损失。如以营养器官为主要收获对象的药用植物，则可通过调节日照长度，抑制其转向生殖生长，再配合水肥条件，促进营养器官生长而增加产量。现代选种与育种的趋势是选育对光周期反应不敏感的品种，使其能在世界范围具有广泛的适应性。

（二）春化现象

秋冬播种的冬性植物在种子发芽或苗期生长阶段需要经受一段时期的低温，到第二年才能和春播植物一样正常生长发育、开花结实的现象称为春化现象。需要春化的植物包括大多数二年生植物（如萝卜、甜菜、荠菜、天仙子等）、一些一年生冬性植物（如冬小麦等）和一些多年生草本植物（如牧草等）。

春化作用是温带地区植物发育过程中表现出来的特征。低温是春化作用的主要条件之一，但植物种类或品种不同，对低温的要求亦有差别。北方原产的冬性品种对低温要求严格，需要温度低（0～5℃）且时间长（30～70 d）；黄河流域一带的半冬性品种要求的温度稍高（3～6℃），且要求的时间也比较短（10～15 d）。总体而言，对大多数要求低温的植物而言，最有效的春化温度为0～17℃，春化的时间为几日至3个月。

对于多年生草本植物，春化处理可促进其成花。对于多年生木本植物，有的需每年通过春化才能成花；有的在前一年夏天已发生花芽分化，但营养芽和花芽的休眠需经低温，翌年春季才能萌芽开花。

植物春化时除了需要经受一定时间的低温外，还需要适量的水分、充足的氧气、搭配合理的有机营养物质及适宜的光照长度的配合。如天仙子需要低温与长日照配合，才能促进花芽分化，引起开花结实。

春化现象对植物的影响与昼夜周期或季节周期现象不同。温周期现象主要影响营养生长、成花数量、坐果率高低或果实大小等，对诱导成花的影响则较小。

实验表明，植物在春化作用中感受低温的部位是分生组织和能进行细胞分裂的组织，通常是茎尖端生长点，此外萌发的种子、休眠芽、幼苗乃至整体植物等也可成为感受低温处理的部位。感受到低温刺激后，主茎生长点可以把刺激完全传给后期形成的各级侧枝的生长点。

通过春化，植物体内发生一系列的生理生化变化，包括呼吸速率、核酸和蛋白质含量，以及激素水平的变化等。具体表现为非还原糖、核酸、组蛋白量的增加，原生质透性的增强，抗坏血酸氧化酶和多酚氧化酶活性的提高，呼吸、光合和蒸腾强度加强，以及体内赤霉素含量增加。但是，这一系列生理生化变化如何导致成花的机制还有待进一步研究。

在药用植物栽培中，可利用人工春化加速药用植物成花。如萌动的药用植物种子经过人为的低温处理，可提早开花、成熟。此外，还可利用解除春化的措施来控制开花。如二年生药用植物当归，当年收获的块根质量差、药效不佳，需第二年栽培，但又易抽薹开花而影响块根品质，若在第一年将其挖出，贮藏于高温下使其不经过低温春化，就可减少次年的抽薹率，从而提高块根的产量、质量和药效。

三、药用植物物候期及其观测

（一）药用植物的物候期

植物在一年中受四季气候节律性影响，各器官的外观形态和生理功能会发生有规律的变化，如发芽（萌芽）、展叶、开花、结果、落叶休眠等。这种植物有节律地与气候变化相适应的器官动态时期称为物候期。

药用植物与其他农作物一样，其生长发育的不同时期会反映出季节气候周期变化。只有掌握药用植物生长发育过程对气候变化的要求，才能使引种、试种获得成功。同时，认真做好药用植物的物候期观测，还可以使我们对农事操作和技术措施如整地、播种、施肥、整枝修剪、防治病虫害、采收等做出合理安排，以期获得药用植物的优质、高产。

（二）药用植物的物候期观测技术

1. 物候期观测点的选择

观测地点应具代表性，应充分考虑地形、土壤、植被等情况，尽可能选择平坦或相对开阔的地方；观测点应稳定，可连续观测多年，在一个固定地点观测的时间越久，记录得到的物候期资料就越准确；选定观测点之后应将地点名称、生态环境、海拔、地形（平地、山地、凹地、坡地等）、位置和土壤等详细记录，并存档保存；物候期观测和气候观测可同时进行。

2. 观测植株的确定

供物候期观测的木本植物可采用定株的办法去确定，以露地栽培或野生、发育正常、已开花结实的中龄树，每种选 3～5 株作为观测目标。选定后可挂上小牌、写明名称作为标志。草本植物的生长发育易受局部小气候的影响，应尽量选择空旷区域的植株，以保证观测结果具有代表性。所选植株应该无病虫害、生长发育正常，选定后挂牌标记，并绘制平面位置图存档。

3. 物候期观测的时间

物候期观测应常年进行，并要每天观测。选定的观测项目如无每天观测的必要，亦可酌减观测次数，但须以不失观测时期为原则。一天中一般在气温最高的下午两时进行观测，早晨或夜间开花的植物则应调整观测时间，观测年限宜长不宜短。

4. 观测人员的固定

物候现象时刻变动，固定观测人员可有效保证前后联系，因而观测人员不宜时常变更。若轮班观测，观测人员对物候期特征标志的认识标准可能不同，因此会影响观测的准确性、连贯性。

5. 观测记录

根据物候期观测的项目、标准做好物候期观测记录，并定期对观测记录进行整理。

（三）药用植物的物候期观测内容

1. 草本植物物候期观测

观测记录包括编号、中文名、拉丁学名、种植时间、观测地点、经纬度、海拔、生态环境、地形、土壤、同生植物等。观测时期主要分以下几种。

（1）萌动期

地下芽出土期、地面芽变绿色期。

（2）展叶期

开始展叶期、展叶盛期。

（3）开花期

花序或花蕾出现期、开花始期、开花盛期、开花末期、第二次花期。

（4）果熟期

果实始熟期、果实全熟期、果实脱落期、种子散布期。

（5）黄枯期

开始黄枯期、普遍黄枯期、全部黄枯期。

2. 乔木和灌木的物候期观测

观测记录包括编号、中文名、拉丁学名、植物年龄或种植时间、观测地点、经纬度、海拔、生态环境、地形、土壤、同生植物等。观测时期主要分以下几种。

（1）萌动期

芽开始膨大期、芽开放期。

（2）展叶期

开始展叶期、展叶盛期。

（3）开花期

花蕾或花序出现期、开花始期、开花盛期、开花末期、第二次开花期、二次梢开花期、三次梢开花期。

（4）果熟期

果实成熟期、果实脱落开始期、果实脱落末期。

（5）新梢生长期

一次梢开始生长期、一次梢停止生长期、二次梢开始生长期、二次梢停止生长期、三次梢开始生长期、三次梢停止生长期。

（6）叶秋季变色期

叶开始变色期、叶全部变色期。

（7）落叶期

开始落叶期、落叶末期。

第二节　药用植物栽培与环境条件的关系

一、主要气候因子与药用植物生长发育的关系

（一）光照

从植物的种子萌发、幼苗生长到生殖、衰老和休眠，从基因表达的分子水平到器官建成，光照在植物生长发育的全过程都扮演着重要角色。光照（光质、光照强度及光照时间）与药用植物的生长发育关系密切。

1. 药用植物对光照的适应

不同的药用植物对光照有不同的需求，根据药用植物对不同光照强度的适应性，可将其分为3类。

（1）喜光植物（阳生植物）

此类植物的生长发育需要充足的阳光，一般需光度为全日照的70%以上。若光照不足，植株会生长不良，产量低，如北沙参、地黄、菊花、红花、芍药、薄荷、枸杞、知

母等。

(2) 喜阴植物(阴生植物)

此类植物只适于生长在有遮蔽条件的阴暗环境中,一般需光度为全日照的10%~50%,如人参、西洋参、三七、黄连、细辛等。

(3) 中间型植物(耐阴植物)

此类植物对光的适应幅度较大,在光照良好的环境中能生长,在稍荫蔽环境下也能较好地生长,如麦冬、豆蔻、款冬、莴苣、紫花地丁等。

2. 光照对药用植物生长发育的影响

光对植物生长发育的影响表现在直接作用和间接作用两个方面。直接作用是指光形态建成作用,不同的光照强度、光质和光照时间影响植物的株高、叶片、根系等形态学性状及花芽分化与花器官形成等发育过程。间接作用是指光通过光合作用、蒸腾作用和物质运输等影响植物的生长发育。许多植物的休眠、落叶、地下器官的形成及种子萌发等与昼夜长短的变化有关。同一种植物在不同生长发育阶段对光照强度的要求也不同。通常,植物在幼苗期怕强光,在开花期、果期或块茎、块根等贮存器官膨大期需要较强的光照。

光质对药用植物的生长发育也有一定的影响。一般红光促进茎的伸长,紫外光对植物生长有抑制作用,蓝紫光使植物茎粗壮而有利于培育壮苗。在栽培药用植物时,可据此选择合适的薄膜颜色,以满足药用植物的生长。例如,在人参、西洋参的栽培中,宜选择淡色薄膜,以淡黄、淡绿最佳;在当归的覆膜栽培中,薄膜颜色对增产的影响依次为黑色膜>蓝色膜>银灰色膜>红色膜>白色膜>黄色膜>绿色膜。在引种驯化和生产栽培中,应充分考虑不同药用植物对光的喜好。

3. 光与光合作用

药用植物90%以上的干物质来源于叶片的光合作用。光是光合作用的前提,也是最易变化的因子。光照强度和光质影响光合作用效率。叶片的光合速率与呼吸速率相等时的光照称为光补偿点,光合速率开始达到最大值时的光照强度称为光饱和点。这两个指标反映了植物对强光和弱光的利用能力。一般来说,光饱和点高、光补偿点低的植物对光能的利用率高。在太阳辐射中,对光合作用有效的是可见光,同等条件下,红光的光合作用效率最高,蓝紫光次之,绿光最差。在田间栽培条件下,植物上层叶片吸收的红光和蓝光较多,下层吸收的绿光较多。

4. 光能利用率

光能利用率是指植物通过光合作用新积累的有机物所含能量与照射在单位地面上的太阳能量的比率。由于太阳光散射和折射及植物代谢过程中的能量消耗,生产中仅有5%以下的光能被光合作用转化、贮存在碳水化合物中。理论上,植物对光能的利用率可达10%,提高光能利用率的潜力很大。植物的光能利用率与光合面积、光合能力和光合时间有关。在生产上,采取合理密植和间作套种以增大光合面积,选用良种、合理施肥、增加二氧化碳浓度等以增强光合能力,通过适时种植和采收以增加光合时间,多种农艺措施的综合利用,可提高药用植物的光能利用率。对药用植物栽培来说,在提高药用植物产量的同时也应考虑药用成分的积累,以达到中药材的优质、高产的目的。

（二）温度

植物所有的生理生化过程都是在一定的温度范围进行的，温度的变化直接影响植物的生长发育过程。植物的生长存在“温度三基点”，即满足植物生长发育的最低、最高和最适温度。植物分布的地域性和生长的季节性在一定程度上取决于温度，极端温度是危害植物的主要胁迫因子。在栽培药用植物时，应根据其生长的温度要求和当地气候条件确定播种时期，尤其是从远地引种，更应注意对温度的适应性。

1. 药用植物对温度的适应

根据药用植物对温度的不同要求，可将其划分为下面几类。

（1）耐寒药用植物

此类植物通常为生长在高纬度或高海拔寒冷地区的植物。一般能耐－2～－1℃的低温，可以忍耐短时间的－10～－5℃低温，最适生长温度为15～20℃。如人参、细辛、百合、当归、五味子、薤白、石刁柏及刺五加等。

（2）半耐寒药用植物

此类植物通常为生长在中纬度或中海拔地区的植物。一般能耐短时间的－2～－1℃的低温，最适生长温度为17～20℃。如白芷、菘蓝、黄连、枸杞等。

（3）喜温药用植物

此类植物通常为生长在低纬度或低海拔地区的植物。种子萌发、幼苗生长、开花结果都要求较高的温度，最适生长温度为20～30℃，温度低于15℃则不利于授粉，易引起落花落果。如颠茄、枳壳、川芎、金银花等。

（4）耐热药用植物

此类植物通常为生长在低纬度地区的植物。生长发育要求温度较高，最适生长温度多在30℃左右，个别药用植物在40℃仍能生长。如槟榔、砂仁、丝瓜、罗汉果、冬瓜等。

2. 温度对药用植物生长发育的影响

植物的不同生育期对温度的要求不同。一年生植物从种子萌发到开花结实各个时期所要求的温度，一般正好和自然界从春季到秋季的气温变化相吻合。如种子发芽时要求较高的温度，幼苗时期的最适生长温度往往比种子发芽时低，营养生长时期所要求的温度又较幼苗期稍高，生殖时期要求较高的温度。在一定范围内，植物花芽分化会随温度升高而加快。原产于冷凉气候条件下的植物，每年必须经过一定的低温期才能打破芽或种子的休眠，否则不会萌发或萌芽不整齐。植物不同器官的生长对温度的要求也不同。植物地上部分的生长受气温的影响较大，地下部分的生长则明显受到地温的制约。根及根茎类药用植物的地下部分在20℃左右生长较快，地温低于15℃时，生长速度减慢。温度适宜有利于种子的灌浆，促进种子成熟；温度过高则使籽粒不饱满；温度过低则使种子瘦小、成熟推迟。在植物生长的最适温度下，植物营养生长快，幼苗往往长得细长柔弱；在比最适温度稍低的温度条件下，植株生长反而健壮，此温度称为协调最适温度。

3. 低温和高温对药用植物的危害

低温会使植物遭受寒（冷）害和冻害。0℃以上低温所产生的危害称为寒害，0℃以下低温所产生的危害称为冻害。危害的程度因低温的程度、低温持续的天数、降温及升温的速度而异，也因植物抗寒性强弱而异。植物的种类、品种不同，或同一植物的不同的组织、器官和发育时期，其抗寒性常有较大差别。植物抵抗低温危害的能力称为抗寒性。多年生树木和越冬植物入秋以后，其抗寒性可随时序的推移而不断提高，从晚秋到冬季其抗寒性大为加强，这种从秋到冬所经历的提高抗寒能力的过程称为抗寒锻炼。生产上，必须根据植物的抗寒性相应地选择和控制气候条件，加强植物的抗寒锻炼，使抗寒性提高到最大限度，避免或减少寒害。此外，覆草、搭棚、霜冻前灌水等是常用的预防寒害、冻害发生的措施。在夏季，高温天气使蒸腾作用变得强烈，蒸腾大于水分吸收会使植物发生缺水萎蔫，正常的代谢活动受到影响。另外，高温会影响酶的活性，从而影响植物正常的生命活动。此时要特别注意及时灌溉降温，或使用遮阳网降低地面温度。

（三）水分

水分在药用植物生长发育过程中必不可少，水的存在是一切生命过程的先决条件。植物因水而产生，也因水而存在。农谚“有收无收在于水”充分说明了满足植物对水分的需求在药用植物栽培中非常重要。

1. 药用植物对水分的适应

不同药用植物对水分的要求有较大差异，根据药用植物对水分的适应能力和适应方式，可将其划分为下面几类。

（1）旱生植物

此类植物能在干旱的气候和土壤环境中维持正常的生长发有，抗旱能力较强，它们在形态和生理上常发生变化，表现出特殊适应性。如芦荟、仙人掌、麻黄、骆驼刺及景天科植物等。

（2）湿生植物

此类植物生长在潮湿的环境中，如沼泽、河滩等地，蒸腾强度大，抗旱能力差，水分不足就会影响其生长发育，以致萎蔫。如水菖蒲、水蜈蚣、毛茛、半边莲、秋海棠及灯心草等。

（3）中生植物

此类植物对水的适应性介于旱生植物与湿生植物之间，绝大多数陆生的药用植物均属此类，其抗旱与抗涝能力都不强。

（4）水生植物

此类植物生活在水中，根系不发达，根的吸收能力较弱，输导组织简单，但通气组织发达。如泽泻、莲、芡实、浮萍、眼子菜、满江红等。

2. 水分与药用植物生长发育

土壤水分含量的多少对植物地上部分和地下部分生长的影响不同，通常水分充足对植物地上部分生长有较显著的促进作用。人们常说“干长根，湿长芽”，在生产上可据此对水分进行合理的控制，从而调节药用植物地上部分与地下部分的生长，以增加药用部位的产量。

土壤含水量还影响不同类型根的生长。当土壤处在适宜的含水量条件下，根系入土较深，生长良好；在潮湿的土壤中，根系不发达，多分布于浅层土壤中，植株易倒伏，生长缓慢，而且潮湿的土壤容易导致根系呼吸受阻，滋生病害，造成损失；在干旱条件下，植物根系将下扎，入土较深，直至土壤深层。因此，在药用植物栽培过程中，要加强田间水分管理，保证根系的正常生长发育，以达到中药材优质、高产的目的。

3. 药用植物的需水量和需水临界期

药用植物在生长过程中的需水量和需水临界期会有所不同。

（1）药用植物的需水量

植物根部从土壤吸收水分，大约只有1%的水分会保留在植物体内，其余主要经过蒸腾作用又返回到大气中。通常把蒸腾耗水量称为植物的生理需水量，以蒸腾系数来表示。蒸腾系数指的是每形成1 g干物质所消耗的水分的克数。植物种类不同，需水量也不一样，如人参的蒸腾系数为150～200，菥蓂菜为400～600。同一种药用植物的蒸腾系数也因品种和环境条件的变化而变化。

药用植物对水分的需求还因植物的不同生长发育阶段而异，总的来说，生长发育前期需水量少，中期需水量多，后期需水量居中。一般从种子萌发到出苗期需水量较少，通常土壤含水量以保持田间持水量的70%为宜；前期苗株矮小，地面蒸发耗水量大，一般土壤含水量应保持在田间持水量的50%～70%；中期营养器官生长较快，覆盖大田，生殖器官很快分化形成，需水量较大；后期为各个器官增重、成熟阶段，需水量减少。

（2）需水临界期

需水临界期是指药用植物在一生中（一、二年生植物）或年生育期内（多年生植物）对水分最敏感的时期。该时期水分亏缺最容易造成药材产量和质量下降。植物从种子萌发到出苗期虽然需水量不大，但对水分较敏感，这时期若缺水，则会导致出苗不齐。多数药用植物在生长发育中期生长旺盛，需水较多，其需水临界期多在开花前后。例如，薏苡的需水临界期在拔节至抽穗期，而有些植物如黄芪、龙胆、蛔蒿等的需水临界期则在幼苗期。

4. 旱涝对药用植物的影响

在药用植物生长过程中，水分过多或过少都会对其造成危害，从而不利于药用植物的正常生长发育。

（1）旱害

水分的蒸发大于吸收会造成植物缺水，严重缺水的现象称为干旱。干旱使原生质的水分含量减少，植株出现缺水萎蔫状态，植物气孔关闭，蒸腾减弱，气体交换和矿质营养的吸收与运输缓慢，光合作用受阻而呼吸强度反而加强，干物质消耗多于积累，植物叶面积缩小，茎和根系生长差，开花结实少，衰老加速，严重时会造成植株干枯死亡。干旱会破坏植物体内水分平衡，使可溶性糖来不及转变为淀粉，被糊精胶结在一起，形成玻璃状而不是粉状的籽粒。此时植物体内蛋白质的积累过程受阻较小，蛋白质含量相对较高。

植物对干旱有一定的适应能力，这种适应能力称为抗旱性。例如，知母、甘草、红花、黄芪、绿豆及骆驼刺等具有抗旱性的药用植物在一定的干旱条件下，仍有一定产量，如果在雨量充沛的年份或灌溉条件下，其产量可以大幅度增长。

为了提高植物的抗旱性，除进行抗旱育种外，在栽培实践上常采取抗旱锻炼的方法，即用适当的干旱条件来处理植物的种子。近年来，研究人员还采取化学药剂如乙酸苯汞、

8-羟基喹啉硫酸盐等蒸腾剂使植物气孔暂时闭合，减少水分损失，增强抗旱能力，这被称为化学抗旱。

（2）涝害

涝害是指田间水分过多使土层中缺乏氧气，根系正常呼吸受阻，影响水分和矿物质元素的吸收，从而对植物造成间接危害的现象。涝害会使种子不能正常成熟，同时，由于无氧呼吸而积累乙醇等有害物质会引起植物中毒。另外，因缺乏氧气，好气性细菌如硝化细菌、氨化细菌、硫细菌等活动受阻，影响植物对氮素等物质的利用；嫌气性细菌活动大为活跃（如丁酸细菌等），使土壤溶液的酸性增强，同时也会产生有毒的还原性产物如硫化氢、氧化亚铁等，使根部窒息。根及根茎类药用植物对土壤水分过多非常敏感，红花、芝麻等花果实类植物也不耐涝，栽培上常采取起高畦、排涝等措施，避免水涝危害。

5. 水质污染对药用植物的影响

水质污染主要包括工厂排放的各种废水、城市生活废水、农田病虫害防治过程中施用化学农药和化学肥料所产生的污染及来自垃圾场或医院的污染等。污水中的某些有毒物质如酚、氰、砷、铬等达到一定浓度时，可直接毒害植物，使植物根部腐烂，生长不良，枯黄而死。另外，污水流入土壤，污染物沉积于土壤中，使土壤性质恶化，并破坏土壤微生物的活动，继而影响植物的正常生长。土壤中的污染物被植物吸收后，还将危害人畜安全。因此，药材种植地的选择应注意远离污染源，且水质等要达到规定的质量标准。

（四）空气和风

1. 空气

空气含有相对恒定的氮气、氧气、水汽、二氧化碳、稀有气体及极微量的氢、臭氧、氮的氧化物、甲烷等气体，是影响药用植物生长发育的重要生态因子之一。植物生长发育所必需的硫绝大部分（90%）来自空气，硫与糖类、蛋白质、脂肪的代谢都有密切关系。植物体中的碳大部分来源于空气中的二氧化碳。

由于人类活动或自然过程，一些有害物质（污染物）被排放到大气中，且通过气孔进入植物叶片。当大气中污染物浓度达到一定限度时即形成大气污染。有害物质的过量排放会引起温室效应、酸雨的形成及大气臭氧洞出现等。排放到空气里的有害物质主要是二氧化硫、一氧化碳、氟化物、铅尘、碳氢化物等。排入大气的氮氧化物和碳氢化物受太阳紫外线作用可产生有毒的二次污染物，如臭氧、醛类、硝酸酯类（PAN）等多种复杂化合物。因此，药用植物的栽培应严格遵守中药材 GAP 生产中对产地环境的要求，种植地应远离污染区。

在生态学中，空气湿度是一个非常关键的量，它决定了一个生态系统的组成。如气生的兰科植物，完全靠气生根在空气中吸收水分，它们的生长与空气湿度休戚相关。此外，空气湿度明显影响病虫害的分布和发生，病虫害只有在适宜的湿度下，才能生长发育、繁殖或传播。

空气湿度还与其他环境因子共同影响药用植物体内一些有效成分的含量。如适宜温度、湿润土壤或高温高湿环境，有利于生长的植物体内无氮物质的积累，特别有利于糖类及脂肪的合成，不利于生物碱和蛋白质的合成。又如在少光潮湿的生态环境下，当归中的挥发性成分含量较低，而非挥发性的成分如糖、淀粉等却含量较高。

2. 风

风可以改变空气的气体分布、空气温度和空气湿度，从而影响植物的生长发育及分布。适度的风力使空气中的气体热量均匀分布，尤其在田间植物种植密度大的情况下，还可改善田间小气候，保证光合作用，促进呼吸作用过程中二氧化碳、氧气的供应及排出，加强植株体内有机物的合成，同时降低小气候中的空气湿度，减少病虫害的发生。此外，风还有利于植物的授粉受精。世界上大多数有花植物都是异花授粉，只有少数为自花授粉。据统计，近1/5的有花植物都通过风传粉。

二、药用植物栽培与土壤的关系

土壤是地壳表面能够生长植物的疏松表层，是药用植物栽培的基础，是药用植物生长发育所需水、肥、气、热的供应者。除了少数寄生漂浮的水生药用植物外，绝大多数的药用植物都生长在土壤里。发展中药材生产就必须创造良好的土壤结构，改良土壤性状，协调土壤中的水、肥、气、热，这样有利于药用植物生长发育，达到优质、高产的目的。

（一）土壤的基本特性

土壤最基本的特性是具有肥力。所谓肥力就是指土壤具有的能同时并不断地供给和调节植物生长发育所需水、肥、气、热的能力。水、肥、气、热是组成土壤肥力的4个因素，它们相互联系、相互制约。衡量土壤肥力不仅要看每个肥力因素的绝对贮备量，更重要的是看土壤中的各种肥力因素是否协调。

土壤肥力因素按其来源不同可分为自然肥力与人为肥力两种。自然肥力是自然土壤所具有的肥力，它是在生物、气候、母质和地形等因素综合作用下产生和发展起来的，这种肥力只有在未开垦的处女地上才能找到。人为肥力是农业土壤所具有的一种肥力，它是在自然土壤的基础上，通过耕作、施肥、种植植物、兴修水利和改良土壤等农业措施，用劳动创造出来的肥力。自然肥力和人为肥力在栽培植物当季产量上的综合表现则称为土壤的有效肥力。药用植物产量的高低是衡量土壤有效肥力的重要指标。土壤肥力的高低，可通过进行农田基本建设、精耕细作、改良土壤、灌溉、施肥等措施来调节。

（二）土壤的组成

土壤是由固体、液体和气体三相物质组成的复杂的自然体。固体部分包括矿物质颗粒、有机质和微生物；液体部分为土壤水分；气体部分为土壤空气。土壤水分和土壤空气存在于固体部分所形成的空隙中。组成土壤的三相物质相互联系、相互制约，并不断在内外因素的综合影响下进行着各种复杂的变化。

1. 土壤矿物质

土壤矿物质是组成土壤固体部分最主要、最基本的物质，占土壤总重的90%以上，由许多粗细不同的土粒组成，全部来自风化的岩石矿物，是植物矿物质养分的重要来源。不同的土壤矿物质在供应、保持和固定养分方面有着各自不同的特点。

2. 土壤有机质

土壤有机质主要是动植物残体、分泌物和排泄物等在微生物的作用下发生矿质化或腐殖质化而形成的。矿质化是指把一些复杂的有机体分解为能够溶解于水的无机盐类，并放出二氧化碳的过程；腐殖质化是指将有机质先行分解，然后重新合成为一种新的黑色或暗褐色胶体物质——腐殖质的过程。腐殖质是土壤有机质中比较稳定的部分，具有较强的吸水、吸肥能力，是土壤有机质的主体，占土壤有机质总量的85%～90%。我国大多数土壤的有机质含量为1%～2%，高的为5%～10%，和矿物质相比其含量虽然不多，但对土壤肥力影响较大。

有机质不仅是植物养分的重要来源，还可改善土壤的物理性状，提高土壤保水、保肥能力，促进植物的生长发育和有益微生物的活动，提高土壤溶液的缓冲性，提高土温，促进磷的活化吸收。

3. 土壤微生物

土壤微生物主要包括细菌、放线菌、真菌、藻类和原生动物等。细菌是土壤微生物中数量最大的一个类群，其中较重要的有氨化细菌、硝化细菌、固氮细菌、硅酸盐细菌和硫细菌。土壤微生物能分解难溶于水的矿物质和有机质，且能使有机质转化成腐殖质，有些还能固定空气中的氮（固氮细菌）为植物吸收利用。但土壤中还有许多有害微生物，它们能使药用植物遭受病害。

4. 土壤水分

土壤可借助土粒表面的吸附力和微细孔隙的毛管力来保持水分，土壤水分是植物生活所需水分的主要来源。根据土壤的持水能力和水分移动情况，可将土壤水分分为4种基本类型：束缚水、毛管水、重力水和地下水。其中，束缚水不能为植物吸收利用，重力水一般不能为旱生植物吸收利用，地下水可经毛细管上升从而为植物吸收利用。毛管水是植物生活中的有效水分，它能保证植物根系水分的不断补给，在生产上要尽量减少毛管水的无益消耗。生产上常采用雨后松土来割断毛管联系或镇压土层以避免毛管水与大气直接进行水汽交换，从而减少水分损失。

这4种水在土壤内同时存在，彼此间密切联系，也可相互转变。如束缚水过多可变为毛管水，毛管水过多受重力作用而成为重力水，重力水流到不透层停留而成为地下水。

5. 土壤空气

土壤空气主要由大气渗入土中的气体和土壤中发生的生物化学过程所产生的气体组成，如水汽、二氧化碳、氧气、沼气、硫化氢等。

土壤空气经常发生变化，若土壤通气性较差，则土壤中的二氧化碳、硫化氢及沼气等的含量会不断增加，而氧气的含量会不断减少，使植物根的呼吸和微生物的活动受到抑制或毒害，同时不利于种子发芽，严重时还会使种子中毒而失去生活功能。此外，土壤透气性不良，有机质分解也会变得缓慢，且因氧气不足，土壤中的养分大多会处于还原状态，特别是氮素营养会迅速恶化。土壤通气良好，则对植物的生长、微生物的活动具有较好的促进作用。

（三）土壤的结构

自然界的土壤不是单粒分散存在的，而是在内外因素的综合影响下，形成大小不等的团聚体。这种土壤颗粒的空间排列方式及其稳定程度、孔隙的分布和通连状况称为土壤的结构性，而它的表现形式则称为土壤结构。土壤结构是在土壤发育过程中产生的一种新的土壤性质，是土壤重要的农业性质，也是鉴别土壤肥力的重要依据。土壤结构种类较多，这里介绍与肥力有关的两种土壤结构。

1. 团粒结构

团粒结构是土壤中腐殖质与钙质将分散的土粒胶结在一起而形成土团的一种土壤结构，大如豌豆，小如芝麻，一般具有直径为 1～10 mm 的团粒结构的土壤肥力较好，尤以直径为 2～5 mm、近似球形的团粒结构为佳。

具有团粒结构的土壤有两种孔隙，一是在团粒内部密布毛管孔隙，二是在团粒间有大的非毛管孔隙，这对调节土壤的水分和空气很重要。团粒结构里的水与气配合得当时，土壤温度会比较稳定，养分状况也较好，既能源源不断地提供养料以满足作物生长发育的需要，又不会因为一时分解营养物质过多，造成养料的损耗。因此，团粒结构的土壤可改善土壤水、肥、气的矛盾，为植物的生长发育提供良好的生活条件。

2. 非团粒结构

非团粒结构的土粒排列紧密或很分散，只有土粒之间有空隙，下雨时充满了水，赶走了空气，有机质不易分解；天晴时水分大量蒸发，又充满了空气，土壤中有机质发生强烈的分解，养分不断释放，但由于缺水不能被植物利用。因此，在这种结构的土壤中，水和空气存在着尖锐的矛盾。同时，这类土壤下雨后土表泥泞，干后板结难耕，对植物生长发育很不利。这类土壤可通过增施有机肥料和适量的石灰来创造和改良土壤结构，以解决水和气的矛盾，提高土壤肥力。

(四) 土壤的质地

任何一种土壤都不是单纯由一种矿物质颗粒组成，常常是由各种大小不等的矿物质颗粒搭配组成。土壤中大小不等的矿物质颗粒的组合状况称为土壤质地。含粗粒多的为沙土，细粒多的为黏土，粗细适量的为壤土。不同质地的土壤为药用植物的生长发育所提供的水分和养分亦不同。

1. 沙土

土壤颗粒中直径为 0.01～0.03 mm 的颗粒占 50%～90%的土壤称为沙土。此类土壤排水、通气能力强，耕作阻力小，但保水保肥性差，养分含量低，土温变化剧烈，易发生干旱。这类土壤水分少、昼夜温差大，适合种植珊瑚菜、仙人掌等耐旱性强、生育期短、要求土壤疏松的药用植物。这类土壤中栽培的药用植物前期生长相对较快，后期易脱肥，施肥上应做到少量多次。

2. 黏土

土壤颗粒中直径小于等于 0.01 mm 的颗粒占 80%以上的土壤称为黏土。黏土中有机质含量一般稍高于沙土，土壤通气性、透水性差，抗旱性也差。土壤结构致密，耕作阻力大，但保水保肥性强，供肥慢，肥效持久。黏土一般不适宜药用植物的种植，只适合一些水生药用植物的生长，如泽泻、菖蒲、芡实等。

3. 壤土

壤土的性质介于沙土与黏土之间，是一种比较优良的土壤质地类型，其通气、透水、保水保肥、供水供肥和耕作性能都较好。含沙粒较多的这类土壤称沙壤土，含黏粒较多的称黏壤土。壤土是药用植物栽培中理想的土壤，尤其适宜根及根茎类药用植物生长。

（五）土壤酸碱性

土壤酸碱性是土壤重要的化学性质，反映土壤酸碱性状况的指标是pH。若pH＞7，则为碱性土壤，其值越大，碱性越强；若pH＜7，则为酸性土壤，其值越小，酸性越强。土壤酸碱性是在土壤形成过程中产生的，因此受气候、土壤母质、植被及耕作管理条件等影响较大。一般我国南方土壤比北方土壤偏酸，因为南方雨水多，大部分的碱性物质被冲入土壤下层，也因为南方气温高，有机质分解迅速，产生了酸性物质。

土壤的酸碱度不同，适宜种植的药用植物种类亦不同。酸性土壤适宜种植肉桂、槟榔、黄连等，碱性土壤适宜种植甘草、枸杞等，而中性土壤则适宜大多数药用植物的生长。在生产上，一方面要根据药用植物的特性进行合理的田间布局，另一方面也可采取农业措施改变土壤酸碱性，以适应药用植物生长发育的需要。

（六）土壤的改良与污染土壤的修复

1. 土壤的改良

土壤的改良是指运用土壤学、生物学、生态学等多学科的理论与技术，排除或防治影响药用植物生长发育和引起土壤退化等的不利因素，改善土壤性状，提高土壤肥力，为药用植物栽培创造良好土壤环境条件的一系列技术措施的统称。

（1）盐碱土的改良

盐碱土又称盐渍土，主要分布于我国华北、西北、东北及东南滨海地区。根据含盐种类和酸碱度不同，可将盐碱土分为盐土和碱土两类。盐土主要含氯化物和硫酸盐，呈中性或弱碱性；碱土主要含碳酸盐和重碳酸盐，呈碱性或强碱性，pH为9～10，土壤中的有机质被碱溶解，常遭淋失，严重破坏土壤肥力。盐碱土的通透性和耕作性能都较差，耕作十分困难。

改良盐碱土应采用以水肥为中心、因地制宜、综合治理的措施。如种植绿肥能提供大量的有机质和氮素，是改良盐碱土、解决肥源和培养地力的好办法；种植水生植物泡田洗盐，可淡化耕作层；可在盐碱地上作垄，将植物种植在盐分少的垄沟里；还可对含碳酸钠的碱土施用石膏，改善土壤的透气透水性，降低碱性。此外，在盐碱地上植树造林可降低风速，减少地面蒸发，减轻和抑制土壤返盐，还可利用雨水淋洗，加速土壤脱盐。

（2）红壤的改良

我国的红壤主要分布于长江以南地区，此地区地处热带和亚热带，日照充足，雨量充沛，林木生长繁茂，有机质积累快分解也快，且易流失，同时因雨水较多，土壤中大部分碱性物质被淋失，而不易流动的铁、铝相对聚积，尤其是铝的积累造成红壤呈酸性及强酸性反应，降低了土壤中磷素的有效性。红壤中含较多很细的黏粒，土壤结构不良，当水分多时，土粒吸水分散成糊状；干旱时水分容易蒸发散失，土壤变得坚硬。缺乏有机质是红壤低产的主要原因，大力种植绿肥，增施有机肥，从而改善红壤的吸收性能，提高保水保肥能力，这是改良红壤的根本措施。施用磷肥和石灰可提高有效磷含量，中和红壤的酸性，增强有益微生物的活动，而且还可改良土壤结构，使红壤的物理性状得以改善。选择适宜植物进行合理轮作也是提高红壤肥力的重要措施。此外，大面积利用和改良红壤还需要同治山、治水结合起来，做好水土保持。

（3）重黏土和重沙土的改良

重黏土的主要特点是土质黏重、结构紧密、耕作困难。同时，重黏土缺乏有效养分，尤其缺磷，但土层较厚且能保水保肥，可通过深耕、增施有机肥料、种植绿肥、适当施用石灰来改良土壤养分状况，也可采用掺沙土来改善土壤质地。重沙土的主要特点是松散、保水保肥力差，可通过掺入黏土、增厚土层、种植绿肥、增施有机肥料等措施改良土壤结构，提高土壤保水保肥能力。

2. 污染土壤的修复

近年来，我国土壤污染不断加剧，已成为可持续发展的重要制约因素。土壤中的主要污染物质有重金属（汞、镉、铬、铅、砷、铜等）、农药、有机废物、放射性污染物、寄生虫、病原菌、矿渣粉等。土壤修复可以改变污染物在土壤中的存在形态或与土壤的结合方式，从而降低其在环境中的可迁移性与生物可利用性，或降低土壤中有害物质的浓度。目前，土壤修复主要包括下面几种技术。

（1）物理修复技术

此项技术主要有热处理法、换土法等。通过加热的方式，可使土壤中的挥发性重金属如汞、砷等挥发并得到回收或处理。用未被污染土壤置换或覆盖污染土壤也可达到部分修复目的。

（2）化学修复技术

此项技术利用重金属与改良剂之间的化学反应对土壤中的重金属进行固定，或通过物理化学过程（洗脱等）将有机化合物从土壤中去除。常用的改良剂有石灰、沸石、碳酸钙、磷酸盐和具有促进还原作用的有机物质等。此项技术费用高，局限性较大。

（3）生物修复技术

此项技术利用某些特定的动植物或微生物吸收或降解土壤中的污染物以达到清洁土壤的目的。目前，药用植物栽培生产中很少运用此项技术，但它们在中药材规范化种植研究及推行中有较大的发展空间。

① 动物修复

土壤中某些低等动物（如蚯蚓和鼠类等）能吸收土壤中的重金属，待其富集重金属后，驱出集中处理，对重金属污染土壤有一定的治理效果。

② 植物修复

利用植物吸收、富集、转移和转化土壤中的污染物，是一种安全、经济、有效且非破坏性的修复技术。目前，杨树、柳树和紫花苜蓿等植物在植物修复中发挥着重要作用。

③ 微生物修复

微生物修复是近二十年发展起来的一项用于污染土壤治理的新技术，主要利用土壤中微生物分泌酶来降解污染物。如细菌、放线菌、酵母菌和真菌中有 70 个属 200 多个种能降解石油。

（4）分子生物学技术

分子生物学技术已越来越多地被引入到污染土壤的治理中。此项技术利用微生物体内与富集重金属或转化污染物相关的蛋白基因，生产出具有超富集能力的转基因植物，从而提高对污染土壤的修复能力。目前利用此项技术已分离出100多种重金属抗性基因。

复合污染是目前土壤污染的典型特征，现有土壤修复资料表明，物理修复、化学修复和生物修复只是针对某一类的污染物，复合污染往往需要采用多种技术才能实现土壤修复。污染土壤的生态化学修复是微生物修复、植物修复和化学修复的技术综合，代表了21世纪污染土壤修复技术的发展方向，发展前景广阔。实践中，还可以通过增施有机肥、改变耕作制度等手段，综合治理土壤污染。

三、药用植物栽培与肥料的关系

肥料是指施入土壤或喷施于植物地上部分，用于提供、保持或改善植物营养和土壤物理、化学性能及生物活性，能提高农产品产量、改善农产品品质或增强植物抗逆性的有机、无机或微生物类物质，是药用植物生长发育所需养分的重要来源。

（一）肥料与药用植物生长发育的关系

肥料主要通过营养元素形成的化合物发挥功效，从而对药用植物的生长发育起作用。所以，肥料与药用植物生长发育的关系归根到底是营养元素与药用植物生长发育的关系。

药用植物生长发育过程中所需的营养除了在种子萌发和幼苗生长阶段可部分依靠种子中的贮藏物质外，绝大部分来自其地上部分的光合作用和根系自土壤溶液中吸收的矿质营养元素。药用植物必需的营养元素有16种：碳（C）、氢（H）、氧（O）、氮（N）、磷（P）、钾（K）、钙（Ca）、镁（Mg）、硫（S）、铁（Fe）、锰（Mn）、硼（B）、锌（Zn）、铜（Cu）、钼（Mo）、氯（Cl）。按药用植物对其的需求量大小，可将这16种营养元素划分为大量营养元素（N、P、K）、中量营养元素（Ca、Mg、S）和微量元素（Fe、Mn、B、Zn、Cu、Mo、Cl），碳、氢、氧这3种元素虽然在植物体中含量较大，通常占其干物质总量的94%左右，但因其主要来源于空气和水，所以不列入矿质养分。但生产实践和科学研究发现，除以上16种元素之外，还有一些元素对于某些药用植物是不可缺少或有特殊作用的，如硅（Si）、钠（Na）、钴（Co）、硒（Se）、钒（V）、镍（Ni）、碘（I）等元素，被称为药用植物的有益元素。

药用植物所需的营养元素除了由空气供给一部分碳、氢、氧，以及根外施肥时由叶片吸收一些矿质营养外，均由土壤提供。通常植物生长发育对氮、磷、钾等养分需要量较大，而土壤中固有的量远远不能满足其生长发育的需要。因此，必须通过人为补施相应的元素肥料才能大幅增加作物产量。其中，各种植物对氮、磷、钾3种养分元素的需要量最大，故其被称为肥料的“三要素”。

营养元素最直接的作用就是提高作物产量，这是由营养元素的重要生理功能所决定的。矿质营养元素主要有下面4个方面的生理功能。

1. 组成有机物

在组成有机物的元素中，最典型的是氮、磷和硫。它们作为蛋白质、核酸、叶绿素、维生素、植物激素等许多重要有机物的组成成分直接参与代谢。由于氮在这些有机物中占有较大比例，因此生产中首先要保证充足的氮肥供应，这样才能获得一定的产量。

2. 作为酶的活化剂调节各种代谢活动

钙、镁、钾及大部分微量元素都是植物体内生物化学反应所需酶的活化剂。缺少这些矿质元素，代谢活动就会减弱或出现紊乱，使植物不能正常生长。

3. 充当电子载体，使植物体内氧化还原反应得以顺利进行

具有这种功能的主要是一些重金属元素，如铁、铜、锌和钼，它们本身就能改变价数而发挥接受和传递电子的功能。

4. 建立渗透势，维持离子平衡

具有这种功能的元素的典型代表就是钾，其在植物体内含量一般为干物质总量的百分之几，高的可达百分之十几。此种元素不参与有机物组成，其主要作用之一就是建立渗透势，调节水分代谢，保持植物的姿态。另外，它作为一种阳离子，能起到与阴离子保持平衡而中和植物细胞内部电性的作用。

下面对主要矿质元素的生理功能进行表述。

（1）氮

植物吸收的氮主要是无机态的铵态氮和硝态氮，也可以吸收某些可溶性的小分子的有机氮，如尿素、氨基酸及酰胺等，但吸收量有限，其营养意义远不及铵态氮和硝态氮。

氮是药用植物体内许多重要有机化合物的组成成分，在许多方面影响着药用植物的代谢过程和生长发育。氮是蛋白质的主要组成成分，蛋白质含氮素16%～18%，是药用植物细胞原生质组成中的基本物质，没有氮素就形成不了蛋白质。氮既是植物生长过程中进行光合作用的叶绿素的组成成分，也是核酸的组成成分。在药用植物体内各种代谢过程中起生物催化作用的酶也含有氮，此外，氮素还是维生素 B_1、维生素 B_2、维生素 B_5 的组成成分。

氮素充足时，植株枝叶繁茂、躯体高大、分蘖（分枝）能力强，籽粒中蛋白质含量高。氮素可促进植物对磷、钾、钙的吸收，增产显著，还可促进植物体内生物碱、苷类和维生素等有效成分的形成与积累，如施用尿素可提高贝母总生物碱含量。但施氮过多，会造成茎、叶徒长，成熟延迟。

（2）磷

植物体内全磷（P_2O_5）含量一般占干物质总量的0.2%～1.1%，大多数药用植物体内磷的含量为0.3%～0.4%。磷既是药用植物体内许多重要有机化合物的组成成分，又以多种方式参与药用植物体内的各种代谢过程，在药用植物生长发育中起着重要的作用。磷是核酸的主要组成部分，而核酸又是核蛋白的重要组成部分，核蛋白存在于细胞核中，对药用植物生长发育和代谢过程极为重要。

磷具有提高药用植物抗逆性和适应外界不良环境的能力。如磷能提高细胞中原生质胶体的水合程度和细胞的充水性，提高原生质胶体的保水能力，减少水分损失；磷能促进药用植物体内的碳水化合物代谢，使细胞中可溶性物质和磷脂的含量增加，因而可在较低温度下保持原生质处于正常状态，增加抗寒能力。磷脂中含有磷，其是药用植物细胞膜的重

要组成部分。药用植物体内还含有许多重要含磷化合物，如三磷酸腺苷（ATP）、各种脱氢酶、氨基转移酶等。磷还参与药用植物体内的碳水化合物、脂肪等的代谢过程。

磷在生命活动旺盛的组织中含量较高，对植株的分蘖、分枝及根系生长都有较好的促进作用。磷能加速细胞分裂，增强植株抗病、抗逆能力。如在人参开花前对其喷施磷肥，可以促进参根的形成和长大，提高参根质量和产量。

（3）钾

植物体内含钾量（K_2O）一般占干物质总量的0.3%～5%。钾主要呈离子状态存在于细胞的液泡中。钾是药用植物体内许多酶的活化剂，在代谢过程中起重要作用，不仅可促进药用植物的光合作用，还可促进氢代谢，提高药用植物对氮素的吸收和利用。此外，钾也参与药用植物体内光合产物的代谢和运输，并且调节药用植物细胞的渗透压，维持叶片挺立。

钾的另一个重要作用是提高药用植物抵抗不良环境（低温、病害、盐碱、干旱等）的能力，能使原生质胶体吸水膨胀，提高原生质对水的束缚能力，减少水分蒸腾，还能提高淀粉、糖分、可溶性蛋白质、各种盐分和碳水化合物的含量，从而减少水在细胞内结冰引起的细胞破裂。

此外，钾还能增强植物的光合作用，促进碳水化合物的形成、运转和贮藏，促进氮的吸收，加速蛋白质合成，促进维管束和块茎的发育，提高抗倒伏、抗病虫害的能力，使果实、种子肥大饱满。

（4）钙

钙能稳定药用植物的细胞膜结构，对药用植物根系的养分离子的选择性吸收、生长、衰老、信息传递及抗逆性等方面起重要作用，钙以细胞壁果胶质结构分子的形式存在于细胞壁中，对稳定细胞壁有重要作用。存在于药用植物细胞中的Ca^{2+}对液泡内的阴阳离子平衡和渗透调节十分重要。此外，钙也是一些非常重要的酶（如ATP酶、磷脂酶）的活化剂，可促进蛋白质合成。

（5）镁

镁是药用植物叶绿素的组成成分，对药用植物的光合作用、碳水化合物代谢和呼吸作用具有重要意义。镁也是许多酶的活化剂，能促进维生素A和维生素B的合成，对提高药用植物的品质有一定作用。

（6）硫

硫是构成药用植物细胞蛋白质和酶不可或缺的成分，半胱氨酸、胱氨酸和甲硫氨酸3种氨基酸都含有硫，许多蛋白质也含有硫；一些生理活性物质如维生素B、维生素H、辅酶A等都含有硫，硫在许多药用植物重要的生理过程中起促进作用。硫虽然不是叶绿素的组成成分，但叶绿素的形成少不了硫。

此外，铁是叶绿素合成所必需的矿质元素，与光合作用有着密切的关系；铁通过Fe^{2+}和Fe^{3+}的变价参与药用植物细胞内的氧化还原反应和电子传递，铁与有机物整合生成的细胞色素、豆血红蛋白、铁氧化还原蛋白等对药用植物体内的硝酸还原有重要作用。硼在药用植物生长中非常重要，能促进碳水化合物的正常运输，参与半纤维素及有关细胞壁物质的合成，促进细胞分裂和细胞伸长及生殖器的发育，还能促进核酸和蛋白质的合成及生长素的运输。铜是药用植物体内许多氧化酶的组成成分，也是一些代谢酶的活化剂，参与许多氧化还原反应；铜与有机物结合构成的铜蛋白参与光合作用，也参与氮代谢，还能促进药用植物的器官发育。锌是药用植物某些酶的组成成分或活化剂，如乙醇脱氢酶、铜锌氧化歧化酶、碳酸酐酶和 DNA 聚合酶等；锌通过酶的作用对药用植物的碳、氮代谢产生影响；锌也与植物生长素的合成有关；同时，锌还促进药用植物生殖器官的发育，参与光合作用中二氧化碳的水合作用和蛋白质代谢。锰在药用植物体内主要通过影响各种代谢过程中酶的活性来发挥作用，如锰可以活化硝酸还原酶和脱氢酶，对三羧酸循环与氮代谢产生影响；锰在叶绿素中直接参与光合作用中的氧化还原过程，促进水的光解。钼以钼酸盐的形式被植物吸收，当吸收的钼酸盐较多时，其可与一种特殊的蛋白质结合而贮存在植物体内；钼是硝酸还原酶的组成成分，缺钼会导致硝酸不能还原，常使药用植物呈现缺氮病症；豆科植物根瘤菌的固氮特别需要钼，因为氮素固定是在固氮酶的作用下进行的，而固氮酶是由铁钼蛋白和铁蛋白组成的。

微量元素种类、含量也影响着药用植物的生长发育，甚至影响药材的临床功效。药用功能相似的药用植物，所含微量元素的量具有一定的共性。施用微量元素往往能够有效地提高药材的质量和产量。如施用硫酸锌可提高丹参产量；施用钼、锌、锰、铁等微量元素可使党参增产；对于人参，单施锰肥比单施铜肥和单施锌肥的增产幅度大，而施用铜、锌、钼、钴等微量元素可增加人参皂苷的含量。但微量元素含量过高会产生毒害作用，因此，应根据土壤中微量元素种类和不同药材的需求合理施用微量元素肥料。

（二）药用植物养分吸收的机制

植物的营养状况主要取决于对养分的吸收，为了合理施肥，促进植物的生长发育，取得高产、优质的效果，必须了解植物如何吸收营养，也就是植物养分吸收的机制和特点。根系对矿质元素离子的吸收一般经过交换吸附（被动吸收）和代谢吸收（主动运输）两个过程。在根系对矿质元素离子吸收的过程中，细胞的呼吸作用为吸收过程提供 H^+、HCO_3^- 及能量等。所以，根系对矿质元素离子的吸收是植物体生命活动的有机组成部分，它和植物其他生理活动如根系对水的吸收既相互联系又相对独立。

1. 吸收区域

根系是植物吸收矿质元素的主要器官，它吸收矿质元素的部位和吸水部位都是根尖未栓化的部分。过去不少研究者分析了进入根尖的矿质元素，发现根尖分生区积累最多，由此认为根尖分生区是吸收矿质元素最活跃的部位。后来经过更细致地研究发现，根尖分生区大量积累离子是因为该区域无输导组织，离子不能很快运出，实际上根毛区才是吸收矿质元素离子最快的区域，而根毛区积累较少是由于离子能被很快运走。

2. 根系吸收养分的过程

根系吸收养分主要包括离子吸附在根部表面、离子进入根系内部和根细胞对养分的吸收等过程。

（1）离子吸附在根部表面

根部细胞呼吸作用放出 CO_2 和 H_2O。CO_2 溶于水生成 H_2CO_3，H_2CO_3 解离出 H^+ 和

HCO_3^-离子，这些离子可作为根系细胞的交换离子，同土壤溶液中和土壤胶粒上的离子进行离子交换。离子交换有两种方式：第一种方式是根与土壤溶液中的离子交换。根呼吸产生的CO_2溶于水后形成的CO_3^{2-}、H^+、HCO_3^-等离子，以及根吸收的生理活性不强的某些离子，如Na^+、Cl^-等，和根外土壤溶液中的一些离子发生交换，代换到土壤溶液中的上述离子再和土壤胶粒上的离子发生交换。如此往复，根系便可不断吸收矿质。第二种方式是接触交换。当根系和土壤胶粒密切接触时，根系表面的离子可直接与土壤胶粒表面的离子发生交换。因为根系表面和土壤胶粒表面的离子是在一定的吸引力范围内震荡着的，当两者间离子的震荡面部分重合时，便可相互交换。

离子交换按“同荷等价”的原理进行，即阳离子只同阳离子交换，阴离子只同阴离子交换，且价数必须相等。

由于H^+和HCO_3^-分别迅速地与土壤溶液中和土壤胶粒上的阳离子和阴离子进行交换，因此盐类离子就会被吸附在细胞表面。

（2）离子进入根系内部

离子从根系表面进入根导管的途径主要有质外体途径或共质体途径。

① 质外体途径

根部有一个与外界溶液保持扩散平衡、自由出入的外部区域称为质外体，又称自由空间。各种离子通过扩散作用进入根部自由空间，但是因为内皮层细胞上有凯氏带，离子和水分都不能通过。因此自由空间运输只能在根部的内皮层以外进行，而不能通过中柱鞘。离子和水分只有转入其共质体后才能进入维管束组织。不过根部的幼嫩部分，其内皮层细胞尚未形成凯氏带，离子和水分可经过质外体到达导管。另外在内皮层中有个别细胞（通道细胞）的胞壁不加厚，也能作为离子和水分的运输通道。

② 共质体途径

离子通过自由空间到达原生质表面后，通过主动吸收或被动吸收的方式进入原生质。在细胞内，离子可以通过内质网系统和胞间连丝从表皮细胞进入木质部，然后再从木质部的薄壁细胞释放到导管中。释放的机制可以是被动的，也可以是主动的，并具有选择性。木质部薄壁细胞质膜上有ATP酶，推测这些薄壁细胞在分泌离子运向导管过程中起着积极作用。离子进入导管后，主要靠水的集流而迁移到地上器官，其动力主要为蒸腾拉力和根压。

（3）根细胞对养分的吸收

到达根系表面的营养元素会通过植物根系的主动吸收和被动吸收进入植物体内。

① 被动吸收

被动吸收指有机养分顺浓度梯度进入细胞内，这种吸收方式大多是在载体的协助下进行的。

a. 扩散作用

扩散作用指分子或离子顺着化学势或电化学势梯度转移的现象。电化学势梯度包括化学势梯度和电势梯度两方面，细胞内外的离子扩散取决于这两种梯度的大小，而分子扩散取决于化学势梯度或浓度梯度。典型的植物细胞在细胞膜的内侧具有较高的负电荷，在细胞膜的外侧具有较高的正电荷，细胞从环境中吸收了较多的阳离子，致使细胞内该离子浓度较高。按照化学势梯度，细胞内的阳离子应向外扩散；而按照电势梯度，由于细胞内有较高的负电荷，则这种阳离子应该从细胞外向内扩散。离子究竟向什么方向扩散，取决于化学势梯度与电势梯度的相对数值大小。

b. 离子通道

离子通道被认为是细胞膜中由大分子组成的孔道，可被化学或电学方式激活，从而控制离子通过质膜进行顺势流动。组成离子通道的大分子常为寡聚体糖蛋白，它能降低离子跨膜转运所需的能量，催化离子快速、被动、致电的单向转运，也能增加水和许多非带电体及有机离子的运动。

膜片钳技术的应用极大地推动了对离子通道的研究。所谓膜片钳技术，就是指从一小片细胞膜获取电子学信息的技术，即将跨膜电压保持恒定（电压钳位），测量通过膜的离子电流大小的技术。现已观察到原生质膜中有 K^+、Cl^-、Ca^{2+} 通道，其也可能存在供有机离子通过的通道。从保卫细胞中已鉴定出两种 K^+ 通道：一种是允许 K^+ 外流的通道，另一种是 K^+ 吸收的内流通道，两种通道都受膜电位控制。

离子通道的构象随环境条件的改变而变化。处于某些构象时，它的中间会形成孔，允许溶质通过。孔的大小及孔内表面电荷等性质决定了它转运溶质的选择性。根据孔开闭的机制可将通道分为两类：一类对跨膜电势梯度产生反应，另一类对外界刺激（如光照、激素等）产生反应。由通道进行的离子转运是顺着化学势或电化学势梯度进行的。跨膜的内部蛋白中央孔道允许离子通过。在这里，离子顺着电化学势梯度（注意通道右侧过量的负电荷），但逆着浓度梯度从通道左侧（外）移向右侧（细胞质）。感受蛋白可对细胞内外由光照、激素或 Ca^{2+} 引起的化学刺激做出反应。通道上的阀门可以通过一种未知的方式对膜两侧的电势梯度或由环境刺激产生的化学物质做出开或关的反应。

c. 载体

载体也是一类内部蛋白，由载体转运的物质首先与载体蛋白的活性部位结合，结合后载体蛋白产生构象变化，将被转运物质暴露于膜的另一侧，并释放出去。通过动力学分析，我们可以区分溶质是经通道还是经载体进行转运。经通道进行的转运是一种简单的扩散过程，没有饱和现象；经载体进行的转运则依赖溶质与载体特殊部位的结合，因结合位点的数量有限，具有饱和现象。

② 主动吸收

主动吸收指通过机体消耗能量，依靠细胞壁“泵蛋白”来完成的一种逆电化学势梯度的物质转运形式。

a. 质子泵

通过载体进行的主动转运需要 ATP 提供能量。在高等植物根细胞质膜上存在着 ATP 酶，又称为 ATP 磷酸水解酶，它可催化 ATP 水解生成 ADP、磷酸，并释放能量。ATP 酶是质膜上的插入蛋白，可以将 ATP 水解释放的能量用于转运离子。ATP 酶上有一个与阳离子 M^+ 结合的部位，还有一个与 ATP 的 Pi 结合的部位。当未与 Pi 结合时，M^+ 的结合部位对 M^+ 有高亲和性，它在膜的内侧与 M^+ 结合，同时与 ATP 末端的 Pi 结合（称为磷酸化），释放 ADP。当磷酸化后，ATP 酶处于高能态，其构象发生变化，将 M^+ 暴露于膜的外侧，同时对 M^+ 的亲和力降低，将 M^+ 释放出去，并将结合的 Pi 水解释放回膜的内侧，又恢复原先的低能态构象，开始下一个循环。

由于这种转运造成了膜内外正、负电荷的不一致，形成跨膜的电位差，故这种现象称为致电。又因为这种转运是逆电化学势梯度进行的主动转运，所以也将 ATP 酶称为一种致电泵，质子泵是其一种。

不是所有的阳离子都以这种方式转运。H^+ 是通过这种方式转运的最主要的离子，我们将转运 H^+ 的 ATP 酶称为 H^+-ATPase 或 H^+ 泵。

b. Ca^{2+} 泵

Ca^{2+} 是另一种通过 ATP 酶转运的离子。质外体中通常含有较高浓度的 Ca^{2+}，而细胞质中 Ca^{2+} 浓度则较低（微摩数量级）。Ca^{2+}-ATPase 逆电学化势梯度将 Ca^{2+} 从细胞质转运到细胞壁或液泡中。细胞质中 Ca^{2+} 浓度很小的波动就会显著影响许多酶的活性，植物细胞可以通过调节 Ca^{2+}-ATPase 的活性使细胞质中的 Ca^{2+} 保持一定的水平。植物对矿质营养的吸收以消耗代谢能的主动吸收为主。

3. 叶片对矿质元素的吸收

植物除了根系以外，地上部分（茎、叶）也能吸收矿质元素。生产上常把速效性肥料直接喷施在叶面上以供植物吸收，这种施肥方法称为根外施肥或叶面施肥。

溶于水中的营养物质喷施于叶面以后，可通过气孔和湿润的角质层进入叶内。角质层是多糖和角质（脂类化合物）的混合物，分布于表皮细胞的外侧壁上，不易透水。但角质层有裂缝，会出现细微的孔道，可让溶液通过。溶液经过角质层孔道到达表皮细胞外侧壁后，进一步经过细胞壁中的外连丝到达表皮细胞的质膜。外连丝里充满表皮细胞原生质体的液体分泌物，从原生质体表面透过壁上的纤细孔道向外延伸，与质外体相接。当溶液经外连丝抵达质膜后，就被转运到细胞内部，最后到达叶脉韧皮部。外连丝是营养物质进入叶内的重要通道，它遍布于表皮细胞、保卫细胞和副卫细胞的外围。

营养物质进入叶片的量与叶片本身及其所处环境有关，嫩叶的吸收速率和吸收量比老叶要大，这是因为两者的表层结构和生理活性不同。温度对营养物质进入叶片的速率有直接影响，在 30℃、20℃、10℃时，叶片吸收 ^{32}P 的相对速率分别为 100、71 和 53。由于叶片只能吸收溶解在溶液中的营养物质，所以溶液保留在叶面上的时间越长，被吸收的营养物质的量就越多。凡能影响液体蒸发的外部环境因素，如风速、气温、大气湿度等都会影响叶片对营养物质的吸收。因此，向叶片喷施营养液应选择在凉爽、无风、大气湿度高的期间（如阴天、傍晚）进行。

（三）药用植物的需肥量

1. 不同植物或同一植物的不同品种需肥情况不同

药用植物所需营养元素的种类、数量、比例等因植物种类而异。从需肥量角度来说，地黄、薏苡、大黄、玄参、枸杞等药用植物需肥量大，曼陀罗、补骨脂、贝母、当归等需肥量中等，小茴香、柴胡、王不留行等需肥量小，而马齿苋、地丁、高山红景天、石斛、夏枯草等需肥量很小。从需要氮、磷、钾的量上看，薄荷、紫苏、云木香、地黄、荆芥和藿香等属于喜氮药用植物，薏苡、五味子、枸杞、荞麦、补骨脂和望江南等为喜磷药用植物，人参、甘草、黄芪、黄连、麦冬和山药等需要钾的量相对较多。以种子入药的药用植物需要氮较多，同时要供给足够的磷、钾，以使后期籽粒饱满。豆科药用植物能固定空气中的氮素，故需钾、磷较多，仅可在根瘤尚未形成的幼苗期施少量氮肥。全草类药用植物要多施氮肥，使叶片肥大、质地柔嫩。

根茎类药用植物需肥量大，适合在土层深厚、肥沃、疏松、排水良好的沙壤土中栽培。种子萌发后，幼苗期地上部分生长缓慢，吸收养分较少，需氮量最大，其次为磷；后期氮不能过量，否则会导致地上部分徒长。后期需硼也较多，缺硼会对根部膨大产生不良影响。

全草类药用植物种类繁多、生长期短、产量高，因此对土壤、水肥条件要求较高。它们一般根系较浅，单位面积上株数较多，要求肥沃、湿润的土壤，以及水肥供应充足。全草类药用植物从土壤中吸收氮、磷、钾等养分的量主要取决于土壤的供配能力、土壤的环境条件及各种植物的生长特性。在无公害药用植物生产中，必须严格控制植物体中 NO_3-N 的含量。

果实类药用植物需肥量大，耐肥力强。在营养生长阶段需肥量较少，但对氮、磷较敏感，缺氮、磷会影响花芽分化和果实品质。进入生殖生长阶段需肥量逐渐增加，在果实膨大期需充足的氮、磷，以合成大量的碳水化合物；氮、磷不足时，果实发育受阻，产量降低。

2. 同一植物在不同生育期需肥不同

同一药用植物不同生育时期所需营养元素的种类、数量和比例也不一样。一般情况下，植物对矿质营养的需要量与它们的生长期有密切关系。在萌发期间，因种子贮藏有丰富的养料，一般不吸收矿质元素；幼苗可吸收一部分矿质元素，但需要量少，随着幼苗长大，吸收量逐渐增加；开花结实期，对矿质元素吸收达到顶峰；以后，随着生长的逐渐停止，吸收量逐渐下降，至成熟期则停止吸收。以花果入药的药用植物，幼苗期需氮较多，磷、钾可少些；进入生殖生长期后，吸收磷的量剧增，吸收氮的量减少，如果后期仍供给大量的氮，则使茎、叶徒长，影响开花结果。以根及根茎入药的药用植物，幼苗期需要较多的氮（但丹参在苗期比较忌氮，应少施氮肥），以促进茎、叶生长，但不宜过多，以免徒长，另外还要追施适量的磷及少量的钾；到了根茎器官形成期则需较多的钾、适量的磷及少量的氮。

不同药用植物对各种元素的吸收又有一定差异，因此，在不同生育期施肥对药用植物的生长影响会不同，增产效果也有较大的差别。其中，有一个时期施用肥料的营养效果最好，这个时期被称为最高生产效率期（或植物营养最大效率期）。一般药用植物的营养最大效率期就是生殖生长时期。

综上所述，不同药用植物及同一植物的不同品种、不同生育期对肥料的要求都不同，因此，要针对药用植物的具体特点进行合理施肥。

四、药用植物化感作用

药用植物在生长发育过程中向周围环境释放化学物质，从而对其他植物产生直接或间接的有利或不利的影响，称为药用植物的化感作用。这类化学物质可能是根系分泌物、挥发性物质或植物体某一组织器官死亡后的分解产物。这种有利或不利的影响可简单理解为植物间的相生相克。

很早以前，人类就对植物化感作用有所了解，但直到1890年以后才开始有真正意义的相关研究。1937年，奥地利植物学家 Molisch 提出“化感作用”一词。1984年，Rice 在其经典著作 *Allelopathy* 中对其进一步定义为“一种植物（包括微生物）通过向环境释放化学物质而对其他植物（包括微生物）产生直接或间接的有害或有益的作用”。国际化感学会于1996年将化感作用定义为“由植物、真菌、细菌和病毒产生的化合物影响农业和自然生态系统中的一切生物生长发育的作用”。我国植物化感作用研究起步较晚，但发展迅速。2004年在沈阳召开了首届中国植物化感作用学术研讨会暨中国植物保护学会植物化感作用分会筹备大会。此后，关于林木、农作物、蔬菜、中草药及杂草化感作用的研究报道不断出现。

（一）化感物质

植物化感作用的载体是化学物质，被称为化感物质。研究人员现已确定化感物质是植物化感作用研究的核心。迄今发现的化感物质几乎都是植物次生代谢物质，其特征为分子量较小，结构多样，但生物活性较强，主要通过莽草酸和异戊二烯代谢途径产生。Rice 根据化感物质的结构把它们分为水溶性有机酸，包括直链醇、脂肪族醛和酮；简单不饱和内脂，包括长链脂肪族和多炔；萘醌、蒽醌和复合醌；简单酚，包括苯甲酸及其衍生物；肉桂酸及其衍生物；香豆素类；类黄酮；单宁；类萜和甾类化合物；氨基酸和多肽；生物碱和氰醇；硫化物和芥子油苷；嘌呤和核苷等14类。通常，学者将化感物质大致分为酚类、萜类、炔类、生物碱和其他结构5类。如艾的茎和叶产生的挥发性物质及艾的挥发油对3种杂草的幼苗生长均有明显的抑制作用；月桂酸和2，6-二叔丁基苯酚是地黄作用于芝麻的化感物质；阿魏酸、香草酸等酚酸类化感物质可能是造成地黄连作障碍的因子；西洋参根际土壤中存在着易溶于正丁醇和水的三萜皂苷类化合物，对西洋参的生长有影响。

植物根、茎、叶、花、果实和种子等器官在其生育期各阶段都可能产生化感物质，但含量有所不同。同一供体植物对不同受体植物的化感作用也存在差异。

化感物质的释放方式取决于其化学成分的性质，主要释放途径有根系分泌、茎叶挥发（主要是萜类）、雨露淋溶、植物残体腐解等4种。

化感物质的分离鉴定及生物活性测定是确定化感物质的重要步骤。化感物质往往是微量的，在收集、分离和鉴定时有一定的难度。如目前学者多采用土培、水培、基质培等方式分析药用植物根系分泌物的化感物质。广泛采用的提取方法有夹层法、常温吸附法、腐解法、水蒸气蒸馏法和浸提法。提取后再采用树脂法、层析法、分子膜及超滤技术、高效液相色谱、气相色谱、气质联用等手段进行分离和鉴定。最后用种子发芽试验、幼苗生长试验和田间试验对其进行生物测定。

化感作用在逆境中表现尤为强烈，生长在非最佳的养分、温度或湿度条件下的植物比生长在没有压力的环境中的植物对化感作用会更敏感。如高温增强化感物质的活性，低温降低化感物质的活性。

目前对植物化感作用机制的研究多偏重于抑制作用，主要的生理表现为通过影响细胞膜电位和改变膜透性等影响代谢活动；通过抑制线粒体电子传递和氧化磷酸化两种方式影响呼吸作用；通过改变叶绿素合成或作用于光系统 PSⅡ元件从而抑制光合作用和氧的释放；通过降低受体植物中的赤霉素和生长素水平从而抑制植物的生长；通过抑制受体植物 ATP 酶的活性影响受体植物的光合与呼吸作用；还可影响植物对矿质元素的吸收，以及对植物激素、种子萌发所需的关键酶类产生抑制作用。

植物的化感作用有明显的选择性、专一性。如黑胡桃产生的胡桃醌抑制苹果树生长，但对梨树、桃树、李树无影响。

不同浓度的同一化感物质对同一植物会产生抑制或促进两种截然不同的作用。互相作用的两种植物都可能产生并释放出化感物质，但最终作用结果取决于彼此释放的化感物质的相对浓度。如凤眼莲与小球藻和栅列藻均可分泌出抑制对方生长的化合物，只有当其中一方快速生长并形成较大群体时，相应的化感物质累积多、浓度高，就会抑制另一方的生长。

（二）药用植物的化感自毒作用

有些植物释放的化学物质可对同种植物的生长发育产生抑制作用称为植物的化感自毒作用，即植物自身的分泌物和其茎、叶的淋溶物及残体分解产物所产生的有毒物质累积较多时，会抑制同种植物根系生长，降低根系活性，改变土壤微生物系统，从而促进病原菌的繁殖，并导致作物生长不良、发病、死亡。

自毒作用是植物种内相互影响的方式之一，是生存竞争的一种特殊形式。其作用方式具有选择性、浓度效应、共同作用效应等显著特征。当自毒化感物质积累到一定浓度时，就会影响药材的产量和质量。如西洋参茎、叶、须根和根系分泌物中存在活性较高的自毒物质，当自毒物质在土壤中含量为 1 g/kg 时，四年生西洋参则不能生长；地黄生长过程中逐渐积累的根系分泌物是导致地黄连作障碍的主要因子；黄檗枝叶和黄檗果皮的化感作用对自身种子的萌发及幼苗生长都具有抑制作用，是导致黄檗野生种群自我更新障碍的因素之一；凤丹皮中含有香豆素、肉桂酸和丹皮酚等多种次生代谢物，这些物质中含有多种典型的自毒化感物质。

（三）影响植物产品释放化感物质的因子

1. 遗传因子

遗传因子是不同植物产生不同种类、不同数量的化感物质，以及同种植物不同品种或品系产生同一化感物质的能力有所不同的根本原因。如 Fujii 研究了 189 份水稻材料的化感特性，发现热带粳稻材料具有较多的化感特性，其他改良粳稻具有的化感特性较少；Dilday 对水稻化感作用在育种方面的初步研究已得出 ludiaT－43 水稻化感作用是多基因调控的结果。

2. 环境因子

植物化感物质的生成受其生长环境，如光、营养、水分、温度、化学物质等影响较大，尤其是在逆境条件下往往会增加化感物质的产生和释放，如 CO_2浓度升高，水稻根系分泌甲酸和乙酸的总量显著增加。但在有的情况下，植物化感物质的产生也会受到抑制，如凤眼莲的根系在强光照下分泌抑藻化感物质的能力会降低。

3. 微生物

微生物对植物化感作用有直接或间接的影响，主要表现在有的根系分泌物原本无毒性，但进入环境后经微生物作用变为有毒。如桃根分泌的扁桃苷无毒，经微生物分解产生的苯甲酸对桃树苗颇有毒性。与此相反，生理活性较强的莨菪亭和反式肉桂酸因被细菌分解会很快失活。此外，植物的化感物质会对微生物产生作用，进而影响其他植物的生长。如长在松林下的帚石南的活体植株和枯枝落叶能分泌或释放出一种抑制真菌生长的物质，当移走帚石南后，林下就出现了能提高栽培树种生长速率的有益真菌——牛肝菌的孢子体。

（四）化感作用在药用植物栽培中的特点

1. 多年生药用植物化感作用表现更为突出

由于对中药材需求不断增加，野生资源日益减少，人工栽培过程中的连作障碍已成为制约我国中药材生产发展的重大问题。目前，栽培的中药材中有70%以上是根与根茎类药材。许多中药材的根、根茎、块根、鳞茎等地下部分既是吸收和积累营养的器官又是药用部位，这些中药材在人工栽培过程中存在一个突出问题即绝大多数根茎类药材忌连作，连作会使药材品质和产量均大幅度下降。此外，大多数中药材是多年生植物，生长周期长，其与生长周期短的药用植物不同，不仅重茬会导致连作障碍，而且随着栽培年限的增加，药用植物不断地向环境释放化感（自毒）物质，当土壤中有毒物质积累到一定浓度时，就会严重影响中药材的产量和质量，导致减产，甚至绝收。研究结果表明，许多中药材如西洋参、人参、黄连、贝母、地黄等的连作障碍与其化感作用有关。因此，加强中药材化感作用研究，探讨如何合理利用和克服化感作用在中药材栽培中显得尤为重要。

2. 药用植物更易产生化感物质

中药材发挥临床疗效的机制是由其体内某些活性成分的种类和数量决定的，且这些活性成分多为次生代谢产物。中药材栽培追求的目标就是提高这些活性成分的含量，这些产物不仅是药效成分，有些也可能是化感物质，这决定了药用植物的化感作用研究的特殊性。此外在外界环境胁迫条件下，药用植物的有效成分含量可能会增加，同时化感物质产生量与释放量也可能会增加，从而加剧药用植物化感作用的影响。

彻底消除药用植物的化感作用是不现实的。降低化感作用对药用植物连作障碍的影响应该以生态控制为主，建立合理的轮作制度，构建高效的复合群体，这样既能有效利用不同土壤养分，又可以调节土壤中的微生物及微生态群落，控制土壤病害的加剧或蔓延，使其降低甚至消失。

（五）植物化感作用的应用

1. 净化水质

水体富营养化已成为一个严重的环境污染问题，严重的水体富营养化会导致某些藻类异常增殖并形成水华。水华的频繁出现，不仅影响水生生态系统的结构和功能，而且产生的藻类毒素还可能通过食物链影响人类的健康。所以，治理水体富营养化最紧迫的任务之一就是对藻类的治理。

关于水生植物对藻类的化感抑制作用的研究与发现使化感作用开始应用于富营养化水体藻类的控制领域。利用某些水生植物的化感物质抑制藻类的生长，吸收水域中过量养分，则可达到净化水质的目的。利用植物化感作用抑制藻类生长具有生态安全和快速高效的优点。但在水生植物自然分布少或不适合种植大型水生植物的景观水域，应用水生植物抑制藻类的生长具有周期长、短期难以见效等缺点。

近年来，应用水生药用植物来控制藻类爆发已取得一些成效。如应用芦苇浸提液抑制绿藻；应用菖蒲浸提液可以抑制多种藻类。目前应用药用植物抑藻的研究主要集中在海洋赤潮藻类，成效显著。黄连、槟榔、板蓝根、苦参、鱼腥草浸提液对塔玛亚历山大藻的抑藻效应研究表明黄连、槟榔的抑藻效果最好，两者联合使用可以增强抑藻能力。大蒜粗提液对赤潮藻类塔玛亚历山大藻、锥状斯氏藻有较好的抑藻效果，且其抑藻成分稳定，不受高温及长期贮藏的影响。另外，防己、重楼、黄连、贯众都有明显的抑藻效果。

2. 杂草的生物控制和防治

生物入侵已成为全球关注和研究的热点问题，生物入侵在许多地域引发了严重的生态和经济等问题，其中外来杂草的入侵是其主要问题。目前中国有外来杂草 23 科共 108 种，其中近 10 种已成为入侵种。这些外来杂草的入侵已对农林和自然生态系统造成极大的危害。利用植物化感作用控制农田杂草是 21 世纪发展可持续农业的生物工程技术之一。药用植物化感物质作为合成杀虫剂和除草剂的替代物，具有用量较小、非目标毒性、易分解、兼容性好、无污染的特性，其对生物及杂草的控制较安全。如不同浓度的角茴香根和地上部位的水浸液可抑制反枝苋种子的萌发和苗根的生长，表明角茴香中的化感物质具有作为除草剂的先导化合物的可能性。青蒿和龙须草的化感抑制作用有利于其在紫茎泽兰入侵群落中伴生生存，同时，对紫茎泽兰幼苗种群的建立、入侵、扩散也产生一定阻碍作用。益母草水提取物具有明显的“低促高抑”的化感物质特征，且化感作用与植物器官有关。因此，对这些伴生的药用植物，特别是对其化感作用机制的合理利用，可能是一种对入侵杂草进行生态控制的有效途径。

3. 有益植物的合理组合

在药用植物栽培过程中，建立药用植物之间、药用植物与其他作物之间的合理种群格局至关重要。一方面要利用植物之间有利的化感作用，合理地间作、套种，安排茬口；另一方面要采取有效措施，克服不利的化感作用（尤其是自毒），趋利避害，解决中药材连作障碍问题。药用植物与其他作物进行轮作、间作、套种时，不但要考虑光照、温度、水分和营养等因素，而且要考虑化感作用的影响。如茅苍术、京大戟、黄姜（盾叶薯蓣）、半夏和阔叶麦冬 5 种药用植物与花生套种，可有效调节花生根系微生物区系，明显改善花生和药用植物连作障碍。为合理利用耕地，提高土地利用率，林-药、果-药、农-药等复合型栽培模式正在逐渐发展，如在沙棘、云杉和白桦林中间作柴胡、大黄、板蓝根、黄芪等药材取得了成功。

(六) 化感作用在药用植物栽培中的应用前景

1. 确定合理的种植制度

建立合理的轮作、间作和套种的耕作制度，可有效地利用化感作用控制田间杂草及降低作物之间的负效应，减少病虫害，提高作物的营养效应，达到提高作物产量、质量和土地产出率的目的。牡丹和棉花间作、人参与紫苏间作，既可以充分利用地力、空间、光能，达到高产高效的目的，也可以利用作物之间的相生作用减少病虫害的发生。柴胡在秋季播种时可与冬油籽或冬小麦套种，在春季播种时可与春小麦、春油籽、胡麻等作物套种。在前茬为紫苏和施紫苏籽土壤上种植西洋参，其存苗率和生物学质量有显著提高。

轮作是克服连作障碍的有效途径。药用植物化感作用理论研究证明，药用植物的亲缘关系越远，其轮作的效果越好。

2. 培育抗连作品种

化感作用与植物品种显著相关。通过品种选育，可以培育出对化感作用有着较强抵抗能力的优良品种，提高其抗连作性。茅山苍术和英山苍术是苍术的两个不同的化学型，它们对茅山苍术种子具有不同程度的化感作用，表明苍术的自毒现象在种内不同品种间存在着差异。化感物质一般是植物的次生代谢产物，而且受多基因控制。在药用植物品种选育的过程中，可结合化感作用机制的研究，找出控制植物化感作用的某个或某些基因，然后对其基因序列进行修饰，对其化感作用表达进行调控。

3. 调节水肥平衡，减少化感物质释放

在不同的土壤、水分和肥力状况下，药用植物化感物质的分泌有所不同。如在缺磷的土壤中，许多植物能释放酚类化感物质；在低氮土壤中生长的植物释放的酚类化感物质则会减少；氮、磷、硫的缺乏能使向日葵产生大量的咖啡奎宁酸；黑麦在高营养土壤中产生的化感物质羟基肟酸较少。因此，适当调控土壤肥力和水分是降低化感作用的重要途径。

4. 调控土壤生态环境，降解药用植物有毒化感物质

施用有机肥、微生物菌肥、微量元素等，对于调控土壤生态环境、降解药用植物有毒化感物质具有良好效果。接种泡囊丛枝菌（AM）真菌可以显著增加植株对磷、氮及微量元素的吸收。在银杏、荆芥、曼陀罗等药用植物上接种 AM 真菌，均可显著促进植株生长。

5. 加快特殊药用植物的繁育

在药用植物栽培中，有些原产高寒山区、喜阴或生长期短的药用植物的种子具有较深的休眠习性，如西洋参从果实成熟到种子萌发需要 18～22 个月，给西洋参栽培带来很大困难。目前已有研究证明，西洋参果实中存在的多种抑制物质是使其种子休眠的主要原因，现已分离、鉴定出乙酸、丁酸、异丁酸和苯乙酮 4 种抑制物质。除西洋参外，到目前为止，种子中含有抑制物质的药用植物有人参、胡芦巴、山茱萸、伊贝母、茜草、黄连和肉苁蓉等。

总之，植物间的化感作用是当今作物栽培研究的前沿之一，药用植物化感作用的基础研究还相当薄弱，尽管已经取得了一定的研究成果，但仍存一些问题：①化感物质的成分效应。如目前所得到的化感物质均为混合物，具体起作用的化学成分尤其是某种药用植物

特有的化感物质尚不明确，或以单个化感物质为研究对象而忽视了对几种化感物质的协同增效作用的研究。②化感物质的浓度效应。一般情况下，随着浓度的降低，化感物质的抑制或促进作用会逐渐减弱、消失，常呈现“高抑低促”趋势。这种浓度对作用效果的根本逆转现象在化感作用的机制研究和实际应用中都具重要意义。随着药用植物化感物质分离、提取和鉴定工作逐渐发展和深入，药用植物将成为重要的天然杀虫、灭菌与除草剂，同时建立化感作用在药用植物之间或药用植物与农林作物间的作用谱，可为实现有益植物的合理组合奠定基础。此外，具有化感作用这种竞争优势的药用植物也将成为遗传育种中的优质种质资源得到人们的研究和利用。

第三节 药用植物栽培制度、种植模式与土壤耕作

一、药用植物栽培制度

（一）栽培制度

栽培制度是某一地区或生产单位所有栽培作物在空间和时间上的配置方式，即确定栽培作物种类后，配置这些作物所采用的种植体系，包括复种、单作、间作、套作、混作、轮作与连作等。

药用植物栽培制度是药用植物生产的全局性措施。它受当地自然条件、社会经济条件和科学技术水平等的制约。合理的栽培制度既能充分利用自然资源和社会资源，又能保护环境资源，保持农业生态系统平衡，达到药用植物栽培优质、高产的效果，促进农、林、牧、副、渔各产业全面发展。

（二）复种

1. 复种的概念

复种是指在一年内在同一耕地上种植一茬以上作物的种植方式。复种主要应用于生长季节较长、降水较多的暖温带、亚热带或热带地区。复种能提高土地和光能的利用率；提高作物的单位面积及年总产量；减少土壤的水蚀和风蚀；充分利用人力和自然资源。

复种的类型因分类方法不同而不同。按年和收获次数分为一年一熟、一年二熟、一年三熟、一年四熟、二年三熟、二年五熟或七熟。按植物类别和水旱方式分为水田复种、旱地复种、粮食复种、粮肥复种、粮药复种等。按复种方式分为间作复种、套作复种、间套作复种等。

通常采用复种指数来衡量大面积耕地的复种程度。复种指数是指某一地区全年种植总面积和耕地总面积之比。它是衡量耕地利用程度的重要指标，常用百分数表示。例如，某农场有耕地 500 亩，全年作物的种植总面积为 1000 亩，则该农场的复种指数为 200%。

2. 复种的条件

一个地区能否复种和复种程度的高低，受当地的热量、降水量、土壤、肥料、劳力和

科技发展水平等条件的制约。热量条件好、水分充足、无霜期长、总积温高有利于提高复种指数。

（1）热量条件

热量资源是确定能否复种和复种程度高低的基本条件之一。热量是作物生长发育过程中不可缺少的环境因子之一，作物的生长发育需要一定的温度条件，只有当热量累积到一定程度，作物才能完成其整个生育期。热量资源一般以积温表示。积温为大于某一临界温度值的日平均气温的总和，又称活动积温。积温有≥0℃的及≥10℃的。安排复种时，既要掌握当地气温变化和全年≥0℃、≥10℃的积温状况，又要了解各种作物对平均温度和积温的要求。

（2）水分条件

在热量允许的前提下，水分资源状况也是影响复种的因素之一。水分条件包括降水量、灌溉和地下水。降水量不仅要看年降水总量，还要看月分布量是否合理，如过分集中，该地区必然出现季节性干旱，复种就会受到限制。

（3）地力与肥料条件

地力与肥料是限制复种指数和复种方式的条件之一。随着复种指数的提高，作物从土壤中带走了大量养分，地力消耗较大。为保持地力平衡，保证复种有良好收成，必须做到用地与养地相结合。除安排必要的养地作物外，还需要合理耕作，扩大肥源，增施肥料，以保持土壤肥力，使地力经久不衰。

（4）劳力和机械化条件

发展多熟复种还必须与当地生产条件、社会经济条件相适应。在一年一熟至二熟或二熟至三熟的地区，由于上下茬时间衔接较紧，劳力和机械化条件能否满足复种的要求，也是影响复种能否顺利进行的重要因素。

（5）技术条件

除了上述自然、经济条件外，实施复种还必须有一套与之相适应的耕作栽培技术，以克服季节与劳力的矛盾，平衡各作物间热量、水分、肥料等的关系。

3. 复种的主要方式

单独药用植物复种的方式较少见，一般都结合粮食、蔬菜等作物进行复种，就是把待种药用植物作为一种作物搭配在复种组合之内。药用植物复种的主要方式（注："—"表示年内复种，"→"表示年间轮作）有以下3种。

（1）一年二熟制，如莲子—泽泻、冬小麦—菘蓝等。

（2）一年三熟制，如小麦—油菜—泽泻。

（3）二年三熟制，如莲子—川芎→夏甘薯（或中稻）。

（三）单作与间作、混作、套作

1. 单作

单作指在一块田地上一个生育期间只种一种植物的种植方式，也称净种或清种。其优点是便于种植和管理，以及田间作业的机械化。人参、西洋参、牛膝、当归、郁金、云木香等单作居多。

2. 间作

间作指在同一块田地上，同时或同季节成行或成带状（多行）间隔种植两种或两种以上生育季节相近的植物的种植方式。间作可提高土地利用率，减少光能的浪费。通常把多行成带状间隔种植称为带状间作。带状间作利于田间作业，能提高劳动生产率，同时也便于发挥不同植物各自的增产效能。

3. 混作

混作指在同一块田地上，同时或同季节将两种或两种以上生育季节相近的植物按一定比例混合撒播或同行混播的种植方式。混作通过不同作物的合理组合，可提高光能和土地的利用率，达到增产保收的目的。如选用耐旱涝、耐瘠薄、抗性强的作物组合，能减轻旱涝等自然灾害及病虫害的影响。

混作与间作都是由两种或两种以上生育季节相近的植物在田间构成复合群体，增加田间种植密度，充分利用空间，提高光能利用率，两者只是配置形式不同，间作利用行间，混作利用株间。在生产上有时把间作和混作结合起来。

4. 套作

套作指在同一块田地上，前茬植物到了生育后期，在其株、行或畦间种植后茬植物的复种方式。套作多应用于一年可种两季或三季作物的地区。它把两种生育季节不同的植物一前一后搭配起来，充分利用了时间，缓和了农忙期间的用工矛盾，同时充分利用了空间，使田间在全部生长季节内始终保持了一定的叶面积指数，提高了土地利用率。

（四）间作、混作、套作的运用原则

间作、混作、套作在人为调节下充分利用了不同植物间的某些互利关系，使其组成合理的复合群体结构。它们使复合群体既有较大的叶面积，又有良好的通风、透光条件，充分利用光能和地力，保证稳产增收。但在实施过程中应把握下面几个原则。

1. 作物种类和品种搭配必须适宜

药用植物、蔬菜等都具有不同的形态特征和生理生态特性，将它们间作、混作、套作在一起构成复合群体，以达到互利互惠、减少竞争的目的时，必须选择适宜的植物种类或品种进行搭配。在品种搭配时，可选择高秆与矮秆的搭配、深根与浅根的搭配；从适应性方面考虑，要选择喜光与耐阴、耗氮与固氮等植物进行搭配；从品种熟期上考虑，间作、套作中的主作物生育期可长些，副作物生育期要短些，而混作中作物的生育期要一致。

2. 密度和田间结构必须合理

合理的密度和田间结构是解决间作、混作、套作中植物间竞争水、肥、气等一系列资源的关键措施。间作、混作、套作时，其植物要有主副之分，既要处理好同一植物个体间的矛盾，又要处理好间作、混作、套作植物间的矛盾，以减少植物间、个体间的竞争。

3. 栽培管理措施必须与作物的需求相适应

在间作、混作、套作时，虽然合理安排了田间结构，但不同作物在不同生育期对土壤肥力、光照、水分等均有不同要求，依然可能存在争光、争肥、争水的矛盾，因此必须认真考虑，做好前期准备工作。

（五）间作、混作、套作类型

1. 间作、混作类型

药用植物间作、混作主要有以下几种类型。

（1）粮药、菜药间作、混作

将粮食或蔬菜作物与药用植物进行间作、混作，如玉米（高粱）＋穿心莲（紫苏、金钱草、细辛、贝母、车前、川芎）；马铃薯（甘薯）＋洋金花（长春花、枸杞、木瓜）等。

（2）林（果）药间作、混作

适宜林下或果树下栽培的药用植物，应根据林（果）植物的不同生育期选择不同习性的药用植物实施间作、混作。一般幼林（果）阶段其行（株）间有较充足的光照，可间作、混作多种药用植物，但进入成年林（果）期后，往往适宜间作、混作一些喜阴、矮秆药用植物，如人参、西洋参、黄连、三七、细辛、草珊瑚等。

（3）药药间作、混作

如薏苡与紫苏、黄芪与大黄、杜仲与穿心莲等。

2. 套作类型

以棉花为主的套作区，可套种红花、芥子、王不留行；以玉米为主的套作区，可套种郁金、穿心莲等。

（六）轮作与连作

轮作是指在同一块田地上按照一定的顺序轮换种植植物的栽培方式。其又分为植物轮作和复种轮作，前者指不同植物之间的轮作方式，后者指不同复种方式之间的轮作方式。

要确保植物种类和种植面积的稳定，就需要有计划、合理地进行轮作，即在时间和空间上安排好各种植物的轮换。单一植物轮作容易安排；复种轮作时，要按复种的植物种类和轮作周期年数划分好地块。通常轮作区数（各区面积大小相近）与轮作周期年数相等，这样才能逐年换地，循环更替，周而复始地进行轮作。

连作是指在同一块田地上重复种植同种（或近缘）植物或以同一复种方式连年种植的栽培方式。前者又称单一连作，后者又称复种连作。复种连作与单一连作也有不同。复种连作在一年之内的不同季节用不同植物进轮换，只是不同年份同一季节栽培的植物每年相同，而且它的前后种植作物及栽培耕作方式等也相同。

1. 连作障碍及其原因

连作障碍是指连续在同一区域或生产单位土壤上栽培同种或近缘作物后引起的作物生长发育不良、产量和品质下降的现象。连作障碍发生的原因主要包括土壤养分过度消耗、病虫害增加和土壤有毒物质累积等。其中土壤有毒物质主要来自植物挥发、淋溶、直接分泌或植株降解等，这些物质改变了土壤理化性质及土壤微生物种类和数量，从而影响后茬作物的产量和品质。许多药用植物，如地黄、人参、玄参、北沙参、川乌、白术、天麻、当归、大黄、黄连、三七等都存在连作障碍的问题。连作障碍产生的具体原因主要有以下几个方面。

（1）土壤养分失衡，导致难以满足植物生长发育全程或某个生育时期的养分需求。

（2）土壤微生物群落结构改变，病原、害虫侵染源增多，导致发病率、受害率加重。

（3）土壤中植物自身代谢的自毒物质的增加。

（4）土壤理化性质的改变。

2. 合理轮作的作用

合理轮作可明显提高药用植物的产量和质量，其作用主要表现为以下几点。

（1）均衡利用土壤养分

各种作物从土壤中吸收各种养分的数量和比例各不相同。以全草入药的药用植物需氮、磷较多，豆科药用植物需钙较多且能增加土壤中的氮素含量。深根作物可以利用由浅根作物溶脱而向下层移动的养分，并把深层土壤的养分吸收、转移上来后留在根系密集的耕作层，深根系和浅根系作物的轮作可以调节土壤肥力。因此，作物轮作有利于土壤养分均衡利用，避免其片面消耗。合理轮作容易维持土壤肥力均衡，做到用养结合，充分发挥土壤潜力。

（2）减少病、虫、草害

许多病虫害对寄主都有一定的选择性，且它们在土壤中都有一定存活年限。因而将感染病、虫的寄主作物与非寄主作物实行轮作，便可消灭或减少这种病、虫在土壤中的数量，减轻病虫害。另外，不同作物栽培过程中所运用的农业措施不同，对田间杂草具有不同的抑制和防除作用。

（3）改善土壤理化性状，减少有毒物质

具有庞大根系的禾谷类作物可疏松土壤、改善土壤结构。绿肥作物可直接增加土壤有机质来源。水旱轮作有利于土壤通气和有机质分解，消除土壤中的有毒物质。

3. 药用植物轮作应注意的问题

（1）叶类、全草类药用植物，如大青叶、毛花洋地黄、薄荷、细辛、颠茄、荆芥、紫苏、泽兰等喜肥植物，要求土壤肥沃，需氮肥较多，宜与豆科作物轮作。

（2）用小粒种子进行繁殖的药用植物，如桔梗、柴胡、党参、香薷、藿香、穿心莲、紫苏、牛膝、白术等，播种覆土浅，易受草害，应选豆茬或收获期较早的中耕作物作前茬。

（3）同一科植物或同是某些病害的寄主植物，或同是某些害虫取食的植物，不宜轮作。如地黄与大豆、花生有相同的胞囊线虫，枸杞与马铃薯有相同的疫病等，安排茬口时要特别注意，可分年轮换。

二、药用植物种植模式

（一）药用植物种植模式的概念及内涵

传统意义上的种植模式是指一个地区或生产单位在特定的自然和社会经济条件下，为了实现作物高产高效和农业资源可持续利用，在一年内于同一农田上采用的特定作物种类与时空配置的规范化种植方式，其是基于作物布局进行分类的种植方式，包括间作、套作、轮作等，但药用植物种植模式不局限于此。近年来，学者们提出了生态种植模式、定向培育模式等多种新型种植模式。越来越多的学者认为，药用植物种植模式应当指以栽培出产量高、品质佳、疗效好的中药材为目标，综合生态学、经济学、社会学等多方面的考量所采取的系统种植方式，如图 2-2 所示，包括基于作物布局、人工干预程度及总体理念指导下的种植方式。

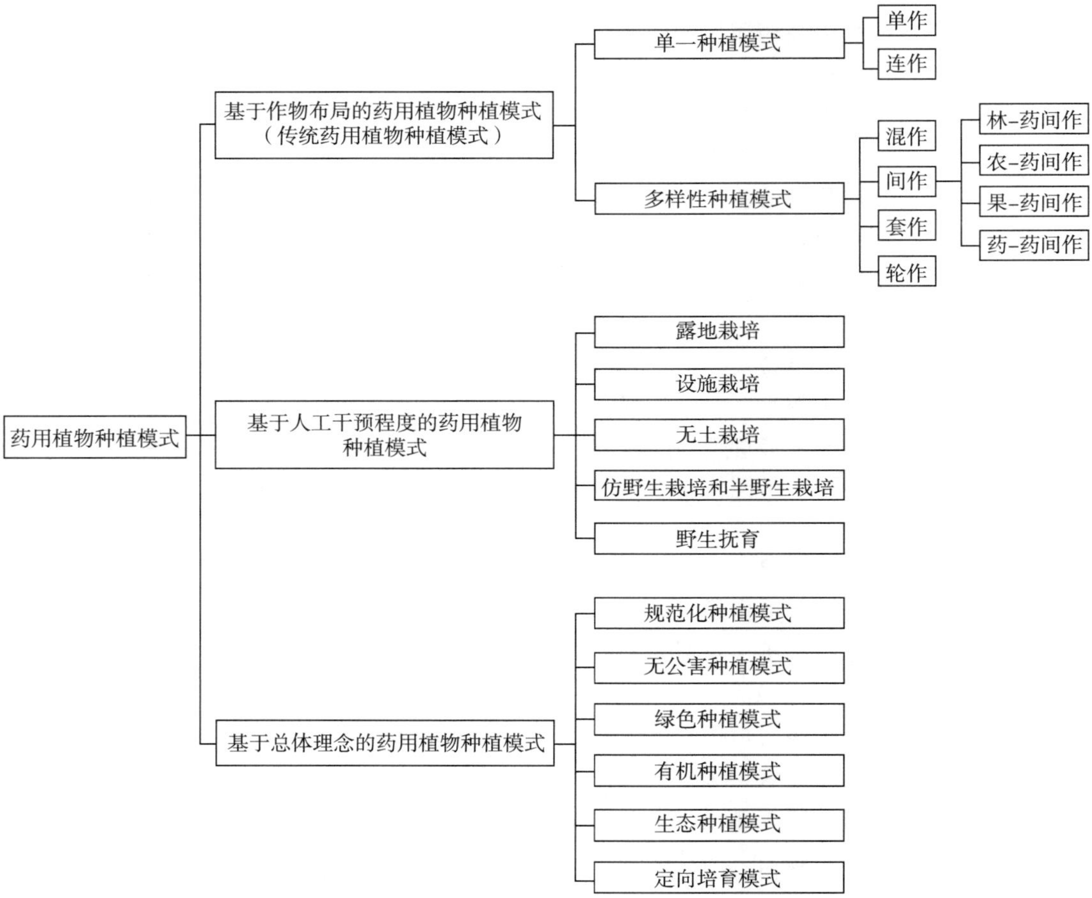

图 2-2　药用植物种植模式分类

（二）基于作物布局的药用植物种植模式

基于作物布局的药用植物种植模式属于传统意义上的种植模式，根据是否有多种作物搭配种植可分为单一种植模式和多样性种植模式。后者可实现时间、空间利用最大化，为现在研究推广的重点。

1. 单一种植模式

单一种植模式是种植单种中药材的种植方式。

（1）单作

轮作模式下，每一阶段的种植模式亦可称为单作。如人参、当归、地黄等以单作居多。单作模式下，单种中药材种植量大、生理特性一致，易于田间管理和机械作业，但因缺乏生物多样性，易发生病、虫、草害。

（2）连作

部分中药材存在连作障碍，尤以根及根茎类药材为主。据学者研究，连作障碍的成因主要有土壤理化性质改变，肥力下降；土壤病虫害加剧；作物的化感自毒作用。连作障碍可通过与其他作物间作或轮作得以缓解，但部分中药材需求量大、经济效益高，存在连作的必要。有研究者在采收黄连后的当年对实验组土地施硫和有机肥后继栽黄连，结果显示，未经土壤处理的对照组表现出明显的连作障碍，而实验组黄连长势茂盛，这表明黄连具有连作的可能性。蚕沙发酵有机肥能提高连作杭白菊土壤中细菌的多样性水平，缓解连作障碍，使杭白菊得以连作。这表明根据连作障碍的形成原因，对土壤进行人工干预，改善土壤性质，可使连作得以实现。

2. 多样性种植模式

多样性种植模式是多种作物搭配种植的种植方式，包括混作、间作、轮作和套作。与单一种植模式相比，此类种植模式能够集约化利用时间和（或）空间，促进药材生长，提高经济效益。

（1）混作

混作是指在同一块田地上，同时或同季节将两种或两种以上生育期相近的植物按一定比例混合撒播或同行混播的种植模式。研究表明，混作对作物根的生长、生物量的积累及养分的吸收等多方面都有影响。选取适宜的作物进行混作，可实现优势互补，充分利用养分、光照等资源，防治病虫害。但混作模式下的机械化程度较低，田间管理较为困难，应用不如间作广泛。

（2）间作

间作是一种集约化利用空间的种植模式，应选择生理特性互补、生存竞争小的作物搭配种植，如高秆作物与矮秆作物搭配、深根系作物与浅根系作物搭配等。间作对土壤理化性质及土壤肥力均有一定影响，在一定程度上可缓解连作障碍。中药材与其他作物间作可提高产量和质量，还可改良土壤性质，改善生态环境，缓解土地资源紧张的现状，增加种植户的经济收入。根据搭配种植的作物种类，药用植物间作可分为林-药间作、农-药间作、果-药间作及药-药间作。

① 林-药间作

中药材与非药用乔木相间种植的模式称为林-药间作模式。乔木间距较宽，利用林下土地种植适宜的中药材，不会阻碍乔木正常生长，同时乔木树冠能给中药材提供一个荫蔽的生长环境，有利于喜阴中药材的生长。人参野生资源稀缺，林下参生长环境与野山参相似，在一定程度上可代替野山参使用。乔木生长周期长、收益慢，与中药材间作可增加地块总体经济效益。如千年桐分别与草珊瑚、玉竹、山豆根、金银花、菊花间作，综合效益均高于千年桐纯林。辽宁盖州作为关药的道地产区，可在林下间作人参、淫羊藿、细辛等中药材，在保证药材道地性的同时，还能提高经济效益。许多学者均认为，林-药间作能提高生物多样性，改善土壤环境，提升生态水平，提高药材产量和质量。

② 农-药间作

中药材与普通农作物相间种植的模式称为农-药间作模式。玉米茎秆高，与矮秆作物的空间竞争小，又可起到遮阴作用，是最常用于农-药间作的农作物。研究显示，玉米与柴胡、白及、丹参等多种中药材间作均有良好收益。实验表明，苜蓿、三叶草分别与山药间作，均可改善土壤性质，为山药正常发育提供良好环境。桔梗与辣椒间作，可改善土壤微环境，减轻病虫害，提高药材产量和品质。可见，农-药间作可有效缓解药粮争地的矛盾，实现药粮双丰收。

③ 果-药间作

中药材与果树相间种植的模式称为果-药间作模式。在花椒建园后的前两年间作红芪，对花椒树生长影响较小，且红芪产量大、效益高。在文冠果树行间间作黄精，可解决果树栽种前期无产出的问题。实践表明，板栗与玉竹间作的产值比纯栗园高 3 倍，且玉竹能固着土壤，可缓解水土流失问题。因此，在果树栽培初期合理利用空间与中药材间作，可大幅增加果树盛产期前的收入，提高果园综合效益。

④ 药-药间作

两种及以上中药材相间种植的模式称为药-药间作模式。川贝母根系浅，藁本根系深，两者间作能使土壤得到充分利用。实验表明，丹参分别与薄荷、紫苏、苜蓿间作，根部鲜质量、干质量、活性成分含量均显著增加。研究显示，东北铁线莲与辽藁本间作能有效控制辽藁本白粉病和叶斑病的发生及华北蝼蛄、东北大黑鳃金龟、菊小长管蚜和宽边黄粉蝶 4 种虫害的短暂发展。这表明药-药间作不仅能充分利用资源，促进药材生长，部分药材还能起到防治病虫害的作用，减少农药的使用。

（3）套作

套作是一种集约化利用空间和时间的种植模式，能缓解季节矛盾，提高复种指数。中药材可与多种粮食作物套作，如玉米、小麦、大豆等。北柴胡与玉米套作，能有效避免幼苗灼烧现象，降低酷暑影响。白术套作玉米后，叶斑病、根腐病发病率降低，药材产量增加。芍药种植周期长，土地利用率低，与大豆套作能增强土壤肥力，增加药材产量，同时获得大豆带来的收益。套作解决了茬口衔接问题，避免了土地的闲置，且前茬作物还能起到遮阴作用，促进了后茬作物生长。

（4）轮作

轮作是一种集约化利用时间的种植模式，也是防治连作障碍的有效措施。采用轮作模式种植时应尽量选取生育期相衔接的两种作物，以保证作物有充足的时间积累养分。根据栽培作物的种类，药用植物轮作可分为药-药轮作和药-粮轮作。研究表明，川牛膝与黄连轮作可有效控制病虫害。人参和西洋参均存在严重的连作障碍，但两参轮作后便可正常生长，有效地解决了老参地的问题。目前，土地资源紧缺，采用药-粮轮作如菊花与小麦轮作，可在缓解连作障碍的同时减少粮药争地的矛盾。另外，水-旱轮作应用广泛，与连续旱作相比，改善了土壤理化性质，更利于下茬作物生长。研究显示，元胡、西红花、贝母等中药材与水稻轮作，均取得了良好效果。部分害虫对寄主有较强的选择性，选择与非寄主植物轮作，可使害虫失去寄主而死。采用轮作模式可有效避免连作障碍的发生，确保作物的产量与质量。轮作与间作、套作、混作不同，只适合集约化大规模种植，散户种植的话难以管理，无法保障实施。

（三）基于人工干预程度的药用植物种植模式

农作物普遍采用露地栽培和设施栽培的种植模式，无土栽培在蔬菜种植上也有一定应用，这些模式对药用植物种植同样适用。但与一般农作物不同，药用植物在保证产量的同时，还应追求有效成分的含量。为保留药性，应尽量使药用植物生长在自然环境下，减少人工干预。因此，在仿野生栽培、半野生栽培、野生抚育模式下生产的中药材道地性更强、疗效更佳。

1. 露地栽培

露地栽培是指在没有遮蔽物的土地上种植作物的栽培方式。藁本、半夏、天麻等多种药用植物均有露地栽培的文献记载。该模式简单易行，只需对土壤进行耕作，节省了搭建设施的费用。该模式的不足之处在于作物受自然环境影响较大，会受风雨等不可控因素侵袭。对生长环境要求不高的药用植物可采取露地栽培的模式。

2. 设施栽培

设施栽培是指利用大棚、温室等设施人为创造出适宜作物生长环境的栽培方式，又称保护地栽培。人工设施所形成的小气候条件可打破季节限制，保护药用植物免受自然条件影响。设施栽培在药用植物种植中应用广泛。如霍山石斛野生资源匮乏，目前多种植在温室大棚里。在黄河三角洲地区设置大棚种植管花肉苁蓉，可有效解决冬季低温冻害、夏季暴雨淹没的问题。利用设施调控光照、温度、湿度等环境条件，可使人参生长物候期延长，减轻病虫害威胁，促进人参生长。由此可见，设施栽培尤其适用于对生长环境要求苛刻的药用植物的种植。

3. 无土栽培

无土栽培是一种用营养液及其他基质代替天然土壤的种植模式。该模式具有提高作物产量和品质、减少病虫害、节省劳动力等优点。将山药栽培在填有基质的套管中，可避免深翻土壤而耗费人工。对太子参的相关研究表明，无土栽培能显著防治根腐病、白绢病等土传病害，并可在一定程度上缓解因土传病害引起的连作障碍，但对非土传病害无明显影响。营养液的配制是无土栽培的关键，营养不平衡会阻碍细胞发育，影响作物代谢。学者们对桔梗、铁皮石斛等药用植物所需基质与营养液的配方研究已初具成效。无土栽培的不足之处在于初期投资大、所需技术人员的专业性强、对环境卫生要求高。目前，该模式多用于花卉、蔬菜等种植，在药用植物种植上应用较少。

4. 仿野生栽培和半野生栽培

两者均为确保中药材道地性的新型种植模式。仿野生栽培是指在基本没有野生目标药材分布的原生环境或类似的天然环境中，完全采用人工种植的方式，培育和繁殖目标药材种群的种植模式，如图 2-3 所示。仿野生栽培的药材品质与野生药材相近甚至更优。如山西浑源仿野生黄芪的黄酮和皂苷类成分含量均高于野生品。西藏波密仿野生天麻的天麻素约为当地野生天麻的 4 倍。仿野生丹参的药效成分含量虽略低于野生丹参，但产量远远大于野生品。仿野生栽培既保留了药材原来的生长环境特点，又通过适当的人工干预去除了不利因素，故能培育出产量大、品质佳的优质药材。根据《中药材生产质量管理规范》（GAP）中关于半野生药用动植物的解释，半野生栽培是指对野生或逸为野生的药用植物辅以适当人工抚育和中耕、除草、施肥等管理的种植。对甘草实施半野生栽培，可减轻野生甘草采挖压力，生态、社会、经济效益均十分显著。研究者对祁白术的成分分析结果表明，半野生品与野生品成分相似，与栽培品差异较大。这表明在中药材野生资源匮乏的情况下，半野生栽培是值得推广的模式。

图 2－3　石斛、天麻的仿野生栽培

5．野生抚育

野生抚育具有广义和狭义两个概念。广义的野生抚育包括仿野生栽培，而狭义是指根据药用植物生长特性及对生态环境的要求，在其原生长环境中人为或自然增加种群数量，以便人们采集利用，并能继续保持群落平衡的种植模式。该模式是药用植物栽培与采集的有机结合。目前，重庆南川的八角莲、四川平武的华中五味子的野生抚育已取得一定成效。野生抚育通常应用于野生资源匮乏、人工种植困难的中药材，是保护野生中药资源及实现合理利用的有效方法。

（四）基于总体理念的药用植物种植模式

药用植物栽培不是孤立的存在，其发展与生态、经济、社会等各方面息息相关。为确保中药材品质的安全、稳定、可控，需对药用植物种植的全过程进行宏观调控。基于此，学者们提出了规范化种植模式、无公害种植模式、绿色种植模式及有机种植模式，以期指导中药材合理种植。为了改善生态环境，实现资源利用最大化，学者们还提出了生态种植模式，以期推动中药材种植业的可持续发展。在“精准医学”思想的启发下，学者们新近又提出了“精准药材定向培育”理念，即定向培育模式，以期在临床上实现更精准的用药。多种种植模式被不断提出，并在中药材生产实践中逐渐改进、完善，更好地促进了中药材种植业的发展。

1．规范化种植模式

该模式是指在传统种植经验的基础上，以 GAP 为指导制定的规范化种植方式。目前，决明子、滇重楼、南苍术等多种中药材都有了规范化种植标准操作规程（SOP）。GAP 自 2002 年实行以来暴露出许多问题，如条例脱离生产实际、认证费用高、认证完成后监管缺失等，实施效果不佳，未能达到初衷，于2016年取消。有学者指出，在GAP认证取消的前提下，强调规范化种植意义不大。但也有学者认为，为了从源头确保中药材质量，实施规范化种植很有必要。至于如何制定和实施规范，还有待进一步商榷。

2. 无公害种植模式

无公害种植在种植过程中可以使用人工合成的农药与化肥，但有毒、有害物质残留量要控制在质量安全允许范围内。目前，无公害栽培技术在独活、芍药、穿龙薯蓣等多种中药材栽培上已得到应用。我国中药材农药残留超标问题突出、重金属污染严重，不仅影响了药材质量，也限制了中药材的出口。在无公害种植中，防控病虫害应本着“预防为主，综合防治”的基本原则，运用农业、生物、物理防治手段代替化学防治，大幅减少化学农药的使用。农业农村部近期提出，鼓励无公害产品向绿色、有机产品转型。因此，无公害种植模式将逐渐被绿色种植模式及有机种植模式取代。

3. 绿色种植模式

农业农村部对A级绿色食品和AA级绿色食品的产地环境、技术条件分别做出了规定，故绿色种植应分为A级和AA级。A级绿色种植允许使用农药与化肥，但对用量和残留量有着比无公害种植更为严格的规定。种植地的水质、大气、土壤质量均应符合相关标准，在种植过程中，尽量使用腐熟的农家肥，减少化肥的用量。在病虫害防治方面，应以其他防治为主，化学防治为辅，这一点在射干、桔梗、甘草等中药材的绿色种植过程中均有体现。AA级绿色种植要求更为严苛，与有机种植相同，不能使用任何人工合成物质，采用多样化种植方式，提高肥料利用率，绿色防控病虫害，实现用地、养地相结合，坚持可持续发展的理念。

4. 有机种植模式

有机种植模式要求在种植过程中不能使用任何农药、化肥、激素等人工合成物质及转基因技术。如使用发酵的有机肥种植库拉索芦荟，制肥原料需先进行碳氮含量和重金属含量检测，合格后方能使用。在有机粉葛的种植过程中，使用诱虫灯、糖醋液等诱杀害虫，并采用小檗碱等有机生物制剂防治病害。该模式在种植出高品质的有机中药材的同时，还避免了化学农药对耕作者身体的伤害。在有机种植前期，土壤养分供应不足，导致中药材产量较常规种植显著下降，但随着种植年限的增加，产量会逐渐上升并最终超过常规种植。有机种植模式对种植过程中使用的物质、土壤及周围环境有严格的要求，专业技术性强，适合集约化大规模种植，便于统一管理。

5. 生态种植模式

生态种植模式是指应用生态系统的整体、协调、循环、再生原理，结合系统工程方法，综合考虑社会、经济和生态效益，充分应用能量的多级利用和物质的循环再生，实现生态与经济良性循环的生态农业种植方式。生态种植模式内涵丰富，能保护环境、合理利用资源的种植模式均可归属此类。其中，与畜牧业等其他产业结合，实现废物利用最大化的循环种植模式在生态种植中应用广泛。如黄芪茎、叶含优质蛋白等多种有益成分，采挖后作为牛羊等牲畜饲料，可提高牲畜免疫力，促进牲畜生长；牛羊粪便腐熟后又可还田作为黄芪种植的有机肥料，实现农牧互养。甘肃菁茂生态农业科技股份有限公司已完成“甘草＋羊”循环产业链的打造，形成种养一体的循环模式。内蒙古地区地广人稀，生态种植基础雄厚，对黄芪、肉苁蓉、赤芍等药材进行生态种植均取得了良好效果。从生态学的角度看，机械化种植、使用大量农药与化肥的化学农业是不可持续的，而环境友好型的生态种植对改善环境、保护资源有着积极作用，是实现可持续发展的先进种植模式。生态种植在实际应用中往往又包含多种种植模式，除循环种植模式外，前文提到的间作、轮作等多样性种植模式及仿野生栽培等反映“拟境栽培”理念的种植模式均属于生态种植模式的范畴。

6. 定向培育模式

定向培育是指通过定向选择种质、栽培产地、抚育管理、采收加工方法及不同空间部位，培育在不同功效上有针对性特长的“精准药材”的种植模式。如桔梗用途广泛，以提高产量和品质为目的，我国育种专家已选育出一系列新品种。使用定向培育模式生产的中药材，在临床上可实现更为精准的对症用药，推动“精准医学”的发展。如根据何首乌的多种成分，学者提出了低毒型、补益型、通便型和解毒型何首乌精准药材定向培育生产体系。中药材成分复杂，通常具有多种功效，通过定向培育可增加所需提取成分的含量，能够提高药材利用率。针对某种病症培育出对应有效成分含量高的药材，理论上能够减少药材用量，更精准地治疗疾病。但中药作用机制复杂，并非单一成分起作用，而破坏了药材自然条件下的成分含量比例，能否提高药效在目前并不确定。故此模式是否应当全面推广还有待商榷。

由于广大学者的不断探索，中药材种植业得以迅速发展。近年来，中药材种植面积不断增加，但散户种植缺乏理论指导，药材质量参差不齐，影响临床使用。优质中药材的培育离不开合适、正确的种植模式。目前，虽不乏对各种具体种植模式的研究报道，但部分种植模式概念仍较模糊，且分类存在交叉。

对药用植物种植模式的梳理旨在更加清晰、明确地指导生产，故需要在实践中不断对其进行改进、完善。同时，应积极构建药用植物新型种植模式，努力提高经济、生态、社会等多方效益。药用植物栽培前景广阔，虽然目前药用植物栽培缺乏系统性、科学性的理论指导，但随着研究的进一步深入，更加完善的药用植物栽培模式将会不断涌现，为中药材产业的发展提供坚实保障。

三、土壤耕作

（一）药用植物对土壤的要求

药用植物对土壤总的要求是具有适宜的土壤肥力，能满足药用植物在不同生长发育阶段对土壤中水、肥、气、热的要求。栽培药用植物的理想土壤应当有以下特征：（1）有深厚的土层和耕层，整个土层最好深达 1 m 以上，耕层至少在 25 cm 以上，有利于保蓄水分、贮存养分及根系发展；（2）耕层土壤松紧适宜，并相对稳定，能协调水、肥、气三者之间的关系；（3）土壤质地沙黏适中，含有较多的有机质，具有良好的团粒结构或团聚体；（4）土壤 pH 适度，地下水位适宜，土壤中不含有过多的重金属和其他有毒物质。

通常情况下，栽培植物和杂草在从土壤中吸收大量水分和养料的同时，其根系深入土层会对土壤产生理化、生物等作用；栽培管理过程中的施肥、耕作、灌溉、排水等作业，具有调节、补充土壤中水、肥、气、热的作用，但同时又破坏表土结构，压实耕层。因而经过一季或一年生产活动之后，耕层土壤会由松变紧，有机质减少，孔隙度越来越小。因此土壤耕作已成为药用植物种植过程中必不可少的生产环节。

（二）土壤耕作的目的

土壤耕作是指在生产过程中，通过农机具的物理机械作用改善土壤耕层构造和表面状况的技术措施。土壤耕作的主要目的有以下几个方面。

1. 改良土壤耕层的物理状况和构造，协调土壤中水、肥、气、热等因素的关系

经过一季或一年生产活动后，耕层土壤会由松变紧，孔隙度变小，土壤肥力下降，影响后作植物的生长。耕作的目的之一就是疏松耕层，增加土壤总孔隙和毛管孔隙，增加土壤的透水性、通气性和蓄水量，提高土壤温度，促进微生物活动，加速有机质分解，增加土壤中有效养分含量，为药用植物的种子萌发、幼苗移植和植株生长创造良好的耕层状态。

2. 保持耕层的团粒结构

在药用植物种植过程中，由于自然降水、灌水、人、畜、机械力等因素的影响，以及有机质分解，耕层上层（0～10 cm）的土壤结构易受到破坏，逐渐变为紧实状态，而土壤下层由于根系活动和微生物作用，结构性能逐渐恢复，受破坏较轻，结构性能较好。通过耕翻，调换上下层位置，可使受到破坏的土壤结构得以恢复。

3. 创造土肥相融的耕层

土壤耕作可使施于土壤表面的肥料通过正确的耕作措施翻压、混拌于耕层之中，促进其分解，减少损失，使土肥相融，增进肥效。

4. 清除杂草，控制病虫害

田间杂草往往是产生病虫害的主要场所，通过土壤耕作清除杂草有利于控制病虫害。

5. 创造适合药用植物生长发育的地表状态

土壤耕作可有效控制土壤水分的保蓄和蒸发，创造适合药用植物生长发育的地表状态。

（三）土壤耕作的时间和方法

1. 翻地

翻地的时间与方法要依据各地的气候和所栽培药用植物的特性来确定。

（1）深耕

深耕就是把田地深层的土壤翻上来，把浅层的土壤翻入深层。深耕具有翻土、松土、混土、碎土的作用，促使深层的生土熟化，增加土壤中的团粒结构，加厚耕层，改善土壤水、气、热状况，提高土壤的有效肥力，同时还能清除杂草、防除病虫害等。合理深耕具有显著的增产效应。深耕时应注意以下几点。

① 耕翻深度要因地制宜

底土结构良好、有机质含量较高或表土层中黏土层较厚的可以耕深些，飞沙土和河边沙土不宜深翻。就大多数药用植物根系分布来说，50％的根量集中在 0～20 cm，80％的

根量集中在 0～50 cm。因而，在 0～50 cm 深度时，药用植物产量随深度的增加而有不同程度的提高，但深耕增产并不是越深越好。试验表明，耕翻深度以 30～40 cm 为宜，因为达到一定深度后，土壤中氧的含量变少、温度降低、有效养分缺乏，不利于根系的生长。不同的药用植物对深耕有不同的要求，深根性药用植物如黄芪、甘草、牛膝、山药应超过一般耕翻深度，而平贝母、川贝母、半夏、耧斗菜、黄连等浅根性药用植物应低于一般耕翻深度。

② 分层深翻，不乱土层，不要一次把大量生土翻上来

因为底层生土有机质缺乏、养分少、物理性状差，有的还含有亚氧化物，翻上来对植物生长不利。土壤一般要求熟土在上，生土在下。机耕应逐年加深耕层，以每年加深 2～3 cm为宜。

③ 深翻结合施肥

此举有利于土肥相融，改善土壤理化性质，提高土壤肥力。

④ 旱地注意耙耢保墒，排水不良地块注意排水

干旱地区注意要依据墒情耕作，冬翻保墒或雨后耙耢保墒，尽量减少机械作业次数。对排水不良的地块，应结合深翻，挖好排水沟。

⑤ 注意水土保持

药用植物种植用地多为坡地、荒地，坡地应横坡耕作，可以减缓径流速度，防止水土流失。

⑥ 深耕宜在晴天进行

深耕要在晴天适时进行，不要在土壤湿度过大时深翻，以免土壤板结，破坏结构。

（2）翻地时期

全田耕翻要在前作收获后才能进行，其时间因地而异。一般以在秋、冬季节土壤结冻前最适宜，使土壤有较长时间的熟化过程，既可增加土壤的吸水力，又可消灭土壤中的病、虫源，还能提高春季土壤温度。如果没条件冬翻，来年春季必须尽早深耕。我国东北、华北、西北等地冬季寒冷，翻耕土地多在春、秋两季进行；长江以南各地冬季温暖，许多中药材长年均可栽培，一般是随收随耕。

我国北方的春耕是给已秋耕的地块耙地、镇压保墒和给未秋耕的地块补耕，为春播和秧苗定植做准备。为防止跑墒，对于上年秋翻的地块，多在土壤解冻 5 cm 左右时开始耙地。对于那些因前作收获太晚或因其他原因没能秋耕的地块，第二年必须抓住时机尽早耕翻，早耕温度低、湿度大，易于保墒。春耕应适当浅耕（16～20 cm），力争随耕随耙，必要时可进行耙耢和镇压作业，以减少对春播植物的影响。

2. 表土耕作

表土耕作是用农机具改善 0～10 cm 深度的耕层土壤状况的措施，主要包括耙地、耢地、镇压、畦作、垄作、中耕等作业，多数在耕地后进行。

（1）耙地

耙地指在翻地后利用各种耙，如圆盘耙、钉齿耙、弹簧耙平整土地的作业。耙深一般为 4～10 cm。耙地可以破碎土垡、疏松表土、保蓄水分、增高地温，同时具有平整地面、

混拌肥料、耙碎根茬和杂草等作用，还可减少蒸发、抗旱保墒。

（2）耢地

耢地又称耱地，是我国北方干旱地区在耙地之后或与耙地结合进行的一项作业。传统方法多用柳条、荆条、木框等制成的耢（耱）拖擦地面，使土壤形成 2 cm 左右的疏松覆盖层，下面形成较紧实的耕层，以减少土壤表面蒸发，同时也有平地、碎土和轻度镇压的作用。耢地是我国北方干旱地区或轻质土壤常用的保墒措施。

（3）镇压

镇压指耕翻、耙地之后利用镇压器的重力作用适当压实土壤表层的作业。镇压是常用的表土耕作措施，可使过松的耕层适当紧实，减少水分损失；也可使播后的种子与土壤接触紧密，有利于种子吸收水分，促进发芽和扎根；还可消除耕层的大土块和土壤悬浮，保证播种质量，使出苗整齐、健壮。

（4）畦作

畦作是我国多雨地区或地下水位高的地区精耕细作的一种耕作栽培方式。作畦的目的主要是控制土壤中的含水量，便于灌溉和排水，又可减少土壤水分蒸发，调节土壤温度和通气条件。通常我国北方的畦宽为 100～150 cm，我国南方为 130～200 cm，畦高多为 15～22 cm。常见的有平畦、低畦、高畦 3 种。

平畦适用于雨量均匀、不需经常灌溉的地区或雨量均匀、排渗水良好的地块。平畦保墒好，便于耕作，且节省畦沟用地，可提高土地利用率，增加单位面积的产量，但不利于排水，雨后或灌水后土壤易板结。

低畦的畦间走道比畦面高，畦面低于地面，便于蓄水灌溉。在雨量较少地区或种植需要经常灌溉的植物时，多采用低畦。

高畦是在降雨丰富、地下水位高或排水不良的地方采用的一种畦作方式。高畦畦面凸起，暴露在空气中的土壤面积大，水分蒸发量大，可使耕层土壤保持适宜的含水量，地温较高，适合种植喜温的瓜类、茄果类和豆类（黄芪、甘草除外）药材。在土层较浅的地方种植人参、西洋参、三七、细辛等可采用高畦增加耕层厚度。在冷凉地区栽培根及根茎类药材时，最好也采用高畦，这样既提高了床温，又可使主根变长。

（5）垄作

垄作是我国东北和内蒙古地区主要的耕作形式。垄作指在田间耕层筑成高于地面的狭窄土垄的作业，一般垄高 20～30 cm，垄距 30～70 cm。垄作有加厚耕层、提高地温、改善气和光照状况、便于排灌等作用。

（6）中耕

在药用植物的生长过程中，在其行株间进行表土耕作即中耕，可以达到疏松表土、破除板结、增加土壤通气性、提高土温、促进土壤中好气微生物活动和土壤养分有效化、去除杂草、促使根系伸展的目的。中耕还可以调节土壤水分，当土壤干旱时中耕可切断表土毛细管，减少水分蒸发，在土壤过湿时中耕可使表土疏松而有利于蒸发掉过多的水分。中耕一般在药用植物封行前进行。浅根系药用植物中耕宜浅；深根系药用植物中耕宜深。

第三章 药用真菌培育基本理论

第一节 药用真菌的生活习性和形态学

一、药用真菌的生活习性

在自然界中，真菌种类繁多，分布极广。人们根据生活和生产的需要，将真菌划分为工业真菌、药用真菌、食用真菌及生物病原真菌等。那些能作为药物用以治疗疾病的真菌即称为药用真菌。

药用真菌和其他真菌一样，是以菌丝作为营养器官，不断从天然或人工基质中吸收水分和养分，供菌体生长、发育和繁殖的需要，同时在生长和代谢活动中生产菌体和产生各种有用物质，以供药用。药用真菌为异养型，它没有叶绿素，自身不能进行光合作用合成养料，而是通过菌丝细胞表面的渗透作用从周围基质中吸收可溶性营养物质，常以共生、伴生、腐生或寄生等异养方式获得营养物质。其中一些是绝对寄生（如糠谷老）或绝对腐生（如灵芝），而有些则根据不同的环境或营腐生或营寄生。

（一）共生

有些真菌从活的有机体吸取养分，同时又为该活体提供有利的生活条件，彼此互相受益、互相依赖，因此被称为共生菌，如猪苓与密环菌。有些药用真菌能与植物共生，形成菌根，真菌吸收土壤中的水分和无机养料提供给植物，并分泌物质刺激植物根系生长，而植物合成碳水化合物提供给真菌，此类真菌被称为菌根真菌。其中，不少种类能和高等植物、昆虫、原生动物或其他菌类形成相互依存的共生关系。

块菌科、牛肝菌科、口蘑科、红菇科、鹅膏菌科等的许多真菌都是菌根真菌。它们常和一定树种形成共生关系，如法国在橡树林接种黑孢块菌、日本在赤松林接种松口蘑。在热带和亚热带有近百种蚂蚁能栽培蘑菇，这是昆虫与菌类共生的一种自然现象。我国的鸡枞菌就是与白蚁共生的食用菌。高等真菌之间也存在共生现象。

（二）伴生

伴生是一种松散联合，可以是一方从中得利，也可以是双方互利。如银耳与香灰菌，因为银耳分解纤维素和半纤维素的能力较弱，也不能充分利用淀粉，所以不能单独在木屑培养基上生长，只有与香灰菌丝混合接种在一起时，才能较好地利用香灰菌丝分解木屑的产物繁殖结耳。

（三）腐生

从死亡的动植物体或其他无生命的有机物中吸取养分的真菌称为腐生菌，目前能够人工栽培的药用真菌基本上都属于腐生菌类，但在实际生产中要根据它们的营养生理来选择合适的培养料。腐生菌通常有以下两种类型。

1. 专性腐生菌

只能生活在各种生物尸体上的真菌被称为专性腐生菌。据其分解的有机物是木本还是草本又可分为下面两种类型。

（1）木腐生菌

如香菇、银耳等，其生长在死树、断枝、枯立木、倒木、树桩等上。

（2）草腐生菌

如草菇、双孢蘑菇等，其生长在草、米糠、粪便等有机物上。

2. 兼性腐生菌

以寄生为主但也具有一定腐生能力的真菌被称为兼性腐生菌，如安络小皮伞类。

（四）寄生

这类药用真菌完全寄生在活着的寄主体内，从活着的寄主细胞中吸取养分。这种营寄生生活的真菌非常稀少，且大多数是兼性寄生类型。寄生也分为下面两种类型。

1. 专性寄生菌

专性寄生菌只能生活在活的有机体上，如冬虫夏草、麦角菌。

2. 兼性寄生菌

兼性寄生菌以腐生为主，但在一定条件下又可转移到活的有机体上继续生活，往往兼有腐生菌和共生菌的特征。如密环菌类，既能在枯木上腐生，又能侵入到天麻等植物的根内营寄生生活；黑木耳既能在枯木上腐生，也能在活木上寄生，但以腐生为主，所以也称为弱寄生菌类。

二、药用真菌形态

（一）菌丝

1. 菌丝体

菌丝体是药用真菌的营养器官，相当于绿色植物的根、茎、叶。它生长在土壤、草地、林木或其他基质内，分解基质、吸收营养，能从基质内吸收水分、无机盐和有机养分，以满足其生长发育的需要。菌丝体是基质内无数纤细的菌丝交织而成的丝状体或网状体，绝大多数呈白色。因其生于基质内，且十分纤细，因此人们一般很少注意到它的存在。如果环境条件适宜，菌丝体就能不断地向四周蔓延扩展，利用基质内的营养繁衍自己，使菌丝体增殖。达到生理成熟时，菌丝体就会扭结在一起，形成子实体原基，进而形成子实体。药用真菌生产中所使用的菌种，实际上就是纯菌丝体，如图 3－1 所示。

药用真菌的菌丝都是多细胞的，由细胞壁、细胞质、细胞核所组成。菌丝是由管状细胞组成的丝状物，是由孢子吸水后萌发产生芽管，芽管的管状细胞不断分枝、伸长、发育而形成的。菌丝都是有隔菌丝，细胞中细胞核的数目不等。通常子囊菌的菌丝细胞含有一个核或多个核，而担子菌的菌丝细胞大多含有两个核。含有两个核的菌丝叫双核菌丝和三生菌丝。

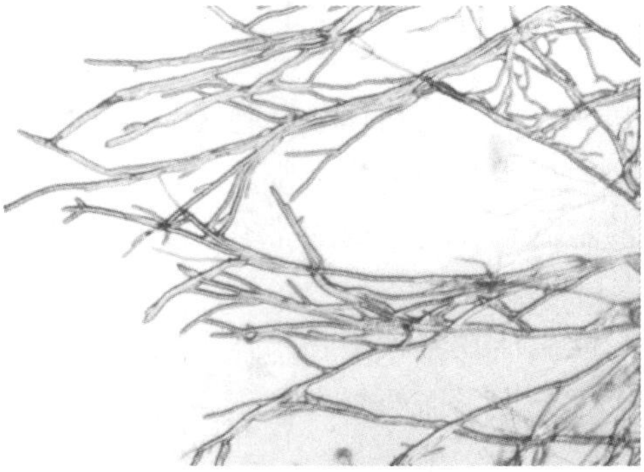

图 3－1　菌丝体

（1）初生菌丝

它是由孢子萌发形成的菌丝。开始时菌丝细胞多核、纤细，后产生隔膜，分成许多个单核细胞，因此其又称为单核菌丝或一次菌丝。单核菌丝无论怎样繁殖，一般都不会形成子实体，只有和另一条可亲和的单核菌丝质配之后变成双核菌丝，才会产生子实体。子囊菌的单核菌丝发达且生活期较长，而担子菌的单核菌丝生活期短且不发达。

（2）次生菌丝

由两条初生菌丝经过质配而形成的菌丝称为次生菌丝或二次菌丝。由于在形成次生菌丝时，两个初生菌丝细胞的细胞核并没有发生融合，因此次生菌丝的每个细胞都含有两个核，所以又称为双核菌丝。它是药用真菌菌丝存在的主要形式。药用真菌生产上使用的菌种都是双核菌丝，只有双核菌丝才能形成子实体。部分药用真菌的双核菌丝顶端细胞上常发生锁状联合，它是一种状似锁臂的菌丝连接，这是双核菌丝细胞分裂的一种特殊形式，也是鉴别菌种的主要内容之一。锁状联合现象主要存在于担子菌中，尤其是香菇、平菇、灵芝、木耳、鬼伞等菇中，但并不是所有的担子菌中都会出现锁状联合现象。担子菌中许多种类的双核菌丝都通过锁状联合进行细胞分裂，不断增加细胞数目，一个双核细胞形成两个新的双核细胞。经过双核化的菌丝体通常寿命很长，可多年产生子实体，栽培上可利用这一点使菌丝体不断地向四周辐射延伸。由于中心老菌丝体死亡，周围形成的菌丝体常形成圆形，产生的子实体在地上成圆圈状生长，这种现象叫蘑菇圈，又称“仙人环”，常发生于森林边缘和草原上。因其菌丝体由圈里向外逐年新生和相继死亡，使蘑菇圈直径可达几米或几百米。

（3）三生菌丝

由二次菌丝进一步发育而形成的已组织化的双核菌丝，称为三生菌丝或三次菌丝，也称结实性双核菌丝，如菌索、菌根、菌核中的菌丝及子实体中的菌丝。

2. 菌丝的组织体

菌丝的组织体主要包括菌索、菌核、菌丝束、菌膜、子座和菌根等。

（1）菌索

由真菌的菌丝缠结而成的形似绳索状的菌丝组织体称为菌索。如蜜环菌、安络小皮伞等具有菌索。

（2）菌核

由菌丝体和贮藏的营养物质紧密交织而形成的有一定形状的休眠体称为菌核。如猪苓、雷丸、茯苓等具有菌核。

（3）菌丝束

由大量平行菌丝排列在一起而形成的肉眼可见的束状菌丝组织称为菌丝束。如双孢蘑菇等具有菌丝束。

（4）菌膜

由真菌的菌丝紧密交织而成的一层薄膜称为菌膜。如香菇转色就是香菇表面形成了一层菌膜。

（5）子座

它是由菌丝组织即拟薄壁组织和疏丝组织构成的容纳子实体的褥座状结构。子座是真菌从营养生长阶段到生殖生长阶段的一种过渡形式。但与药用真菌有关的子座多为棒状或头状，如冬虫夏草、蛹虫草、蝉花等子座都呈棒状。

（6）菌根

真菌的菌丝有的能和高等植物的根系生长在一起，组成互供养分的共生体，即菌根。药用真菌中较为常见的是外生菌根菌，如松茸和赤松根系、某些块菌和栎树根系共生时，除有少量菌丝进入根皮细胞间和寄主交换营养物质外，大量的菌丝则在根的周围形成类似菌索的根状组织，这就是外生菌根。许多珍贵的药用真菌都属于外生菌根菌。

（二）子实体

子实体是药用真菌的繁殖器官，是由已分化的菌丝体组成，能产生孢子的菌体或菇体。药用真菌的子实体实际上就是指生长在基质表面可供药用或食用的部分，相当于绿色植物的果实，也就是人们通常称之为“菇、菌、蘑、耳、蕈”的那部分。药用真菌的子实体一般都生长在基质表面，如土表、腐殖质上、朽木或活立木的表面上，只有极少数的药用真菌（地下真菌）子实体生长在地下土壤中，如子囊菌中的块菌及担子菌中的黑腹菌、层腹菌、高腹菌、须腹菌等。子囊菌的子实体能产生子囊及子囊孢子，是子囊菌的“果实”，故又称为子囊果。担子菌的子实体能产生担子及担孢子，故又称为担子果。药用真菌子实体的形态、大小、质地因种类不同而异，长度一般为几厘米至几十厘米，常呈伞状、喇叭状、棒状、珊瑚状、球状、块状、耳状、片状等。

下面着重以药用伞菌为例，简单介绍子实体的形态。药用伞菌子实体形态结构模式图如图 3－2 所示。

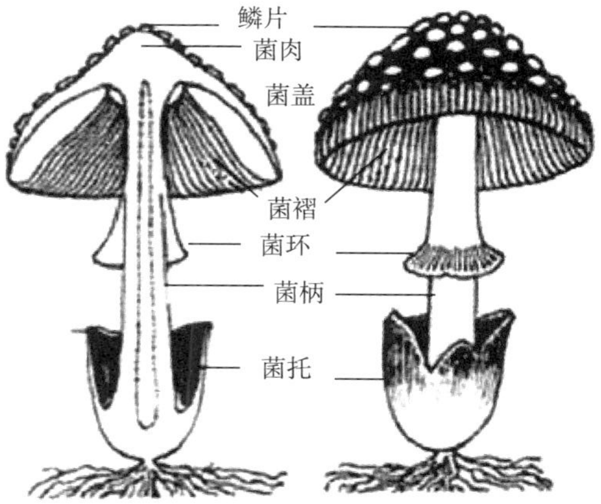

图 3－2　药用伞菌子实体形态结构模式图

1. 菌盖

菌盖是药用或食用的主要部位，也是药用真菌的主要繁殖器官，呈伞状或帽状，位于菌柄之上，是大部分药用伞菌的最明显部分，由表皮、菌肉、菌褶组成。其也是评价药用真菌产品质量的主要部分。

(1) 形状

呈圆、半圆、扇、匙、半球、钟、斗笠、漏斗、卵圆、圆桶、喇叭等形状。

(2) 边缘状态

呈全开、内折、外翻、内外卷等状态。

(3) 表面状态

呈光滑、龟裂或有皱纹、条纹、绒毛、鳞片等状态。

(4) 颜色

具有多种多样的颜色。

(5) 表面脱落难易程度

分为易脱落、不易脱落。

(6) 质地

呈肉质、胶质、蜡质、革质等质地。

2. 菌褶

菌褶是位于菌盖下方的片状结构，被菌盖所覆盖。其在结构上由子实层、子实层基(子实下层)和菌髓三部分组成。一般在子实层上产生孢子。孢子颜色、孢子印状态、菌褶生长状态等都是药用真菌分类的依据。

3. 菌柄

菌柄生长在菌盖下面，有的位于菌盖下面中部，有的偏向一侧，是子实体的支持部分，也是输送营养和水分的组织。

(1) 形状

形状因种类不同而异，也因生活条件不同而有较大差异。

(2) 着生部位

具有中生、偏生、侧生3种。

(3) 质地

呈肉质、纤维质、脆骨质等质地。

(4) 表面状态

呈实心、空心、光滑或有网纹、棱纹、鳞片、茸毛、纤毛等状态。有的有菌环或菌托。

4. 菌幕

菌幕指包裹在幼小子实体外面或连接在菌盖和菌柄间的那层膜状结构。前者称外菌幕，后者称内菌幕。

5. 菌环

随着子实体成熟，内菌幕有的部分残留在菌柄上发育成菌环，有的部分残留在菌盖边缘形成菌缘附属物。菌环的大小、厚薄、层数及在菌柄上着生的位置，因种类不同而异。

6. 菌托

在子实体的生长发育过程中，随着子实体的生长，外菌幕被撕裂，其大部分或全部留在菌柄基部，形成菌托。其形状有苞状、鞘状、鳞茎状、杯状等，有的由数圈颗粒组成。

第二节　药用真菌的生长发育条件

药用真菌的药用部分包括菌体（菌丝体、子座、菌核、菌索、子实体及孢子）及其有效代谢产物等。为了得到需要的药用部分，在人工培育中，要注意掌握不同药用真菌生长和繁殖所需要的生态因子。

一、药用真菌的生长发育

（一）菌丝体的生长

药用真菌的菌丝体以顶端为生长点，不断向四周呈辐射状伸展，形成菌落。菌丝常分为两种：生于基质内或基质表面的基内菌丝和不直接接触基质的气生菌丝。菌丝吸收和运输养分的速度与菌龄和环境条件有关。幼龄菌丝较老龄菌丝速度快；中温型真菌的菌丝在20℃以上时较20℃以下时速度快。

（二）子实体的分化与发育

药用真菌菌丝体在养分和其他条件适宜的环境下，经过初生菌丝（单核菌丝）、次生菌丝（双核菌丝）和三生菌丝等不同的发育阶段，达到生理成熟后，遇到合适的环境条件就能完成菌丝聚集，成熟而分化出子实体原基，进入子实体生长与发育阶段。药用真菌子实体的形成在形态学、细胞学和生理学方面会发生较大变化。

二、药用真菌的营养条件

培育药用真菌需要供给碳源、氮源、矿物质和水分等营养物质。但药用真菌种类不同，对营养的要求也不同，即使是同一种药用真菌，在不同生长发育阶段对营养的要求也有差异。应该指出，有些药用真菌在深层培养时加入的营养物质并不是越丰富越好，如超过了一定限度则会产生相反的效果。如麦角菌生物合成麦角新碱时，需要较高浓度的碳源，而氮源不能超过一定限度，否则只长菌丝，而麦角新碱产生较少。

（一）碳源

凡是能供给真菌碳营养的物质称为碳源。碳源是构成细胞壁、细胞质的主要成分，亦是药用真菌生长发育过程中所需能量的重要来源。碳源来自有机物，如纤维素、半纤维素、木质素、淀粉、蔗糖、葡萄糖、有机酸和醇类。葡萄糖、氨基酸、脂肪酸等小分子碳水化合物可通过细胞膜运输到体内；而蔗糖、纤维素、木质素等大分子碳水化合物则需真菌自身产生相应的胞外酶将其分解成小分子如糖（葡萄糖），才能被利用。真菌还可以消化来自含氮有机物中的碳素。

（二）氮源

凡是能被真菌利用的含氮物质称为氮源。氮源是合成细胞蛋白质、核酸和细胞质的主要成分。氮源主要来自有机氮和无机氮。有机氮主要来自木材、树叶、锯木屑、棉籽壳、玉米芯、豆饼粉、蚕蛹粉、玉米浆、蛋白胨和氨基酸等；无机氮主要来自硫酸铵、硝酸盐和亚硝酸盐等。氨基酸和蛋白胨都是较好的氮源。真菌在消化含蛋白质的上述原材料时，是在菌丝体所分泌的蛋白酶的作用下进行的，即蛋白酶把蛋白质分解成蛋白胨和蛋白脲，进而分解成氨基酸，最后成为氨。真菌也可以较好地消化由无机物来的氮素。铵盐是较好的无机氮源，硝酸盐及亚硝酸盐则较差。因为菌丝体能将铵盐中的氨基组成氨基酸，再将氨基酸组成蛋白质分子。在有机氮来源丰富的情况下，如碳源不足时，就会导致培养基中氮的积累，这将引起培养基的碱化现象，有时会对真菌产生不良影响。在子实体形成期，培养料中氮素的含量必须低于菌丝生长期，一般菌丝生长期碳氮比为15∶1～20∶1，出菇期为30∶1～40∶1。不同真菌对碳氮比的要求会有一定的差异。

（三）矿物质（无机盐）

矿物质是构成细胞的主要成分，亦是细胞各种酶的组成成分，可维持细胞酶的活性，调节细胞渗透压、氢离子浓度、氧化还原电位等。少量供给矿物质即可满足真菌生长的需要，其中磷、钾需要量稍多，其次为硫、镁，以及微量的铁、锌、锰等。磷、硫、钾等元素在培养基中的适宜浓度为100～500 μg/L，而铁、锌、锰等元素的需要量甚微（一般为千分之几毫克）。若用天然物作培养基，则可以不加矿物质，因天然物中均含有上述物质。

（四）水分

水分是细胞的重要组成成分，生命活动均须在有水的条件下才能进行。如营养物质的吸收及废物的排出，以及各种生化反应都须在水溶液中进行。因此，没有水也就没有生命。在培育药用真菌过程中，须考虑到药用真菌种类不同对营养的要求也不同，即使是同一种药用真菌，在不同生长发育阶段对营养的要求也有差异。

三、药用真菌生长的环境条件

自然界任何生物都是在特定环境下生存的，不同种类药用真菌由于原产地的差异，对生活环境的要求不尽一致，如金针菇喜寒，草菇喜暑，口蘑盛产于草原，猴头菌则出现在枯枝上，鸡枞菌多扎根在蚁窝中，牛肝菌总是长在松根旁。同一种药用真菌在不同发育阶段，除了本身的遗传特性和生理状况外，也需要不同的环境条件。影响药用真菌生长发育的环境条件主要有水分、湿度、温度、空气、酸碱度（pH）、光照等。

（一）温度

温度是影响药用真菌生长发育和自然分布的重要因素，一般来说，药用真菌对温度的需求呈现前高后低的规律。只有具备某种药用真菌菌丝生长的温度，又在一定时期具有药用真菌子实体形成所需温度的地方，才能使该药用真菌在此地生存下来。在人工栽培中，温度直接影响药用真菌的各个生长阶段，决定生产周期的长短，也是药用真菌产品质量和产量决定性因素之一。不同种类的药用真菌或同一种药用真菌的不同品系及不同的生长发育阶段，对温度的要求不尽相同。按照其生长速度可分为最低、最适和最高生长温度，低于最低或者超过最高生长温度，菌丝的生命活动就会受到抑制，甚至死亡。如草菇菌丝体在5℃时就会逐渐死亡，但香菇菌丝体即使在－20℃条件下也能保持生命活动。一般情况下，菌丝体较耐低温，在0℃左右会停止生长，但不会死亡。

不同药用真菌的最适生长温度，因种类及不同发育阶段而不同。一般来说，菌丝体生长最适温度在24～28℃；子实体分化及子实体发育所需的温度差别较大。子实体分化最适温度分为三种类型：(1) 低温型，指适温在20℃以下，如构菌；(2) 中温型，指适温在20～24℃，如银耳；(3) 高温型，指适温超过24℃，如灵芝。有些药用真菌如香菇，在22～25℃生长一年也不分化子实体，如把它放在15℃以下生长，一段时间后则出现子实体，说明变温对子实体分化有促进作用，这类药用真菌称为变温型。

(二) 水分和空气相对湿度

水分不仅是药用真菌的重要组成部分，而且是菌丝吸收营养物质及代谢过程的基本溶剂。由于水的比热容大，导热性好，其还能有效地调节药用真菌生长环境的温度、湿度。药用真菌没有像植物根尖那样专门的吸收器官，它通过菌丝与所接触基质间的渗透压差吸收水分。吸水力的大小取决于培养料中水分多少、细胞膨压大小及菌体蒸发快慢等。细胞中水分稍有不足，整个代谢都会受到影响。菌丝体和新鲜子实体中含有90%的水分，培养基最适含水量一般为60%左右。所以，在人工栽培药用真菌的各个阶段，为促进菌丝在基质中快速萌发、健壮生长，都应保持合适的水分条件。

药用真菌一般要在高湿度条件下生长，大多数真菌的孢子萌发，空气相对湿度需在95%以上。菌丝体需在65%～70%相对空气湿度时才能生长较好，低于50%时，菌丝体生长缓慢，高于70%时，反而抑制菌丝生长，也易受杂菌污染。而其子实体的分化和发育除受基质含水量的影响外，还受空气相对湿度的影响，如灵芝在子实体形成过程中，需要较高的湿度（85%～95%）才能顺利形成子实体，而低于70%时，则不易形成正常的子实体。

段木栽培香菇、木耳等，含水量以35%～45%为宜，因为在此范围内木材中部分导管、木纤维及细胞间隙有一定的水分；而部分间隙、导管水分较少，菌丝生长时既能吸收到水分，又具有一定的通气性，因而易萌发定植。接种一年后的段木，随着年份的增加，菌丝量不断增殖、孔隙度相应加大，含水量也应提高到60%左右，以利于菌丝的生长和子实体大量形成。

用木屑、棉籽壳、稻草等进行袋料栽培，原料质地疏松、孔隙度大，适宜含水量为58%～65%。如双孢蘑菇接种时的含水量为60%～65%，如果高于或低于这个标准，都会使产量降低。因为菌丝束的形成常由培养料的含水量决定，若培养料的含水量为40%～50%，菌丝生长缓慢而且稀疏或不能形成菌丝束；若培养料的含水量超过65%，随着水分的增加，通透性下降，菌丝束的形成则会减少；若含水量超过75%，菌丝则停止生长。因此掌握好培养料的适宜含水量是发菌的关键。

虽然配料时已按要求满足了各类药用真菌的水分需求量，但是在发菌过程中由于菌丝的吸收和蒸发（特别是微孔发菌法），常会损失部分水分，严重时会影响菌丝生长和出菇。因此，当空气干燥时，应通过向地面喷水等方式，使空气相对湿度维持在70%～75%。

（三）空气

大多数药用真菌是好气性菌类，它们必须在有氧条件下才能生长。在培育药用真菌过程中，通风、透气有利于子实体的形成，过高的CO_2浓度会抑制菌丝体的生长。在子实体形成前期，微量浓度的CO_2（0.034%～0.1%）对子实体形成具有促进作用，后期0.1%以上浓度的CO_2对子实体具有毒害作用。双孢蘑菇在CO_2浓度大于0.1%时，往往出现菌柄长、开伞早、品质下降等现象；浓度超过0.6%时，菌盖会出现畸形。灵芝在CO_2浓度为0.1%时，一般不形成菌盖，菌柄分枝呈鹿角状，观赏灵芝即是在此条件下培育而成的。

（四）酸碱度（pH）

大多数药用真菌对酸碱度不太敏感，不同种类的药用真菌菌丝生长有其最适、最低和最高pH。一般木腐菌类和共生菌类及寄生菌类大都喜欢在偏酸的环境中生长；粪草类药用真菌喜欢在偏碱性的基质中生长。总体来说，药用真菌在pH为3～9均能生长，喜好pH为3～6.5的偏酸性环境，最适pH为5.5～6.5，当pH大于7时生长受阻，大于8时生长停止。因为药用真菌所处环境的酸碱度直接影响菌丝细胞内酶的活性、细胞膜透性及对金属离子的吸收能力。药用真菌的新陈代谢是在一系列酶的作用下进行的，酶是具有催化效应的蛋白质，每一种酶的作用都有相应的pH，pH过高或过低都将使酶的活力降低，从而使新陈代谢减慢甚至停止。pH的变化，还可改变细胞膜的透性，影响细胞对某些物质的吸收，pH过低时，一些金属离子如镁、钴、锌等会形成不溶性盐类，难以吸收；pH过高则会影响菌体代谢过程中物质的内外传递和正常呼吸。但也有例外，如草菇喜中性偏碱的环境。某些药用真菌在深层培养时，适宜生长的pH与适宜积累代谢产物的pH是不一样的，如麦角菌的有些菌株适宜生长的pH为6～6.2，而适宜产生麦角碱的pH为7.5～8。

人工栽培药用真菌应该把培养基的pH控制在合适范围内，否则将会影响菌丝的新陈代谢。配料时，培养料内的pH应比最适pH偏高些，因为培养基的pH在灭菌和堆置的过程中会有所下降；另外菌丝体在新陈代谢中也会产生有机酸（如醋酸、琥珀酸、草酸等），使基质中pH下降。生产上为了使菌丝稳定生长在最适pH范围内，常在培养基中加0.2%的磷酸氢二钾和磷酸二氢钾等缓冲物质以调节酸碱度。如果所培养的菌类产酸过多，也可在培养基内加少许碳酸钙、石灰等，以中和或缓冲培养基酸度的变化。

（五）光照

药用真菌不含光合色素，营养菌丝生长时期不需要光线，甚至光线对营养菌丝生长会产生抑制。除了在无光条件下能完成整个生活史的菌类（茯苓、大肥菇），一般来说，药用真菌在子实体分化和发育阶段都需要一定的散射光，而直射光不利于生长。根据子实体形成时期对光线的要求，一般将药用真菌分为喜光型、厌光型和中间型。只有在散射光的刺激下才能较好地生长发育属于喜光型药用真菌，如香菇、草菇等在完全黑暗条件下不形成子实体；灵芝、侧耳等在无光条件下只能形成有菌柄无菌盖的畸形子实体，并不产生孢子。厌光型药用真菌的菌丝体生长不需要光线，如金针菇在暗光条件下却能形成柄长、盖小、色白的“优质菇”。中间型药用真菌对光线反应不敏感，不论有无散射光，其子实体都能够正常生长发育，如黄伞等。此外，光照可诱发有性和无性结构的形成。

光照对子实体的形态、品质和色泽等也有较大影响。不同的光强度和光质可显著改变菌柄的长度和菌盖形状。光照不足时，草菇呈灰白色，黑木耳的色泽也会变淡，耳片薄而软，黑木耳只有在光强为 250～1000 lx 时，才会出现正常的红褐色、耳片厚、质嫩而具弹性的子实体。研究表明，许多木腐菌类如灵芝、金针菇、侧耳等的子实体均有向光性，尤其在子实体分化初期反应特别灵敏，而地上生长的伞菌如蘑菇的子实体，在所有发育阶段均表现为无向光性。猴头菌虽无向光性，但其菌刺有向地性。

研究光照对药用真菌发育的影响，在生产上具有指导意义。子实体发育需要光照的药用真菌不可在完全黑暗的菇房内栽培，必须有一定的光照。据调查，在防空洞栽培平菇，菇床表面光照强度必须达到 4～10 lx，子实体才能正常发育。由此可见，适度的散射光是促使药用真菌优质、丰产的重要条件。

上述各项生态因子对药用真菌生长的影响是综合性的。各个因子是互相联系、互相影响、互相制约的。一个条件发生变化，会导致其他环境条件也发生变化。在生产中采取某些管理措施改善环境条件时必须有整体观念，不能顾此失彼。如通风、透气可增加氧的含量，但易造成温度和湿度的下降，时间过长不利于子实体的形成；湿度过大又不利于菌丝生长等。总之，在培育过程中，须根据具体情况全面考虑。

另外，药用植物生长具有逆境效应，环境的变化通过影响药用植物基因的表达，从而影响其次生代谢产物的形成和积累。逆境效应是环境对道地药材形成影响的一种表现，该理论同样适用于指导优质药用真菌形成机制研究。但由于药用真菌生长发育的特殊性，其对环境胁迫响应的生理变化及其分子机制也会存在特殊性，环境胁迫条件对药用真菌的产量和次生代谢产物含量均会造成重要影响。全面而深入解析药用真菌响应环境胁迫的生理生化反应，对于指导药用真菌定向生产品种选育将具有重要意义。通过菌种诱变、改变培养条件及调控代谢途径等手段可以优化目标代谢产物生产，且有望获得结构新颖且生物活性独特的先导化合物，有望在现代新药研发中发挥重要作用。

第三节　药用真菌的繁殖与生活史

一、药用真菌的繁殖

药用真菌经过营养阶段之后，便进入繁殖阶段，通过繁殖会产生许多新个体。药用真菌的繁殖方式通常分为无性繁殖和有性繁殖两类。

（一）药用真菌的无性繁殖

无性繁殖是药用真菌繁殖的基本方式，即不经过两性细胞的配合就能产生新的个体。它的特点是能反复进行，产生个体多。大多数药用真菌的无性繁殖是通过无性孢子如节孢子、芽孢子、厚垣孢子等来实现的。这些孢子萌发后能形成新的个体。无性繁殖的具体方式可概括为以下四种。

1. 菌丝体断裂

菌丝体的断裂片段可以产生新个体，大多数药用真菌都能进行这种无性繁殖，实验室“转管”接种便是利用这一特点来繁殖菌种的。

2. 营养细胞分裂

营养细胞分裂产生子细胞，如裂殖酵母菌会像细菌一样，将其母细胞一分为二进行繁殖。

3. 出芽繁殖

母细胞出“芽”，每个“芽”成为一个新个体，酵母菌属、芽孢杆菌属的无性繁殖就是这种类型的繁殖。

4. 产生无性孢子

每个孢子可单独萌发成为一个新个体。如香菇产生节孢子、双孢蘑菇产生次生孢子、草菇产生厚垣孢子、黑木耳产生钩状分生孢子等。

无性孢子在不良条件下有较强抗性，在适宜条件下可再萌发为原来的一次菌丝或二次菌丝，继续进行有性生活过程。

（二）药用真菌的有性繁殖

通过有性生殖细胞的结合，产生新个体的繁殖方式叫有性繁殖。孢子核基因决定了其所萌发成单核菌丝的性别。有性生殖可以分为以下几个阶段。

1. 质配

首先是将两个细胞的原生质进行配合。

2. 核配

将两个细胞里的核进行配合。真菌从质配到核配的时间有长有短，这段时间称为双核期，即每个细胞里有两个没有结合的核。这是真菌特有的现象。

3. 减数分裂

细胞核配后将产生减数分裂，减数分裂使染色体数目减为单倍。真菌的有性生殖一般通过性细胞的结合，产生一定形态的有性孢子来实现。真菌形成有性孢子有两种不同方式。第一种方式是真菌经过核配以后处于双倍体阶段，在它萌发时才进行减数分裂，卵菌和接合菌的有性孢子就处于双倍体阶段。第二种方式是在核配以后，双倍体的细胞核进行减数分裂，然后再形成有性孢子，所以这种有性孢子的细胞核处于单倍体阶段，子囊菌和担子菌的有性孢子就属于这种情况。

二、药用真菌的生活史

所谓生活史，就是指生物一生所经历的生长发育和繁殖阶段的生活周期（全过程）。药用真菌的生活史是指从孢子到孢子的整个生长发育过程。多数真菌的生活史如下：担孢子→担孢子萌发→初生菌丝（单核菌丝）→两条可亲和的初生菌丝融合→次生菌丝（双核菌丝）→子实体原基→子实体担孢子。

药用真菌中多数伞菌类的典型生活史由以下几个阶段组成：(1) 担孢子萌发，生活史开始。(2) 单核菌丝（初生菌丝）开始发育。(3) 两条可亲和的单核菌丝通过融合进行质配，形成双核菌丝，多数药用真菌的双核菌丝具有锁状联合。双核菌丝能够独立、无限地繁殖，有些种的双核菌丝能产生粉孢子、厚垣孢子等无性孢子。(4) 在适宜的环境条件下，双核菌丝发育成结实性菌丝（三生菌丝）并组织化，产生子实体，如冬虫夏草、茯苓等。(5) 子实体菌褶表面或菌管内壁的双核菌丝的顶端细胞发育成担子，进入有性生殖阶段。(6) 来自两个亲本的一对交配型不同的单倍体核在担子中融合，进行核配，形成一个双倍体核。(7) 双倍体核进行减数分裂，产生 4 个单倍体核；担子顶端形成 4 个小梗，小梗顶端膨大成幼担子，各个单倍体核分别移至担子小梗的顶端，形成担孢子。至此，完成了一个完整的生活史。

第四节　药用真菌的培育方法

药用真菌的生产方式分为人工栽培与菌丝体发酵培养两大类。人工栽培是一种传统的生产方法，尽管它有一定的缺点和局限性，但对一些野生药用真菌还应采用人工栽培方法。利用菌丝体发酵法培育药用真菌可以大大缩短生长周期，适合工厂化生产，培养条件容易控制，生产潜力大，为广泛研究、开发和利用药用真菌开辟了新途径。我国研究人员从 1958 年开始研究蘑菇、侧耳等药用真菌的液体发酵技术，1963 年有人开始以工业化生产方式试验羊肚菌液体发酵技术，此后，液体发酵技术在药食用菌领域推广开来。

一、人工栽培

人工栽培常用的方法有两种：段木栽培和木屑瓶（袋）栽培。

1. 段木栽培

药用真菌多为木腐生型，段木栽培是模仿野生药用真菌生长的一种方法，即利用人工栽培方法使药用真菌在段木上生长出子实体或菌核。此法适合于山林栽培。山林栽培要根据药用真菌的生长特性因地制宜选择场地和树种，采用适当的栽培工序，其过程为选择栽培场所、准备段木、接种、管理、杂菌污染治理和病虫害防治、采收与加工。选择栽培场所时，要考虑药用真菌的种类，如木耳应选择有适当的树木遮阴、背风且湿度大的高山半山腰；茯苓应选择有酸性沙壤土、排水良好、通风干燥的温暖南坡；灵芝、银耳应选择近水源、荫蔽潮湿、避风向南的场地。段木树种尽量选择野生树种，其中以壳斗科植物为佳；选择树木营养丰富、水分适中时期砍伐，常以晚秋落叶后到第二年开春树木萌发前为佳；要进行剔枝、锯段、干燥、打孔等一系列处理。木耳以阔叶树为主；茯苓则选针叶松木。木耳和银耳虽然生长环境及栽培工序相近，但其生产也各有特性。银耳生产要求砍“发浆树”，也就是在树木抽出新枝、树液流动时砍，而木耳却要求砍“收浆树”，即在树叶枯黄、树干养料积累时砍。接种是段木栽培的关键，接种前应严格检查段木组织是否枯死、水分状况是否适中、段木有无病虫害等，接种以在阴天进行为宜。栽后应保持场地清洁，根据生产菌对光照、温度、湿度、通气状况的要求，通过搭棚、遮阴、加温、保湿等技术手段进行实时调节，以保持生产菌生长良好。段木栽培易受霉菌、线虫及白蚁的危害，应采取相应的防治措施预防和治疗，如培养基易受青霉、曲霉、毛霉等真菌的污染，应注意培养基霉菌清除要彻底、接种前要严格检查菌种是否受污染、发现污染的培养基或菌种要立即销毁；段木堆放时不宜太靠近地面、保持水源清洁、覆土材料要严格进行巴氏消毒或在地面撒施石灰、发现受线虫腐蚀的段木要立即销毁、发现病区要及时隔离、发现白蚁蛀食段木要及时找出白蚁室并将其销毁。段木栽培除在栽培木耳、银耳和茯苓时广泛应用外，在香菇、灵芝栽培上也正在大力推广。

2. 木屑瓶（袋）栽培

瓶（袋）栽培是利用玻璃瓶或者塑料袋室内栽培药用真菌的一种方式，其主要原料为锯木屑、麦麸或糠皮。因为锯木屑是木材加工厂的副产品，所以发展药用真菌的瓶栽生产，也是木材副产品综合利用的一个途径。瓶（袋）栽培的基本过程包括培养基制备、装瓶（袋）、灭菌、接种、管理、杂菌污染治理和病虫害防治、采收与加工。装瓶（袋）时，要将培养基压实，装量为瓶（袋）高度的2/3，松紧以将瓶（袋）倒置，培养基不落下为宜，在距瓶（袋）口3～5 cm处用工具在中央打出或按压出一个小洞，利于空气均匀进入，封口用瓶塞塞紧（或扎紧）。灭菌可采用常规高压灭菌。在无菌条件下将三级菌种迅速接种至培养基中间的小洞，迅速封口，置于合适温度培养（22～28℃）。栽后管理应保持相对空气湿度为70%左右，后期加湿至85%～90%；早晚适当通风，保持空气新鲜，控制温度、光照，待子实体长出后可打开封口。遇到杂菌污染要及时处理，青霉菌会隔绝氧气，抑制培养菌生长。毛霉、根霉、链孢霉等会污染培养基，与培养菌争夺养分和生存空间，所以应选择新鲜、含水量适中的培养料，拌匀，当天配料当天分装灭菌，擦净容器上的培养料。选用生活力、抗逆性强的优良菌种，接种时严格无菌操作；创造适宜生产菌生长发育的条件，在不影响生长的情况下尽量降低空气相对湿度；定期检查，及时剔除污染菌种；对污染轻的栽培瓶（袋）可用浓石灰水冲洗，或用75%的酒精注射污染处，控制病菌蔓延，后置于低温处隔离培养，如污染严重，可将其深埋或烧毁，切忌到处乱扔或未经处理就脱瓶（袋）摊晒。瓶（袋）栽培所用木材种类繁多，质地不同，成分不同，如果不了解树种，盲目使用，会直接影响药用真菌的培养效果。一般阔叶树的木屑，特别是壳斗科树种的木屑，最适宜药用真菌的生长，它不仅质地较硬耐腐，而且用其配制的培养基营养充足，且在接种后的菌丝生长过程中消耗较慢。含有杀菌物质的樟木和含油脂的松柏树种不适合作瓶栽的原料（茯苓的培养除外）。一般木屑瓶（袋）栽，多应用于平原地区的室内，而壳斗科木材在平原地区难以获得，故应因地制宜就地取材。应通过试验，选择易获得的其他阔叶树锯木屑进行栽培。如果不知锯木的种类，应先晾晒，待油脂类及挥发性物质分解散失后再用。在培养料中掺入一些麦麸或糠皮增加氮源，更有利于菌丝生长。

二、发酵培养

经化学分析及临床实践证明，以子实体入药的真菌，在它们的菌丝体中也含有与子实体相同的有效成分，具有同样疗效。凡属这类的药用真菌，均可采用发酵的培养方法。发酵培养可分固体发酵培养及液体深层发酵培养。

1. 固体发酵培养

固体发酵培养是以固体物质做培养料来培养菌丝体，再经提取、加工进行制药的一种方法。此方法不需要复杂的设备及高超的操作技术，投资也较少，更适合基层单位使用。凡适合栽培用的培养料皆可用于固体发酵，固体发酵生产是把长满菌丝体的培养料与菌丝体一并入药，因此要求培养料绝不能含有对人有毒及有害的成分。适合作固体发酵的材料有玉米粉、米糠、黄豆粉、麦麸等。用于生产的容器有浅盘（曲盘）、扁瓶（柯氏瓶或茄瓶）、蘑菇瓶等。目前用此法生产的有猴头菌、蜜环菌、云芝、麦角菌及白僵菌等。

2. 液体深层发酵培养

此方法的特点是将菌丝体接种于培养基中，适当通气并搅拌，在使菌体大量繁殖的同时，产生和积累有效物质。其培养过程一般在发酵罐中进行，因此需要发酵罐和压缩空气的设备，以及过滤、浓缩、提取等设备。先在摇瓶中培养种子，再移到发酵罐中培养。适宜进行液体深层发酵的药用真菌菌株一般具有以下特点：菌丝蛋白质含量丰富；能快速适应液体通气条件；菌丝生长速度快；具有稳定的遗传特性和可鉴别的形态特征。液体深层发酵培养具体生产工艺为斜面菌种→小摇瓶种子（一级菌种）培养→大摇瓶种子（二级菌种）培养→繁殖罐（种子罐）（三级菌种）培养→发酵罐培养。培养基中的碳源和氮源是重要的营养因素，可根据不同药用真菌对常用碳源、氮源的不同要求提供碳源、氮源。如茶树菇以葡萄糖为最适碳源，其他大多数药用真菌都能以葡萄糖、麦芽糖、蔗糖及淀粉为碳源。药用真菌的氮源种类也有很多，如酵母膏、豆饼粉、玉米粉、蛋白胨等，另外，芝麻饼粉、蚕蛹粉、鱼粉等动植物性原料也可作有机氮源。有些药用真菌还能将无机氮作为氮源利用，但是无机氮没有有机氮的利用效率高。液体深层发酵周期可大致分为 4 个时期：适应期、增殖期、稳定期和衰亡期。深层培养的优点是培养量大，易于人工控制，培养周期短，不受气候、季节限制，常年可以生产。如培养灵芝子实体在一般栽培条件下需一个半月，而菌丝体在深层培养条件下仅需 5～7 d 即可完成发酵生产周期，适用于工业化生产，发展前景广阔。

第四章　药用植物的繁殖与品种选育

植物产生和自身相似的新个体以繁衍后代的过程称为植物的繁殖，这是植物繁殖后代、延续物种的一种自然现象，也是植物生命的基本特征之一。植物的繁殖方式包括无性的营养繁殖和有性的种子繁殖。营养繁殖指由植物营养器官（根、茎、叶等）的一部分培育出新个体，植物组织和细胞培养所繁殖的新个体也属于营养繁殖范畴；种子繁殖指由雌、雄两性配子结合形成种子产生新个体。

第一节　药用植物的营养繁殖

营养繁殖又称无性繁殖，它以植物营养器官为材料，利用植物的再生能力、分生能力及与另一植物通过嫁接愈合为一体的亲和能力来繁殖和培育植物的新个体。植物的再生能力是指植物体的一部分能够形成自己所没有的其他部分的能力，如叶扦插后可长出芽和根，茎或枝扦插后可长出叶和根。植物的分生能力是指植物能够长出新的营养个体的能力，包括产生可用于营养繁殖的一些特殊的变态器官，如鳞茎、球茎、根状茎等。采用扦插、压条、分株等方法繁殖的苗称为自根苗，用嫁接方法繁殖的苗称为嫁接苗。

营养繁殖是由分生组织直接分裂的体细胞产生新植株，其遗传性与母体一致，能保持母体的优良性状。同时新植株是在母体的基础上的继续发育，利于提早开花结实。如山茱萸、酸橙、玉兰等木本药用植物采用种子繁殖，生长慢、开花结果晚，若采用扦插、嫁接方式可提早 3～4 年开花结实。营养繁殖的生物学基础包括：(1) 利用植物器官的再生能力，使营养体生根或发芽变成独立个体。生产上的扦插、压条、分离繁殖均属此类，技术关键在于促进植物器官迅速再生与分化。(2) 利用植物器官受损伤后，损伤部位可以愈合的性能，把一个个体上的枝或芽移到其他个体上，形成新的个体。生产上嫁接技术的关键在于保证尽快愈合。(3) 利用生物体细胞在生理上具有潜在全能性的特性，使药用植物的器官、组织或细胞变成新的独立个体。

营养繁殖的技术关键是再现植物细胞潜在的全能性。对无种子的、有种子但种子发芽困难的，以及实生苗生长年限长、产量低的药用植物，采用营养繁殖方式很有必要。但营养繁殖苗的根系不如实生苗发达（嫁接苗除外），且抗逆能力弱，有些药用植物若连续多代采用营养繁殖易发生退化、生长势减弱、品种的优良性状逐渐变劣等现象，因此在生产上应将种子繁殖与营养繁殖交替进行。常用的营养繁殖方法有分离、压条、扦插、嫁接等。

一、分离繁殖

分离繁殖又称分割繁殖或分株繁殖，是将植物的营养器官如根、茎、芽或匍匐枝从母体上分离下来，从而培育成独立新个体的一种繁殖方法，此法简便，成活率高。

（一）分离繁殖的类型

分离繁殖主要有以下几种类型。

1. 分株繁殖

分株繁殖指利用根上的不定芽、茎或地下茎上的芽产生新梢，待其地下部分生根后将其从母体切离，成为一个独立的新个体，如图 4－1 所示。易生根蘖或茎蘖的植物可用该法繁殖，如牡丹、芍药、砂仁、射干等。

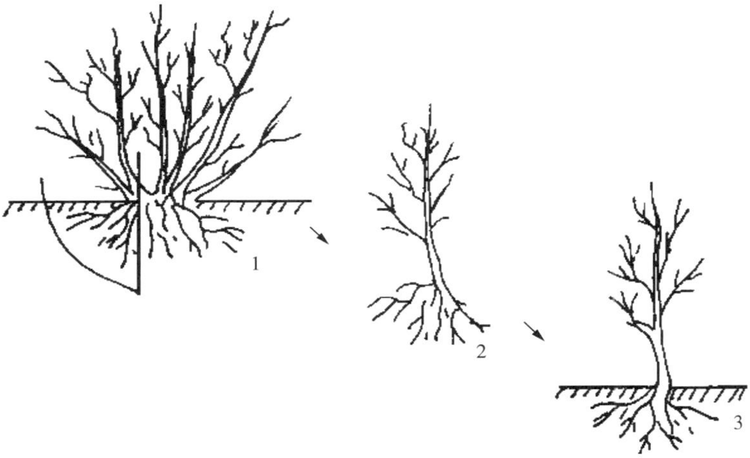

图 4－1　分株繁殖

分株繁殖分为两类：一是利用根上的不定芽产生根蘖，待其生根后，即成为一个连接母体的新个体。春、秋季将其从母体切离后可栽植。另一类是由地下茎或匍匐茎节上的芽及茎基部的芽萌发新梢，待其生根后，也成为一个连接母株的新植株，从母体切离后成为独立的新个体。

2. 变态器官繁殖

根据繁殖材料采用母株部位的不同，可分为根茎（如薄荷、甘草、款冬等）、块茎（如天南星、半夏等）、球茎（如番红花等）、鳞茎（如百合、贝母等）、块根（如地黄、何首乌、白及等）、珠芽（如卷丹、黄独、半夏、芦荟、景天、凤梨、拟石莲花等）等。

（二）分离时期

分株繁殖的时期一般在春、秋两季，春季在发芽前、秋季在落叶后进行，具体时间依据各地气候条件而定。为保证分株后有足够的时间使根系愈合并长出新根，利于生长并不影响开花，一般夏、秋季开花的植物宜在早春萌发前进行，春季开花的则在秋季落叶后进行。一般南方春、秋季节均可进行变态器官繁殖，而北方宜在春季进行。

(三) 分离方法

在繁殖过程中要注意繁殖材料的品质和质量，分离的苗株要有较完整的根系，球茎、鳞茎、块茎、根茎应肥壮饱满，无病虫害。块根和块茎材料在切下后应先晾 1～2 d，使伤口稍干，或拌草木灰促进伤口愈合，减少腐烂。为提高成活率，要及时栽种。栽种时，对球茎和鳞茎类材料，芽头要朝上，分株和根茎类根系要舒展，覆土深浅应适度。

萌芽力和根蘖力强的植物会自然分蘖，但为了提高分蘖的数量，有时需要采取一些促进分蘖的措施。常用的方法是行间开沟、切断水平根、施肥、填平、灌水，从而促发更多根蘖苗。

二、压条繁殖

压条繁殖指将母株上的一部分枝条压入土中或用其他的湿润材料包裹，促使枝条的被压部分生根，然后与母株分离，成为独立的新个体。压条繁殖比扦插、嫁接容易生根。根据压条时期可将压条分为休眠期压条和生长期压条。休眠期压条指在秋季落叶后或早春发芽前，利用一至二年生成熟枝条进行压条。生长期压条指在生长季节中，一般为雨季时（我国华北地区为 7～8 月，南方及中部地区为春、夏多雨时节）采用当年生枝条进行压条。压条的方法很多，依其埋条的状态、位置及操作方法的可将压条分为普通压条、堆土压条、空中压条三种。

(一) 普通压条

普通压条适用于株体低矮、枝条柔软易弯曲的植物。根据埋头的状态，普通压条又分为以下三种。

1. 单枝压条

单枝压条指将母株上近地面的一至二年生枝条弯曲压入土中生根。先将欲压的枝条弯曲至地面，再挖一条深约 8 cm、宽 10 cm 的浅沟，距母株近的一端挖成斜面，以顺应枝条的弯曲，使其与土壤密贴；另一端挖成垂直面，引导枝梢垂直向上，加入松软、肥沃的土壤并稍踏实。在枝条入沟和沟上弯曲处分别插一木本或竹钩予以固定，露出地面的枝条，需用支柱扶植直立。被压枝条生根后将其与母体分离栽植，如图 4－2 所示。此法适用于杜仲、玉兰等。

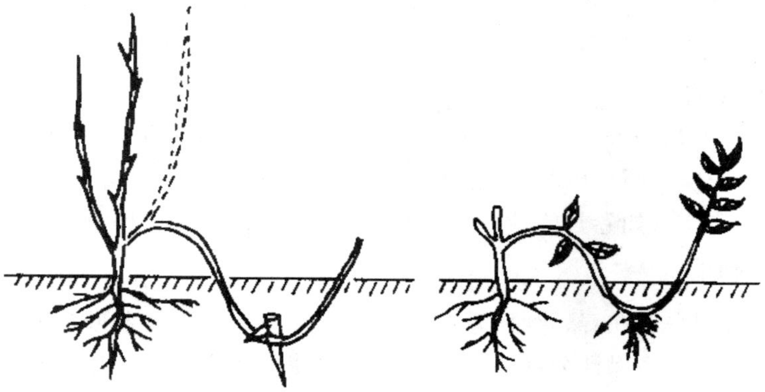

图 4－2　单枝压条示意图

2. 波状压条

此法与单枝压条法相似，所不同的是被压枝条常缩成波浪形屈曲于长沟中，而使露出地面部分的芽抽生新枝，埋于地下的部分产生不定根成为新植株。此法适用于枝条长而柔软或为蔓性的植物，如连翘、忍冬、蔓荆子等。一般于秋冬期间进行压条，次年秋季即可从母体分离。

3. 水平压条

水平压条又称沟压、连续压或水平复压，是我国应用最早的一种压条法，适用于枝条较长而且生长较易的植物，如忍冬、连翘等。此法能在同一枝条上得到多株植株，如图4-3所示，但是操作不如弯曲压条法简便，各枝条的生长力往往不一致，易使母体趋于衰弱。通常仅在早春进行，一次压条可得 2～3 株苗木。

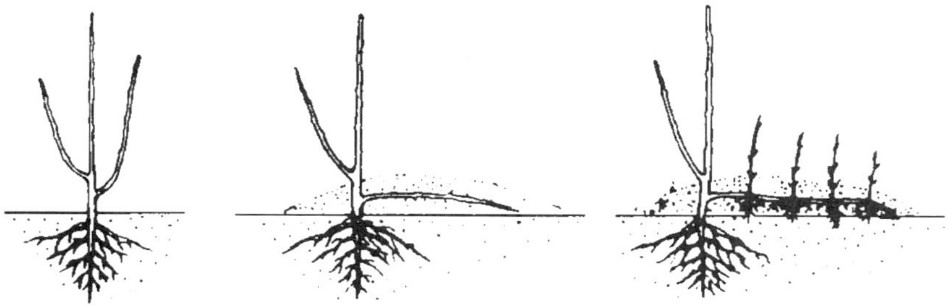

图 4-3　水平压条示意图

(二) 堆土压条

堆土压条又称直立压条或壅土压条。有些药用植物基部生有许多分枝，枝条较硬脆，不易弯曲，扦插生根困难时可采取此法。在其平茬截干后，覆土堆盖，待覆土部分萌发枝条，并于生根后将新植株从母体分离，如图 4-4 所示。每个枝条均可成为一株新植株，这一方法所得苗比其他方法多。适合堆土压条的植物有栀子、贴梗木瓜、玉兰、丁香、郁李和辛夷等。采取堆土压条时，可在早春发芽前对母株进行平茬截干，截干高度距地面越短越好。堆土时期依植物的种类而不同。对于嫩枝易生根的如贴梗海棠，可于 7 月利用当年生半成熟的新枝条埋条。分离时期一般在晚秋或早春。

(三) 空中压条

对木质坚硬、枝条不易弯曲，或树冠太高、基部枝条缺乏、不易发生根蘖的植物可用此法进行繁殖。具体做法：在母株的适当位置选一至二年生枝条，对其压条处进行刻伤或环割，再将松软细土和苔藓混合后裹上，外用薄膜包扎，上下两头捆紧，如图 4-5 所示。亦可用对开竹筒或花盆套住，其内填充细土。要经常给压条处浇水保持泥土湿润，待长出新株后，便与母株分离栽植。适用此法的植物有酸橙、佛手、枳壳、肉桂和含笑等。为使压条及时生根，特别是对不易生根或生根时间较长的植物，可采用技术处理促进其生根，常用的方法有刻伤、环割、软化、生长调节剂处理等。分离时间一般在早春或秋末。对与母体分离的新植株，移植后应注意灌水、施肥、遮阴和防寒等工作。

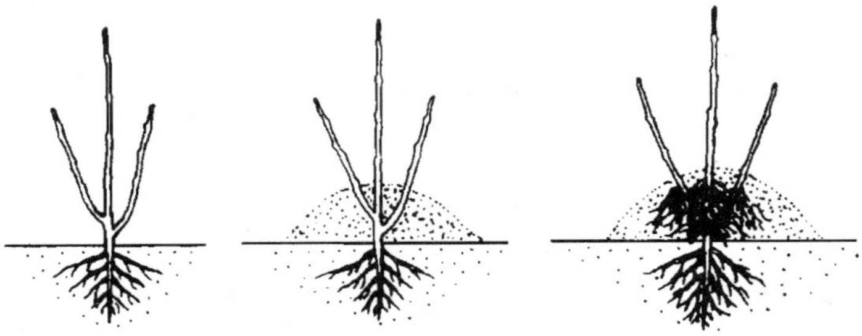

图 4-4　堆土（直立）压条示意图

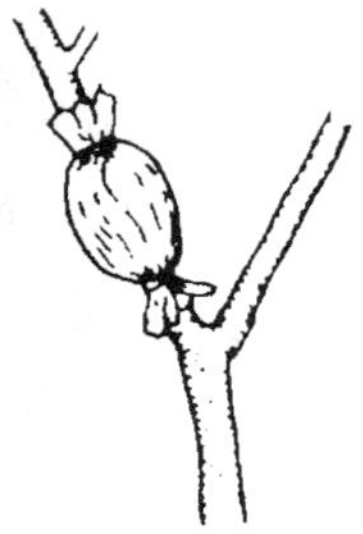

图 4-5　空中压条示意图

三、扦插繁殖

扦插繁殖指利用植物的根、茎（枝条）、叶、芽等器官或其一部分作插穗，在适当条件下插在一定的基质（土、沙、草炭、蛭石等）中，利用其分生或再生能力产生新的根、茎、芽，从而成为独立个体的繁殖方法。扦插繁殖经济简便，繁殖系数大，在生产上广泛使用。

（一）扦插的生物学基础

1. 不定根的形成

不定根由植物的茎、叶等器官发出，因其发根位置不定，所以称为不定根。不同植物的器官再生能力有很大差异，而同一植物的同一器官由于脱离母体的生长发育时期不同，再生能力也有所差异。枝（茎）插一般都带有芽，芽向上抽成枝，插条基部则向下分化出根，形成完整的植株。在此过程中，不定根的发生有两种情况。一种是由潜伏根原基发育形成根。潜伏根原基在枝条离体前已发生，只是处于休眠状态或者分化较慢。当枝条离体后，在适宜的温度和湿度条件下，潜伏根原基继续分化发育并很快形成根。一般来说，采用具有较多潜伏根原基的枝条扦插容易生根成活。另一种是诱导形成新根原基。插条经刺激和环境诱导，由具有分生能力的薄壁细胞，如愈伤组织、形成层细胞、射线细胞、韧皮部薄壁细胞等分化形成根原基。这种生根方式需要时间相对较长、生根缓慢。植物扦插以后，两种生根方式经常并存。

2. 不定芽的形成

定芽发生于茎的一定位置，即节上叶腋间；而不定芽的发生则没有一定位置，在根、茎、叶上都可能分化发生，但大多数在根上发生。许多植物的根在未脱离母体时，特别是根受伤的情况下都容易形成不定芽。在幼年根上，不定芽产生于中柱鞘靠近维管束形成层的地方；而在老年根上，不定芽产生于伤口面或切断的根伤口处的愈伤组织里。

3. 极性

在扦插的再生作用中，器官的生长发育均有一定的极性现象。无论枝条还是根段都总是下端发生新根，而在上端发出新梢，因此在扦插时注意不要倒插。

（二）扦插时期

扦插时期因植物种类、特性、扦插方法和气候不同而异。草本植物适应性较强，扦插时期要求不严，除严寒或酷暑外，其他季节均可进行。木本植物扦插可分为休眠期扦插和生长期扦插。落叶树大多采用休眠期扦插，少数也可以在生长期扦插。常绿植物多在6～7月梅雨季节扦插。

（三）扦插方法

根据插条选取部位和生长发育时期的不同，扦插方法可分为枝插法、根插法和叶插法。生产上应用最多的是枝插法。

1. 枝插法

枝插法分为硬枝扦插和嫩枝扦插，如图4-6所示。

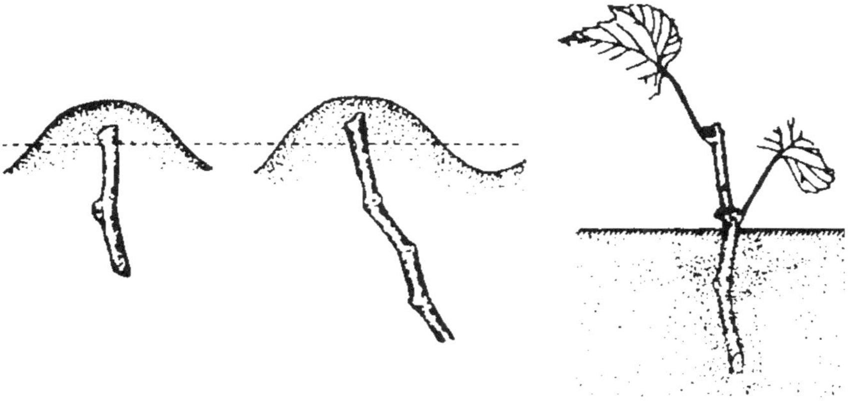

图4-6　硬、嫩枝扦插示意图

（1）硬枝扦插

插条为已木质化的一年或多年生枝条。选择生长健壮且无病虫害的一至二年生枝条，剪成10～20 cm的小段，每段保留2～3个芽，有些生长健壮的也可以保留1个芽。于深秋落叶后至次年芽萌动前采集；冬季采穗翌年春季扦插的，可将接穗打好捆，挖坑沙藏过冬。根据植物的种类，选择枝条芽质最佳部位截成适宜长度的插穗。落叶树种一般以中下部枝条作插穗成活率高，常绿树种则宜选用充分木质化的带饱满顶芽的梢作插穗为好。除了要求带顶芽的插穗外，一般树种的接穗上切口为平口，离最上面一个芽1 cm为宜（干旱地区可为2 cm）。如果距离太短，则插穗上部易干枯，影响发芽。常绿树种应保留部分叶片。下切口的形状种类较多，木本植物多用平切口、单斜切口、双斜切口及踵状切口等。易生根的树种可采用平切口，其生根较均匀。斜切口常形成偏根，但斜切口与基质接触面积大，有利于形成面积较大的愈伤组织，一般为先形成愈伤组织再生根的树种所采用，并力求下切口在芽的附近。踵状切口一般是在接穗下带二至三年生枝时采用。上下切口一定要平滑。接穗截好后，以直插或斜插的方式插入已备好的基质。其方法是先在插床上开横沟，将插条按一定株距斜倚沟壁，上端露出土面1/4～1/3，覆土压紧，使插条与土壤紧密结合。插好后要保持土壤湿润，以利于生根，可覆盖草帘或薄膜增温保湿。一般在休眠期进行。

（2）嫩枝扦插

插条为尚未木质化或半木质化的新梢，随采随插的扦插就是嫩枝扦插。草本和木本药用植物均适用此法，前者使用较多。插条最好选自生长健壮的幼年母树，并以开始木质化的嫩枝为最佳，因为其内含有充分的营养物质，生命活动力强，容易愈合生根，但过嫩或已完全木质化的枝条则不宜采用。

嫩枝扦插的方法与硬枝扦插相似，但嫩枝扦插的每一根插条一般保留 1～2 枚叶片，大叶片可剪去部分，以减少蒸腾。扦插时期一般选择 5～7 月。为提高成活率，采下的嫩枝及时用湿布包好置于阴凉处，保持新鲜状态，不宜放在水中。插条长度应依其节间长短而有所不同，一般每一根插条须有 3～4 个芽，其长度一般是 10～20 cm，剪口应在节下。枝条顶梢由于过嫩，不易成活，不易作插条，应当去掉。然后在整好的苗床上，用相当于插条粗度的枝条，按一定的株行距离插洞。洞的深度为插条长的 2/3，随插洞插入插条，再用双手将插条两侧的土按实，使之与土壤密贴，最后浇水并搭小塑料棚覆盖，以保持适当的温度、湿度，促进早日生根成活。

2. 根插法

根插法是切取植物的根插入或埋入土中，使之成为新个体的繁殖方法，又称为分根法，如图 4－7 所示。根据根入土情况，可分为全埋根插和露顶根插。凡根上能形成不定芽的药用植物都可以进行根插繁殖，如杜仲、厚朴、山楂、枣树、补血草、使君子、海棠果、牛舌草等。根插的根条可从母树周围挖取，也可在苗木出圃时，收取修剪下来或残留在土中的根段作材料，一般随采随插。但冬季挖取的根条，应贮藏在沙中待翌年春季扦插。用作根插的根条，直径应在 0.5 cm 以上，过细的根条出苗细弱，不宜选用。根条长度一般为 10～15 cm，有的须根过长或过多，可适当剪除一部分，避免栽植时卷成一团，不利于生长。为区别根条的上下端，根的上端可剪成平口，下端为斜口，随后在整好的苗床上开横沟，沟深 8～12 cm，沟距 25～30 cm，将根条按 7～10 cm 株距插入或埋入土中，其上端朝一个方向稍低于土面并斜倚沟壁，切勿倒插，最后覆土稍压紧，使根条与土壤紧贴，浇水保持湿度。

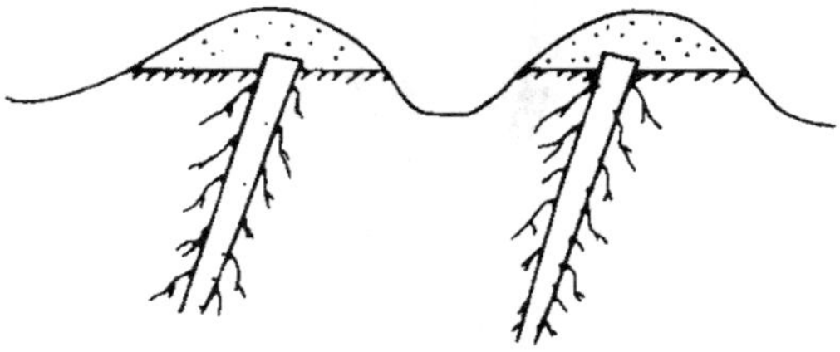

图 4－7　根插法示意图

3. 叶插法

叶插法是以叶片或带叶柄叶片为材料，扦插后通常在叶柄、叶缘和叶脉处形成不定芽和不定根，最后形成新的独立个体的繁殖方法。这种方法适用于虎尾兰属、秋海棠属、景天科、苦苣苔科、胡椒科等具粗壮的叶柄、叶脉或肥厚叶片的植物。叶插法按所取叶片的完整性可分为全叶插和片叶插；按叶片与基质接触的方式又可分为平置法和直插法。叶插后需要适度遮阳和保持湿度。

（1）全叶插

全叶插以带叶柄的完整叶片或不带叶柄的完整叶片进行扦插，根据扦插方法的不同又可分为直插法和平置法。直插法是将叶片的叶柄部分插入基质中，叶片直立，最后叶柄基部发生不定根和不定芽，如大岩桐、非洲紫罗兰、豆瓣绿、球兰等常采用此法。平置法则是将叶片去柄，将叶片上的粗壮叶脉用刀切断数处，平铺于基质上面，用竹针等插入叶片以使叶片背面与基质密切接触，最后在每个切断处发生幼小植株，如秋海棠属和景天科的许多植物常采用此法。

（2）片叶插

片叶插通常采用直插法，即将一个叶片切成数块，每一块直立于基质中，一般在下切口处生根长芽，最后形成新植株，如虎尾兰、蟆叶秋海棠等常采用此法。一定要将叶片的形态学下方插于基质中，注意保持温度和湿度。

（四）影响扦插生根成活的因素

1. 内部因素

内部因素包括植物种类、树龄和枝龄、枝条部位及其发育状况、营养状况、激素及插穗的叶面积等。

（1）植物种类

不同药用植物插条生根的能力有较大差异，可以分为极易生根类、较易生根类、较难生根类和极难生根类。无花果、石榴、柠檬、香橼、龙柏、连翘、菊花、天竺葵及仙人掌科植物茎段扦插生根较易，而板栗、核桃等枝条扦插生根较难。山楂、酸枣根插则易成活，枝插不易生根。同一植物的不同品种枝条扦插发根难易程度也不同，如美洲五味子中的杰西卡和爱地朗发根较难。

（2）树龄、枝龄和枝条部位

一般情况下，树龄越大，插条生根越难。发根难的木本植株，如从实生幼树上剪取枝条进行扦插，则较易发根。插条的年龄，以一年生枝条的再生能力最强，一般枝龄越小，扦插越易成活。但有的木本植物用二年生枝条扦插容易生根，如醋栗。从一个枝条不同部位剪截的插条，其生根情况也不一样。如落叶木本植株在夏、秋扦插，以枝条中上部为宜，冬、春扦插以枝条的中下部为好。

（3）枝条的发育状况

凡发育充实的枝条，其营养物质比较丰富，扦插容易成活，生长也较好。嫩枝扦插应在插条刚开始木质化即半木质化时采条，硬枝扦插多在秋末冬初和营养状况较好的情况下采条，草本植物应在植株生长旺盛时采条。

（4）贮藏营养

枝条中贮藏营养物质的含量和组分与生根难易有关。通常枝条碳水化合物越多，生根就越容易。如五味子插条中淀粉含量高的发根率达63%，中等含量的发根率达35%，含量低的发根率仅有17%。枝条中的含氮量过高会影响生根数目，低氮可以增加生根数，而缺氮就会抑制生根。硼对插条的生根和根系的生长有良好的促进作用，所以应对采取插条的母株补充必需的硼。

（5）激素

生长素和维生素对生根和根的生长有促进作用。由于内源激素与生长调节剂的运输方向具有极性运输的特点，如枝条插倒，而生根的仍是枝段的形态学下端，因此，扦插时应特别注意不要将插穗倒插。

（6）插穗的叶面积

叶片能合成生根所需的营养物质和激素，因此插条的叶面积大时对扦插生根有利。然而在插条未生根前，叶面积越大，蒸腾量越大，插条容易失水枯死。所以扦插时，为有效地保持吸水与蒸腾的平衡关系，应依据植物种类及条件，限制插条上的叶片数和叶面积，一般留 2～4 片叶，大叶种类要将叶片剪去一半或一半以上。

2. 外在因素

外在因素包括生根基质、温度、湿度、光照和氧气等。

（1）生根基质

理想的生根基质要求排水透气性良好，pH 适宜，可提供营养元素，既能保持适当的湿度，又能在浇水或大雨后不积水，而且没有有害的细菌和真菌。生产上一般采用蛭石、砻糠灰、泥炭等作为基质。

（2）温度

一般木本植物扦插时，白天气温在 21～25℃，夜间气温在 15℃时就可以满足插条生根需要。基质在 10～12℃时，插条就可以萌芽，但生根则要求土温在 18～25℃，或略高于平均气温 3～5℃。如果土温偏低，或气温高于土温，扦插虽能萌芽但不能生根，由于先长枝叶会大量消耗营养，反而会抑制根系发生，导致死亡。在我国北方，春季气温高于土温，扦插时要采取措施提高土壤温度，使插条先发根，如用火炕加热、马粪酿热或用电热温床，以提供最适的温度。我们南方早春土温回升快于气温，要掌握时机，抓紧扦插。

（3）湿度

插条在生根前失水干枯是扦插失败的主要原因之一。因为新根尚未生成，无法顺利供给水分，而插条的枝段和叶片因蒸腾作用而不断失水，因此要尽可能保持较高的空气湿度，以减少插条和插床的水分消耗。尤其是嫩枝扦插，高湿度可减少叶面水分蒸腾，不使叶子萎蔫。插床湿度要适宜，又要透气良好，一般维持土壤最大持水量的 60%～80% 为宜。可采用自动控制的间歇性喷雾装置，可维持空气的高湿度而使叶面保持一层水膜，降低叶面温度。其他如遮阴、塑料薄膜覆盖等方法，也能维持一定的空气湿度。

（4）光照

光对根系的发生有抑制作用，因此，必须使枝条基部埋于土中避光，才可刺激生根。硬枝扦插生根前可以完全遮光，嫩枝带叶扦插需要有适当的光照，以利于光合作用制造养分，促进生根，但仍要避免日光直射。同时，扦插后适当遮阴，可以减少扦插基质的水分蒸发和插条的水分蒸腾，使插条的水分保持平衡。但遮阴过度，又会影响土壤温度。

（5）氧气

扦插生根需要氧气。插床中水分、温度、氧气三者相互依存、相互制约。土壤中水分多，会引起土壤温度降低，并挤出土壤中的空气，造成缺氧，不利于插条愈合生根，也易导致插条腐烂。一般扦插基质中气体以含 15%以上的氧气且保有适当水分为宜。

（五）促进插条生根成活的方法

1. 机械处理

对于扦插不易成活的木本药用植物，可在插条剪取前对预选插条进行机械处理，处理后生长素和糖类积累在伤口区或环剥口上方，并且加强了呼吸作用，提高了过氧化氢酶的活动，从而促进了细胞分裂和根原体的形成，有利于促发不定根。机械处理的方法有剥皮、刻伤、环剥、缢伤等。

（1）剥皮

对木栓组织比较发达的枝条或较难发根的木本药用植物，如五味子，插前先将表皮木栓层剥去（注意勿伤韧皮部），对发根有较好的促进作用。剥皮后能加强插条吸水能力，幼根也容易长出。

（2）刻伤

用刀或手锯在插条基部第1～2节的节间刻划5～6道纵伤口，刻伤深达韧皮部（以见绿色皮为限度），对刺激生根有一定效果。

（3）环剥

剪枝条前15～20 d，对将作插条的枝梢环剥，宽为2～3 mm，在环剥伤口长出愈伤组织而未完全愈合时，剪下枝条进行扦插。

（4）缢伤

剪枝条前1～2周，对将作插穗的枝梢用铁丝或其他材料绞缢。

2. 黄化处理

黑暗能促进根组织的生长，解除或降低植物体内一些物质如色素、油脂、樟脑、松脂等对细胞生长的抑制，阻碍愈伤组织的形成和根的发生。扦插前将选取的枝条用黑布、黑纸、黑色塑料薄膜或泥土等封裹，遮阳，能使枝条叶绿素消失、组织黄化、皮层增厚、薄壁细胞增多、生长素积累，有利于根原基的分化和生根。处理3周后剪下扦插，易于生根。黄化处理耗时费事，适用于生根困难的特殊木本药用植物的扦插繁殖。

3. 浸水处理

在进行休眠期扦插时，插前将插条置于清水中浸泡12 h左右，使之充分吸水，达到饱和生理湿度，插后可促进根原始体形成，提高扦插成活率。有些植物枝条中含有树脂，常阻碍插条切口愈伤组织的形成且抑制生根。可将插条浸入30～35℃的温水中2 h，使树脂溶解，促进生根。

4. 加温处理

早春扦插常因温度低而生根困难，需加温催根，方法有温床和冷床两种。

（1）温床催根

可使用塑料薄膜温床、阳畦和火炕等提升温度，促进生根。方法是在温床底部铺一层沙或锯木屑，厚3～5 cm，将插条成捆直立埋入，捆间用湿沙或锯木屑填充，但顶芽要露出。插条基部温度保持在20～28℃，气温最好在8～10℃以下。为保持湿度，要经常喷水。该处理利于根原体迅速分生，而因气温低，芽则生长缓慢。另外，还可用火炕或电热线等热源增温。

（2）冷床催根

一般在冬末春初进行。利用春季地表温度高于坑内温度的特点，将插条倒放坑内，用沙子填满孔隙，并在坑面上覆盖 2 cm 沙子，使倒立的插穗基部的温度高于插穗梢部，这样为插穗基部愈伤组织的根原基形成创造了有利条件，从而促进生根，但要注意水分控制。该方法可操作性较差。

5. 化学药剂处理

药剂处理能显著增强插条新陈代谢作用。常用的化学药剂有高锰酸钾、醋酸、二氧化碳、硫酸镁、硫酸锰、磷酸等。高锰酸钾溶液处理插条，可以促进氧化，使插条内部的营养物质转变为可溶状态，增强插条的吸收能力，加速根的发生。一般采用的浓度为 0.03%～0.1%，对嫩枝插条用 0.06%左右的浓度处理为宜。处理时间依植物种类和生根难易而定。生根较难的处理 10～24 h，生根较易的处理 4～8 h。

6. 生长调节剂处理

生长调节剂处理可促进插条内部新陈代谢，提高水分吸收，加速贮藏物质分解转化，同时促进形成层细胞分裂，加速插条愈伤组织形成，从而提高生根率、生根数、根长、跟粗，并缩短生根期，使生根整齐。生产上常用的生长调节剂有萘乙酸（NAA）、吲哚乙酸（IAA）、吲哚丁酸（IBA）、ABT 生根粉等。处理方法有液剂浸渍、粉剂蘸粘。使用时应注意生长调节剂浓度过大时，刺激作用会转变为抑制作用，使有机体内的生理过程遭到破坏，甚至引起中毒死亡。

（1）液剂浸渍

将生长调节剂配成水溶液，不溶于水的，先用酒精配成原液，再用水稀释。分高浓度（500～1000 mg/L）和低浓度（5～200 mg/L）两种。低浓度溶液浸泡插条 4～24 h，高浓度溶液蘸 5～15 s。硬枝扦插时一般用 5～10 mg/L 浸 12～24 h；嫩枝扦插一般用 5～25 mg/L浸 12～24 h。

（2）粉剂蘸粘

一般用滑石粉作稀释填充剂。配合量为 500～2000 mg/L，混合 2～3 h 后即可使用。将插条基部用清水浸湿、蘸粉后扦插。

此外，ABT 生根粉是多种生长调节剂的混合物，是一种高效、广谱性促根剂，可用于多种药用植物扦插促根。一般 1 g 生根粉能处理 3000～6000 根插条。生根粉共有 3 种型号，其中 1 号生根粉，用于促进难生根植物插条不定根的发生，如金茶花、玉兰、山楂、海棠、枣、银杏等；2 号生根粉用于一般木本药用植物的繁育，如月季、茶花、葡萄、石榴等；3 号生根粉用于药用植物移栽时的根系恢复和提高成活率。

7. 其他处理

一些营养物质也能促进生根，如蔗糖、葡萄糖、果糖、氨基酸等。丁香、石竹等插条下端用 5%～10%蔗糖溶液浸泡 24 h 后扦插，生根成活率显著提高。一般来说，单用营养物质促进生根效果不佳，配合生长素使用效果更为明显。

（六）扦插后的管理

扦插后，特别是枝条扦插后，插条要及时浇水或灌水，保持湿润。嫩枝扦插还应遮阴，在未生根之前，如果地上部已展叶，则应摘除部分叶片。当新苗长到 15 cm 时，应选留一个健壮、直立的芽，其余的芽除去。用塑料小棚增温保湿时，在插条生根展叶后应拆除塑料棚，以便适应环境。

当前，在有条件的地区，人们利用白天充足的阳光，采取“全光间歇喷雾扦插床”进行扦插，即以间歇喷雾的自动控制装置来满足扦插对空气湿度的需要，既保证插条不萎蔫，又有利于生根。使用这种方法进行多种植物的硬枝扦插，均可获得较高的生根率，但扦插所用的基质必须是排水较好的蛭石、沙等。这种方法在阴天多雨地区不宜使用。

四、嫁接繁殖

嫁接也称接木。将一种植物的枝或芽接到另一种植物的茎或根上，使之愈合生长在一起形成一个独立的新个体，称为嫁接繁殖。供嫁接用的枝或芽叫接穗，承受接穗的植株叫砧木。药用植物中采用嫁接繁殖的有牡丹、芍药、山楂、木瓜、长籽马钱、金纳香等。

由于接穗采自遗传性状比较稳定的母本树上，因此嫁接后长成的苗木变异性较小，能保持母本的优良特性。嫁接苗能促进苗木的生长发育、提早开花结果和进入盛果期。如山茱萸实生苗需 8～10 年才开始开花结果，20 年后方进入盛果期，但嫁接苗只需 2～3 年即可结果，10 年后便进入盛果期。嫁接苗这种促进苗木生长发育、提早开花结果的特性，不仅可用于栽培，也可用于育种，从而缩短育种工作年限。通过嫁接，可利用砧木对接穗的生理影响，提高嫁接苗对环境的适应能力，如提高抗寒、抗旱、抗病虫害等能力。用乔化砧能使树冠高大，防止早衰；用矮化砧可使树冠矮化，提早结果。此外，通过高接，可以把品质差的品种改换成优良的新品种。嫁接繁殖的意义在于：(1) 利用砧木根系对土壤及气候的适应性，提高植株整体对环境的适应性。例如，利用抗病性强的砧木培育幼苗，可以有效控制多种植物的病虫害。在木本药用植物的生产中，利用抗性砧木可以提高树木的抗旱性、抗寒性、抗涝性、抗盐碱性。(2) 由于接穗或接芽枝条处于生理成熟期，因而通过嫁接可以促使植株提早结果。例如，银杏实生苗需要生长 18～20 年才开始结果，而嫁接后 3～4 年便可结果。(3) 利用特殊性状砧木如矮化砧，可以改变植物生长特性，引起植物生长方式革新，可矮化密植，促进成花，提早结果，增加产量，改善品质。(4) 有些植株雌雄异体或者需要异花授粉。通过嫁接雄株枝条，可以使雌雄异株变成雌雄同株或者一株多品种，从而减少人工授粉用工量。(5) 当植株根系受害或树皮受伤时，利用靠接或桥接技术，可以恢复植株生长，延长经济寿命。

(一) 嫁接成活的生物学原理

植物嫁接繁殖成活依据的是植物创伤愈合的特性，主要依靠接穗和砧木接合部形成层的再生能力。接穗接入砧木后，两者的伤口表面由受伤细胞形成一层薄膜，当温度与湿度适宜时，切口处的细胞活跃起来，接穗和砧木形成层外部细胞旺盛分裂，形成愈伤组织，并逐渐填满接穗和砧木间的细缝，表面膜消失，砧穗愈伤组织相互连接，新的愈伤组织中一些细胞分化为新形成层细胞，产生新维管组织，向内产生木质部，向外产生韧皮部，砧穗之间的维管系统联通。愈伤组织外部细胞分化成新的栓皮细胞，接穗和砧木栓皮细胞相连，愈合为新植株。

芽接的愈合过程基本与枝接相似。芽接时，将芽片内面贴在砧木露出的木质部和形成层上。芽插入后，削面上的细胞也形成一层薄膜，芽片周围开始产生愈伤薄壁组织，愈伤组织绝大部分是从砧木木质部外产生的，逐渐填满砧穗之间的空隙，随后砧木与接芽间的形成层连接起来，愈伤组织开始木质化，并出现了独立的筛管组织，砧木和接穗逐渐连接起来。

(二) 影响嫁接成活的因素

影响嫁接成活的因素有内在因素和外界因素。

1. 内在因素

内在因素包括砧木和接穗之间的亲和力、两者的营养状况及其他内含物状况等。

(1) 亲和力

亲和力是砧木和接穗在内部组织结构上、生理上和遗传上彼此相同或相近的程度，表示砧木和接穗经嫁接而能愈合生长的能力。亲和力强的植株间的嫁接容易成活，生长发育正常。反之，不亲和的植物或亲和力差的植物间嫁接不易成活，即使成活但生长发育不良，易从接口处劈断或过早衰亡。亲和力与接穗和砧木的亲缘远近有直接关系，一般说来，亲缘关系愈近，亲和力愈强。所以，嫁接时接穗和砧木要选择近缘植物。

(2) 砧木与接穗的生活特性

一般植物生长健壮，接穗和砧木会储有较多养分，嫁接容易成活。如砧木根压高于接穗则容易成活，反之不易成活。在形成层活跃生长期间，砧木与接穗两者木质化程度越高，在适宜的温度、湿度条件下嫁接越易成活。接穗的含水量也会影响形成层细胞的活动，如接穗的含水量过少，形成层细胞会停止活动，甚至死亡。通常接穗含水量在50%左右时为好。

砧木和接穗的树液流动期和发芽期相近或相同，成活率越高，反之成活率就低。一般于砧木已开始萌动，接穗将要萌动时进行嫁接为宜。

(3) 植物内含物

核桃等植物含有较多的酚类物质（如单宁），嫁接时，伤口的单宁物质在多酚氧化酶的作用下形成高分子的黑色浓缩物，使愈伤组织难以形成，造成接口的霉烂。同时单宁物质也直接与构成原生质的蛋白质结合发生沉淀作用，使细胞原生质颗粒化，从而在结合之间形成隔离层，阻碍砧木和接穗的物质交接并愈合，导致嫁接失败。

2. 外界因素

外界因素包括环境条件和嫁接技术。

(1) 环境条件

环境条件主要指温度和湿度。形成层薄壁细胞的分生组织活动产生愈伤组织，要求一定的温度和湿度，并且是在一定的养分和水分条件之下进行。温度过高，蒸发量大，切口水分消失快，不能在愈伤组织表面保持一层水膜，嫁接不易成活。春季雨天，气温低、湿度大，形成层分生组织活动力弱，愈合时间过长，往往造成接口腐烂。不同植物形成层活动要求的温度不同，一般以20～25℃为宜。

（2）嫁接技术

嫁接成活的关键是接穗和砧木两者形成层紧密结合，产生愈伤组织。所以接穗削面要平，接入时才能与砧木紧密结合，两者的形成层对准，有利于愈合。动作要准确快捷，捆扎松紧适度。

（三）砧木与接穗的相互影响和选择

1. 砧木与接穗的相互影响

接穗和砧木结合以后，由于营养物质的彼此交换和同化，相互间必然产生各种各样的影响。砧木对接穗的影响主要表现在生长、结果和抗逆性方面。促进接穗生长高大的砧木称为乔化砧，其可增强栽培品种的生长势，扩大树冠，寿命也较长。能使植物生长矮小的砧木称为矮化砧，如枸橘是酸橙的矮化砧。

嫁接后砧木根系生长所需养分有赖于接穗的供应，故接穗对砧木也会产生一定的影响。根据生化分析试验证明，在不同接穗的影响下，砧木根系的糖类、总氮、蛋白质态氮的含量，以及过氧化氢酶的活性都有变化。

2. 砧木和接穗的选择

一般嫁接用砧木都是野生或半野生的植物，它们有广泛的适应性，如抗寒、抗旱、抗涝、耐盐碱和抗病虫害等。

（1）砧木的选择与培育

砧木对接穗的影响是深远的，选择优良的砧木是培育优良花果类木本药用植物的重要环节。不同类型的砧木对气候、土壤环境条件的适应能力不同，选择适当的砧木则能更好地满足经济栽培的要求。在砧木选择的过程中，应遵守砧木区域化的原则，即就地取材，从当地原产的植物中选择各种药用植物适宜的砧木类型。如果当地种源缺乏，可以从外地引种。但应对引用的砧木特性有充分的了解，或先经过试栽，观察其适应能力再行引用。引种地区远近对引种影响较小，引种主要取决于原产地和引种地的自然条件。生态因素差异越小，则适应性越强，引种成功的可能性就越大。

砧木应具备以下条件：砧木与接穗有良好的亲和力；适应性广，抗性强，如抗旱、抗涝、抗寒、抗盐碱等，对病虫害抵抗力强；来源丰富，易于大量繁殖；对接穗的生长、早结果、丰产、寿命长有良好的影响；能使乔木矮化等。砧木的直径、年龄对嫁接成活和接后的生长有密切关系。嫁接用的砧木，应选用健壮的实生苗，砧木粗度一般为 1～3 cm。砧木的年龄以一至二年者为佳，生长慢的植物也可用三年生苗木作砧木，甚至可用大树进行高接换头。

为了提早进行嫁接，可摘心，促进苗木加粗生长。在进行芽接或插皮接时，为使砧木“离皮”，可采用基部培土、施肥、灌水等措施促进形成层的活动，这不仅便于操作，又有利于成活。

（2）接穗的选择和贮藏

采穗母树必须是品质优良纯正、性状稳定、经济价值高的植株。应选择树冠外围，尤其是向阳面光照充足、生长健壮、无病虫害、粗细均匀的一年生枝条作接穗。接穗的采取，依嫁接时期和方法的不同而异。生长季芽接应选择当年生的发育枝（生长枝）进行，宜随采随接。如需从别处采条，不可一次采集过多。采下来的接穗要立即剪去嫩梢，摘除叶片（保留叶柄），及时用湿布包裹，防止水分损失，如不能及时嫁接，可将枝条下部浸于水中，放在阴凉处，每天换水 1～2 次，可暂时保存 4～5 d。为保存时间更长些，可将枝条包好吊于井中或放入冷窖和冰箱中保存。枝接接穗的采取，若繁殖任务小或离嫁接期较近可随采随接；若任务大需要接穗多，亦可在头年秋季或冬季将穗从采穗圃采回，沙藏于假植沟或窖内（贮藏方法与插穗同）。在贮藏过程中，要保持低温和适宜的湿度，及时检查，特别要防止在早春气温上升时，接穗萌芽而影响成活。

（四）嫁接时期

嫁接时期对嫁接成活率影响较大。在春季如果嫁接过早，温度较低，砧木形成层刚开始活动，愈合组织生长慢，使得接口不易愈合。如果气温过高，如超过 32℃，接口也不易愈合，而且会引起细胞的损伤，超过 40℃则导致愈伤组织死亡。

枝接一般在植物休眠期进行，多在春、冬两季，以春季最为适宜。因为此时砧木与接穗树液开始流动，细胞分裂活跃，接口愈合快，容易成活。各地气候不同，嫁接时间也有差异，但应选在形成愈伤组织最有利的时期进行。如河南鄢陵在 9 月下旬枝接玉兰、山东菏泽于 9 月下旬嫁接牡丹，成活率较高。

春、夏、秋三季都可进行芽接，当皮层能剥离时就可开始，但以秋季最为适宜。秋季嫁接既有利操作，又愈合较快，且接后芽当年不萌发，免遭冻害，有利于安全越冬。

（五）嫁接方法

药用植物的嫁接常用枝接和芽接两种。枝接包括切接、劈接、腹接、插皮接等；芽接包括“T”形芽接、嵌芽接等。

1. 枝接

枝接是用一定长度的一年生枝条作接穗，插嵌在砧木断面上，使两者形成层紧密结合成为一体的嫁接方法。在生产上广泛应用的有切接和劈接。

（1）切接

砧木宜选用直径 1～2 cm 的幼苗，在距地面 5 cm 左右处截断，削平切面后，在砧木一侧垂直下刀（略带木质部，在横断面上约为直径的 1/5～1/4），深达 2～3 cm。再选取具有 2～3 个芽且长为 5～10 cm 的接穗，顶端剪去梢部，下部与顶端芽同侧，削成长 2～3 cm的斜面，此斜面的对侧则削成不足 1 cm 长的短斜面。斜面均须平滑，以利于和砧木接合。接合时，把削好的接穗直插入砧木切口中，使形成层紧密结合。如果接穗较细，至少要使一侧密接。接好后，用塑料条或麻皮等捆扎物捆紧，必要时可在接口处涂上石蜡或用疏松湿润的土壤埋盖，以减少水分蒸发，利于成活，如图 4－8 所示。

（2）劈接

劈接适用于砧木较粗大的嫁接。根据砧木的大小可从离地面 5 cm 左右处削去砧木上部，并把切口削成平滑面，再用劈接刀在砧木断面中心垂直劈开，深度约 5 cm。然后选取长约 10 cm、带 3～4 个芽的接穗，在与顶芽相对的基部两侧削成两个向内的楔形切面，使有顶芽的一侧稍厚。接合时，粗的砧木可接 2～4 个接穗。接合后，仍需用捆扎物捆扎，并用黄泥浆封好接口，最后培土，防止干燥，如图 4－9 所示。

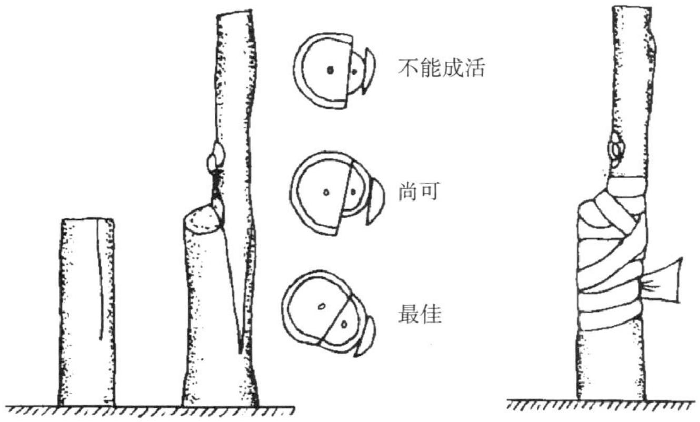

图 4－8 切接示意图

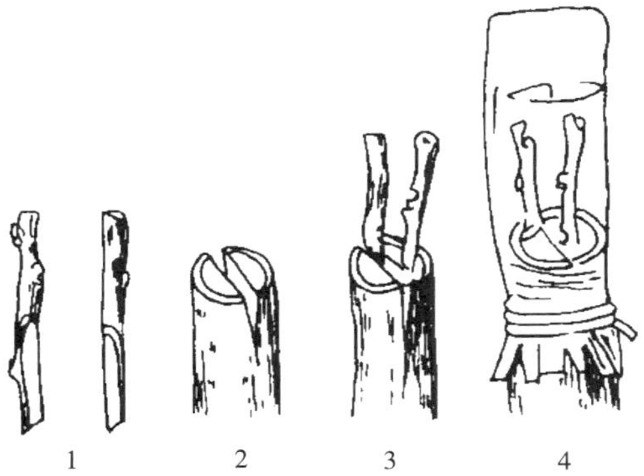

图 4－9 劈接示意图

1. 接穗削面；2. 砧木劈开状；3. 插入接穗，厚面向外；4. 接后包扎、套袋示嫁接保湿措施

2. 芽接

芽接是从用作接穗的枝条上切取一个芽（称为接芽）嫁接在砧木上，成活后萌发形成新植株的嫁接方法。在当前生产上应用最多的芽接法是“T”形芽接，如图 4－10 所示。“T”形芽接时，砧木一般选用一至二年生茎粗 0.5 cm 的实生苗。砧木过大，不仅因皮层过厚不便操作，且接后不易成活。方法是在砧木离地面 5 cm 左右处选光滑无节部位，横切一刀，再从上往下纵切一刀，长约 2 cm 左右，呈一个“T”形切口。切口要切穿皮层，不伤或微伤木质部。随后，将当年新鲜的作为接穗的枝条除去叶片，留下叶柄，用芽接刀削取芽片，芽片要削成盾形，稍带木质部，长 2～3 cm，宽 1 cm 左右，由上而下将芽片插入砧木切口内，使芽片和砧木皮层紧贴，用麻皮或塑料条绑扎。

此外，对于枝梢具有棱角或沟纹的植物（如枣）或接穗、砧木不易剥离皮部的植物（如柑橘）可采用带木质部嵌芽接法，即先从芽的上方 0.8～1 cm 处向下斜削一刀，长约

1.5 cm，然后在芽的下方 0.5～0.8 cm 处，也向下斜切至第一刀刀口底部，使两刀斜切面呈 30°夹角，取下芽片插入砧木的切口处。砧木切口比芽片稍长，芽片插入后，其上端必须露出一些砧木皮，最后绑紧，如图 4－11 所示。

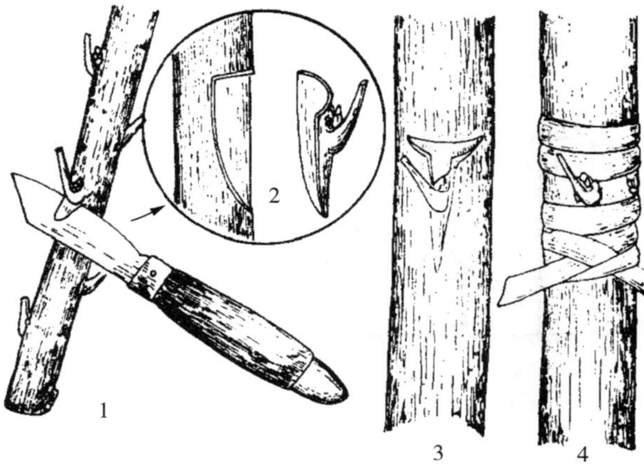

图 4－10　“T”形芽接示意图

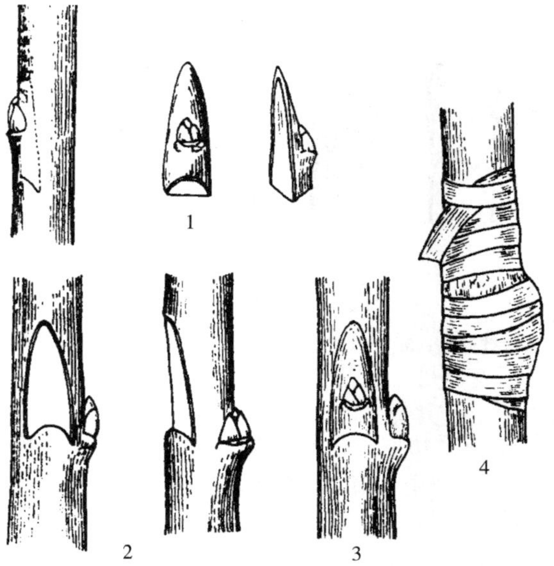

图 4－11　嵌芽接示意图

（六）嫁接后的管理

一般枝接在接后 20～30 d 进行成活率检查。成活接穗上的芽新鲜、饱满，甚至已经萌动，接口处产生愈伤组织。未成活的接穗则干枯，或变黑发霉。对未成活的接穗可待砧木萌发新枝后，于夏、秋季采用芽接法进行补接。对已成活的接穗则应将绑扎物解除或放松。扒开检查后，成活植株基部仍需覆土，以防止因突然曝晒或被风吹而死亡。待接穗自行长出土面后，结合中耕除草，去掉覆土。当嫁接苗长出新梢时，应及时立支柱，防止其被风吹断。

一般芽接在接后7～10 d进行成活率检查。成活的芽下的叶柄一触即掉，芽片皮色鲜绿，反之，芽片则未成活应重接。接芽成活半个月之内应解除绑扎物。接芽抽枝后，可在芽接处上方将砧木的枝条剪除，以促进接穗的生长。苗长大后，注意整形修剪。

第二节 药用植物的种子繁殖

由种子发育而形成新个体的繁殖方法称为种子繁殖。种子繁殖是植物有机体在长期发展过程中形成的适应环境的一种特性，其产生的后代不仅数量多而且具有较强的可塑性和更广泛的适应性。因此，采用种子繁殖，繁殖系数大，方法简便而经济，也有利于引种驯化和培育新品种，在药用植物栽培实践中应用最为广泛。但是，种子繁殖产生的后代由于遗传物质的重组而在生长过程中产生变异，且开花结果较迟，尤其是木本药用植物，其成熟年限较长，结果较迟，所以有些药用植物须采用营养繁殖。

一、种子的形态与结构

（一）种子的形态

种子形态不仅是鉴别药用植物种类、判断种子品质的重要依据，也是确定播种技术的依据之一。

种子的外形、大小、色泽、表面的光洁度、沟、棱、毛刺、网纹、蜡质、突起及附属物等都是区别种类和品质的形态特征。因为这些性状也是由遗传因素决定的。如椰子种子球形，直径为15～20 cm；细辛种子卵状圆锥形，有种阜；天麻种子呈纺锤形，长不足1 mm，宽不到0.2 mm。又如，五加科的人参、西洋参、三七的种子，外观形状和色泽相近，是有别于其他科属种子的共性，但它们之间又有大小、皱纹深浅之别。人参种粒小，皱纹细而深，种皮厚而硬，三七种粒大，皱纹粗而浅，种皮最薄，西洋参介于两者之间。

（二）种子的结构

种子都有种皮和胚这两部分，有的种子还含有胚乳。

1. 种皮

种皮是保护种子内部组织的部分，真正的种皮是由珠被形成的，属于果实类的种子，常说的“种皮”是由子房形成的果皮，真正的种皮为薄膜状，不是贴于胚外，就是贴于果皮内壁与其混成一体。种皮上有与胎座相联结的珠柄的断痕，称为种脐，种脐的一端有个小孔，称为珠孔，种子发芽时，胚根从珠孔伸出。

药用植物种子种皮构造比较复杂，如黄芪、甘草、皂角等豆科种子种皮致密，阻碍吸水；桃、杏、郁李、胡桃、诃子等果核木质坚硬，阻碍种子萌发；草果、杜仲种皮表面或种皮含胶质，影响吸水速度；厚朴、辛夷种皮外有蜡质层，妨碍吸水；五味子、荜拨的种皮或种皮表面有油层，也阻碍吸水。上述各类种皮均阻碍正常吸水，影响萌发出苗，给生产带来不便。此外，有的种皮保护性能差，在常规存放条件下，易失水和霉烂变质等。此类种子采收后应及时播种或拌湿沙（土）暂存。另外，还有少数种子种皮含发芽抑制物质，阻碍发芽。除了上述情况外，多数药用植物种皮与作物、蔬菜种子相近。

2. 胚

胚是构成种子的最主要部分，是新生植物的雏体，由胚根、胚芽、胚轴和子叶四部分组成，有胚乳种子（人参、西洋参、三七、细辛、五味子、黄连、芹菜、韭菜、葱、蓖麻、烟草、桑、薏苡、番木瓜等）的胚埋藏在胚乳之中。在种子发芽过程中，胚利用子叶和胚乳提供的营养物质生长。通常情况下，种子内的胚乳或子叶的营养物质足以满足种胚萌发出土长成小苗，如果胚乳、子叶受损，种胚生长发育就会受影响，甚至丧失发芽能力。健康种子的胚乳、子叶鲜洁，胚乳色白，腐坏后色暗且易崩毁粉碎。在药用植物种子中，有部分种子种胚形态发育不健全（人参、西洋参、黄连、三七、五味子、细辛、山茱萸、银杏、贝母等），有的种胚形态虽然发育健全，但需要生理休眠或种皮、胚乳存在阻碍发芽因素，这类种子都不能正常发芽出苗，此类种子一般在播种前要进行种子处理。

有些药用植物（人参、苍耳、橡胶草、牛皮菜等）的果实、种皮（种壳）、胚乳、子叶或胚中，所含的挥发油、生物碱、脱落酸、有机酸、酚类、醛类等物质对种子萌发有抑制作用。这类种子在播种前也要进行种子处理。

药用植物种子大小相差悬殊，大粒种子千粒重在 100 g、1000 g，甚至万克以上，如古柯、印度马钱、可拉果、山核桃、龙眼、山杏、椰子等；千粒重为 30～100 g 的如红花、印度萝芙木、催吐萝芙木、薏苡、三七、北五味子等；千粒重为 10～30 g 的如白豆蔻、番木瓜、安息香、人参、决明子、望江南、黄柏、曼陀罗等；千粒重 1～10 g 的如檀香、土沉香、大风子、细辛、土木香、菘蓝、紫菀、紫苏、杭白芷、地榆、牛膝、黄连、知母、黄芩、当归、穿心莲等；千粒重 0.1～1 g 的如地黄、莨菪、藿香、荆芥、旱莲草、枸杞、党参、地肤子等；千粒重小于 0.1 g 的如龙胆、天麻、草苁蓉等。

种子的大小与营养物质的含量有关，对胚的发育有重要的作用，还关系到出苗的难易和幼苗生长速度。种子越小，种胚营养越少，出土能力越弱，对整地、播种质量要求越高。

二、种子的采收、调制与贮藏

（一）种子的采收

药用植物种子的成熟期随植物种类、生长环境不同而差异较大。掌握适宜的采种时间十分重要。种子成熟包括形态成熟和生理成熟。生理成熟指种子发育到一定大小，种子内部干物质积累到一定数量，种胚已具有发芽能力。形态成熟指种子中营养物质停止积累，含水量减少，种皮坚硬致密，种仁饱满，具有成熟时的颜色。一般情况下，种子的成熟过程是经过生理成熟再到形态成熟，但也有些种子形态成熟在先而生理成熟在后。如浙贝母、刺五加、人参、山杏等。当种子达到形态成熟时，种胚发育还没有完成，种子采收后，经过贮藏和处理，种胚继续发育成熟。也有一些种子如泡桐、杨树等，它们的形态成熟与生理成熟几乎一致。

种子成熟分为下面四个阶段。

1. 绿熟期

种子外部呈绿色，含有大量的乳汁，成熟刚开始，没有萌发力。

2. 黄绿期

种子外部由绿色转黄、褐色等，内部变硬，含水量少，仍呈湿润状态。

3. 完熟期

种子成团有色泽，内部和外部坚硬，体积小，一般这一时期有利于种子采收。

4. 枯熟期

种子呈固有色泽，大多转暗，质脆而紧，易于开裂或脱落，此时的种子过于老熟，不利于发芽。

在药用植物生产中，种子成熟程度的确定是根据种子形态成熟时的特征判断的。种子成熟后种子中干物质停止积累，含水量降低，硬度和透明度提高，种皮的颜色由浅变深，呈现出品种的固有色泽。实际采种时，还要考虑到果皮颜色的变化。不同果实在成熟时的形态特征也不同。浆果、核果类（多汁果）果皮软化、变色，如南酸枣、杏、木瓜成熟时，果皮由绿色变为黄色，龙葵、土麦冬、女贞、樟树成熟时，果实变为黑色。干果类（蒴果、荚果、翅果、坚果等）果皮由绿色变为褐色，由软变硬。其中，蒴果和荚果的果皮自然裂开，如浙贝母、四叶参、泡桐、甘草、黄芷等。球果类果皮一般都是由青绿色变成黄褐色，大多数种类的球果鳞片微微裂开，如油松、侧柏、马尾松等的果实成熟时变为黄褐色。

种子成熟度对发芽率、幼苗长势、种子耐藏性均有影响，因而应采收充分成熟的种子。但有时也有例外，如当归、白芷等应采适度成熟的种子留种，老熟种子播种后容易提早抽薹。又如黄芷、油橄榄等种子老熟后往往硬实增多，或休眠加深，如果采后即播，则不易萌发。凡种子成熟后不及时脱落的植物可以缓采，待全株的种子完全成熟时一次采收，如朱砂根。否则，宜及时分批采收，或待大部分种子成熟后将果梗割下，后熟脱粒，如穿心莲、白芥子、白芷、北沙参、补骨脂等应随熟随采，避免损失。

新采集的种子一般都带有果皮，因此要及时脱粒处理。对酸枣、颠茄等浆果类种子，可将其果实浸入水中，待其吸胀时用棍棒捣拌，使果肉与种子分离，然后用清水淘洗，漂选，风干；对易开裂的蒴果（桔梗、党参等）和荚果（决明、黄苗等）类种子可放在阳光下晒干，使果皮裂开，然后用木棒敲打，使种子脱出。在种子脱粒过程中，要尽量避免损伤种子。种皮破损的种子易感染病菌，不耐储存。有时带果皮贮藏的种子寿命长、品质好，如栝楼、丝瓜、宁夏枸杞、白芥等常以果实保存，播种前才脱粒。采收清理后的种子，要进行精选，取整齐、饱满而又无病虫害的种子贮藏留种。

（二）种子调制

种子调制的目的是获得纯净、适宜播种或贮藏的优良种子，是防止种子变质的必要工序措施。种子调制的程序包括脱粒、净种、干燥、分级等。种子采收后应尽快调制，避免发热、发霉。应根据植物果实、种子的种类，选择恰当的调制方法，保证种子的品质。

1. 脱粒

植物果实、种子的种类不同，脱粒方法也不同。

（1）蓇葖果类

此类如黄连、淫羊藿、杠柳、白首乌、八角茴香等，果实或带果枝采收后，根据药用植物的性质，采取阴干或晒干的方法使果实自行开裂，或揉搓、清除果皮、果枝，取出种子并去杂。

（2）蒴果类

此类如党参、桔梗、蓖麻子、车前子、王不留行等，果实采后待其自行开裂后，过筛精选。含水量高的如杨树、柳树果实采后，应立即放入避风、干燥的室内，风干 3～4 d 后，当多数蒴果开裂时用柳条抽打，使种子脱粒，过筛精选。

（3）坚果类

此类如板栗、莲等，一般含水量较高，不能曝晒，采后应进行粒选或水选，去除蛀虫，摊开阴干，摊铺厚度不超过 20～25 cm，经常翻动，当种实湿度达到要求程度时，立即收集贮藏。

（4）翅果类

此类如杜仲、白蜡、臭椿、榆树等，处理时不必脱去果翅，干燥后清除杂物即可，其中榆树不可曝晒，要用阴干法。

（5）荚果类

此类如甘草、黄芪、刺槐、紫藤、合欢、皂荚、苦豆等，一般含水量较低，采后暴晒 3～5 d，有的荚果晒后裂开脱粒，有的不开裂，可用棍棒敲打或石磙压碎进行脱粒，并清除杂质，提取净种。

（6）肉果类

此类包括核果、浆果、聚合果等，其附属部分多为肉质，含果胶、糖类较易腐烂，其种子一般含水量较高，采后须立即处理，否则会降低种子品质。一般可以用水浸数日后，直接揉搓，再脱粒净种，阴干，并经常翻动，不可曝晒或雨淋。当种子含水量达到要求时即可播种或贮藏和运输。如柑橘、枇杷等种子不能曝晒，且无休眠期，故洗后略干一两天即可播种。少数种子假种皮含有胶质，用水冲洗难以奏效，如三尖杉、紫衫、罗汉松等，可用湿沙或苔藓加细石与种实一同堆起，然后揉搓，除去假种皮，再阴干贮藏。

（7）球果类

针叶树种子多在球果中，油松、侧柏、金钱松等球果采后曝晒 3～5 d，鳞片裂开，大部分种子可自行脱离，其余用木棒轻击球果即可脱出。

不易开裂的马尾松球果含松脂较多，可用 2%稻草灰和水，温度在 95～100℃煮果 2 min,用稻草堆沤法脱脂，每日翻动时淋温水一次，经 1 周左右全脱脂后曝晒，球果即可开裂。

2. 净种

净种包括去掉种子中的夹杂物，如鳞片、果皮、果梗、枝叶、碎片、空粒及异类种子等。常用净种方法有筛选法、风选法、水选法和粒选法。

（1）筛选法

筛选是常用的选种方法，方法简便、效率高。筛选时根据种子形状、大小、长短及厚度，选择筛孔适合的一个或几个筛子进行种子分级，筛除杂物（特别是细小瘪粒），选取充实、饱满的种子，提高种子质量。此方法多用于种子粒级的精选，如蔷薇科种子等。

（2）风选法

此法利用自然、人工、机械产生的流动空气净种，进行种子筛选，得到纯种和净种。风选时，一般利用种子的乘风率进行分选，乘风率是种子对气流的阻力和种子在风流压力下飞越一定距离的能力。乘风率用种子的横断面积与种子质量之比表示。

$$\text{乘风率}=\frac{\text{种子横断面积}\ (\mathrm{cm}^2)}{\text{种子质量}\ (\mathrm{g})}$$

乘风率大的为空瘪种子，乘风率小的是充实、饱满的种子。风车选种就是利用这一原理进行清选分级。在一定风力作用下，不同乘风率的种子依次分别降落在相应部位，充实、饱满的种子质量最大，乘风率最小，就近降落，而空粒、瘪粒、轻的杂物在较远的地方降落，这样就可以从中选取充实、饱满、洁净的部分作为种子。此法适用于较重的中粒种子，如国槐、刺槐、合欢、紫藤、皂荚等。

（3）水选法

此法根据饱满程度不同的种子比重不同的原理，借助一定的溶液将轻重不同的种子分开。通常轻种子上浮液面，充实、饱满的种子下沉底部，中等质量种子悬浮在溶液中部。常用的溶液有清水、泥水、盐水和硫酸铵水等。采用溶液比重选种时，应根据药用植物种子种类或品种，配制适宜浓度的溶液，以便准确区分不同成熟饱满度的种子。如用盐水选种，海南萝芙木为4%～6%的浓度，催吐萝芙木为8%，印度萝芙木为15%～17%，油菜为8%～10%，诃子为27.5%。人参、西洋参、五味子、大风子等都可用清水选种。

（4）粒选法

此法指对将大粒种子或珍贵、稀有的种子进行单个挑选，如核桃、珙桐、贴梗海棠等。

3. 干燥

种子干燥的主要作用是降低种子水分，提高种子的耐贮性，以便较长时间保持种子活力。此外种子干燥还有杀死仓虫、消灭或抑制微生物活动、促进种子后熟、减少运输压力等作用。种子干燥的方法通常有自然干燥和人工机械干燥两种。

（1）自然干燥

当前生产用种子采用自然干燥最为普遍。自然干燥指利用日光曝晒、通风和摊晾等方法降低种子含水量。一般选择干燥、空旷、阳光充足及空气流畅的晒场，在晴朗干燥的天气，于9～16时将种子摊成5～15 cm薄层进行晾晒，晒种过程中要经常翻动，晚上要防止返潮，高水分种子要避免发热。这种方法简便、经济又安全，尤其适用于小批量种子。但用此法干燥种子，必须做到清场预晒、薄摊勤翻、适时入仓，防止结露回潮。

（2）人工机械干燥

人工机械干燥可分为自然风干法和热空气干燥法。自然风干法采用鼓风机干燥种子，适用于小批量种子的干燥。热空气干燥法指用热空气干燥种子。其工作原理是在一定条件下，提高空气的温度可以改变种子水分与空气相对湿度的平衡关系。不同类型的种子、不同地域所采用的加热机械和烘房布局也各不相同。但用此法干燥种子都应注意如下事项：决不可将种子直接放在加热器上焙干；应严格控制种温；种子在干燥时，一次失水不宜太多；如果种子水分过高，可采用多次间隙干燥法；烘干后的种子需冷却到常温时才能入仓。

4. 分级

分级主要指把同批种子按大小轻重进行分类。实践证明，不同级别的种子分别播种，发芽率高，出苗整齐、一致，生长发育均匀，分化现象少，不合格苗大大减少。

（三）种子贮藏

种子贮藏是指种子从收获后至播种前需经过的或长或短的保存阶段。种子贮藏的任务就是采用合理的贮藏设备和先进的贮藏技术，人为控制贮藏条件，防止种子发热霉变和虫蛀，使种子劣变降到最低，有效地保持较高的种子发芽率和活力，从而确保种子的播种价值。种子贮藏期限的长短，因药用植物种类和贮藏条件不同而不同。其中，种子含水量及贮藏的温度、湿度是种子贮藏的主要影响因素。依据种子性质及贮藏条件，种子贮藏方法可分为干藏和湿藏两大类。

1. 干藏法

干藏指将干燥的种子贮藏于干燥的环境中。干藏除要求有适当的干燥环境外，有时也要结合低温和密封条件，凡含水量低的种子均可采用此法贮藏。干藏法又分普通干藏法和低温干藏法。

（1）普通干藏法

此法指将充分干燥的种子装入麻（布）袋、箱、桶等容器中，再放于凉爽、干燥、相对湿度保持在50%以下的种子室、地窖、仓库或一般室内储存。大多数药用植物种子均可采用此法，如云木香、白芷、牛膝、栝楼等。

（2）低温干藏法

对于种皮坚硬、致密，不易透水、透气的种子，如山茱萸、决明、合欢等，为了延长其寿命，在进行充分干燥后，可放在0～5℃、相对湿度维持在50%左右的种子贮藏室或放在冰箱、冷藏室内储存。需长期储存而用低温干藏易失去发芽力的种子可采用密封干藏，即将种子放入玻璃瓶等容器中，加盖后用石蜡或火漆封口，置于贮藏室内。容器内可放些吸湿剂如氯化钙、生石灰、木炭等，可延长种子寿命5～6年，如能结合低温，效果更好。

2. 湿藏法

有些种子一经干燥就会丧失生活力，如黄连、三七、肉桂、细辛等。湿藏的作用主要是使具有生理休眠特性的种子在潮湿、低温条件破除休眠，提高发芽率，并使贮藏时需高含水量的种子的生命力延长。其一般多采用沙藏，即层积法。需用层积法贮藏的有山茱萸、银杏、贴梗木瓜、玉兰、酸橙等的种子。层积法可在室外挖坑或室内堆积进行，必须保持一定的湿度和0～10℃的低温条件。如种子数量较多，可在室外选择适当的地点挖坑，其深度应在地下水位之上，大小应根据种子多少而定。先在坑底铺一层 10 cm 厚的湿沙，随后堆放 40～50 cm 厚的混沙种子（沙：种子＝3：1），种子上面再铺一层 20 cm 厚的湿沙，最上面覆盖 10 cm 厚的土，以防止沙子干燥。坑中央要竖插一小捆高粱秆或其他通气物，使坑内种子透气，防止温度升高致种子霉变。如种子数量少，可在室内堆积，即将种子和三倍量的湿沙混拌后堆积室内（堆积厚度为 50 cm 左右），上面可再盖一层 15 cm 厚的湿沙，也可将种子混沙后装在木箱中贮藏。贮藏期间应定期翻动检查。有时遇到反常的温暖天气，或贮藏末期温度突然升高，可能会引起种子提前萌发。如有这种情况，应及时将种子取出并放入冰箱或冷藏室，以免芽生长太长，影响播种。

三、种子的休眠与萌发

（一）种子的休眠

许多药用植物种子在适宜的温度、湿度、氧气和光照条件下，也不能正常萌发的现象叫休眠。种子具有休眠特性的药用植物有人参、西洋参、三七、黄连、细辛、贝母、五味子、牡丹、芍药、北沙参、紫草、延胡索、苍耳、天门冬、金莲花、大风子、酸枣、银杏、山茱萸、诃子、催吐萝芙木、黄柏、厚朴、核桃、杏、荜拨、使君子、草果和益智等。

休眠是一种正常现象，是植物抵抗和适应不良环境的一种保护性的生物学特性。种子呈休眠状态，通常有两种情形：一种是由于环境条件不适宜而引起的休眠称为强迫休眠。强迫休眠多因低温、寒冷或高温、干旱所致；另一种是因为种子本身的原因引起的休眠称为生理休眠或真正休眠。种子成熟后，即使给予适宜的外界环境条件仍不能萌发，此时的种子称为休眠状态种子。从生产角度来讲，休眠对种子贮藏是有利的，但给育苗和播种带来了困难。

1. 种子休眠的原因

种子休眠的原因主要有以下几个方面。

（1）种皮限制

很多种子往往因为种皮坚硬、致密、蜡质或革质，具不易透水、透气或不易吸水膨胀、开裂特性而引起休眠。如将胚单独取出，给予合适的培养基，则胚能萌发。这里的种皮包括种壳、果壳及胚乳。一些豆科植物的种子（如黄芪、甘草）有坚厚的种皮，称为硬实种子。有些种子的种皮具蜡质、革质，不易透水、透气，或产生机械的约束作用，阻碍种胚向外生长，如山茱萸、皂荚、盐肤木、穿心莲等。

（2）种胚未成熟

种胚未成熟包括种胚的形态未成熟和生理未成熟两种。形态未成熟种胚的大小只有正常胚的几分之一或几百分之一，这类种子的胚需要吸收胚乳营养继续生长发育。有些种子的胚在形态上已经发育完全，但在生理上还未成熟，必须通过后熟才能萌发。所谓后熟是指种子采收后在一定的环境条件下，经过一系列的生理生化变化达到真正的成熟、能够萌发的过程。这种情况在高寒地区或阴生、短命速生的药用植物中较为常见。种胚后熟大致有以下 4 种情况。

① 高低温型

胚后熟需经历高温至低温的顺序变化，胚的形态发育在较高的温度下完成，然后需要经历一定时期低温完成其生理上的转变才能萌发。如人参、西洋参、钮子七、刺五加、羌活等。

② 低温型

胚后熟要求低温、湿润条件，生产上要求秋播或低温沙藏。如乌头、黄连、山茱萸、木瓜、麦冬、黄檗等。

③ 二年种子

二年种子指胚后熟和上胚轴休眠分别要求不同的低温才能发芽的种子，如延龄草、类叶牡丹等。延龄草胚后熟长出胚根先要求低温、湿润条件，接着需要一个高温期，促使萌发的幼根生长。继而需要第二个低温期，使上胚轴后熟，随后要求第二个高温期，才能形成正常的幼苗，故在秋播后的第三年春季才出苗。

④ 上胚轴休眠

这一类种子大多数在收获时胚未分化，其后发育需要较高的温度，接着又要求低温解除上胚轴休眠，胚茎才得以伸长，幼芽露出土面。如牡丹、细辛、玉竹、天门冬等。

（3）萌发抑制物质的存在

有些种子不能萌发是由于果实或种子内有抑制种子萌发的物质，如挥发油、生物碱、有机酸、酚类、醛类等。它们存在于种子的子叶、胚、胚乳、种皮或果汁中，如山楂、女贞、川楝等种子都含有抑制物质，阻碍种子萌发。

（4）次生休眠

诱导不同植物种子产生次生休眠的条件各不相同。如厌氧条件可引起条纹苍耳的次生休眠，黑暗可引起莴苣、宝盖草、梯牧草的次生休眠。紫荆的次生休眠种子可用浓硫酸浸种 30 min，清洗后贮藏在 5℃的低温下 30 d，可提高萌发率。

有的种子休眠是由一种原因引起的，如紫草、水红子因生理低温；银杏因种胚形态发育不健全；黄芪、甘草、厚朴、莲子等因种皮障碍；甜菜、橡胶草因有发芽抑制物质存在等。有的种子休眠是由两种或两种以上原因引起的，如人参属胚发育未完全的类型，其果实种子内也含有发芽抑制物质。

2. 打破休眠的方法

休眠的种子播于田间，在自然条件下可以通过后熟使其萌发出苗。不过，由于药用植物种类、休眠类型不同，自然后熟时间的长短也不一样，短的几天、十几天，长的 1～3 个月或 5～6 个月，甚至 6 个月以上，如人参、西洋参、山茱萸可达 1 年以上。在生育期长的地方，晚出苗十几天对其生育影响不大，在生育期短的地方，不要说晚出苗 1 个月，就是晚出苗 7～10 d，也会影响生育和产量。播于田间 3～5 个月才能出苗者，不仅白白花费了一季的生产管理，而且还减少了一季乃至一年的收入。因此生产中都采取先打破种子休眠，然后适时播种的方式。

打破种子休眠的方法很多，如机械损伤种皮、层积处理、药剂处理、激素处理等。

（1）浸种处理

冷水、温水或冷热水交替浸种，不仅可使阻碍透水的种皮软化，增强透性，促进萌发，还可使种皮内所含发芽抑制物质被浸出，促进种子萌发。有些种子还可用80～90℃热水浸烫，边浸烫边搯动，待水冷却后停止搯动。浸烫不仅有利于软化种皮，除掉种皮外的蜡质层，还可加快种皮内发芽抑制物质的渗出，不过浸烫时间不能过久。如桑和鼠李种子用45℃水浸种24 h；吐根种子用常温水浸种48 h；穿心莲种子用40～80℃水先烫种，边烫边搯动，使水尽快冷却，然后浸种24 h；使君子种子用40～50℃水浸种24～36 h等。

（2）机械损伤种皮

豆科、藜科、锦葵等药用植物种子种皮具不透水性，可将种子放入电动磨米机内，将种皮划破或在种子内加入粗沙、碎玻璃等，使其与种皮摩擦，划破种皮，从而达到正常吸水萌发的目的。如硬实的黄芪、甘草种子可用电动磨米机划破种皮；鸡骨草种子可用沙石摩擦处理；杜仲剪破种皮就可尽快吸水萌发。

（3）药剂处理

有些药用植物种子表面有油质、蜡质、胶质、黏液等，有的种皮内含某些发芽抑制物质，采用药剂处理便于除掉这些物质，促进萌发。如用30%草木灰搓草果种子，以除去表面胶质层；荜拨种子用30～40℃的草木灰水浸种2 h，就可除掉种子表面的油质；用30%草木灰水清洗益智果肉，可除掉黏质类物质；厚朴种子用浓茶水浸种1～2 d，然后揉搓可除去蜡质；有的核果类种子或硬实种子可用一定浓度硫酸液浸种，腐蚀种皮，增加透性，腐蚀后用流水洗至无酸即可，然后播种。

（4）激素处理

需要生理后熟的种子，特别是需要低温后熟的种子，播前可用一定浓度的激素处理（特别是赤霉素处理），不经低温就可正常萌发出苗。如人参和西洋参的越冬芽，用40～100 mg/L的赤霉素（GA_3）浸处24 h，不经低温就可出苗；细辛潜伏芽、越冬芽用40 mg/L的GA_3棉球处理就可打破上胚轴休眠；人参、西洋参种子用50～100 mg/L的GA_3、50 mg/L的6-苄基嘌呤（BA）或激动素（KT）浸种24 h，可加速形态后熟，完成形态后熟的人参种子再用40 mg/L的GA_3处理24 h，不经低温就可发芽出苗；金莲花用500 mg/L的GA_3浸种12 h，可代替低温沙藏处理；用0.1%的硫脲处理芹菜、菠菜、莴苣等要求低温催芽的种子，有代替低温冷凉的作用。

（5）层积处理

层积处理是打破种子休眠常用的方法，对于具有形态后熟、生理后熟时间较长、坚硬的核果类种子或多因素引起休眠的种子（即后熟期较长的种子），此法最为适宜，如人参、西洋参、刺五加、黄连、牡丹、芍药、北五味子、黄柏、扁桃、山楂、核桃、枣、酸枣、杏、郁李、八角茴香等。层积处理常用洁净河沙作层积基质（也可以将沙与细土按3∶1的比例混合）。对于基质用量，中小粒种子一般为种子容积的3～5倍，大粒种子为5～10倍。基质的湿度以手握成团而不滴水为宜（约为最大持水量的50%）。处理时，先用水浸泡种子，使种皮吸水膨胀，然后与调好湿度的基质按比例混拌进行层积处理。也可将吸胀的种子与调好湿度的基质分层堆放处理，中小粒种子每层厚3～4 cm，大粒种子每层厚5～8 cm。层积处理时，容器底部和四周要用基质垫隔好，顶部再用基质盖好。处理温度因植物而异，如对人参种子进行层积处理，种子裂口前温度控制在18～20℃，种子裂口后为16～18℃；萝芙木在23～28℃处理；一般需生理低温的种子，处理温度多控制在2～7℃。处理时间因植物而异，如山杏为45～100 d，扁桃为45 d，枣和酸枣为60～100 d，杏为100 d，山楂为200～300 d，人参为150～180 d，山葡萄为90 d等。有些坚硬的核果类种子如杏、桃、核桃等最好进行一段时间冷冻（使种皮开裂）后再层积处理。

层积处理的早晚因植物和播期而异，后熟期长的种子（如人参、西洋参、山茱萸、黄连、山楂等）早处理；后熟期短的种子（如萝芙木、紫草、水红子、北沙参等）可晚处理。通常以保证种子顺利通过后熟，不误播期，种子不提早发芽为最好。

（二）种子的萌发

种子萌发是指从种子开始吸水起，到幼根出现为止的复杂生理变化过程。

1. 种子萌发阶段

种子萌发主要包括3个阶段。

（1）吸胀阶段

种子吸水后种皮吸胀软化，与外界开始进行气体交换，原生质由凝胶状态变为溶胶状态。

（2）停顿期

种子吸水到一定程度后不再膨胀，表面上看种子外表静止，但内部生理活动极其活跃，包括信息传递、酶系统由钝化转为活跃、新蛋白质合成、物质和能量的转化等。

（3）幼根突破种皮

由于营养物质的供应，根和茎生长，鲜重再次增加，幼苗出土生长。

2. 种子萌发的条件

种子萌发除了本身必须具备的内在因素，如健全的发芽能力及解除休眠期，也需要一定的环境条件，主要是充足的水分、适宜的温度和足够的氧气，这3个条件称为种子萌发的三要素，缺一不可，有些种子萌发还需要光照条件。

（1）充足的水分

休眠的种子含水量一般只占干重的10%左右。只有吸水后，种子中的各类物质才能被水解，由高分子的储藏态转变成低分子的可利用状态。种子不断吸水，物质不断转化，种胚才能不断生长，直至出苗。

种子吸水可分为两个阶段。第一阶段依靠种皮和珠孔等构造的机械吸水膨胀力，吸收的水分主要到达胚及其周围组织，吸水量可达发芽需水量的一半。当种胚吸水萌动后，种子吸水便进入第二阶段，即生理吸水，此时种子吸水受胚的生理活动支配。

种子吸水速度受环境温度的影响，在最适温度范围内，吸水速度随温度升高而加快，超过最适温度后，吸水速度减慢，超过发芽最高温度，种子生理活动受阻，生理吸水也随之受影响。此外，种子吸水速度和数量也受种皮构造、胚及胚乳的营养成分的影响。种皮致密（有硬实现象）的，种皮木质而坚硬的，种皮表面有蜡质、油层、黏液质的，种皮构造内含有油细胞、胶质等的药用植物种子，吸水困难，吸水速度也慢。其他类药用植物种子虽然吸水也有难易、快慢之分，但与上述类型相比，都算吸水容易、吸水速度较快的种子。蛋白质含量高的种子，如豆科植物的种子吸水多，吸水快；淀粉含量高的种子吸水量中等；含脂肪、淀粉多（为主）的种子，吸水少。

种子吸水有一个临界值，在此以下种子不能萌发，一般种子要吸收其本身重量的25%～50%或更多的水才能萌发。为满足种子萌发对水分的需要，生产中对吸水速度慢或吸水量大的种子，多采用播前浸种、闷种措施，先满足其萌发的吸水需求；对那些种皮有阻碍吸水构造的种子，应进行层积处理、机械处理或酸碱处理等。进行播前浸种处理时，浸种时间应根据种皮透水难易及吸水量而定，通常浸种时间以不超过种子吸胀时间为好，浸种时间过长则会导致种内营养成分外渗。此外，还要适时播种，精耕细作，为种子萌发创造良好的条件。

（2）适宜的温度

种子萌发需要一定的温度条件，一般分为最低、最适、最高三基点。不同植物种子萌发都有一定的最适温度。高于或低于最适温度，萌发都会受影响。超过最适温度到一定限度时，只有一部分种子能萌发，这一时期的温度叫最高温度；低于最适温度时，种子萌发逐渐缓慢，到一定限度时只有一小部分勉强发芽，这一时期的温度叫最低温度。多数药用植物种子萌发所需的最低温度为0～8℃，低于此温度条件种子不萌发；发芽的最适温度为20～30℃，最高温度为35～40℃。温带植物种子萌发，要求的温度范围比热带的低。如起源于温带的植物大黄的种子在0～1℃就能萌发，在1～20℃发芽率最高，低于0℃或高于35℃发芽会受到抑制；而起源于热带的植物穿心莲的种子萌发最低温度为10.6℃，最适温度为20～30℃。此外，有的药用植物种子在变温条件下比在恒温条件下发芽快，如白芷在10～30℃的变温条件下比18℃恒温条件下发芽快。

（3）足够的氧气

种子发芽过程中，营养物质的分解、转化依靠旺盛的酶促活动。这一活动需要有充足的氧气和能量作保证。发芽环境中氧气含量在20%以内时，种子呼吸强度与氧气含量呈直线关系。氧气含量超过20%时，呼吸强度与氧气含量关系不明显。种子发芽时，胚部位的呼吸强度最高，通常是胚乳部位的3～12倍。所以种子发芽过程中需要有良好的通气条件，如果播种过深、土壤水分过多或土面板结使土壤空隙减少，通气不良，均会降低土壤中的氧含量，缺乏氧气就会妨碍种子萌发。

（4）光照

一般种子萌发和光线关系不大，无论在黑暗或光照条件下都能正常进行，但有少数植物的种子，需要在有光的条件下才能萌发，如黄榕、烟草、胡萝卜、芹菜和莴苣的种子在无光条件下不能萌发。这类种子叫需光种子。有些植物如毛蕊花等的种子在有光条件下会萌发得好些。还有一些百合科植物和洋葱、苋菜、番茄、曼陀罗的种子萌发则为光所抑制，这类种子称为嫌光种子。需光种子一般很小，贮藏物很少，只有在土表有光条件下才萌发，保证幼苗很快出土，进行光合作用，不致因养料耗尽而死亡。嫌光种子则相反，因为不能在土表有光处萌发。避免了幼苗因表土水分不足而干死。此外还有些植物如莴苣的种子萌发有光周期现象。

四、种子的寿命

种子从发育成熟到丧失生活力所经历的时间，称为种子的寿命。

（一）种子的寿命类型

种子的寿命因药用植物种类不同而有较大差异。一些种子，如热带的可可、芒果、肉桂等的种子，既不耐脱水干燥，也不耐零上低温，寿命往往很短（几天或几周），这类种子称为顽拗性种子。而大多数种子如黄芪、甘草等的种子，耐脱水和低温（包括零上低温和零下低温），寿命较长，被称为正常性种子。根据寿命不同，种子可划分为3种类型。

1. 短命种子

寿命为3年以内，有些往往只有几天或几周的寿命。对于这类种子，在采收后必须迅速播种。短命药用植物种子多是一些原产热带、亚热带的药用植物及一些春花夏熟的种子。如很多热带植物，如可可属、咖啡属、金鸡纳树属、古柯属、荔枝属等的种子很容易劣变，延迟播种便会丧失种子生活力。春花夏熟的种子如白头翁、辽细辛、芫花等寿命也很短。按种子贮藏的生理特性，短命种子可分为两大类。一类是耐干藏种子，如杨树、榆树的种子，使其迅速失去生活力的决定因素是高温高湿。杨树种子在一般条件下贮藏，寿命只有30～40 d，如在高温高湿情况下，生活力丧失更快。可是将干燥种子保存在低温、密闭、干燥条件下，一年后种子发芽率仍保持在80%左右。另一类是忌干藏种子，如柑橘、古柯、肉桂、荔枝等的种子，保持生活力的基本条件是防止种子失去本身的水分，也就是让含水量保持在一定的范围，同时还要有接近冰点的温度和最低限度的通气条件。如荔枝种子在含水量为40%以下时贮藏，生活力很快丧失，含水量高于40%时，可延长其种子的寿命。

2. 中命种子

寿命为3～15年。如大黄、丝瓜、南瓜与桃、杏、核桃、郁李等木本药用植物种子，以及黄芷、甘草、皂荚等具有硬实特性的种子，其发芽年限为5～10年。

3. 长命种子

寿命为15～100年或更长。在长命种子中，以豆科植物居多，其次是锦葵科植物。如豆科的多数野决明种子寿命超过158年。

在农业生产中，种子寿命为群体概念，当一批种子的发芽率从收获后降低到半数种子存活的经历的时间，即为该批种子的平均寿命，也称半活期。但是，对于药用植物来说，应根据其种类的不同区别对待。有的药用植物种子即使是新鲜种子，发芽率也不高，如白芷、柴胡等，种子标准不宜过高。

（二）影响种子寿命的因素

1. 内因

药用植物种子寿命的主要影响因素有种皮（或果皮）结构、种子贮藏物、贮藏条件及种子成熟度等。种皮（或果皮）结构影响种子寿命的如莲子、山茱萸等，种皮坚硬、致密，不易透水、透气，有利于生命力的保存，而当归、白芷种皮薄，又不致密，故寿命短。种子内贮藏物的种类也会影响种子寿命，一般含脂肪、蛋白质多的种子比含淀粉多的种子寿命长，原因是脂肪、蛋白质分子结构复杂，在呼吸作用过程中分解所需要的时间比淀粉长，同时所放出的能量比淀粉高。少量脂肪、蛋白质放出的能量就能满足种子微弱呼吸的需要，在单位时间内消耗的物质比淀粉少，故能维持种子生命力的时间相对较长。许多休眠种子含有抑制物质，能抑制真菌侵染，寿命较长。

贮藏条件同样会影响种子寿命的长短。通常情况下，低温干燥环境中贮藏的种子寿命长，如细辛种子自然成熟后，在室内存放 30 d 发芽率由 98%降到 30%以下，50 d 后发芽率只有 2%，而在密闭、干燥容器内，于 4℃条件下存放的种子，300 d 后发芽率仍在 70%以上。又如葱、韭种子，一般在室内干燥存放时，寿命只保持 1 年左右，若改用封严的罐器存放，10 年以后种子生活力仍较好。这主要是因为低温、干燥的环境既不利于吸湿以提高酶的活性，又降低了呼吸消耗。但是，少数药用植物的种子在低温下仍能很快吸水。因此贮藏时，环境的温度、湿度必须严格管理好。如洋葱种子在 10℃时吸湿很快，红花种子 4℃就能吸水萌动，此类药用植物种子贮藏温度要求更低。另外，像银杏、龙眼、枇杷、芒果、肾茶、细辛、马兜铃、白豆蔻等种子，不宜干贮，否则会失去生活力，生产上应年年留种，采后趁鲜播种，不能及时播种时，要拌 3 倍湿沙保存。

药用植物种子贮藏时，必须注意种子的组成成分，特别是含脂肪性成分较多的种子，尤其是含挥发性成分的种子，除了低温存放外，还要限气保存，防止氧化变质。如白豆蔻种子在 45℃条件下存放，种子内的脂肪油就会液化，使种仁变质失去活力。我国农民采用陶制坛罐与石灰存放种子，既降低了湿度，又限定了器皿内的氧气含量，所以种子寿命较长。这也是莲子深埋古墓千年之久，仍能萌发成苗的原因所在。此外，贮藏期间种子的含水量直接影响种子呼吸作用强度。根据种子对贮藏时期水分的要求，药用植物种子大致可分为干藏型和湿藏型两大类。大部分药用植物种子适宜干藏，最理想的贮藏条件是将充分干燥的种子密封于低温及相对湿度低的环境中。干燥种子的含水量极低，绝大部分都以束缚水的状态存在，原生质呈凝胶状态，代谢水平低，有利于保持种子生命力。种子含水量高时增加了贮藏物质的水解能力，增强了呼吸强度，导致种子生活力迅速降低。通常种子含水量为 5%～14%，其含水量每降低 1%，种子寿命可增加一倍。当种子含水量为 18%～30%时，如有氧气存在，由于微生物活动而产生大量的热，种子容易迅速死亡。当油质种子含水量在 10%以上、淀粉种子含水量在 13%以上时，真菌的生长往往会使种胚受到损坏。总之，种子的含水量超过 10%～13%时，往往会出现萌发、产热或真菌感染，从而降低或破坏种子生活力。如在当归种子含水量为 20%时贮藏 3 个月，其发芽能力丧失 90%；而贮藏时含水量为 4%时，其发芽率仍在 90%以上。在侧柏种子含水量为 17%～18%时贮藏，其发芽率迅速降低；含水量低于 10%并贮藏在 0℃的温度条件下，效果较好。但是种子含水量也不是越低越好，过分干燥或脱水过急，也会降低某些种子的生活力。如旱莲草种子含水量为 8%～9%时，发芽率较好，如含水量降至 2%～4%，发芽率明显降低。不同药用植物种子的安全含水量不同。现在药用植物贮藏时的安全含水量没有统一标准，一般大粒种子安全含水量较高，为 8%～15%，小粒种子较低，为 3%～7%。另有少部分药用植物种子不耐干藏，适宜贮藏在湿度较高的条件下，大多是一些喜阴植物在夏季成熟的种子。如辽细辛、黄连、明党参、孩儿参等，以及大多数热带药用植物，干燥会导致种子衰亡。又如海南岛产的青皮的新种子含水量为 41.6%，发芽率为 55%；经 20℃风干 3 d，含水量降至 23%。发芽率降为 21%。经超薄切片电镜观察，发现干燥失水会引起细胞器膜结构的损伤，原生质也分散成团块状，造成一种不可逆反应。湿藏型的种子还有槟榔、瓦氏马钱、肉桂、古柯、沉香、丁香、肉豆蔻等。

种子成熟度也会影响种子的寿命。不成熟的种子，其种皮厚，贮藏物质未转化完全，容易被微生物感染，发霉腐烂，种子含水量高，呼吸作用强，导致种子寿命缩短。如充分成熟的穿心莲种子贮藏 4 年后仍有 53% 的发芽率，而不够成熟的种子发芽率仅为 1.5%～4%。

此外，萌动、浸泡过的种子以及突然风干或曝晒脱粒的种子都不宜再贮藏，因为这样的种子很容易失去生活力。

2. 外因

外因主要有温度、湿度和通风条件。温度较高时，酶的活性增强，加速贮藏物质转化，同时还会使蛋白质凝结，不利于延长种子的寿命。温度过低会使种子遭受冻害，引起种子死亡。通常含水量在 10%以下的种子能耐低温，而含水量高的种子，则只能在 0℃以上条件下才不受冻害。试验证明，在 0～50℃的温度范围内，每降低 5℃，种子寿命可延长 1 倍。

贮藏环境的空气相对湿度也很重要。因种子具有吸湿性能，如空气相对湿度较大，则种子难干燥，也会因吸收水分增加含水量，故要求有干燥的贮藏条件。

贮藏气体也影响种子的寿命。一般在有空气的条件下，如用减氧法贮藏，可延长种子寿命，用密封充氮、增加二氧化碳等方法也可延长种子寿命。

此外，化学药品如杀虫剂、杀菌剂等都可降低种子寿命，接种物如固氮菌在种子上容易使种子吸水，因此应在播种前才进行处理。在种子贮藏过程中还要注意昆虫、老鼠及微生物的危害。

五、种子的品质检验

药用植物种子品质检验又称种子品质鉴定。药用植物种子品质包括品种品质和播种品质。种子检验就是应用科学的方法对生产上的种子品质进行细致的检验、分析、鉴定以判断其优劣的一种方法。种子检验包括田间检验和室内检验两部分。田间检验是在药用植物生长期内，到良种繁殖田内进行取样检验，检验项目以纯度为主，其次为异作物、杂草、病虫害等；室内检验是种子收获脱粒后到晒场、收购现场或仓库进行抽样检验，检验项目包括净度、发芽率、发芽势、生活力、千粒重、水分、病虫害等。其中，净度、质量、发芽率、发芽势和生活力是种子品质检验中的主要指标。

（一）种子净度

种子净度，又称种子清洁度，是指在供试样品中，纯净种子的质量占供检种子质量的百分比，即

$$种子净度=\frac{纯净种子质量}{供试种子质量}\times 100\%$$

净度是种子品质的重要指标之一，是计算播种量的必需条件。净度高，表明种子品质

好，使用价值高；净度低，表明种子夹杂物多，不易贮藏。

在药用植物种子纯度检查中，除了要注意被检种子中伤残、霉变、瘪粒等废种子和其他种类或品种的好坏种子，以及泥沙、枝叶花残体等杂质外，还应注意种子的真伪。由于历史的缘故，中药同物异名、同名异物的原植物来源至今在个别地方仍未彻底纠正，如独活有 15 种同名异物的原植物。所以在检查中，首先应强调认真区别真伪。供试样品数量因药用植物种子大小而异，大粒种子量多些、小粒种子可酌情减量。

一般生产通用品种的净度要求达到 95%；类似荆芥之类的小种子，因花梗、细茎残体与种子大小、比重相近，很难分开，所以要求达到 70%；刚开始野生家种品种，要求达到 50%。

（二）种子饱满度

种子饱满度通常用千粒重来表示，即 1000 粒种子的质量（g）。种子的千粒重越大，种子越饱满充实，贮藏的营养物质越多，品质也越好。千粒重是判断种子品质的重要指标之一，也是计算播种量的依据。

（三）种子发芽能力

种子发芽能力可直接用发芽试验来鉴定，主要是鉴定种子的发芽率和发芽势。

1. 发芽率

发芽率是指种子在适宜条件下，发芽种子数与供试种子数的百分比，即

$$发芽率=\frac{发芽种子粒数}{供试种子粒数}\times 100\%$$

测定发芽率可在垫纸的培养皿中进行，也可在沙盘或苗钵中进行，使发芽条件更接近大田，从而具有代表性。实验室发芽率不是田间出苗率的依据，两者比值（田间出苗率/实验室出苗率）多在 0.2～0.9。

多数药用植物种子发芽率与作物、蔬菜相近，也可分甲级和乙级，甲级种子要求发芽率达到 90%～98%；乙级种子要求达到 85%左右。但是，少数药用植物种子的发芽率由于种种原因达不到上述要求。如部分伞形科双悬果种子，两粒中常有一粒因授粉不良等原因，发育不佳；有些无限花序药用植物，未经摘心打顶，其花序上种子发育不一致，有的未成熟，有的过熟失水而丧失活力；有的药用植物种子具有发芽参差不齐特性等，发芽率只有 65%左右。此外，少数药用植物种子从外观上看是一粒种子，实际属聚合果、聚花果，因此发芽率高出 100%。如甜菜种子生产上要求发芽率为 165%以上。

2. 发芽势

发芽势是指在适宜条件下，规定时间内发芽种子数占供试种子数的百分比，即

$$发芽势=\frac{规定时间内发芽种子粒数}{供试种子粒数}\times 100\%$$

发芽势能说明种子的发芽速度和发芽整齐度，是表示种子生活力强弱程度的参数。像红花、芥子、莴苣、瓜类和豆类等种子规定的天数为 3～4 d；薏苡、葱、韭、芹菜和茄科等种子为 6～7 d；有些药用植物种子可延至 10 d 左右。

（四）种子生活力

种子生活力，是指种子发芽的潜在能力或种胚具有的生命力。药用植物种子寿命长短各异，为了在短时期内了解种子的品质，必须用快速方法来测定种子的生活力。药用植物种子生活力鉴定通常用红四氮唑（TTC）染色法、靛红染色法等。

1. 红四氮唑（TTC）染色法

2，3，5-氯化（或溴化）三苯基四氮唑简称四唑或 TTC。此法的鉴定原理是具有生活力的种子的胚细胞含有脱氢酶，具有脱氢还原作用，被种子吸收的氯化三苯基四氮唑参与了活细胞的还原作用，故不染色。由此可根据胚的染色情况区分种子是否具有生活力。

2. 靛红染色法

此法又称洋红染色法。它的鉴定原理是苯胺染料（靛蓝、酸性苯胺红等）不能渗入活细胞的原生质，因此不染色，而死细胞原生质则无此能力，故细胞被染成蓝色。因此可根据染色部位和染色面积的比例大小来判断种子是否具有生活力。一般染色所使用的靛红溶液浓度为0.05%～0.1%，宜随配随用。鉴定时必须注意，种子染色后，要立即进行观察，以免褪色，剥去种皮时，不要损伤胚组织。

（五）种子含水量

种子含水量是指种子中所含有水分的质量占种子总质量的百分比，种子含水量是影响种子品质的重要因素之一，与种子安全贮藏有着密切关系，在贮藏前和贮藏过程中均需测定含水量。测定种子含水量通常用105℃恒重法（标准法）和130℃高温快速法。

1. 恒重法（标准法）

将待测的样品放入烘箱中用105℃的温度烘烤6～8 h，根据样品前后称量的质量之差来计算含水量，即

$$\text{种子水分}=\frac{\text{试样烘干前质量}-\text{试样烘干后质量}}{\text{试样烘干前质量}}\times 100\%$$

2. 高温快速法

此法适用于含油脂不高的药材种子。将两份待测样品放入预热到140～145℃的烘箱中，在放入试样后5 min内，应使烘箱温度稳定在130℃，烘60 min。同恒重法计算出种子含水量。

六、药用植物的播种

（一）种子准备及播种量

1. 种子准备

药材生产在种植业中所占的比例较小，各品种的种植面积更小，分布区域又不广泛，所以，种子准备工作不如农作物、蔬菜、果树等方便。因此，列入生产计划的药材种子，必须提早做好准备。由于药材生产、经营部门对部分种子特性不太熟悉，在贮藏保管中，难免会使种子生活力受到影响，因此，在购买或调入种子时，必须进行必要的检验，按其检验的种子净度、发芽率即种子用价和播种面积进行换算，再购买或调入足量的种子，以

免误了农时。

2. 播种量

播种量是指单位面积土地上所播的种子数（质）量。群体生产力受单位面积上的株数和单株生产力两个因子影响。播种量小即过稀时，单株生产力高，但单位面积上株数少，群体总产量低；播种量大即过密时，虽然群体的总株数增多，但因单株产量（生产力）低下，群体总产量也低。只有密度适宜，单株和群体生产力都得到发挥，单位面积产量才高。

在确定单位面积播种量时，必须考虑气候条件、土地肥力、品种类型和种子质量，以及田间出苗率等因素的影响。就气候条件而论，一个地区的光照、温度、雨量、生长季节等对药用植物生长发育有很大影响。一般温度高、雨量充沛、相对湿度较大、生长季节长的地区，植物体较高大，分枝多，密度可小些，反之，密度宜大些。在地区、肥力、品种相同的情况下，晚播的要比适期播种的适当增加播种量。土壤肥力水平不同，对植物生育影响很大，通常情况下，瘠薄土地或施肥量少的条件下，植株生长较差，应适当提高密度，反之，密度要小些。药用植物种类不同，植株大小也不一样，大的要稀些，小的要密些。同一种植物中，分枝多的、分枝与主茎间夹角大的（即水平伸展幅度大的）要稀播。另外，种子粒小的、播后需要间苗的、苗期生长缓慢的、抗御自然灾害能力弱的品种，都应适当增加播种量。理论上的播种量计算公式如下：

$$\text{播种量（g/亩）}=\frac{\text{每亩需要的苗株数}\times\text{种子千粒重（g）}}{\text{种子净度（\%）}\times\text{种子发芽率（\%）}\times 1000}$$

在生产实际中，播种量以理论播种量为基础，视地块土壤质地松黏、气候冷暖、雨量多少、种子大小及质量、直播或育苗、耕作水平、播种方式（点播、条播、穴播）等情况，适当增减播种量。

（二）种子清选和处理

1. 种子的清选

作为播种材料的种子，必须在纯度、净度、发芽率等方面符合种子质量的要求。一般种子纯度不低于95%，发芽率不低于90%。对于那些纯度不符合要求的种子，在播种前要进行清选，清除空瘪、病虫及其他伤残种子，清除杂草及其他品种的种子，清除秸秆碎片及泥沙等杂物，保证种子纯净饱满，生活力强，为培育壮苗提供优良种子。一般发芽率低的种子不能作为播种材料，也不清选。

2. 播前种子处理

（1）晒种

种子是有生命的活体，贮藏期间生理代谢活动微弱，处于休眠状态。播种前翻晒1～2 d可使种子干燥均匀一致，增加种子透性，保证浸种吸水均匀，并有促进种子酶的活性，提高生活力的作用。此外，晒种也有一定的杀菌作用。

（2）消毒

种子消毒处理是预防药用植物病虫害的重要环节之一，因为许多药用植物病害是由种子传播的，如红花炭疽病、人参锈腐病、薏苡黑粉病、贝母菌核病、罗汉果根结线虫、枸杞炭疽病（黑果病）。经过消毒处理即可有效降低病虫害的发生率。常用的消毒方法有以下几种。

① 温汤浸种

此法先使黏附在种子表面的病原孢子迅速萌发，然后在较低温下将其烫死，种子不受损伤。如薏苡温汤浸种，先把种子放在 10～12℃水中浸泡 10 h，捞出后放入 52℃水中 2 min，接着转入 57～60℃恒温水中浸烫 8 min，浸烫后立即放入冷水中冷却。冷却后稍晾干即可播种或拌药播种。又如红花温汤浸种，种子在 10～12℃水中浸泡 10～12 h，捞出后放入 48℃水中 2 min，接着转入 53～54℃水中浸烫 10 min，浸后冷却并稍晾干即可播种或拌药播种。

② 烫种

将需要消毒的干种子装入铁筛网中（厚 3～5 cm），放入沸水中浸烫几十秒钟，迅速取出冷却，稍晾干就可播种。烫种只适用于类似薏苡等带硬壳的种子。小粒种子、不带硬壳的种子不采用此法。

③ 药剂浸种或拌种

药剂浸种、拌种不仅可以杀死种子表面、种皮上的病菌，还可抑制或杀死种子周围土壤中的病菌。药剂处理分浸种、拌种和闷种 3 种方式，通常多用浸种与拌种。拌种要求药剂均匀附着在种子表面；浸种、闷种后要及时播种，否则易生芽或腐坏。

常用浸种药剂和处理方法有 0.1%～0.2%的高锰酸钾浸种 1～2 h（肉豆蔻、安息香）、1%～5%的石灰水浸种 24～48 h（薏苡）、100～200 mg/L 农用链霉素浸种 24 h、种子重量的 0.3%的退菌特、1∶1∶100 的波尔多液等。根及根茎类等播种材料，可用 65%代森锌 400～500 倍液浸蘸根体表面（形成药剂保护膜），也可用 1∶1∶120～140 的波尔多液浸蘸根体表面（形成药膜）。

拌种药剂目前常用的有 25%或 50%的多菌灵，用量为种子重量的 0.2%～1%（以下括号内百分数均为此意）；70%代森锰锌（0.2%～0.3%）；50%锈菌灵（0.5%～0.7%）；50%瑞毒霉素（0.3%）；50%福美锌（0.3%）；90%敌百虫粉（0.2%～0.3%）。

（3）浸种催芽

种子播于田间后，自然的温度、水分、空气条件不能同时适宜种子，且它们不能保持不变，常因一次不适宜就会延缓萌发出苗，影响药用植物生长发育（特别是发芽期长、需水多、要求温度稍高的品种）。浸种催芽就是发挥生产者的主观能动作用，创造适宜发芽的条件，促进种子萌动发芽，以便播后迅速扎根出苗，达到安全早播的效果。

浸种催芽的时间和温度因植物种类和季节而异。通常低温季节浸种时间长，高温季节浸种时间短。小粒的、种皮薄的、种翅纸质或膜质的、喜低温的药用植物种子，如党参、桔梗、莴苣、白芷、大黄、北沙参、马钱子、丝瓜、冬瓜等，一般用 20℃左右洁净清水浸泡，时间因品种而定，保持在 6～12 h。种皮坚硬、致密或光滑，吸水速度较慢，种皮内含有遇热易变性或易分解的发芽抑制物质的种子，如甘草、苏木、皂荚、颠茄、使君子、安息香、穿心莲等，可先用 50～70℃（或更高）的热水浸烫，浸烫用水量约为种子质量的

5倍，边浸烫边搅动，使水温在8～10 min内降至25～30℃，然后浸泡，时间保持在10～48 h（颠茄、安息香、苏木、穿心莲为12 h左右，使君子、决明、枸杞、甘草、皂荚等为24～48 h）。浸种过程中，每5～6 h换水一次。浸种时间视种皮吸水状况而定，一般种子膨胀，即表明吸足了水，应及时捞出。浸种后的种子要及时播种，如遇天气有变，不能播种时，应将种子摊晾，待天气转好及时播种。需要催芽的种子，浸后及时催芽。

催芽是在种子吸足水分后，促进种子内养分迅速分解转化以供给胚生长的重要措施。催芽过程中的技术关键是保持适宜的温度、氧气和空气饱和相对湿度。保水可采用多层潮湿纱布、麻袋布、毛巾等物包裹种子。包裹种子时，要尽量除掉种子表面的附着水，并尽可能使种子保持松散状态。催芽过程中每4～5 h松动包内种子一次，这样可保证氧气供给。催芽温度多控制在最适温度区间。当种子要露出胚根时，就可取出及时播种。温室等保护地育苗用种，可待75%种子破嘴或露出胚根时，立即播种。

为提高浸种催芽效果，常常在浸种时用生长调节物质、微量元素或其他化学药剂的水溶液浸种。含微量元素用于浸种的有硼酸、钼酸铵、硫酸铜、高锰酸钾、磷酸氢二钾等，单用或混合使用，其浓度为0.02%～0.1%。常用的促进发芽效果较好的药剂有硫脲、赤霉素等。硫脲浓度为0.1%，赤霉素浓度为5～100 mg/L（因品种而异）。有的直接浸种，有的在烫种后浸种，浸种时间同前述一致。此外，还有用磁化水或在超声波条件下浸种等方法，近年来应用静电处理效果也很好。用这些方法处理种子，不仅发芽出苗快，而且植株生长发育良好，并有提高产量（5%～50%）的效果。

（4）生理预处理

生理预处理包括对种子进行干湿循环，有时称为“锻炼”或“促进”；在低温下潮湿培育；用稀的盐溶液，如浸在硝酸钾、磷酸钾或聚乙二醇中进行渗透处理。还有液体播种，就是将已形成胚根的种子同载体物质（如藻胶）混合，然后通过液体播种设备直接将它们移植到土壤中去。

聚乙二醇（PEG）渗调处理可提高作物种子活力和作物的抗寒性。采用PEG溶液浸泡种子时，PEG的浓度要调整到足以抑制种子萌发的水平。在适宜的温度（10～15℃）下，经2～3周处理后，将种子洗净、干燥，然后准备播种。

（5）丸粒化

为便于机械化播种，利用一定材料对种子进行包衣处理，使其丸粒化。包衣剂可根据需要加入各种防病剂、防虫剂、营养及生长调节剂等成分。丸粒化的种子发芽势强，发芽率高。

目前农业生产上也用菌肥处理种子，主要用细菌肥料，通过增加土壤有益微生物，把土壤和空气中植物不能利用的元素，变成植物可吸收、利用的养料，促进植物的生长发育。常用的菌肥有根瘤菌剂、固氮菌剂、磷菌剂和“5406”抗生菌肥等。如豆科植物决明、望江南等，用根瘤菌剂拌种后一般可增产10%以上。

（三）播种期确定

播种期的正确与否关系到产量高低、品质的优劣和病虫灾害的轻重。适期播种不仅能保证发芽所需的各种条件，而且还能使植物各个生育时期处于最佳的生育环境，避开低温、阴雨、高温、干旱、霜冻和病虫等不利因素，使之生育良好，获得优质、高产。适期早播还能延长生长期，增加光合产物，提高产量，并为后作适时播种创造有利条件，达到季季高产、全年丰收。播期的确定一般依据气候条件、栽培制度、品种特性、种植方式和病虫害发生情况综合考虑，其中气候条件最为重要。

1. 气候条件

药用植物的生物学特性，即生长期的长短，对温度、光照的要求特别是产品器官形成期对温度、光照的要求，以及对不良条件的忍受能力是相对稳定的。根据各地气候变化规律、早春气温回升的早迟、灾害性天气出现时期等特点，使栽培品种从萌发出苗到产品器官形成期都处在最佳环境条件下。在气候条件中，气温或地温是影响播期的主要因素。通常春季播种过早，易遭受低温或晚霜危害，不易全苗；播种过迟，植物处于高温环境条件下，生长发育加速，营养体生长不足或延误最佳生长季节，遭受伏旱、秋雨、霜冻或病虫危害，都不能获得高产。一般以当地气温或地温能满足植物发芽要求时，作为最早播种期。如在我国东北、华北、西北地区，红花在地温稳定在4℃时就可播种，而薏苡、曼陀罗必须在地温稳定在10℃以上时播种。在确定具体播期时，还应充分考虑该种植物主要生育期、产品器官形成期对温度、光照的要求。如油菜、红花越冬期若苗龄太小，耐寒力弱，不利于次年春季早发；相反，苗龄太大甚至快要抽薹，冬季会被冻死。在干旱地区，土壤水分也是影响播期的重要因素（尤其是我国北方干旱地区），为保证种子正常出苗与保全苗，必须保证播种和苗期的墒情。

2. 栽培制度

间、套作栽培和复种对栽培植物播期都有一定要求，特别是在多熟制中，收种时间紧，季节性强，应以茬口衔接、适宜苗龄和移栽期为依据，全面安排，统筹兼顾。利用药用植物和作物、蔬菜搭配种植（两熟或三熟）时，必须保证播期、苗龄、栽期对口。一般根据前作收获期决定后作移栽期，按照后作移栽期和苗龄的要求，确定好后作播种育苗期。间、套作栽培应根据适宜共生期长短确定播期。一般单作播期较早，间套和套作播期较迟。育苗移栽的播期要早，直播的要晚。

3. 品种特性

品种类型不同，生育特性有较大的差异，播期也不一样。通常情况下，绝大多数的一年生药用植物为春播，如红花、决明、荆芥、紫苏、薏苡、续随子等；核果类、坚果类药用植物多秋播或冬播；多年生草本药用植物有的春播如黄芪、甘草、党参、桔梗、砂仁等，有的夏播如天麻、细辛、平贝母，有的秋播如番红花、紫草等，也有的品种春播、秋播或春播、夏播、秋播均可以。为着达到优质、高产的目的可人为改变有些药用植物的播期。如当归，当年春播秋收，根体小，商品等级低，这样的根体不采收，次年继续生长就会抽薹开花，不能入药。而产区改春播为夏播、变直播为育苗移栽后，当年长出的根体次年移栽后不会抽薹，这样就使当归的产品器官（根体）的形成期由不足一个生长季节延长到一个半生长季节，根体会长得更大。

（四）播种方式

药用植物的播种方式有撒播、条播、穴（点）播3种。

1. 撒播

撒播是农业生产中最早采用的播种方式，至今也是常用的播种方法。一般多用在生长期短的如贝母、亚麻、夏枯草、尖萼耧斗菜等，以及营养面积小的如平贝母、石竹、亚麻、荆芥、柴胡等药用植物的播种上，有些药用植物的育苗如当归、细辛、颠茄、龙胆、党参等也多用撒播方式。这种方式可以经济利用土地，省工并能抢时播种，但不利于机械化的耕作管理。撒播对土壤的质地、整地作业、撒种技术、覆土厚度等要求比较严格。如果整地不精细、深浅不一，撒种不均匀，则会导致出苗率低，幼苗生长不整齐。一般播前用耙齿拉沟，沟深 1～3 cm，撒种后搂平床面即可。有时要适当镇压。

2. 条播

条播是一种广泛采用的播种方式，一般用于生长期较长或营养面积较大的药用植物的播种。需要中耕培土的药用植物的播种，也多用条播。条播的优点是覆土深度一致、出苗整齐、植株分布均匀、通风透光条件较好，既便于间作、套作，又便于经济施肥和田间管理。条播可分窄行条播、宽行条播、宽幅条播、宽窄行条播等。窄行条播行距为 15～20 cm,亚麻、红花、浙贝母多用此法；宽行条播适用于植株高大，要求营养面积也大的药用植物，或是长期需要中耕除草的药用植物，如薏苡、蓖麻、商陆、白芷、牛膝、望江南、水飞蓟等，行距为 45～80 cm，有的甚至达到 100 cm；宽幅条播有利于增加密度，适用于植株分枝少或不分枝，株体又高的药用植物，如桔梗、百合、续随子等，播幅为 12～20 cm，幅距为 20～30 cm；宽窄行条播又称大小行种植，适用于间作、套作，窄行可增加种植密度，宽行促进通风透光，便于中耕管理。一般播种时，按规定开沟，沟深 2～5 cm,沿沟播种，然后将沟覆平。

3. 穴播

穴播也称点播，一般用于生长期较长的药用植物（如木本类药用植物）、植株高大的多年生药用植物或者需要丛植栽培的药用植物（如景天、黄芩、绿豆、赤小豆等）。它的优点是植株分布均匀，便于在局部造成适宜萌发的水分、温度、空气条件，有利于在不良条件下播种，保证苗全苗旺。穴播用种量最省，也便于机械化的耕作管理。珍贵、珍稀的药用植物多采用精量播种，即按一定的行株距和播种深度单粒播种，如人参、西洋参等。精量播种要求精细整地、精选种子、预防苗期病虫害，还要有性能良好的播种机。这是未来精耕细作的发展方向。

药用植物种子播前进行浸种和催芽的较多，此类种子需播于湿润的土壤中，墒情不够时，应先浇水或灌溉。在天气炎热干旱的季节播种，最好采用湿播方法，即在播种前先把畦地浇透水，然后撒种覆土，覆土厚度为 0.5～2 cm（视种粒大小而定）。炎热天气播种后床面要盖草，小粒种子覆土薄，播后也要盖碎草或草栅子来遮阴防热和保墒。当幼芽顶土时，揭去碎草或草栅子。

七、药用植物的育苗

育苗是经济利用土地，培育壮苗，延长生育期，提高种植成活率，加速生长，达到优质、高产的一项有效措施。药用植物生产有育苗移栽和直播栽培两种方式。如人参、细辛、颠茄、黄柏、龙胆、黄连、诃子、山茱萸等药用植物都以育苗移栽为主。有些在北方属直播栽培的药用植物，在复种地区（特别是复种指数高的地区），为了解决前后作季节矛盾，充分利用土地、光照、温度等自然资源，也采用育苗移栽方式。育苗的优点是便于精细管理，有利于培育壮苗；能实行集约经营，节省种子、肥料、农药等生产投资；育苗可按计划规格移栽，保证单位面积上的合理密度和苗全苗壮。但育苗移栽易使根系受伤，入土浅，不利于粗大直根的形成，对深层养分利用较差，且移栽时费工较多。育苗时，圃地要选择地点适中或靠近种植地，且排灌方便、避风向阳、土壤疏松肥沃的田块。圃地选好后，按要求精细整地作床。育苗的方式主要有保护地育苗（保温育苗）、露地育苗和无土育苗 3 类。

（一）保护地育苗

1. 育苗设备

育苗设备主要有温室、温床、冷床（阳畦）和塑料薄膜拱棚等。

（1）冷床

冷床是不加发热材料，仅用太阳热能进行育苗的一种设备，由风障土框、玻璃窗或塑料薄膜、草帘等几部分组成。其设备简单，操作方便，保温效果也较好，因而在生产上被广泛采用。冷床的位置以向阳背风、排水良好的地方为宜，床地选好后，一般按东西长 4 m、南北宽 1.3 m 的规格挖床坑，坑深 10～13 cm，在床坑的四周用土筑成床框，北床框比地面高 30～35 cm，南床框比地面高 10～15 cm，东西两侧床框成一斜面，床底整平，即可装入床土。冷床内装入的床土应当肥沃、细碎、松软，一般为细沙、腐熟的马粪或堆厩肥和肥沃的农田土，三者混合过筛而成，三者各占 1/3。一般在 3～4 月即可播种育苗。

（2）温床

温床是在寒冷季节利用太阳热能，并在床面下垫入酿热物，利用其产热提高床温进行育苗的一种设备。温床一般宜东西走向，长度视需要而定，南北宽（床面宽）1.2 m，再延长宽范围向下深挖 50～60 cm，四周用土筑成土框，北面高 60 cm，便于覆盖塑料薄膜。酿热物为新鲜骡粪、马粪、驴粪、牛粪、树叶、杂草及破碎的秸秆。牲畜粪中含细菌多，养料丰富，发热快而温度高，但持续的时间短。树叶、杂草发酵慢，但持续的时间长，将这两种酿热物配合起来，可取长补短。具体做法是先将破碎的玉米秸秆浸透水，捞出后泼上人粪尿拌匀，然后再与 3 倍的新鲜牲畜粪混合后，堆到苗床内盖膜发酵，待堆内温度上升到 50～60℃时，选晴天中午摊开铺放于床底并踏实、整平。由于床四周低中间高，酿热物的厚度也不一样，发热后可矫正冷床温度不均的缺点，使温床内的土温达到均匀一致。在踏实、整平后的酿热物上盖约 1 cm 厚的黏土，再撒上一层 2.5％的敌百虫粉，上面铺上 15 cm 厚的营养土，踏实耧平，床面要比地面低 10 cm，完成后即可播种育苗。

（3）塑料薄膜拱棚

塑料薄膜拱棚是利用塑料薄膜增温、保湿，提早进行播种育苗的一种设备。不少药用植物采用此法延长了生长期，提高了产量。床面宜东西走向，一般宽 1～1.2 m，长度视需要而定，高 15～20 cm，用树枝、竹竿做成拱形棚架，上盖塑料薄膜。在风大较寒冷的地区，北面应加盖草帘等风障，南面白天承受太阳热能，傍晚应覆草帘保暖，床土要疏松、肥沃，整平后即可播种。

（4）温室（大棚）

温室有加温和不加温两种。加温热源可根据当地条件而定，有用煤、柴油作燃料的，也有如暖气一样铺设热水管的，还有利用电热线增加地温的。利用电热线增温即先在苗床底部垫一层稻草等绝缘保温物，再放一层细土，上面再布电热加温线，密度大致为 80～120 W/m^2。在电热线上铺放床土，其配合比例依所培育药用植物的特性而定。床土的厚薄取决于种粒的大小。种粒小，厚度可小一些，一般在 10 cm 左右；种粒大，厚度应大一些，一般为 10～20 cm。大棚内，也可采用容器育苗，即利用各种容器（如杯、盆、袋等）装入营养土（营养基质）培育苗株（用容器培育的苗株称容器苗）。用容器培育因养料全面，幼苗生长健壮，定植时不伤根系，成活率高，苗株生长比裸根苗（不带土坨）快。近年来有些地区的厚朴种植采用容器培育，效果良好。

2. 培养土及其调制

培养土是培育壮苗的营养基础，植物秧苗生长发育所需的养分、水分主要来源于培养土。理想的培养土应当有机质丰富，吸肥、保水力强，透气性好，土面干时不裂纹，浇水后不板结，土坨不易松散，营养元素齐备，符合幼苗生长要求，pH 应为中性或微酸性。

育苗使用的培养土最好是专门调制而成的。调制培养土以园土或塘泥、充分腐熟厩肥、草炭土或腐殖土为主体，配合腐熟的禽粪、草木灰、石灰、过磷酸钙、尿素等。园土或塘泥黏重的可掺沙子或锯木屑，土质轻松的可掺黏土，使调制培养土松紧、黏度适宜。一般腐殖质占土壤的比例（按体积计）可从 30%增加到 50%。学者认为，播种床与分苗床培养土应有区别。常用的播种床土以园土 6 份（或园土和塘泥各 3 份）配合腐熟有机肥（或草灰、森林腐殖土）4 份，分苗床土两者比例是 7∶3。播种床的培养土铺垫厚度为 5～8 cm，分苗床为 10～12 cm。

由于在苗床生长期间，秧苗根系的吸收表面积大，叶子的蒸发表面积小（约为根系吸收表面积的 1/10），而起苗移栽时，秧苗根系吸收表面积的 90%受到损失，致使根系表面积与叶表面积的比例下降，造成秧苗水分供应失调，一般要经 7～15 d 才能恢复供需协调。为减少移栽对根系造成的影响，人们总结出采用营养土块、纸杯、草钵等保护根系的措施。

营养土块育苗省工省料，方法简便易行。其做法是将培养土铺垫耧平后，浇透水，待水渗完时用薄板刀按 8～12 cm 方格切割培养土，并在每块培养土中央扎个穴眼，穴深因种子而异，通常为 0.5～1.5 cm。近年来人们采用机动压块机压制营养土块，每小时可压制 1800～3900 块。

采用纸杯育苗指用旧报纸（每张裁成 8～12 张）折叠成高 8～10 cm、直径 7～9 cm 的纸杯，杯内装满土后放置在苗床上，杯的高矮要一致，杯间空隙用土填满。播种或分苗前先浇透水，播种或分苗后覆土时，盖土要严密，不要让纸杯边缘暴露出来。此法取苗、运输时，不易松动根系，但制作较费工。

此外，还有采用草钵、塑料钵、育苗纸育苗的。

3. 育苗时期

育苗时期一般比定植期早 30～70 d，如豆类比定植期早 30 d 左右（苗龄 20 d、锻炼

5～8 d,机动 3～5 d)，颠茄比定植期早 80 d 左右（苗龄 60 d、分苗 5～10 d，锻炼 5～8 d，机动 3～5 d)。秧苗播期过晚，到移栽时，秧苗偏小，细弱，抗性、适应性差，缓苗慢，成活率低；秧苗播期过早，壮苗时未到移栽期，长期抑制秧苗生长，形成“僵苗”，影响后期生长发育和产量，如不抑制生长，秧苗过大，受光弱还会徒长，形成“晃秆”，也会降低成活率或影响后期生长发育。

4. 苗床播种

（1）播种量和苗床面积

$$实际播种量（g）=\frac{单位面积需苗数\times栽培总面积}{每克种子粒数\times种子纯度（\%）\times发芽率（\%）}\times安全系数（2.5\sim5）$$

$$播种床面积（m^2）=\frac{实际需种量\times每克种子粒数\times每粒种子所占面积（cm^2）}{10000}$$

注：通常每平方厘米苗床播 3～4 粒种子，即每粒种子所占面积为 0.25～0.33 cm²。

$$分苗床面积（m^2）=\frac{分苗总数\times秧苗营养面积（cm^2）}{10000}$$

注：一般按 8～10 cm×8～12 cm 的株行距，分 1～3 株。

（2）播种技术

一般选晴天播种（播后有 4～6 个晴天)，播后床内温度应保持 25～30℃，这样才能保证苗齐苗旺。一般要求播前浇足底水（尤其是保温苗床)，底水应保证秧苗生长到分苗(2～3 片叶)，一般中途不浇水，这是秧苗能否正常出土和健壮生长的关键。浇足底水后，床面薄盖一层细土，并借此把水凹处填平，然后播种。

为防止立枯菌、镰刀菌、腐霉菌引起苗期病害，可在播种前后各撒一薄层药土。常用农药有福美锌、福美双、多菌灵、敌菌灵、敌克松等。农药与土按 1∶100 混匀后撒施。

撒播种子要均匀，小粒种子可拌细土撒播，撒后覆盖 0.5 cm 厚的床土即可。在育苗中，撒种后还有覆盖一层油纸、塑料薄膜或喷撒下层土壤增温剂的做法，以此提温保墒，但应在幼芽顶土时及时去掉覆盖物。

5. 苗床管理

苗床管理是培育壮苗过程中最重要的环节。因为培育秧苗都是先于正常播种（或移栽）期开始的，此时期自然环境变化剧烈，风、霜、雨、雪、冰冻、晴、阴等天气不时发生、变化，只有根据苗情和天气变化采取相应的技术措施，精细管理，才能培育出壮苗。管理秧苗总的原则是让秧苗在有促有控、促控结合的管理过程中茁壮生长。管理的关键是要满足秧苗对光、温、水、肥的需要。为了保温，在风大、寒冷地区，塑料大棚夜晚要盖草帘，早上打开以接受阳光照射，提高棚内温度；晴天可早打开，阴天或风天可晚打开、早盖上。棚内温度白天控制在 20～25℃，晚上在 10℃左右。如白天温度过高应通风，通风量与通风时间依棚内温度而定，总之，要使棚内保持一定的温度。同时在整个育苗期间，注意间苗、松土、除草、防治病虫害，并加强水肥管理，根据秧苗生长需要，及时追肥和浇水。有的塑料大棚配置了施肥喷水装置，更能促进秧苗茁壮生长。苗床管理可分为发芽期管理、幼苗期管理和移栽前锻炼 3 个阶段。

（1）发芽期管理

发芽期指从播种到出苗这段时期，此阶段管理工作的关键是必须保证床土有充足水分、良好通气条件和稍高的温度环境（喜温植物为 30℃左右，喜凉植物为 20℃左右）。另外，还要及时向床面撒盖湿润细土，既可防止床面裂缝（或填平裂缝），又能保证种子脱壳而出。子叶出土后要控水降温（喜温植物昼/夜温度为 15～20℃/12～16℃，喜凉植物昼/夜温度为 8～12℃/5～6℃）。此阶段，要防止胚轴徒长，光照多控制在 10 lx 以上。

（2）幼苗期管理

幼苗期管理是指从幼苗破心开始到壮苗初步建成期的管理。此阶段是生长点大量分化叶原基或由营养生长向生殖生长转变的过渡阶段，其生长中心在根、茎、叶。此阶段既要保证根、茎、叶的分化与生长，又要促进花芽分化。此阶段苗床光照强度应提高，夜间床温不能低于 10℃，白天控制在 18～25℃。

需分苗的药用植物，多在幼苗破心前后进行分苗。此时苗小、根小、叶面积不大，移苗不易伤根，蒸腾强度小，成活快，并能促进侧根大量发生。

随着幼苗的生长，苗株间通风透光条件变差，秧苗间竞先争长趋势逐渐增强，为防止幼苗徒长，此阶段不仅要控制供水，而且还要通过调节夜晚温度和白天的通风，来控制秧苗的生长速度和健壮程度。苗床通风不能过猛，否则会使秧苗因湿度、温度骤然变化，出现萎蔫、叶缘干枯、叶片变白或干裂（俗称闪苗）。

（3）移栽前锻炼

为使秧苗定植到大田后能适应露地环境条件，缩短缓苗时间，必须在移栽前锻炼秧苗。锻炼的措施就是通风降温和减少土壤湿度。这样可使秧苗生长速度减慢，根、茎、叶内大量积累光合产物；使茎、叶表皮增厚、纤维组织增加；细胞液亲水胶体增加，自由水相对减少，细胞浓度提高，结冰点降低。经过锻炼的秧苗根系恢复生长较快，利于加速缓苗。锻炼秧苗作用虽好，但不能过度，否则会影响缓苗速度和缓苗后的生长发育。一般锻炼过程为 5～7 d。

秧苗定植前 1～2 d 浇透水，利于起苗带土，同时喷一次防病农药。起苗时注意检查秧苗有无病害，如发现有病害侵染，应坚决淘汰。

（二）露地育苗

露地育苗是在苗圃里不加任何保温措施，大量培育种苗的一种方法。许多多年生的药用植物，不需提早播种育苗，只是由于种粒小（如龙胆、党参等），田间直播出苗保苗率极低；有的苗期需要遮阴（如当归、五味子、细辛、龙胆、党参等）、防涝、防高温；有的需要拌菌栽培（如天麻等）；有的苗期占地时间较长（如人参、细辛、贝母、黄连及黄柏等木本药用植物），为便于集中管理，节约占地时间，合理利用土地，大都采用露地育苗。

1. 育苗设施

露地育苗畦床与露地栽培畦床一样，只是要求精耕细作，适当增施苗田用肥，即可实现出苗保苗。高温多雨季节可采用高畦，注意排水。早春露地培养喜温药苗时，为增高气温、土温和稳定气流，应设临时防风障或在出苗前铺盖薄膜，夜间加盖草栅。可在多雨季节设防雨棚，在高温季节设遮阴棚等。为便于灌水，可增设喷灌设施等。

2. 播种技术

小粒种子要求精细整地，做到保墒播种，覆土要薄，播后可适当覆草保湿。喜光发芽的龙胆、莴苣、芹菜等，切忌覆土过厚。

苗期占地时间较长的种类，苗田要施足有机肥，播种密度要小于保护地育苗，必须保证苗期（1～2 季或年）的营养面积。

露地育苗多选晴天播种，忌在大雨将要来临时播种。播种时期多在当地正常播种季节内。

3. 苗期管理

苗期要适时匀苗，保证秧苗有充足的光照，注意经常浇水保持湿润，及时中耕除草、喷药，需要遮光挡雨的要及时架棚等。培育厚朴、黄皮树等木本药用植物苗木，因其生长较慢，当年冬季不能出圃，需要于第二年春季每隔 1 株或 2 株挖起 1 株移植到准备好的另一苗床上，与留床的苗木一起继续培育 1 年，移植株距为 10 cm、行距 20 cm，移植前要适当修整苗株根系，促其发育良好。而黄连等多年生草本药用植物育苗，因其种子小，幼苗柔弱，生长缓慢，不仅培育时间长，一般需 3 年才能定植，而且在整个育苗期间，需搭设遮阴棚，精心管理，才可育出粗壮的苗株。

（三）无土育苗

无土育苗是近年来发展起来的一种育苗方法，具有出苗整齐迅速、秧苗长势强、易于管理等特点。此法可以实现人工调节或自动控制秧苗所需水、肥、温、光、气等条件，便于实现机械化育苗。

1. 育苗设备

无土育苗利用营养液直接育苗，或利用营养液浇河沙、蛭石、炉灰渣等培养基质来育苗。所以应有特制的不渗水的育苗槽（或盆），制槽材料因地而异。槽深可根据秧苗需要培育的大小而定（10～20 cm）。营养液温度以 10℃ 左右为宜，冬季、早春育苗需特设温室。

2. 培养基质与营养液

（1）培养基质

培养基质是用来固定根系，支持秧苗生长的。常用的材料有河沙、蛭石、火山土、炉灰渣、小砾石、稻谷壳、锯木屑等。炉灰渣需用硫酸或盐酸浸洗，除去有害物质，然后用清水洗净酸液再使用。

（2）营养液

营养液的配方较多，下面简介绍几种配方。

① 怀特营养液

此营养液含硝酸钾 80 mg/L、硫酸镁 720 mg/L、氯化钾 65 mg/L、磷酸二氢钠 16.5 mg/L、硫酸钠 200 mg/L、硝酸钙 300 mg/L、硫酸锰 7 mg/L、碘化钾 0.75 mg/L、硫酸锌 3 mg/L、硼酸 1.5 mg/L、硫酸铁 2.5 mg/L。

② 斯泰纳营养液

此营养液含磷酸二氢钾 134 mg/L、硫酸钾 154 mg/L、硫酸镁 437 mg/L、硝酸钙 882 mg/L、硝酸钾 444 mg/L、10N 硫酸 125 mL、乙二胺四乙酸铁钾钠溶液 400 mL、硼酸 2.7 mg/L、硫酸锌 0.5 mg/L、硫酸铜 0.08 mg/L、钼酸钠 0.13 mg/L。

③ 古明斯卡营养液

此营养液含硝酸钾 700 mg/L、硝酸钙 700 mg/L、过磷酸钙 800 mg/L、硫酸镁 280 mg/L、硫酸铁 120 mg/L、硼酸 0.6 mg/L、硫酸锰 0.6 mg/L、硫酸锌 0.6 mg/L、硫酸铜 0.6 mg/L、钼酸铵 0.6 mg/L。

药用植物不同，对养分浓度的要求也不同。一般营养液的总浓度不宜超过 4/1000，通常以 2/1000 为好。此外，药用植物不同，对营养液 pH 反应也不一样，在 pH 为 5 的营养液中，生长最好的有悬钩子、栀子、乌饭树、山茶花、马蹄莲、秋海棠、蕨类等；喜欢在 pH 为 6.5～7 的营养液中生长的有菊花、石刁柏、桂花、牡丹、月季等。常用营养液的 pH 为 6.5。

采用无土育苗时，营养液的水分每天会减少 1/3 左右，所以要经常补充水分，并用电导计测定溶液浓度后补加原液使浓度与刚培养时一致。电导度以 0.6～0.9 为宜。为省去测定浓度的过程，近年来多采用稻谷壳、锯木屑作培养基质。育苗前先用营养液浸湿培养基质，但不可积水。育苗期间，只要轻浇勤浇营养液，保持基质温润而不积水即可。

3. 苗期管理

无土育苗的播种方法与保护地育苗一样。其管理上除勤浇轻浇营养液，注意不断补给氧气外，其他如温度、光照等同前述育苗方法一样。

八、药用植物的移栽

（一）药用植物移栽前的准备

1. 土地准备

此处的土地准备是指多年生药用植物的定点挖穴。如枸杞、山茱萸、八角茴香、肉桂等木本药材，需要像果园建园那样做好规划，规划出平地、坡地、防风林带、灌溉渠道等的位置。然后按规划的行株距挖穴，穴内施入有机肥，混拌均匀后等待栽植。

有些多年生草本植物，为使定植植物秧苗尽早恢复生长，也要结合移栽施入有机肥，这些肥料也要在移栽前一并备好。

2. 苗木准备

不管是自育苗或购入苗木，都应在栽前进行品种核对，发现差错及时纠正。此外，苗木要进行质量分级，特别是木本药用植物，要求根系完整、健壮，枝粗节短，芽子饱满，无检疫对象。草本药用植物的秧苗，移栽前要进行蹲苗，这样可以提高秧苗定植后的成活率和缩短缓苗时间。

（二）移栽时期和方法

1. 草本药用植物移栽

中国幅员广大，药用植物种类繁多，各地的气候条件不同，因此没有统一的移栽时期。各地应根据气候条件、土壤条件、药用植物特性，确定播种和移栽时期。一般喜冷凉的药用植物，在苗高为 10 cm、土壤温度为 5～10℃时可以定植，喜温药用植物在苗高为 10 cm、土壤温度为 10～15℃时可以定植。

移栽方法一般是穴栽，按规定行株距开穴，把秧苗栽于穴的中间，一般多直立或倾斜栽苗，深度以不露出原入土部分，或稍微超过为好。根系要自然伸展，不要卷曲。覆土要细，并且要压实，使根系与土壤紧密结合，仅有地下茎或根部的幼苗，覆土应将其全部掩盖，但是必须保持顶芽向上。定植后应立即浇定根水，以消除根际的空隙，增强土壤毛细管的供水作用。待水渗下去之后，再取细土覆于定植穴表面。这样既能保湿，防止地表裂缝，又易于吸收太阳热量，增加地温，促进缓苗。带土移栽（包括塑料杯、纸袋、营养土块秧苗）也可采用此种方法。也可开沟引水灌溉，等水下渗一半时，按规定株距栽苗（俗称坐水栽），栽后分两次覆土。坐水栽一般根系垂直摆放，不易窝根，栽苗速度快。秧苗栽植深度要适宜，过深过浅不仅影响成活率，而且影响缓苗速度和以后的生育与产量。通常培土到子叶下为宜。一般在潮湿地区或地温偏低时，不宜定植过深，否则影响生根。干旱地区可适当加深。带营养土块的秧苗，营养土块上表应稍低于地表，以便浇水后在土块上稍覆一薄层细土，严禁浇水后使土块露出地表。有些地方栽苗后结合浇水追肥，俗称催苗肥，一般催苗肥可按氮、磷和钾的比例为 0.1%∶0.2%∶1%配成，每株秧苗浇量约为 300 mL。多年生草本药用植物多在进入休眠期或春季萌动前移栽，栽后不浇水。

2. 木本药用植物移栽

木本药用植物移栽时期也应根据不同植物的特点和地区气候条件来确定。落叶药用植物多在落叶后和春季萌动前进行。因为此时苗木处于休眠状态，体内贮藏营养丰富，水分蒸腾较小，根系易于恢复，移栽成活率高。对于常绿的木本药用植物多在秋季移栽，或者在新梢停止生长期进行移栽。也有部分木本药用植物在春季萌芽前移栽更为适宜。

木本药用植物可以零星移植，但最好是移植造林，以便集中管理。集中还是分散移栽应根据当地的具体情况来处理。木本药用植物都用穴栽，一般每穴只栽 1 株，穴要挖深、挖大，穴底土要疏松、细碎。穴的大小和深度依移栽植物而定，原则上深度应略超过植株原入土部分，穴径应超过根系自然伸展的宽度，才能有利于根系的伸展。移栽时，先将树穴表土混好肥料，取其一半填入坑内，培成丘状，然后按品种栽植计划将苗木放入坑内，使根系均匀分布在坑底的土丘上，并使苗木干部与左右、前后对直成行成列。校正苗木位置后，将另一半掺肥的土分层填入坑内，每填一层都要踏实。踏前应将苗木稍稍上下提动一下，使根系舒展，根颈与地面平齐，然后踏实，使根系与土壤紧密接触，接着将余土填入树穴内，直到与地面平齐为止，最后在苗木四周筑起灌水盘，灌水盘直径为 1 m 左右。栽后立即灌水，要灌足、灌透。水下渗后封土保墒，封土堆成丘状。

（三）栽植密度

合理密植是增产的重要措施之一。合理密植后，叶面积增加，为充分利用光能创造了有利条件。密植后植株根系的吸收面积扩大，并有促进根系向纵深伸展的作用，从而提高了植物吸水、吸肥能力和扩大了吸收区域。此外，密植还有保墒、抑制杂草生长、改变田间小气候、减轻风霜危害等作用。栽植密度要依据药用植物种类、生长习性、当地气候、土壤肥力和管理水平而定。良好的群体结构要求消光系数较小，叶面积指数较大。

就药用植物种类和生长习性来说，如党参、马兜铃、丝瓜、栝楼、金银花、罗汉果、五味子等蔓生或藤本类植物，搭架栽培可适当密些，不搭架稀植的产量会较低，因为搭架可提高其叶面积指数（3～8 倍），减少消光系数。如曼陀罗、商陆、牛膝、红花、芥子、紫苏、赤小豆、黑豆、玄参等茎秆直立的药用植物，茎、叶伸展幅度大的应比茎、叶伸展幅度小的要稀些。如地黄、菘蓝、大黄、白芷、当归、木香、北沙参、萝卜、毛花洋地黄等丛生叶状态的根类药材可适当密植。如南瓜、冬瓜、甜瓜、西瓜等蔓性而塌地生长的药用植物，消光系数较大，可适当稀植。

从气候土壤条件来说，生育期长的地区可适当稀些，生育期短的地区可适当密些。土壤肥沃地块可适当稀些，土壤瘠薄的地块可适当密些。

能够做到精细田间管理（如及时整枝摘叶、压蔓、搭架等）的地区，可适当密些，反之，要稀植。为适应机械化生产的要求，亦可适当扩大行距，而缩小株距。这样既能保证田间密度，又利于通风、透光和机械操作。

木本药用植物移栽的密度主要因种类和栽培目的而异。以花果入药的木本药材，要像建果园一样规划密度。如枸杞多为 2 m×4 m 的株行距，枣为 2～4 m×6～8 m 的株行距，核桃是 5 m×6 m 或 6 m×8 m 的株行距等。以茎皮、茎秆入药的种类可带状栽植或加密种植，伴随药材的生长加粗逐年间伐或间移。

（四）栽后保苗措施

秧苗移植总要损伤根部，妨碍水分和养分的吸收，致使秧苗有一段时间停止生长，待新根发生后才会恢复生长，这一过程被称为缓苗。缓苗时间越短越好，这是争取早熟、丰产的一个重要环节。因此，近年来各地多推行营养钵（杯、袋）育苗，特别是根系恢复生长慢的植物（如瓜类）以塑料杯、纸袋、营养块育苗移栽为最佳。采用其他方式育苗的可带土移栽（尽量多带土）。栽后阳光过强时，应进行适当遮阴，偶尔遇霜可用覆土防寒，或熏烟、灌水防霜冻。缓苗前应注意浇水，促进成活，同时要及时查苗、补苗。怕冻的木本类苗木应包被防寒，为防止抽干死苗，可结合修剪定型适当短截。此外，还要及时除草、防病、防虫、追肥、灌水等。

第三节　药用植物的良种繁育

一、良种繁育的意义及任务

选育和推广良种是提高药用植物产量和品质的重要措施，也是发展药用植物生产的一项基本建设，但是单有新品种的选育，而无大量高品质的良种供推广应用，新品种就不可能在生产上发挥应有的作用。因此，良种繁育可以说是保证育种成果和长期发挥良种优势的重要措施。良种繁育的任务主要是以下两个方面。

（一）大量繁殖和推广良种

良种繁育的首要任务就是要迅速、大量地繁殖新选育优良品种的种子，使新品种能在生产上迅速推广，取代生产上使用的旧品种，同时也要据生产需要，繁殖现有推广良种的种子。

（二）保持品种的纯度和种性

优良品种在大量繁殖和栽培过程中往往由于从播种到储运等一系列过程中某一或多个环节所造成的机械混杂，或天然杂交引起的生物学混杂，以及自然突变等，使品种纯度降低。因此，要防止品种退化变劣，保证种子的高品质必须进行品种更新，对于已混杂、退化的要进行提纯复壮工作。

二、品种混杂、退化的原因及防治方法

（一）品种混杂、退化的原因

优良品种投入生产使用后，经过一段时间往往会混入同种植物的其他品种的种子，或失掉原有的优良遗传性状，即为品种混杂、退化现象。品种混杂、退化后，不仅丧失了原品种的特征、特性，而且产量降低、品质变差。品种混杂、退化的根本原因便是缺乏完善的良种繁育制度，如未采取防止混杂、退化的有效措施，对已发生的混杂、退化不注意去杂去劣，以及未进行正确地选择和合理地栽培等。具体来说有以下几个方面的原因。

1. 机械混杂

在一些生产作业过程中，如种苗处理、播种、收获、运输、脱粒、贮藏等，由于操作人员不严格遵守操作规范，会人为地造成机械混杂。此外，不同品种连作时，前茬自然落地的种子会萌发，或未充分腐熟的肥料中带有的也会萌发，都可以造成机械混杂。机械混杂还容易造成生物学混杂。

2. 生物学混杂

有性繁殖植物在开花期间，由于不同品种间或种间发生了天然杂交造成的混杂，称为生物学混杂。生物学混杂使别的品种基因混杂到该品种中，即常说的“串花”。生物学混杂使得品种变异，品种种性改变，造成品种退化。各种植物都能发生生物学混杂，但异花授粉植物最为普遍。

3. 自然突变和品种遗传性变异

在自然条件下，各种植物都会发生自然突变，包括选择性细胞突变和体细胞突变。多数的自然突变是不利的，会造成品种退化。另外，一个品种，尤其是杂交育成的品种，其基因型不可能是绝对纯合的，这样的后代也会发生基因重组产生变异。品种自身遗传基础贫乏或品种已衰老也是品种发生变异和退化的原因之一。

4. 长期的无性繁殖和近亲繁殖

在长期的无性繁殖中，后代始终是前代营养体的继续，植株得不到复壮的机会，得不到新的基因，致使品种生活力下降。一些植物长期近亲繁殖，基因贫乏，不利隐性基因纯化，也会造成品种退化。

5. 不科学的留种

一些生产单位在选择留种时，由于不了解选择方向和未掌握被选择品种的特点，进行了不正确的选择，从而不能严格去杂去劣。还有很多药用植物的收获部位与繁殖器官是统一的，如地黄的根茎、贝母的鳞茎等，一些单位只顾出售产品，而忽视留种，往往将大的、好的作产品出售，剩下次的、小的作种；或有籽就留，留了就种，随便留种，不知选种，从而造成种性降低、品种退化。

6. 病毒感染

一些无性繁殖植物，常受到病毒的感染，破坏了生理上的协调性，甚至会引起某些遗传物质的变异。如果留种时不严格选择，用带有病毒的材料进行繁殖，也会引起品种退化。

7. 不适宜的外界条件和栽培技术

品种的优良性状在一定的外界条件和栽培条件下才能充分表现出来，特别是那些利于人类而不利于植物本身生存繁殖的性状很易变劣，如不注意就会引起品种退化。

(二) 防治品种退化、提高种性的技术措施

根据品种混杂、退化的原因，在栽培技术措施和管理方面，要做好以下几个方面的工作。

1. 严防机械混杂

建立严格的规章制度，做到专人负责，长期坚持，杜绝人为造成的机械混杂。具体操作时要注意合理安排轮作，一般不重茬；接收发放手续登记；进行选种、浸种、拌种等预处理时应保证容器干净，以防其他品种种子残留；播种时按品种分区进行，设好隔离区；不同品种要单收、单晒、单放，均应附上标签。

2. 防止生物学混杂

设好隔离区，利用隔离方法防止自然杂交。虽然药用植物种植比较分散，容易施行空间隔离，但对于一些虫媒植物和风媒植物还是比较困难的。因此，隔离区的设置，既要考虑植物传粉的特点，又要研究昆虫、风向等自然因子。对于比较珍贵的种子和原原种种子，可以施行人工套袋隔离、温室隔离和网罩隔离。当品种比较多的时候，还可以采用时间隔离，即将不易发生自然杂交的几个品种同年或同月采种；易发生自然杂交的几个品种不同年或不同月采种。

3. 加强人工选择，施行科学留种

对种子田除应加强田间管理外，还要经常地去杂去劣，选择具有该品种典型特征、特性的植株留种。对收获的种子还应再精选一次，以保证种子品质。去杂主要是针对遗传变异而言，拔除非本品种特性的植株。去劣主要是拔除那些发育不良、有病的退化植株。为保持种性，可以进行选优良单株然后混合收种，即混合选择，从而起到提纯复壮作用。

4. 改变生育条件和栽培条件以提高种性

改变生长发育条件和栽培条件使品种在最佳条件下生长，可使植株优良性状充分表现出来。此外由于长期在同一地区生长，植株会受到一些不利因素的限制，如土壤肥力、种植制度、病虫害等，导致种性下降、品种退化。改变或调整播种期，一季变两季，改变土

壤条件都能提高种性。

5. 建立完善的良种繁育制度

为保证药用植物优良品种在生产上充分发挥作用，当前急需建立良种繁育制度。良种繁育单位应根据所繁育的药用植物良种制订出具体的实施方案，以保证良种繁育工作顺利进行。

三、良种繁育的主要程序

为保证优良品种的种性不变，并源源不断地供应生产，要有科学的繁育程序，这包括原种生产、原种繁殖和种子田繁殖大田用种等。

（一）原种生产

原种指育成品种的原始种子或由生产原种的单位生产出来的与该品种原有性状一致的种子。原种的标准一是性状典型一致，主要特征、特性符合原品种的典型性，株间整齐一致，纯度高，一般纯度不小于 99%；二是与原有品种比较，由原种生长成的植株其生长势、抗逆性和生产力等都不降低，或略有提高；三是种子品质好，籽粒发育好，成熟充分，饱满一致，发芽率高，无杂草及霉烂种子，不带检疫病虫害。

原种是繁殖良种的基础材料，故对其纯度、典型性、生活力等方面均有严格的要求。目前常用下列两种方法生产原种。

1. 原原种

原原种指由育种者育出的种子，是育种单位向生产单位提供的纯度、品质最高的种子。

2. 三圃法

在无原原种情况下，由生产单位自己生产原种。这个方法的一般程序是在大田中（选择圃）选优良单株→在株行圃对优良株行进行比较鉴定→在株系圃对优良株系进行比较试验→在原种圃优系混合生产原种。

（二）原种繁殖

由于生产的原种往往不够种子田用种，就需要进一步繁殖，以扩大原种种子数量，此时一定要设置隔离区，以防混杂，据繁殖次数不同相应可得到原种一代、原种二代。

（三）种子田繁殖大田用种

此法指在种子田将原种进一步扩大繁殖，以供大田生产用种，由于种子田生产大田用种要进行多年繁殖，故每年都留适当的优良植株以供下一年种子田用种，以免每年需要原种，而大部分种子经去杂去劣后就用于大田生产。

如种子数量还不够则可采用二级种子田良种繁殖法，但用此法生产的种子品质相对较差。

四、建立良种繁育制度和扩大良种的数量

（一）建立完整的良种繁育制度

针对药用植物的种子生产，我国迄今尚无专门的良种繁育单位和良种繁育体系，处在

自选、自繁、自留、自用，辅以互相调节的“四自一辅”的落后状态。由于缺乏必要的规章制度，种子生产中普遍存在多、乱、杂和放任自流的现象。因此，当务之急是建立一套良种繁育制度，并逐步向品种布局区域化、种子生产专业化、加工机械化和质量标准化，以县为单位组织统一供种的“四化一供”方向发展。

1. 品种审定制度

某单位或个人育成或引进某一新品种后，必须经一定的权威机构组织的品种审定委员会的审定，根据品种区域试验、生产试验结果，确定该品种能否推广和推广地区。

2. 良种繁育制度

良种繁育要有明确的单位，同时需建立种子圃（良种母本园）。根据品种的繁殖系数和需要的数量分级生产，即设立原原种种子田和原种种子田。这一任务一般由选育单位、研究机构和农业院校来完成。种子田可由生产单位建立，但要与一般生产田分开，由有专业知识的人员负责，要建立种子生产档案，加强田间管理，加强选择工作，以确保种子品质。

3. 种子检验和检疫制度

种子生产出来以后，还必须通过检验这一环节，以保证种子品质。从外地引进、调进的种子或寄出的种子必须进行植物检疫，这样既促进种子生产，又保护种子生产，是一项利国利民的措施。

（二）加速良种繁殖的方法

为了使品种尽快地在生产上发挥作用，必须加速繁殖过程，特别是在品种刚刚育成的最初阶段，种子数量尚少，要充分利用现有繁殖材料，尽量提高繁殖系数。

1. 育苗移栽法

新品种刚育成时，种子较少，要珍惜每粒种子，可采用育苗移栽法，尤其是小粒种子，不要直播，以保证一粒一苗。

2. 稀播稀植法

稀播稀植不仅可以扩大植物营养面积，使植株生长健壮，而且可以提高繁殖系数，获得高品质的种子。

3. 有性繁殖和无性繁殖相结合

对既可有性生殖又可无性繁殖的植物，一定要挖掘它的所有潜力。除了一般的扦插和分蘖移栽外，有的植物还可用育芽扦插，珠芽、气生鳞茎等也要充分利用。

4. 利用组织培养的方法

用组织培养的方法进行无性快繁是提高繁殖系数的有效途径。一小段植株的茎、叶通过组织培养的方法可育成上万株小苗，这是今后努力的方向。

5. 异地或异季加代法

对于有些生长期较短，对日照要求又不太严格的药用植物，可利用我国幅员辽阔、地势复杂及气候多样等有利条件，进行异地或异季加代，一年可繁育多代，从而达到加速繁殖种子的目的。但加代繁殖成本较高，一般限于繁育新育成的或珍贵品种。

总之，无论采取上述哪一种方法都必须注意加强各方面的管理工作，才能获得提高繁殖系数的良好效果。

第四节　药用植物的引种驯化

植物的引种驯化，就是把外地或外国的某一种植物引到本地或本国栽培，经过一定时间的自然选择或人工选择，使外来植物适应本地自然环境和栽培条件，成为能满足生产需要的本地植物。药用植物引入本地后，可能会出现两种情况。一种是药用植物本身的适应范围较广泛，不需要特殊处理及选育过程，只要通过一定的栽培措施就能正常生长发育、开花结实、繁衍后代，即不改变植物原来的遗传性就能适应新环境，或原分布地与引种地自然环境差异较小，被引种到本地后就能适应新环境。另一种是原分布地与引种地之间自然环境差异较大，或药用植物适应范围较小，需要经过多种技术处理，使之适应新环境，或药用植物自身发生改变适应本地新环境，才能够生长发育、开花结实、繁衍后代。这种对新环境的适应称为药用植物驯化。驯化强调以气候、土壤、生物等生态因子及人为措施对药用植物本性的改造，使药用植物获得对新环境的适应能力。因此，药用植物驯化是在引种基础上的深化和改造，将药用植物从外地引种到本地种植，药用植物适应本地环境，并能生长发育、开花结实、繁衍后代的过程叫作药用植物引种驯化。

一、引种驯化的目的和意义及任务

（一）引种驯化的目的和意义

任何植物对原产地和栽培地的适应性，是由植物系统发育在历史上形成的本性和外界环境条件相统一而决定的。但这两种因素及其所形成的相互关系是动态变化的。因此，我们可以通过引种驯化对植物进行合理的干预和培育，使之朝着我们所要求的方向改变，以满足医疗卫生事业发展的需要。对药用植物而言，引种驯化的目的在于使药用植物的有效成分得以保持或提高。从中华人民共和国成立以来，我国在药用植物引种方面取得了巨大的成就，大大地丰富了我国药用植物资源，扩大了栽培区域。如从国外引种成功砂仁、槟榔、沉香、金鸡纳、颠茄、毛地黄等；过去产地集中的道地药材，现在已广泛引种推广的有云木香、地黄、红花、白芷、怀牛膝等；野生药用植物成为家种的有贝母、黄芪、天麻等。由此可见，大力开展引种驯化工作，对实现就地生产、就地供应，满足人民保健事业的需要，加速我国社会主义现代化建设具有重大意义。

（二）引种驯化的主要任务

1. 引种驯化常用的重要药用植物

为了满足防病治病的需要，对防治常见病、多发病及战备所需的重要品种，应积极地引种、试种和繁殖、推广，如地黄、甜叶菊、番红花、西洋参、罗汉果、当归、党参、贝母、黄连等。

2. 引种驯化野生药用植物

许多野生药用植物资源日见减少甚至濒危，不能满足需要，应积极开展野生变家种的引种驯化工作，如霍山石斛、血竭、冬虫夏草等，这已成为当前生产上的迫切任务。

3. 引种各地区已引种成功的药用植物

引种后应迅速繁殖，尽快推广，扩大生产。

4. 引种驯化重要的药材

对原产国外的热带和亚热带药用植物，应积极地引种、试种，以尽快地满足医疗用药的需要，如乳香、没药、大风子、血竭、胖大海等。

5. 引种对临床确有疗效的新药资源

许多药用植物通过临床实验，已被证实具有实际疗效，应大力引种，如金荞麦、水飞蓟、绞股蓝和三尖杉等。

二、引种驯化的基本理论

（一）气候相似论

气候相似论是德国著名林学家、慕尼黑大学教授迈依尔在 1906 年和 1909 年分别发表的《欧洲外地园林树木》和《自然历史基础上的林木培育》两部著作的基础上提出的。这两部著作的主要理论认为树木引进时，引进地和原产地的气候必须相似，引进的树木才能正常生长、发育。他把北半球划分为 6 个引种带，并指出在这些带之间的引种应该没有什么困难。这一理论明确了气候对树木引种驯化的制约作用，对树木引种驯化的实践有一定的指导意义，不失为现代树木引种驯化理论的一个重要组成部分。气候相似论对植物引种驯化工作产生了巨大的影响，是引种工作中被广泛接受的基本理论之一。但其也有缺点，就是对从根本上改进木本植物的种性持怀疑态度，坚持木本植物本性和要求不变，低估了植物的塑性和育种的可能性。

（二）达尔文的遗传变异学说

这一学说主要体现在达尔文于 1859 年出版的《物种起源》和 1868 年出版的《动物和植物在家养下的变异》两部著作中。达尔文学说的核心是动植物在生存环境的作用下产生变异，这种获得性变异能够遗传，通过自然选择或人工选择使动植物得以生存（适者生存）及被人们利用。其关于引种驯化的基本原理可以归纳为以下 4 点：（1）植物有适应风土条件的能力，在新的环境下能产生遗传变异来适应新环境。（2）外界环境的改变、器官运动、有性或无性杂交是植物变异的源泉。（3）在自然界或人工引种条件下，通过自然选择或人工选择都可以保持、发展植物的有利变异，促进植物驯化。驯化是植物对新环境条件长期的适应过程，选择是人类驯化植物的基本途径。（4）同一种植物分布于不同地区的不同个体，由于作用条件不同，往往会产生多样性的变异或地理小种与类型，所以引种时必须十分注意研究植物的地理分布与不同分布区的种以下分类单位。

（三）米丘林的风土驯化理论和方法

苏联植物育种专家米丘林的引种驯化理论建立在达尔文学说基础上，使植物引种驯化事业得到了创造性的发展，把其推向一个新的发展阶段。他从有机体与环境条件统一的观点出发，通过反复实践、探索，提出了风土驯化的两条原则：（1）利用遗传不稳定、易动摇的幼龄植物实生苗作为风土驯化材料，使其在新的环境影响下，逐渐改变原来本性，适应新的条件，达到驯化效果。尤其在个体发育的最幼龄阶段，变异性最大，也具有最大的可能性去产生新的变异以适应改变了的新环境。(2) 采用逐步迁移播种的方法。实生苗对新环境有较大的适应性，但有一定限度，当原产地与引种地条件相差较大而超过了幼苗的适应范围时，驯化难以成功。这就需要采用逐步迁移的方法，使它逐渐地移向接近引种地的地区，并接近适应预定的栽培条件。

米丘林的两条风土驯化原则综合利用了实生苗法、远缘杂交、逐级驯化、实生苗的斯巴达式锻炼、培育杂种苗的蒙导法和定向培育等，创造了世界果树史上的奇迹，使一些南方果树的种植区域向北推进 1000 km 以上，培育出了 300 多个新品种、新类型。虽然米丘林的实际工作主要在果树园艺方面，但是他所创造的研究方法和揭示的一系列规律，对于包括药用植物在内的其他各类植物的引种驯化工作，都具有普遍的理论指导意义。

(四) 引种的生态条件和生态型相似性原理

药用植物优良种质的形态特征和生物学特性是自然选择和人工选择的产物，因而都适应一定的自然环境和栽培条件，这些与药用植物品种形成及生长发育有密切关系的环境条件称为生态条件。任何药用植物的正常生长都需要与之相适应的生态条件，因此掌握所引品种必需的生态条件对引种非常重要，是引种获得成功的必要条件。一般来说，生态条件相似的地区相互引种易于成功，生态条件又分为若干相关因子，如气候因子和土壤因子等，其中气候因子是主要的因子。

生态型是指同一物种变种范围内，在生物学特性、植物学特征等方面均与当地主要生态环境相适应的植物类型。植物生态型按生态条件可分为气候生态型、土壤生态型和共栖生态型。其中气候生态型是最主要的生态型，它是在光照、温度、湿度和降水量等生态因子的共同影响下形成的，同一物种往往会有各种不同的生态型，相同生态型之间引种较易成功。

(五) 生态历史分析法

生态历史分析法由苏联的库里基阿索夫于 1953 年提出，此法是专为自然区系植物引种选择原始材料而提出的。其理论基础是根据某一植物区系成分起源的分析揭示这些成分的生态历史（包括生态和演化历史）。在引种工作中，可以选择那些外来区系，把它们迁回原来生存过的生态条件下，这些植物不但极容易引种成功而且生产率可以大大提高。

三、影响引种成功的因素

(一) 温度

不同植物对温度要求不同，同一植物种的不同生态型在各个生育时期的最适温度也不同。一般来说，温度升高促进植物生长发育，提早成熟；温度降低则使植物生育期延长。但植物生长和发育是不同的概念，生长和发育所需的温度也不同。温度对引种的影响表现在有些药用植物一定要经过低温才能满足其发育条件，否则会影响其正常的发育进程。

（二）光照

一般来讲，光照充足有利于作物生长，但在发育上，不同作物、不同品种对光照反应不一。有的对光照长短和光照强弱反应敏感，有的则反应迟钝。光照对引种的影响表现在有些药用植物一定要经过短日照才能满足发育的要求，否则其生长发育会受阻。

（三）纬度

纬度相同或相近的地区相互引种，由于地区间日照长度和气候条件相近，相互引种在生育期和经济性状上不会发生较大变化。但同纬度不同海拔的地区相互引种应该注意气温和降水量的差异，如果差异较大也难以成功。

（四）海拔

由于海拔每升高 100 m，日平均气温会降低 0.6℃，且降水量和空气湿度也存在差异，因此不同海拔间引种药用植物应该注意综合的气候因素，如黄连、高山红景天、藁本。

（五）栽培条件

一般来讲，引种的药用植物的栽培条件、生产条件与原产地相近，易引种成功，同时应考虑耕作制度和土壤条件等是否相近，否则容易引种失败。

四、引种的一般规律

（一）高纬度向低纬度引种

原产高纬度地区的品种引到低纬度地区种植，会因低纬度地区冬季的温暖、春季的短日而不能满足植物在感温阶段对低温和感光阶段对长日照的要求，因而经常表现出生育期延长，有的甚至不能抽穗、开花，但营养器官加大。由于成熟期延迟，植物容易遭受后期自然灾害的威胁，或影响后作的播种、栽培。

（二）低纬度向高纬度引种

原产低纬度地区的品种引到高纬度地区种植，由于温度、日照条件都能很快得到满足，表现出生长期缩短。但由于高纬度地区冬季寒冷，春季霜冻严重，植物易遭受冻害。由于生长期缩短，营养生长不够，植株可能变小，不易获得较高的产量。

（三）冬播区栽培植物引种到春播区

冬播区的春性品种引到春播区作春播用，有时会因为春播区的日照长或强而表现早熟，粒重提高，甚至长势比原产地好。

（四）海拔差异地区引种

高海拔地区的越冬药材多偏冬性，引到平原地区往往不能适应。低海拔地区的高温短日性品种引到高海拔地区，由于温度较低而延迟成熟或不能成熟；而低海拔地区的冬药材品种引到高海拔地区春播，可能会适应。

一般认为海拔每升高 100 m，温度平均降低 0.6℃，相当于纬度增加 1°。所以低纬度高海拔与高纬度低海拔地区相互引种易成功，同纬度不同海拔地区间引种不易成功。另外，由于同纬度地区气候相似，接受太阳辐射能、日照长度、温度、雨量等也相似，纬度相近的东西地区间引种比经度相近而纬度不同的南北地区间引种的成功可能性更大。

五、引种驯化的方法

（一）直接引种法

直接引种法是指从外地（或原产地）将药用植物直接引进栽培到引种地的方法。在相同的气候带内，或两地的气候条件相似，或植物本身适应性较强的条件下，可采用直接引种法，以下几种情况可采用此法：（1）位于温带的哈尔滨直接引种暖温带河北、山西等地的银杏、枸杞等，能正常生长，安全越冬，因为暖温带和温带相连接，在气候带上，它是温带向亚热带的过渡带，直接引种比较容易成功。（2）南方山地的药用植物引种到北方平原或由北方平原向南方山地引种，亦可采用直接引种法。如云木香从云南海拔 3000 m 的高山地区，直接引种到北京海拔 50 m 的地区；人参从东北海拔 800～1000 m 的地区，直接引种到四川南川金佛山海拔 1700～2100 m 地区，均获得成功。（3）将越南、印度尼西亚等热带地区的一些药用植物，直接引种到我国海南、台湾等地栽培也较易成功。（4）长江流域各省之间的气候条件相似，很多药用植物可直接引种。如四川从浙江引种白术、延胡索、杭菊花；江苏从河南引种怀地黄、怀牛膝，从浙江引种浙贝母、芍药等，均获成功，并有大面积生产。（5）植物本身适应性较强，如南亚的穿心莲，越过中亚，直接引种到北亚地区，也能成功。

（二）驯化引种法

经过驯化，使被引种植物产生新的适应性的引种方法，称为驯化引种法。对于气候条件差异较大的地区，或适应性差的药用植物，宜采用此法引种。驯化引种主要有下列方法：

1. 实生苗的多世代选择

根据植物个体发育的理论，由种子产生实生苗可塑性大，在植物幼苗发育阶段，进行定向培育最容易动摇其遗传性，而产生与新的生态条件相适应的遗传变异性，从而获得适应引种地区环境条件的新类型。此法可从原产地采收引种植物的种子，在引种地区进行连续播种，经过几代的选择，选出既适应新环境又能保持该品种优良特性的个体。如毛地黄引种到北京，第一年播种出苗后，加以培育，对能自然越冬而留下的植株采种后，第二年再播种，如此反复进行，逐渐使它增强抗寒性而适应当地的环境条件。

2. 逐步驯化法

此法将所要引种的种子，分阶段逐步移到所要引种的地区。此法有两种操作方式：一是将引种植物的实生苗从原产地分阶段逐步向新的地区移植，使植物逐步经受新环境条件的锻炼，动摇其遗传保守性，而获得新的适应性。另一种是将引种植物的种子，分阶段播种到过渡地区，培育出下一代，连续播种几代，从中选出适应能力最强的植株，采收种子，再向另一过渡地区种植。如把南药逐渐北移，可用种子逐步引种驯化，成功的可能性较大，但此法要经过很长时间。此外，还可用无性杂交法、有性杂交法等进行引种驯化。

六、引种驯化的步骤

（一）引种前准备

1. 调查和选择引种的种类

药用植物的种类繁多，各地名称不一，常有同名异物、同物异名的情况出现，给引种工作带来困难和损失。因此，在引种前必须进行详细的调查研究，根据国家发展中药材生产计划和当地药材生产与供求的关系，确定需要引种的种类，并加以准确的鉴定。

2. 掌握引种资料

引种所必需的有关资料，应进行调查和收集，了解引种药用植物原产地的海拔、地形、气候和土壤等自然条件，该植物的生物学和生态学特性，以及该植物生长发育的相应阶段所要求的生态条件。对于栽培品种，还要详细了解该植物的选育历史、栽培技术、品种的主要性状、生长发育特性、群众反映及引种成败的经验教训等。

3. 制订引种计划

引种计划必须是在对调查研究所掌握的资料并结合本地区实际情况进行分析比较后确定，同时要注意在引种过程中存在的主要问题，如南药北移的越冬问题、北药南植的越夏问题、野生变家种的性状变异问题等，经全面分析考虑后，制订引种计划，提出引种的目的、要求、具体步骤、途径和措施等。

4. 技术上的准备

引种计划确定后，就应根据预定计划迅速做好繁殖材料、技术力量和必要的物质准备。在搜集材料时，应选择优良品种和优良种子，并进行检疫（包括产地检疫、现场检疫、室内检疫和隔离检疫等）、发芽试验、品质检查和种子处理等工作，还应注意种子、种苗的运输和保管，广泛收集有关栽培技术的文献资料，以备查阅参考。

5. 引种园的设计和利用

药用植物的引种工作一般在引种园内进行，故应有计划地设计引种园，以便根据生产需要进行各项科学研究工作。引种园主要有两类：一类是为了考察与鉴定引种栽培的药用植物在本地的生长发育情况及其适应性而设计的，此类的主要作用是通过观察记载，积累详细而正确的资料，以供制订、推广栽培方法时参考。另一类是为了解决某一个或几个问题而进行深入研究，或进行良种培育而设计的。

（二）引种试验

引种试验工作一般分下面 4 个步骤。

1. 试种观察

对初次引进的品种材料，先进行小面积试种观察，初步鉴定其对本地区生态条件的适应性和在生产上的利用价值。对于表现符合要求的品种材料，选留足够的种子，参加品种比较试验。

2. 品种比较试验

经过 1～2 年试种观察，对表现优良的引进品种进行试验面积较大、有重复品种的比较试验，做更精确的比较鉴定。为加速育种进程，在试验过程中可进行多点试验，从而了解品种材料对不同自然条件、耕作条件和土壤类型的反应，以及了解品种在当地条件下的性状表现。确定有推广价值的品种，送交区域试验并开展栽培试验和加速品种的繁殖，直接用于生产。

3. 栽培试验

对于在初步试验中得到肯定的引进品种，还需要根据其遗传特性进行栽培试验。因为有的外来品种在本地区一般品种所适应的栽培措施下不足以充分发挥其增产潜力，有时会因此否定其推广价值。所以，对掌握的品种特性联系生态环境进行分析，通过栽培试验，探索关键性的措施，借以限制其在本地区一般栽培条件下所能表现的不利性状，使其得到合理利用，做到良种结合良法，进行推广。

4. 引种与选择相结合，不断防杂保纯和选育新品种

引入的品种在栽培过程中，由于生态环境的改变，必然会产生变异，这种变异的大小，取决于原产地与引入地区自然条件差异的大小和品种本身遗传性稳定的程度。各种作物引入新地区以后，可以在其中选育出各种新品种。品种引进后，在推广之前，一般采用混合选择与片选法，或种植单株留种田，不断进行选择，以保持品种的典型性和纯一性。为了进一步繁殖和推广这一良种，就必须根据原有品种特征，加强去杂去劣的选择工作。在引入品种的群体中，也可通过系统育种法选择优良变异单株，育成新品种。

（三）繁殖推广

引种的药用植物经过试验研究，获得一定的成果，就可以进行试点推广。在试点栽培中要继续观察，反复试验，通过实践证明这种药用植物引种后，已能适应本地区的自然条件，在当地生产上确能起到增产作用，即可扩大生产，进行推广。

七、引种驯化过程中的注意事项

引种驯化是一个长期的生产过程，其中的注意事项主要包括（1）必须认真做好植物检疫工作，防止病虫害的传播。（2）引种时最好用种子繁殖实生苗，因实生苗的可塑性大，遗传保守性弱，容易接受新环境的影响而产生新的适应性。（3）从生长期长的地区引种到生长期短的地区，利用种子繁殖时，要注意选择早熟品种，或进行温床育苗，延长植物的生长期。（4）注意对种子和种苗的选择，不能从年龄太大、生长发育差、有病虫害的植株上采收种子。（5）对有些发芽困难或容易丧失发芽力的种子，引种运输时应注意种子的保存（如用沙藏法），播种前应掌握种子的生理特性，采用适当的种子处理措施，促进发芽，如金鸡纳、细辛、五味子、黄连等。（6）引种必须先进行小面积试验研究，获得成功后才进行大面积的繁殖推广。

八、引种驯化成功的标准

引种驯化成功的标准：（1）与原产地比较，植株不需要采取特殊保护措施就能越冬度夏、正常生长及开花结实，并获得一定产量。（2）能够以常规可行的繁殖方式（无性或有

性）进行正常繁殖。（3）没有改变原有的药效成分和含量及医疗效果，药用部位质量符合国家有关标准。（4）种后有一定的经济效益和社会效益。

第五节　药用植物的野生抚育

药用植物野生抚育是指根据药用植物生长特性及对生态环境条件的要求，在其原生或相似的环境中，人为或自然增加种群数量，使其资源量达到能为人们采集利用，并能继续保持群落平衡的一种药用植物生产方式。药用植物野生抚育有时也称为半野生栽培或仿野生栽培。

一、药用植物野生抚育的意义

保证野生药用植物资源的可持续利用、野生药用植物采集与生态环境保护的协调，实现人与自然的和谐共处，是中医药可持续发展必须解决的关键问题之一。此外，如何提高栽培药材品质，使其与野生药材相近，保证生产药材的天然性，也备受人们关注。药用植物野生抚育是野生药用植物采集与药用植物栽培的有机结合，是中药材农业产业化生产经营的新模式，药用植物野生抚育显示出了良好的生命力，有效地解决了药用植物采集与资源更新、野生药材供应短缺与需求不断增加、药用植物生产与生态环境保护、当前利益与长远利益等矛盾，具有重大意义。

（一）提供高品质的地道野生药材

野生抚育药用植物在原生环境中生长，人为干预少，不易发生病虫害，远离污染源，产品为近乎天然的野生药材，地道性好。

（二）能较好保护珍稀濒危药用植物，促进中药资源可持续利用

物种保护的主要措施有就地保护和迁地保护。就地保护是物种保护最为有力和有效的方法，它不仅保持了物种正常的生长发育、物种在原生环境下的生存能力及种内遗传变异度，还保护了包括物种、种群和群落的整个生态环境。野生抚育是药用植物资源迁地保护、就地保护及栽培三者的有机结合。通过合适的药用植物采挖方法、种群自然繁殖或及时补种，将实现野生抚育药用植物种群的可持续更新，较好地保护了珍稀濒危药用植物及其生物多样性。

（三）有效保护中药资源生长的生态环境

野生抚育模式下的药用植物采挖和生产是在生物群落动态平衡的基础上进行的，野生抚育基地药用植物的所有权专有化克服了野生药用植物滥采、滥挖对生态环境的严重破坏，实现了药用植物生产与生态环境保护的协调发展。

（四）有效节约耕地，以低投入获得高回报

野生抚育不占用耕地，只在补种和药用植物生长过程中实施最低限度的人为干预，充分利用了药用植物的自然生长特性，大幅降低了人工管理费用。

二、药用植物野生抚育的基础研究

药用植物野生抚育是一项系统工程技术，采用了药用植物资源学、生态学、药用植物栽培学、药用植物育种学等学科的原理和方法，是多学科交叉的新兴研究领域。

（一）资源学研究

此研究的主要内容包括药用植物资源储量、可采收量，药用植物品质与种质、产地、气候、土壤、地理地貌等的关系，资源合理采收期及可持续采集方法等。此研究的核心是药材的地道性研究，即以准确定量的数据揭示药材地道性成因，为野生抚育基地确定提供准确依据。国内外关于这方面的研究较多，但需要更系统的研究和创新突破。

（二）生物学研究

此研究的主要内容包括原生环境中野生药用植物生活史、繁殖特性、种群更新机制、收获器官生长发育规律等。掌握原生环境药用植物生长发育的基本特性是确定药用植物野生抚育方法的基础，也是野生抚育的前提和关键。尤其对一些生长特性较特殊的药用植物需重点研究，如冬虫夏草、重楼、川贝、阿魏、雪莲、刺五加等。

（三）生态学研究

野生抚育生态学研究主要涉及：（1）生态因子与抚育种群关系研究，生态因子有温度、光照、水分、空气、坡向、坡度、海拔高度、土壤等，其中温度、光照、水分及土壤因子是研究重点。（2）种群生态研究，包括种群数量的时空动态、数量调节、生活史对策、种内与种间关系等。（3）药用植物种群所处生物群落生态研究，包括群落的组成与结构、群落的动态与控制等。

（四）抚育方法学研究

抚育方法研究是药用植物野生抚育研究的核心。其主要包括以下几个方面：（1）针对抚育药用植物的资源学、生物学和生态学基本特性，应用中药栽培学方法和手段，确定野生抚育的基本方式。（2）抚育药用植物种群增加的繁殖方法。（3）种群生长过程的管理方法。（4）合适药用植物采挖方法。（5）种群可持续更新方法。（6）生物群落动态平衡保持方法。（7）生态环境保护方法等。

（五）抚育基地管理学研究

野生抚育药用植物基地建设不仅涉及抚育药用植物生长管理，还涉及生态环境保护、当地群众采挖野生药用植物习惯的管理、药用植物集约化采挖等，是一项包含经济、生态和社会因素的系统工程。因此，需要加强基地管理机制等方面的研究，以保证基地顺利运转，达到抚育目的。

三、药用植物野生抚育的特征

（一）具有明显的经济学特点

抚育的目的是增加目标药用植物种群数量，给人类提供可采集利用的中药资源，可见药用植物野生抚育区别于单纯的生物多样性保护、自然保护区建设或植被恢复。

（二）场地为动植物原生环境

药用植物野生抚育的场地为药用植物原分布区，有野生资源分布的地区或近于野生环境、适于该药用植物以近于野生方式生长的地区。药用植物野生抚育不同于植被单一的林下栽培药用植物。

（三）种群以恢复或增加的方式进行

野生抚育种群数量增加可以在种群遭到破坏或没有遭到破坏的基础上进行，而植被恢复指已遭到破坏的植被重新生长和恢复。野生抚育种群数量的增加方式有两种：一是人工栽植，二是创造条件令原有野生种群自然繁殖更新。

（四）不改变群落的基本特性

野生抚育增加了目标药用植物种群的数量，改变了群落中各物种的数量组成，但群落的基本特性未改变。

四、药用植物野生抚育的应用范围

与药用植物栽培和野生药用植物采集相比，药用植物野生抚育存在独特优势，代表了药用植物生产的一个新方向。但在考虑是否采用野生抚育生产药用植物时，应注意以下几点：（1）野生抚育技术研究有一定基础。（2）采用自然繁殖或人工补种，可以较快增加种群数量。（3）抚育措施能明显增加药用植物产量或提高药用植物品质。（4）抚育措施现实可行。（5）能有效控制抚育基地药用植物的采挖。

据此，野生抚育较适合如下种类的药用植物：（1）目前人们对其生长发育特性和生态条件认识尚不深入、生长条件较苛刻、种植（养殖）成本相对较高的野生药用植物，如川贝、雪莲、冬虫夏草等。（2）人工栽培后药材性状和品质会发生明显改变的药用植物，如防风、黄芩、人参等。（3）野生资源分布较集中，通过抚育能迅速收到成效的药用植物，如连翘、龙血树等。

五、药用植物野生抚育的基本方式

药用植物野生抚育的基本方式有封禁、人工管理、人工补种、仿野生栽培等。在生产实践中，根据药用植物种类，药用植物所处的自然、社会、经济环境及技术研究状况，采用其中的一种或多种方法。

（一）封禁

封禁指以封闭抚育区域、禁止采挖为基本手段，促进目标药用植物种群的扩繁，即把野生目标药用植物分布较为集中的地域通过各种措施封禁起来，借助药用植物的天然下种或萌芽增加种群密度。封禁的措施有划定区域、采用公示牌标示、人工看护、围封等各种方式。采用该方式的典型有甘草、麻黄的围栏养护。

（二）人工管理

人工管理指在封禁基础上，对野生药用植物种群及其所在的生物群落或生长环境施加人为管理，创造有利条件，促进药用植物种群生长和繁殖。人工管理措施因药用植物不同而异，如五味子的育苗补栽、搭用天然架、修剪、人工辅助授粉及施肥、灌水、松土、防治病虫害等；野生大叶白麻（罗布麻）则有清除混生植物、灭茬更新等；刺五加采用间伐混交林的方式；冬虫夏草采用寄主昆虫接种等。

（三）人工补种

人工补种指在封禁基础上，根据野生药用植物的繁殖方式和繁殖方法，在药用植物原生地人工栽种种苗或播种，人为增加药用植物种群数量。如野生黄芪的抚育采取人工撒播栽培繁育的种子，刺五加采用带根移栽等。

（四）仿野生栽培

仿野生栽培指在基本没有野生目标药用植物分布的原生环境或相似的天然环境中，完全采用人工种植的方式培育和繁殖目标药用植物种群。仿野生栽培时，药用植物在近乎野生的环境中生长，不同于药用植物的间作或套种。如林下栽培石斛、人参、天麻等。

六、大别山地区药用植物野生抚育实例

药用植物野生抚育近年来发展势头良好。大别山地区的霍山石斛、黄精、天麻、西洋参等药用植物的林下仿野生栽培都是药用植物野生抚育的成功实例。

（一）霍山石斛的林下栽培

霍山石斛自然分布于大别山地区，主要包括安徽省的霍山县、金寨县、舒城县、岳西县；河南省的南召县；湖北省的英山县。其种子小，没有胚乳，在自然状态下繁殖率低。因霍山石斛对生长环境，尤其是光照、温度、湿度等生态条件要求十分严格，加上近年来人工过度收集，其野生资源几乎灭绝。近年来，霍山县在山区地带以林下仿野生原生态种植方式，发展建设霍山石斛等优质道地药材种植带，鼓励推进林下经济发展。通过在林下实施仿野生霍山石斛种植，让石斛回归到大自然原生态，充分保持石斛的自然属性和药效。

（二）黄精的林下栽培

曾经盛产野生黄精的安徽大别山、黄山等地区的野生黄精资源已接近枯竭，大田栽培黄精逐渐兴起。大田栽培的黄精产量虽高，但投入成本也相对较高，且农药残留多，采收的黄精品质不如野生黄精，因此，黄精仿野生环境栽培在各地陆续开展。仿野生环境栽培黄精不占农田，符合国家土地红线政策和保障粮食安全的国策，其意义广泛而深远。仿野生环境栽培黄精等中药材，减少了农药污染，在一定程度上保护了野生中药资源。林下科学种植黄精，虽种植初期要用野生黄精育苗，但后期可实现自然繁殖，林地仅黄精一项每年的收入就可达 30000 元/hm^2，是林业可持续发展的重要手段。

（三）天麻的林下栽培

天麻具有广阔的市场前景，随着市场需求的不断扩大，加上过度采挖，野生天麻资源已近枯竭。大别山地区有丰富的林下资源，气候和土壤均适合天麻生长，充分利用林下资源进行天麻的林下栽培，不但可以降低对土地资源的消耗，还可以有效降低种植成本，提高药农收入，同时可以提高天麻种植质量与效率，并提升天麻品质。

第五章　药用植物的田间管理

在药用植物播种到收获的整个栽培过程中，人们在田间所采用的一系列管理措施称为田间管理。田间管理是获得优质、高产的重要措施。俗话说“三分种，七分管，十分收成才保险”。不同种类的药用植物，其药用部位、生态特性和收获期限等均不相同，必须根据各自的生长发育特点，分别采取特殊的管理方法，如三七、黄连需遮阴，栝楼需设支架，附子、白芍需修根，牛膝、玄参需打顶，白术、贝母需摘花等，以满足中药材对环境条件的功能要求，达到优质、高产的目的。田间管理既要充分满足药用植物生长发育对阳光、温度、水分、养分和空气的要求，又要综合利用各种有利条件，克服不利因素，及时调节、控制植株的生长发育，使药用植物生长发育朝着人类需要的方向发展。

第一节　常规田间管理措施

一、间苗、定苗及补苗

（一）间苗与定苗

根据药用植物最适密度要求而拔除多余幼苗的技术措施称为间苗。药用植物多数是采用种子繁殖的，为了防止缺苗和选留壮苗，其播种量往往大于所需苗数，故需适当拔除一部分过密、瘦弱和有病虫的幼苗。间苗的原则：一是根据各种药用植物密度的要求有计划选留壮苗，保证有足够的株数；二是根据不同苗期的生长情况适时间苗。间苗的时间一般宜早不宜迟，间苗过迟，幼苗生长过密会引起光照和养分不足，通风不良，造成植株细弱，易遭病虫害。此外，幼苗生长过大，根系深扎土层，会使间苗困难，并易伤害附近植株。间苗的次数可视药用植物的种类而定。一般情况下，大粒种子的种类间苗 1～2 次，小粒种子的种类间苗 2～3 次。进行点播的种类如牛膝等每穴先留壮苗 2～3 株，待幼苗稍长大后再进行第二次间苗。最后一次间苗称为定苗。定苗后必须及时加强苗期管理，才能达到苗齐、苗全和苗壮的目的。

（二）补苗

为保证苗齐、苗全，保持最佳种植密度，必须及时对缺株进行补苗或补种。大田补苗是和间苗同时进行的，即从间出的苗中选择生长健壮的幼苗进行补栽。为了保证补栽苗成活，最好选阴天进行，所用苗株应带土，栽后浇足定根水。如间出的苗不够补栽时，则需用种子补播。

二、中耕、除草和培土

中耕即松土，是在药用植物生长发育期间人们对其生长的土壤进行浅层的耕作。中耕能疏松土壤，减少地表蒸发，改善土壤的透水性及通气性，加强保墒，早春可提高地温；中耕时还可结合除蘖或切断一些浅根来控制植物生长。除草是为了消灭杂草，减少水肥消耗，保持田间清洁，防止病虫的滋生和蔓延。除草一般与中耕、间苗、培土等结合进行。

中耕、除草多在植株封行前选择晴天或阴天进行。中耕深度视植物地下部分生长情况而定，根系分布在土壤表层的宜浅耕，如延胡索、紫菀、射干、柳叶白前等；主根较长，入土深的中耕可深些，如牛膝、白芷、芍药等。一般情况下，中耕深度为 4～6 cm。中耕次数应根据当地气候、土壤、杂草及植物生长情况而定。在幼苗阶段，杂草易滋生，土壤易板结，中耕宜浅，以利保水；雨后或灌水后应及时中耕，避免土壤板结。

根及根茎类药用植物在中耕除草时，还要进行培土。培土是将行间的土壤壅在植物根部，其作用是提高地温以保护植物越冬（如菊花、辽细辛等）；夏季起降温作用以利植物过夏（如浙贝母等）；防止植株倒伏；避免根部外露，保护芽头（如玄参等）；促进生根（如半夏等）；促进多结花蕾（如款冬等）；促进地下器官的生长（如射干、黄连等）。培土的时间视植物种类而定，一、二年生植物在生长中后期进行；多年生草本和木本植物，一般在入冬前结合防冻进行。培土的方法视播种方法不同而异，条播培土宜成梯形或三角形的"垄"；点播及木本植物培土宜成圆锥形的"堆"；撒播和栽培密度大的培土采用将土撒布于株间。

三、灌溉与排水

植物生长所需的水分是通过根系从土壤中吸收的，当土壤中水分不足时植物就会发生枯萎，轻则影响正常生长而造成减产，重则导致植株死亡；若水分过量，则会引起植物茎、叶徒长，延长成熟期，严重时使根系窒息而死亡。因此，在药用植物栽培过程中，要根据植物对水分的需要和土壤中水分的状况，做好灌溉与排水工作。

（一）灌溉

1. 灌溉的原则

灌溉应根据植物的需水特性、不同的生长发育时期，以及当时当地的气候、土壤条件进行适时的合理灌溉。

（1）耐旱植物一般不需灌溉，若遇久旱可适当少灌，如甘草、麻黄等；喜湿植物若遇干旱应及时灌溉，如薄荷、荆芥等；水生植物常年不能缺水，如泽泻、莲等。

（2）苗期根系分布浅，抗旱能力差，宜多次少灌，控制用水量，促进根系生长，以利培育壮苗；植株封行后到旺盛生长阶段，根系深入土层需水量大，而此时正值酷暑高温天气，植株蒸腾和土壤蒸发量大，可采用少次多量，一次灌透的方法来满足植株的需水量；植物在花期对水分要求较严格，水分过多常引起落花，水分过少则影响授粉和受精作用，故应适量灌水；在不造成落果的情况下，果期的土壤可适当偏湿一些，接近成熟期应停止灌水。

(3) 炎热和少雨干旱季节应多灌水，多雨湿润季节则少灌或不灌水。

(4) 沙土吸水快但保水力差，黏重土吸水慢而保水力强。团粒结构的土壤吸水性和保水性好，无团粒结构的土壤吸水性和保水性差。故应根据土壤的结构和质地，掌握好灌水量、灌水次数和灌水时间。

2. 灌溉时间

灌溉时间应根据植物生长发育情况和气候条件而定，要注意植物生理指标的变化，适时灌水。灌水间隔的时间不能太长，特别是在经常灌溉的情况下，植物的叶面积不断扩大，体内的新陈代谢已适应水分的环境条件，这时如果灌溉的间隔时间太长，植物就会缺水，造成对植物更为不利的环境条件，受害的程度会比不灌溉还严重。灌溉应在早晨或傍晚进行，这不仅可以减少水分蒸发，而且不会因土壤温度发生急剧变化而影响植株生长。

3. 灌溉量

为了准确地计算出灌溉量，必须掌握田间土壤持水量、灌溉前最适的土壤水分下限、湿土层的厚度等情况。灌水量可按下列公式计算：

$$m=100H\ (A-\mu)$$

式中 m 表示灌水量；H 表示土壤活动层的厚度（m）；A 表示土壤活动层的最大持水量（%）；μ 表示灌水前土壤的含水量。

4. 灌水质量

灌溉水质量应符合国家关于农田灌溉水质二级标准（GB 5084—2005）。灌溉水不能太凉，否则会影响根的代谢活动，降低吸水速度，妨碍根系发育。如果灌溉水确系凉水，则应在灌溉前另设贮水池或引水迂回，使水温升高后再进行灌溉。

5. 灌溉方法

(1) 沟灌法

沟灌法指在育苗或种植地上开沟，将水直接引入行间、畦间或垄间，灌溉水经沟底和沟壁渗入土中，浸湿土壤。沟灌法适用于条撒或行距较宽的药用植物，可利用畦沟作灌溉沟，不必另行开沟。沟灌法的优点是土壤湿润均匀，水分蒸发量和流失量较小；不破坏土壤结构，土壤通气良好，有利于土壤中微生物的活动；便于操作，不需要特殊设施。此法是目前最为常用的方法。

(2) 浇灌法

浇灌法又称穴灌法，指将水直接灌入植物穴中。灌水量以湿润植株根系周围的土壤即可。在水源缺乏或引水灌溉不便的地区，常采用此法。

(3) 喷灌法

喷灌法指利用喷灌设备将灌溉水喷到空中成为细小水滴再落到地面的灌溉方法。因此法类似人工降雨，故被世界各国在农业生产上广泛采用。与地面灌水相比，其优点一是节约用水。因喷灌不产生水的浮层渗透和地表径流，故可节约用水。与地面灌溉相比，一般可节约用水20%以上，对沙质土壤而言，可节约用水60%～70%。二是降低对土壤结构的破坏程度，保持原有土壤的疏松状态。三是可调节灌区的小气候，降低低温、高温、干旱风的危害。四是节省劳力，工作效率高。五是对土地平整状况要求不高，地形复杂的山地亦可采用。其缺点是需要有相应的设备，投资较大。

（4）滴灌法

滴灌法指利用埋在地下或地表的小径塑料管道，将水以水滴或细小水的形式缓慢地灌于植物根部的方法。此法把水直接引到植物根部，水分分布均匀，土壤通气良好，深层根系发达。其与喷灌法比较，能节水20%～50%，并可提高产量。

（二）排水

在地下水位高、土壤潮湿及雨量集中致田间有积水时，应及时进行排水，以防植株烂根。排水的方法主要有明沟排水和暗沟排水两种。

1. 明沟排水

在地表直接开沟进行排水的方法称明沟排水。排水沟由总排水沟、主干沟和支沟组成。此法的优点是简单易行，是目前采用最广泛的方法。但此法的排水沟占地较多，沟壁易倒塌造成瘀塞和杂草滋生，致使排水不畅，且排水沟纵横于田间，不利于机械化操作。

2. 暗沟排水

在田间挖暗沟或在土中埋入管道，将田间多余水分由暗沟或管道中排除的方法称暗沟排水。此法不占土地，便于机械化耕作，但需费较多的劳力和器材。

四、施肥

（一）药用植物对肥力的要求

许多根（或根茎）入药的药用植物，如大黄、甜菜、地黄、玄参等，其根（或根茎）肉质肥大，根毛发达，与土壤的接触面大，能吸收较多的营养元素；贝母、补骨脂、黄芩等的吸肥力中等；马齿苋、地丁等吸肥很少，但这些不能作为土壤追施肥料的标准。不同药用植物的耐肥性能不同，许多茄科植物和多年生药用植物耐肥性强，如生长旺盛期比幼苗期耐肥性强等。耐肥性的强弱与施肥量的多少有关，也直接影响施肥效果。土壤中pH高低影响药用植物对营养元素的吸收。大多数药用植物最适于中性和弱酸性的土壤溶液环境。一般pH在5.5～7，植物吸收氮、磷、钾较容易；土壤偏酸会减少植物对铁、钾、钙的吸收量；pH为5或9时，土壤中铝的溶解度随之增大，容易引起植物中毒。药用植物吸收的营养元素（不论是大量元素还是微量元素）多以离子状态通过根、叶进入植物体内，植物所需要的碳素营养主要来自空气中的二氧化碳，氢、氧来自水的分解。碳、氢、氧3种营养元素可从空气和水中得到充足的供应，其他元素多来自土壤。植物种类和生长发育时期不同，所要求的营养元素种类、数量、比例也不相同，而土壤自然肥力只能满足药用植物部分种类、部分生长发育时期对营养元素的需求。施肥是通过人为措施，调节土壤营养元素的种类、数量和比例关系，使之适合药用植物生长发育的需要，达到优质、高产的目的。

（二）施肥技术

1. 肥料的种类

肥料的种类有很多，按其来源可分为农家肥料和商品肥料；按其物理形态可分为固态肥料、液态肥料和气态肥料；按其化学组成可分为有机肥料和无机肥料；按酸碱反应可分为酸性肥料、中性肥料和碱性肥料等。通常人们将其分为有机肥料、无机肥料、微量元素肥料和微生物肥料 4 类。

（1）有机肥料

有机肥料又称农家肥料，它含有植物生长所需的各种营养元素，有机肥料种类很多，包括人畜粪尿、厩肥、堆肥、沤肥、沼气池肥、各种饼肥、绿肥、塘泥、腐殖酸肥料、各种农家废弃物等，这些肥料需经过发酵腐熟才能施用，特别是人畜粪尿可能带有能够感染人体的病原菌和寄生虫卵，必须经腐熟处理。它含有植物所需的多种养分，是一种完全肥料，但需要经过土壤微生物的分解，才能为植物利用。有机肥料种类多、来源广、成本低、肥效持久，便于就地取材，对改善土壤结构和提高作物品质都具有良好的促进作用。有机肥料具有下面几点共性。

① 有机肥料不但含有作物必需的大量元素和微量元素，而且含有丰富的有机质，形成土壤腐殖质，它是土壤肥力的重要物质基础。

② 有机肥料中的养分多呈有机态，须经微生物的矿化作用才能被作物吸收利用，因此，其肥效稳而长，是一种迟效性肥料。有机肥料在土壤中分解、释放养分的同时，还会产生一些有机酸，促进土壤中难溶性无机盐类的转化，使之成为易被植物吸收的养分，提高土壤中原有养分的有效性，发挥土壤的潜在肥力。

③ 有机肥料含有大量的有机质和腐殖质，对改土培肥有重要作用。腐殖质是土壤有机质的主体，占土壤有机质总量的 50%～65%。腐殖质可促进土壤中团粒结构的形成，改善土壤的物理性状，协调土壤水、气比例，提高土壤保肥供肥能力，改善土壤热状况，增强土壤的缓冲性能，促进土壤肥力水平提高。

④ 有机肥料含有大量的微生物和微生物分泌的生理活性物质。有机肥料施入土壤后还可增强土壤微生物的活性，从而加速土壤中有机物质的分解与养分释放。同时微生物本身在其生命活动的过程中，还可分泌各种物质，如有机酸、酶、生长素及抗生素等，也会促进植物生长发育。另外，有机肥料彻底分解所产生的二氧化碳，可促进植物的光合作用。

由于有机肥料中所含的养分大多为有机态的物质，所以其肥效产生慢，但持久而稳定。为了使植物在各个生长阶段都能得到充足的养分供应，可以将有机肥料与化肥配合使用，使二者缓急相济，取长补短，充分发挥肥料的利用率。

近年来在绿色食品生产和中药材的 GAP 生产中，有机肥料要求充分腐熟达到无害化卫生标准后才可施用，同时严格禁止施用城市生活垃圾、工业垃圾及医院垃圾和粪便。

（2）无机肥料

无机肥料又称化学肥料，简称化肥，其种类很多，一般依据肥料中所含的主要成分分为氮肥、磷肥、钾肥、石灰与石膏和复合肥料等。常用的氮肥有尿素、碳酸氢氨、硝酸铵等。由于硝态氮对人体有害，GAP 规定禁止使用硝酸铵和硝酸钠。常用的磷肥有过磷酸钙、钙镁磷肥、磷矿粉等。常用的钾肥有氯化钾、硫酸钾等。除了氮肥、磷肥、钾肥外，生产上施用较多的还有钙肥、镁肥、硫肥，常用的有钙镁磷、硫酸镁、硫酸铵、硫酸钾等。常用的复合肥有硝酸钾、磷酸二铵、磷酸一铵、磷酸二氢钾等。

化肥的养分含量高、肥效快、使用方便、可直接被植物吸收，但种类间差异较大，性质和作用也各异。如碳酸氢铵（简称碳铵）含氮 17.5%，在 20℃以上时，就会分解成氨和二氧化碳，在 32℃以下撒于地表，当天挥发 2.6%，3 d 挥发 10%以上，6 d 挥发 20%以上。氨水则是液态氮肥，含氮 15%～17%，其是碱性肥料，极不稳定，很易挥发。此外，长期单独施用化肥会使土壤板结，还可能带入重金属。另外，过多施用化肥，易造成植物生长过快，影响有效成分含量。

（3）微量元素肥料

微量元素肥料主要是一些含硼、锌、钼、锰、铁、铜、镍、氯的无机盐化合物。我国目前常用的有 20 余个品种。常用的微量元素肥料有硫酸锌、硫酸亚铁、硫酸锰、硼砂、钼酸铵等。微量元素肥料施入土壤后易被土壤吸附固定而降低肥效。国内外已研制出有机螯合态的微量元素肥料，其效果好，但费用较高。

原则上微量元素肥料的施用取决于作物需要量、土壤中微量元素的供给状况和施用技术。一般只在微量元素缺乏的土壤上施用。由于微量元素从缺乏到过多而发生毒害的数量范围较小，因此对微量元素肥料的施用，包括用量、浓度和施用方法都必须特别注意，施用过量往往会产生毒害。施用方法有作基肥和根外追肥，也有用作种肥，因肥料种类而异。近几十年来，随着我国农业生产的发展，微量元素肥料施用面积成倍增加，尤其在经济作物上的施用更为广泛。微量元素肥料有单质肥的和复合肥，目前我国微量元素肥料品种基本上是无机盐形态，而且以单质肥居多。有机螯合微肥比无机微肥效果好，但其成本较高，故大都应用于经济作物和果园。

（4）微生物肥料

微生物肥料又称菌肥、生物肥，是一种以微生物生命活动使作物得到特定肥料效应的制剂，主要有根瘤菌肥料、固氮菌肥料、磷细菌肥料、硅酸盐细菌肥料、复合菌肥料、其他微生物肥料（如 VA 菌根真菌肥料）。

微生物肥料本身是菌而不是肥，一般情况下它本身并不含有植物需要的营养元素，而是含有大量的微生物，其通过这些微生物的生命活动来改善作物的营养条件。微生物被施到土壤中后，在适宜的条件下会进一步繁殖、生长，通过一系列的生命活动，促进土壤、肥料中某些养分物质有效化，间接地提供作物所需的营养物质。同时，由于某些微生物生命活动的分泌物和代谢物能够刺激作物根系，从而促进作物对养分的吸收。再加上有益微生物在作物根际广泛生长而降低或抑制有害微生物的存活，能够表现出减轻病虫危害的效果。合理施用微生物肥料，能够达到降低化肥用量、提高化肥利用率、提高作物产量、改善农产品的品质、减少环境污染的目的。虽然微生物菌肥益处很多，但它的肥效较低，难以满足作物生长对养分的需求，生产上不能代替化肥。

根据微生物肥料的上述特点，在施用上要注意以下几方面的问题：要采取措施创造适宜有益微生物生长的环境条件，以保证微生物肥料中的有益微生物得以大量繁殖与充分发挥作用；微生物肥料不能单独施用，一定要和有机肥配合施用，有机肥中的有机质是微生物的能量来源，分解后又能改善微生物的营养条件；微生物肥料不能与杀菌药剂同时存放或使用，如需结合防病，一定要间隔 48 h 以上；微生物肥料不能在阳光下曝晒，要存放在阴凉处，使用时也要避免直接暴露在阳光下，只有这样才能保证肥效。

2. 合理施肥的基本原则

合理施肥就是既要最大限度利用肥料中的有效养分，提高肥料利用率，又要提高药用植物产量，改善品质，获得显著的经济效益；既要有利于培肥地力，保护农产品和生态环境不受污染，又要有利于中药农业可持续发展。因此，必须遵循以下几个原则。

（1）根据不同种类的药用植物的生长特点及其在不同生育时期的营养需求科学选肥、合理施肥

一般对于多年生的特别是根类和地下茎类药用植物，如白芍、大黄、党参、牛膝、牡丹等，以施用充分腐熟的有机肥为主，增施磷肥、钾肥，配合使用化肥，以满足整个生长周期对养分的需要。全草类药用植物在整个生长期以施氮肥为主，促进枝叶旺盛生长。果实种子类药用植物生长期需补充氮肥，花期、坐果期加强磷肥、钾肥及微量元素的供应，提高坐果率和促进果实肥大，冬季果实采收后，应重施有机肥以补充来年所需的营养。如广藿香在生长期以施氮肥为主；巴戟天根部含糖量较高，苗期主要施氮肥，生长的中后期则应多施钾肥及有机肥以促进根部生长。花、果实、种子类的中药材则应多施磷肥、钾肥。在药用植物不同的生长阶段施肥也不同，生育前期，多施氮肥，使用量要少，浓度要低；生育中期，氮肥用量和浓度应适当增加；生育后期，多用磷肥、钾肥，促进果实早熟、种子饱满。

（2）根据土壤供肥特点合理施肥

根据土壤的养分状况、酸碱度等选用施肥种类，缺氮、磷、钾或微量元素的土壤就应有针对性地补充所需的养分。沙质土壤要重视有机肥如厩肥、堆肥、绿肥、土杂肥等，掺加客土，增厚土层，增强其保水、保肥能力。追肥应少量多次施用，避免一次使用过多而流失。黏质土壤应多施有机肥，结合掺加沙子、施炉灰渣类，以疏松土壤，创造透水通气条件，并将速效性肥料作种肥和早期追肥，以利提苗发棵。沙壤土是多数中药材栽培最理想的土壤，施肥时将有机肥和无机肥相结合，根据栽培品种的各生长阶段需求合理地施用。红壤、赤红壤应注重磷肥；酸性土壤忌施酸性肥，碱性土壤不施碱性肥料；黏土一次施用化肥量可稍大，沙质土则宜少量多次、少施勤施为好；酸性土壤上可施难溶性磷肥，石灰性土壤施难溶性磷肥则无效；北方土壤一般不缺钾素，可以少施钾肥；低湿土壤施用有机肥（尤其是新鲜有机肥）易导致土壤通气条件恶化，所以应慎重。

（3）根据不同肥料的特性合理施肥

肥料品种繁多，性质差异较大，施肥时必须考虑肥料本身的性质与成分。有机肥肥效长而平缓，多用作基肥，结合整地或移栽施入田间，施用量大。施用基肥最好采用分层施肥。需肥多和生物产量高的药用植物，其大部分肥料要以基肥施入田间，只施少量追肥。施用基肥应避免与种子（包括无性繁殖材料）直接接触，以免产生肥害；种肥应选择对种子萌芽出土没有影响的腐熟有机肥、化肥，易分解、挥发养分的肥料宜深施覆土，以减少养分损失，提高肥效。追肥是基肥的补充，用以满足各个生育时期对养分种类和数量的需求。追肥多用速效性肥料，特别是无机肥料，但多年生药用植物追肥应以腐熟的有机肥为

主，施用量要适中，采用撒施、条施、穴施、浇灌等均可，且施用后要覆土。追肥有根外追肥和根侧追肥两种形式。根外追肥多用低浓度的无机肥料直接喷雾于茎、叶表面。根侧追肥又分条施、环施和穴施 3 种，施肥量一次不能过大，也不能与根体直接接触。科学施肥不仅能提高产量还可提高药材有效成分量，如增施氮肥可以提高贝母、古柯的生物碱含量。

施肥量必须有标准，施肥量计算公式如下：

$$\text{施肥量}\ (\mathrm{kg/hm^2}) = \frac{\text{单株施肥量} \times 10000\ \mathrm{m^2}\ \text{株数}}{\text{肥料利用率}} - \text{每公顷土壤供肥量}$$

土壤供肥量中一般氮按吸收量的 1/3 计算，磷和钾按吸收量的 1/2 计算。肥料利用率中氮以 50％、磷以 30％、钾以 40％计算。

(4) 根据气候条件合理施肥

施肥要讲究效果，其效果受多种条件的影响，主要包括气候条件、土壤条件和植物营养特性。

气候条件中温度、雨量和光照影响较大。通常在一定温度范围内，温度升高，植物吸收养分增加；低温条件影响植物对氮肥的吸收，对磷肥、钾肥吸收影响较小。低温条件下多施磷肥、钾肥，可以增强植物的抗逆性。温度过高，易造成土壤干旱，植物吸肥速度减缓；严重干旱时，会引起萎蔫或死亡。雨水多会加速养分淋失，降低肥效，所以雨天不宜施肥。施肥量也要根据土壤湿度而变化，土壤湿润时可多施，土壤干旱时应少施。光照充足，植物吸收养分多；光照不足，植物吸收养分少。

土壤是药用植物养分、水分的供给者，土壤原有养分状况、酸碱反应、理化性状都影响肥料在土壤中的变化及施肥效果。土壤肥沃、结构良好，少施肥就可收到良好的效果，反之效果较差。土壤酸碱反应也影响施肥效果，一般中性或弱酸性土壤施肥效果显著，偏酸或偏碱土壤，施肥的肥效较低。另外，土壤供肥、保肥性能直接影响肥效的发挥。

总之，影响药用植物施肥效果的因素是多方面的，一般能影响植物生长发育和土壤肥力的因素都能直接或间接影响施肥效果。所以施肥是一项复杂的农业技术，经济、有效的施肥必须考虑很多相关因子和各因子的相互关系。综合多种因子影响和以往各地经验，学者一致认为，必须根据植物营养特性、土壤肥力特征、气候条件、肥料种类和特性，确定各种肥料的搭配、施肥量、施用时间、施用次数和方法等，才能达到经济、合理施肥。

(5) 利用先进科学技术研制、开发各类药用植物专用肥

目前，我国在人参等少数药用植物上已开展了专用肥的研究和应用，效果明显。

3. 施肥的方法

(1) 撒施

将肥料均匀撒在地面上，翻耕时一起翻入土中，然后耙匀，使土壤与肥料混合，减少养分损失。

(2) 沟施

在植物行间或近根处开沟，将肥料施入沟内，然后盖土。

(3) 穴施

在绿地或树木树冠周围挖穴，将肥料施入穴内，然后盖土。

（4）浇灌

将肥料溶于水，浇在植物行间沟穴内，浇后盖土。

（5）洞施

不能开沟施肥的地方可采用打洞的办法将肥料施入土壤。可用土钻或机动螺旋钻钻孔，钻孔直径 5 cm 左右，深度 30～60 cm。肥料最好为专用缓释肥料或有机肥混合化肥。

（6）叶面喷施

将肥料配成一定浓度的溶液，喷洒在植物茎、叶上。

（7）浸种、拌种、蘸根

用肥料的稀溶液浸种，或用其固体稀释制剂拌种，可促进幼苗早期生长。对于移植苗木或秧苗，可用肥料溶液或固体制剂蘸根，然后栽植。

（8）埋干和树干注射

当树木营养不良尤其是缺乏微量元素时，可在树干中挖洞填入相应养分元素的盐类。幼树、花木等可采用树干注射的方法将微量元素增加到植物体内。埋入量或注射量约为植物 1 年或数年的吸收量。

第二节　植株调整

栽培的药用植物（全草入药类除外）并不是整株都能作为药材使用，能作为药材使用的产品器官只是整株中很小的一部分。有些药用植物任其自然生长发育，植物体自身器官间的生长不平衡，有的枝叶繁茂，不仅影响通风透光，降低光合效率，而且还降低花、果、种子入药的产量和品质；有些药用植物的花果不入药，花果生长白白耗掉了光合积累产物，反而降低了根、茎、叶的产量；有些木本药用植物树体结构不良，不仅导致产量低下、不稳定，产品质量也不佳。为使栽培药用植物达到高产、稳产和优质，就必须在其生长发育过程中，利用植物生长相关性的原理，人为对植株进行摘蕾、打顶、修剪、整枝等，以调整某些植物的生长与发育的速度，修整个体的株体结构，使之利于药用器官的形成。

每一个植株都是一个完整的统一的生物体，植株上任何器官的消长都会影响其他器官的消长，摘去一片叶子、一朵花乃至整个花序或者摘除顶芽、修剪除去部分枝条，对整个植株来讲，并不是单纯地少了一片叶子或一朵花，而会影响整株的生长发育——花和其他器官的形成、生长、发育、株体结构等。植物生长的相关性、营养生长与生殖生长的关系、同化器官和贮藏器官的关系，都与植物体内营养物质的运输与转化分不开，这是正确进行植株调整工作的生理学依据。

由于草本药用植物和木本药用植物的生长发育特性不同，植株调整的内容和技术存在差异。

一、草本药用植物的植株调整

草本药用植物植株调整的主要内容有打顶、打杈、摘蕾、摘叶、整枝压蔓、疏花疏果和修剪等。进行植株调整的好处：(1) 平衡营养器官和果实的生长；(2) 抑制非产品器官的生长，增大产品器官的个体并提高品质；(3) 调节植物体自身结构，使之通风透光，提高光能利用率；(4) 可适当增加单位面积内的株数，提高单位面积产量；(5) 减少病虫和机械损伤。

(一) 打顶、打杈

在栽培管理上把摘除顶芽叫作打顶，亦称为摘心、摘顶；把摘除腋芽叫作打杈。

打顶的目的主要是破坏植物的顶端优势，抑制地上部分的生长，促进地下部分的生长，或者抑制主茎生长，促进分枝。如栽培乌头（附子），及时打顶并不断摘去侧芽，可抑制地上部分生长，促进地下块根迅速膨大。以花头入药的菊花，其花头着生于枝顶，打顶后可使主茎粗壮，减少倒伏，并使分枝增多，增加花头数目，一般生育前期打顶 1～3 次。狭叶番泻叶打顶后，枝叶繁茂，提高了叶的产量。薄荷在分株繁殖时，由于生长慢，植株较稀，于5 月上旬将植株顶端去掉 1～2 cm，促进侧枝发育，可提早封行，增加茎、叶产量。打顶的时间和长短视植物的种类和栽培目的而定，一般宜早不宜迟。此外，丝瓜和栝楼等药用植物原产热带，在温带栽培后，生长期受到霜期限制，任其顶芽、侧芽自然生长，后期生长的枝叶由于临近霜期，不能开花结果。这些不能开花结果的枝叶白白消耗营养物质，如果将这些营养用于有限的花果生长上，还可使部分花果长大成熟。类似此种情况的药用植物还有荜拨、巴戟天、何首乌和望江南等。再如，番红花等药用植物，球茎上腋芽易萌动生长成小球茎，与主球茎争夺养分，致使主球茎变小，不能开花或很少开花，既影响产量，又影响品质。因此，栽培时要疏去腋芽，只保留主芽和 1～2 个较大的腋芽。所以，在上述种类药用植物的栽培管理上，生育中期要打顶、打杈，保证部分枝干花果正常成熟。

(二) 摘蕾、摘叶

1. 摘蕾

摘蕾即摘除植物的花蕾。除留种地块和药用部位为花、果实和种子的植株外，其他药用植株在栽培过程中，可通过摘蕾来提高产量和品质，因为药用植物开花结果会消耗大量的养分。根及根茎、块茎等地下器官入药的植物，如人参、西洋参、三七、黄连、贝母、知母、射干、半夏、北沙参、泽泻、芍药、乌头、玄参和黄芩等，进入开花结果年龄后，年年都会开花结实，花果会消耗大量营养物质，严重影响根及地下茎的产量。此类药用植物在栽培管理上，除了留种的外，其余田块上的花蕾都要及时摘除，既可提高产量，又能提高产品质量。如人参，在种植第五年留种一次，参根减产 14%；在第五年和第六年两年连续留种，参根减产 29%；在第四年、第五年和第六年 3 年连续留种，参根减产 44%。平贝母摘蕾，可使鳞茎产量提高 10%～15%，生物碱含量提高 1.6%～3%。

摘蕾的时间一般宜早不宜迟。植物种类不同，其发育特性亦不同，因而摘蕾的要求亦不尽一致，如玄参、牛膝常于现蕾前剪掉花序和顶尖；白术、地黄等则只摘去花蕾。留种植株虽不宜摘蕾，但可以适当摘除过密、过多的花蕾，因为疏花疏果可增加种子的饱满度和千粒重。

2. 摘叶

如何首乌和丝瓜等药用植物，茎基部的老叶到生育后期同化作用微弱，甚至同化作用积累的有机物少于自身呼吸作用的消耗，这样叶片的存在既不利于光合积累，又影响通风透光。在栽培上，常在叶片光合积累小于呼吸消耗时，及时摘除老叶，以保证整体光合积累都储于产品器官之中，保证稳产、高产。

（三）整枝压蔓

如南瓜、冬瓜的果实、种子、叶、皮、藤均属中药，其原植物爬地生长，经压蔓后，不仅植株排列整齐、受光良好、管理方便，而且可促进不定根发生，增强根吸收营养和水分的能力，从而促进果实发育，提高品质。此类植物腋芽常发育成分枝，特别是坐果部位前面茎节上的分枝，与果实竞争养分，严重影响果实的产量和品质，所以结合压蔓管理，要除去分枝和腋芽，保证1～2个主干上的果实健康发育。

（四）疏花疏果

以果实、种子入药的药用植物（如薏苡、枸杞和山茱萸等）或靠果实、种子繁殖的药用植物，种子、果实生长的状况关系药材的产量和品质，直接影响播种、出苗质量。从目前商品和种子质量要求上看，果大、籽大质量最佳。生产上采用的疏花疏果技术就是培育大果、大籽的重要措施之一。疏花疏果培育大果技术在果树、蔬菜上早已广泛应用。药用植物中需要疏果的有栝楼、罗汉果、南瓜、冬瓜和一些果药兼用的果树。

人参靠种子繁殖，任其自然开花结实，每株可结百余粒种子，千粒重为20～26 g。采用疏花疏果，每株保留25～30粒，千粒重为26～31 g，大籽千粒重为35～40 g，且比自然结籽早熟7～10 d。我国人参单产提高与提高种子千粒重也是分不开的。目前从国外引进的西洋参种子由于未实施疏花疏果，种子千粒重小，而且成熟度不一致，因此催芽的裂口率、出苗率不高，今后应吸取经验教训。有些无限花序的药用植物，为了提高其种子饱满度和千粒重，应视其生长、气候等情况适时、适当摘去顶部或中部以上的花序，使光合积累的营养集中到中下部或下部果实和种子中，达到提高种子质量和产量的目的。

（五）修剪

修剪包括修枝和修根。修枝主要用于木本植物，但有些草本植物，尤其是草质藤本植物也要进行修枝，如栝楼主蔓开花结果迟，侧蔓开花结果早，所以应剪除主蔓而留侧蔓，以提高产量。少数药用植物在栽培上需要通过修根来提高产量和品质。如在乌头生长发育过程中，块根周围生有许多小块根，如不修除任其自然生长，形成的块根数量多、个头小、产品商品等级低，不适合加工附片，虽然产量高些，但产值较低。如果进行修根，去掉多数小块根，只留1～2个大的块根，使营养集中供给1～2个块根生长，其结果是块根个头大、质量好，虽然产量不及不修根者，但产值高，有利于销售。又如，栽培芍药要修去侧根，保证主根肥大，达到高产的目的。

二、木本药用植物的植株调整

木本药用植物在栽培过程中如果任其自然生长，则植物体各器官生长不均衡，有些药用植物枝叶繁茂，冠内枝条密生，紊乱而郁蔽。这样不仅影响通风透光，降低光合作用效率，导致病虫为害，有时会造成生长和结果不平衡，大小年结果现象严重，且还会降低花、果实和种子的产量和品质。因此，木本药用植物（尤其是以花、果实、种子入药的）在栽培过程中，必须进行植株调整。调整的方式主要有整形与修剪。

（一）整形

整形是通过修剪控制幼树生长，合理配置和培养骨干枝，以便形成良好的树体结构，也称为整枝。正确的整形不仅能使木本植物各级枝条分布合理，提高通风透光效果，减少病虫害，形成丰产树形，而且使木本植物成型早，骨干牢固，便于管理。丰产树形的要求是树冠矮小，分枝角度开张，骨干枝少，结果枝多，内密外稀，波浪分布，叶幕厚度与间距适宜。常见的丰产树形有以下几种。

1. 主干疏层形

这种树形有明显的中央主干，干高 1 m，在主干上有 6 个主枝，分 3 层着生。第一层主枝 3 个，第二层主枝 2 个，第三层主枝 1 个。第一、第二层间距 1.1 m 左右，第二、第三层间距 0.9 m 左右，全树高 3.5 m 左右。由于树冠成层形，树枝数目不多，树膛内通风透光好，能充分利用空间开花结果，故能丰产。

2. 丛状形

定干 50 cm，不留中央主干，只有 4～5 个主枝，主枝呈明显的水平层次分布，全树高 2 m 左右。这种树形树冠扩展，内膛通风透光好，能取得优质、高产的效果。

3. 自然开心形

没有中央主干，只有 3 个错开斜生的主枝，树冠矮小，高 2 m 左右。这种树形由于树冠比较开张，树膛内通风透光较上述两种树形为好，有利于内膛结果，增加结果部位。实践证明，这种树形比上述两种树形的单株产量一般高 1～2 倍。

（二）修剪

修剪是整形的具体措施，通过各种修剪技术和方法对枝条进行剪除或整理，促使植株形成丰产树形和朝着有利方向生长，提高产量和质量。

1. 修剪方法及作用

木本药用植物修剪方法包括短截、缩剪、疏剪、长放、曲枝、刻伤、除萌、疏梢、打顶、剪梢、扭梢、拿枝、环剥等。

（1）短截

短截亦称短剪，即剪去一年生枝梢的一部分。其作用有增加分枝，缩短枝轴，使留下部分靠近根系，缩短养分运输距离，有利于促进生长和更新复壮。短截可分为轻、中、重和极重短截，轻至剪除顶芽，重至基部留 1～2 个侧芽。短截反应特点是对剪口下的芽有刺激作用，剪口下第一芽受刺激作用最大，新梢生长势最强，离剪口越远受影响越小。短截越重，局部刺激作用越强，萌发中长梢比例增加，短梢比例减少；极重短截时，有时发 1～2 个旺梢，也有的只发生中、短梢。

（2）缩剪

缩剪亦称回缩，即在多年生枝上短截。缩剪对剪口后部的枝条生长和潜伏芽的萌发有促进作用，对母枝则起到较强的削弱作用。其具体反应与缩剪程度、留枝强弱、伤口大小有关。如缩剪留强枝，伤口较小，缩剪适度，可促进剪口后部枝芽生长；过重则抑制生长。缩剪的促进作用常用于骨干枝、枝组或老树复壮更新；削弱作用常用于骨干枝之间的调节均衡、辅养枝的控制或削弱。

（3）疏剪

疏剪即将枝梢从基部疏除。疏剪可减少分枝，使树冠内光线增强，利于组织分化而不利于枝条伸长，为减少分枝和促进结果多用疏剪。疏剪对母枝有较强的削弱作用，常用于调节骨干枝之间的均衡，强的多疏，弱的少疏或不疏。但如疏除的为花芽、结果枝或无效枝，反而可以加强整体和母枝的生长势。疏剪在母枝上形成伤口，影响水分和营养物质的运输，因此可利用疏剪控制上部枝梢旺长，促进下部枝梢生长。

（4）长放

长放亦称甩放，即一年生长枝不剪。中庸枝、斜生枝和水平枝长放，由于留芽数量多，易发生较多中短枝，生长后期积累较多养分，能促进花芽形成和结果。背上强壮直立枝长放，顶端优势强，母枝增粗快，易发生“树上长树”现象，故不宜长放。

（5）曲枝

曲枝即改变枝梢方向。曲枝可加大与地面垂直线的夹角，直至水平、下垂或向下弯曲，也包括向左右改变方向或弯曲。加大分枝角度和向下弯曲，可削弱顶端优势或使其下移，有利于近基枝更新复壮和使所抽新梢均匀，防止基部光秃。开张骨干枝角度，可以扩大树冠，改善光照，充分利用空间。曲枝有缓和生长、促进生殖的作用。

（6）刻伤和多道环刻

在芽、枝的上方或下方用刀横切皮层达木质部，叫刻伤。春季发芽前后在芽、枝上方刻伤，可阻碍顶端生长素向下运输，能促进切口下的芽、枝萌发和生长。多道环刻，亦称多道环切或环割，即在枝条上每隔一定距离，用刀或剪环切一周，深至木质部，能显著提高萌芽率。

（7）除萌和疏梢

抹除萌发芽或剪去嫩芽称为除萌或抹芽；疏除过密新梢称为疏梢。其作用是选优去劣，除密留稀，节约养分，改善光照，提高留用枝梢质量。

（8）打顶和剪梢

打顶是摘除幼嫩的梢尖，剪梢是剪去新梢的一部分，包括部分成叶。打顶与剪梢可削弱顶端生长，促进侧芽萌发和二次枝生长，增加分枝数；促进花芽形成，有利提早结果；提高坐果率。秋季对将要停止生长的新梢打顶，可促进枝芽充实，有利越冬。打顶和剪梢必须在急需养分调整的关键时期进行。

（9）扭梢

扭梢即在新梢基部处于半木质化时，将新梢从基部扭转180°，使木质部和韧皮部受伤而不折断，新梢呈扭曲状态。扭梢有促进花芽形成的作用。

（10）拿枝

拿枝亦称捋枝，即在新梢生长期用手从基部到顶部逐步使其弯曲，伤及木质部，响而不折。拿枝可使旺梢停止生长和秋梢生长势减弱，形成较多副梢，有利于形成花芽。秋梢开始生长时拿枝，可形成少量副梢和腋花芽。秋梢停止生长后拿枝，能显著提高次年萌芽率。

（11）环状剥皮

环状剥皮简称环剥，即将枝干韧皮部剥去一圈。环剥暂时中断了有机物质向下运输，促进地上部分糖类的积累，生长素、赤霉素含量下降，乙烯、脱落酸、细胞分裂素增多，同时也阻碍有机物质向上运输。环剥必然抑制根系生长，降低根系吸收功能，同时环剥切口附近的导管中产生伤害充塞体，阻碍了矿质营养元素和水分向上运输。因此，环剥具有抑制营养生长、促进花芽分化和提高坐果率的作用。

2. 修剪时期

木本药用植物在一年中的修剪时期，可分为休眠期修剪（冬季修剪）和生长期修剪（夏季修剪）。

（1）休眠期修剪（冬季修剪）

休眠期修剪指落叶树木从秋冬落叶至春季芽萌发前，或常绿植物从晚秋梢停止生长至春梢萌发前进行的修剪。休眠期树体内贮藏养分较充足，修剪后枝芽减少，有利于集中利用贮藏养分。落叶树木一般在进入休眠期前即开始将营养物质向下运转至茎干和根部，至开春时再由根茎运向枝梢。因此，落叶树木冬季修剪时期以在落叶以后、春季树液流动以前为宜。常绿树木叶片中的养分含量较高，因此，常绿树木的修剪宜在春梢抽生前、老叶最多并将脱落时进行。

（2）生长期修剪（夏季修剪）

生长期修剪指落叶树木春季萌芽后至秋冬落叶前或常绿树木晚秋梢停止生长前进行的修剪。由于主要修剪时间在夏季，故常称为夏季修剪。生长期修剪可细分为春季修剪、夏季修剪和秋季修剪。

① 春季修剪

春季修剪主要包括花前复剪、除萌抹芽和延迟修剪。花前复剪指在露蕾时，通过修剪调节花量，补充冬季修剪的不足。除萌抹芽指在芽萌动后，除去枝干的萌蘖和过多的萌芽。延迟修剪，亦称晚剪，即休眠期不修剪，待春季萌芽后再修剪。延迟修剪能提高萌芽率和削弱树势。此法多用于生长过旺、萌芽率低、成枝少的种类。

② 夏季修剪

夏季修剪指在新梢旺盛生长期进行的修剪。此阶段树体各器官处于明显的动态变化之中，根据目的及时采用某种修剪方法，才能获得较好的调控效果。夏季修剪对树木生长抑制作用较强，因此修剪量要从轻。

③ 秋季修剪

秋季修剪指秋季新梢将要停止生长至落叶前进行的修剪，以剪除过密大枝为主。由于带叶修剪，养分损失比较大，次年春季剪口反应比冬剪弱。因此，秋季修剪刺激作用较小，具有改善光照条件和提高内膛枝芽质量的作用。

第三节　植物生长调节物质及其应用

植物生长发育受自身体内激素的控制，因此，现代农业生产已经逐步应用人工合成的与植物激素的作用相类似的生长调节剂来促控植物生长发育。采用生长调节剂促控生产，在农作物、蔬菜、果树等方面进展较快，在药用植物栽培上的应用正在兴起，但也要注意，在中药材规范化生产中一般不允许使用有机合成的植物生长调节剂。

一、植物生长调节物质的种类

植物生长调节物质是一类可调节植物生长发育的微量有机物质，分为两大类：一类是存在于植物体内经天然合成的，叫植物激素；另一类则是通过人工合成且从外部施入植物体内，叫植物生长调节剂。此外还有一些天然存在的生长活性物质和抑制物质。植物生长调节剂是人工合成的有机化合物，具有促进、抑制或以其他方式改变植物某一生长过程的功能，是一类与植物激素具有相似生理和生物学效应的物质。已发现具有调控植物生长和发育功能的物质有生长素、赤霉素、细胞分裂素、乙烯、脱落酸、油菜素内酯、水杨酸、茉莉酸和多胺等，而作为植物生长调节剂被应用在农业生产中的主要是前6类。

（一）生长素（IAA）

生长素的化学名称是3-吲哚乙酸，大多集中在生长旺盛的部位。IAA对植物生长的最明显作用是促进细胞的伸长和细胞壁结构的松弛。IAA对生长的影响随着浓度的增加而增加，但达到一定的浓度就会引起明显的抑制作用。IAA具有促进形成层活动和不定根形成，延迟衰老，促进或延迟脱落，形成顶端优势，促进坐果和单性结实等作用。在木本药用植物栽培上，IAA主要应用于扦插生根、疏花疏果、促进开花、防止采前落果、控制萌蘖枝的发生等。

（二）赤霉素（GA）

赤霉素在植物体内天然存在有72种，即GA_{1-72}。赤霉素在生长旺盛的部位含量较高，如茎端、根尖、果实和种子。赤霉素的主要作用是刺激细胞伸长，对节间伸长有明显促进作用，但不影响节间的数目，促进植物生长的作用随着浓度的增加而增加，但达到一定的浓度后就不再增加，但无抑制作用；在果树生产上，赤霉素可以促进坐果，增大果实，诱导单性结实，延迟衰老。赤霉素不影响光合强度，但明显增加呼吸强度。在生产上，赤霉素的效应主要有抑制花芽形成，打破休眠，促进幼苗生长，诱导单性结实，促进细胞分裂与组织分化，促进坐果等。

（三）细胞分裂素（CTK）

细胞分裂素也称细胞激动素，是一类嘌呤的衍生物。细胞分裂素广泛存在于高等植物中，在细菌、真菌、藻类中也有分布。高等植物的细胞分裂素主要分布于茎尖、根尖、未成熟的种子和生长的果实等。细胞分裂素的主要生理作用是促进细胞分裂、增大，促进芽的萌发，克服顶端优势，促进侧芽萌发，延缓蛋白质和叶绿素的降解，延迟衰老，促进坐果和花芽形成等。

(四) 乙烯 (ETH)

乙烯广泛存在于植物的各种器官，正在成熟的果实和即将脱落的器官含量较高。逆境条件下，如干旱、水涝、低温、缺氧、机械损伤等均可诱导乙烯的合成，称之为逆境乙烯。乙烯最明显的生物学效应是引起三重反应（抑制茎的伸长生长、促进茎或根的增粗及引起叶柄和胚轴偏上生长）。乙烯可以促进果实成熟、花芽形成，以及促进落叶、落花和落果，抑制营养生长等。

(五) 油菜素内酯 (BRs)

油菜素内酯广泛分布于不同科属的植物及植物的不同器官中，其中油菜素甾酮的含量较高、活性较强，具有赤霉素和细胞分裂素的双重作用。油菜素内酯促进伸长的效果非常显著，其作用浓度比生长素低好几个数量级。其作用机制与生长素相似，即通过促使细胞壁松弛从而促进生长。同时，油菜素内酯还能抑制生长素氧化酶的活性，提高植物内源生长素的含量。另外，油菜素内酯能调节与生长有关的某些蛋白质的合成与代谢，实现对生长的控制；调节植物体内营养物质的分配，使处理部位以下的部分干重明显增加，而上部干重减少，保持植物的物质总量不变；影响核酸类物质的代谢，延缓植物离体细胞的衰老；提高作物耐冷性。

(六) 生长延缓剂和生长抑制剂

生长延缓剂主要抑制梢顶端分生组织细胞分裂和伸长，它可被赤霉素所逆转。而生长抑制剂则完全抑制新梢顶端分生组织生长，它不能被赤霉素所逆转。其效应主要有抑制营养生长，促进花芽形成，增加坐果，促进果实上色、提早成熟，促进适时开花和反季结果，提高抗旱性等。

二、植物生长调节物质的应用

植物生长调节剂通过调节与控制植物的生长发育，提高作物抗逆性和光合作用效率，改变光合产物的分配，达到提高产量、改善品质的目标。植物生产调节剂具有以下作用特点：作用面广，应用领域多；用量小，速度快，效益高，残毒少；针对性强，专业性强等。其最大的优点是用量小、增产效果高、抗逆作用强（耐寒、耐酸等），正因为具有用量小、增产作用大、投入小、见效快的优点，故目前已广泛应用于药用植物栽培的各个环节，主要体现在以下几个方面。

(一) 促进药用植物的扦插繁殖

扦插繁殖是目前生产上常用的繁殖方式之一，利用生长调节剂促进插条生根是扦插繁殖的关键技术。应用生长素类植物生长调节剂如 NAA、IBA、ABT 等处理山豆根插条能够促进插条生根，提高扦插成活率。用 ABT_1 生根粉 100 mg/kg 浸泡银杏插穗基部 1 h，其成活率为 70%～80%；用 ABT_1 生根粉 1000 mg/kg 或吲哚丁酸 1000 mg/kg 速浸 10 s，其插条生根率高达 95%。辛夷插条通常难以生根，用 100 mg/kg、150 mg/kg ABT 生根粉处理后有明显改善效果。应用 GA 100 mg/L、NAA 150 mg/L 和 IBA 150 mg/L 处理亚洲百合品种，可使其鳞片产生小鳞茎，小鳞茎发生率高达 100%；NAA 处理一年生枸杞插穗，能使其成活率高，且生根早、根系多又长。

(二) 打破种子休眠，促进萌发

在生产上使用适当浓度的植物生长调节剂处理种子，可以打破休眠，加快胚的后熟，促进种子萌发，提高发芽率和发芽整齐度，增强种子或植株对逆境的抗性。如人参种子具有综合休眠特性，给予适宜的生长发育条件也需 6 个月的后熟期。在自然条件下，从人参种子成熟到完成后熟出苗依据无霜期长短需要 9～22 个月。应用 40～100 mg/L 的赤霉素浸泡人参种子 18～24 h，可使种子形态后熟期由 100～120 d 缩减为 70 d 左右；用 40 mg/L赤霉素处理裂口种子，可使其生理后熟由 60 d 减为十几天。这样加快了人参种子后熟进度，争取了时间，使当年采收的人参种子在当年冬前就能播种（迟者翌春播种），第二年春就出苗。西洋参种子用赤霉素处理也可使当年采收的种子于翌春正常出苗。此外，紫草、北沙参和水红子等的种子都可用赤霉素处理，由秋播改为春播。用外源激素 GA_3、2，4 -二氯苯氧乙酸和 GA_3＋2，4 -二氯苯氧乙酸处理红景天种子，可促使其提前萌发，并能促进根和芽的平衡生长，使幼苗的生活力达到较高水平。

(三) 促进生长，提高产量，改善品质

植物生长调节剂还可调节植物营养物质在各器官之间的运输和分配，改变植株株型和群体结构，促进茎部粗壮、叶片肥厚，抑制旺盛的营养生长和生殖生长，调控花芽分化，促进地下器官的产量提高和品质改善。如在番红花大田生产中，用 100 mg/kg 的 GA_3 和 10 mg/kg 的激动素处理 9～10 g 的球茎 20 h，能够显著提高花的产量 50％以上。菊花生长过旺、过高容易在开花时倒伏，喷施 100～120 mg/kg 的烯效唑，有控高促矮作用。8 月底现蕾期还不能正常现蕾的菊花，在现蕾时喷施 300 mg/kg 乙烯利，增产效果明显。用 B_9 处理人参，可抑制其茎和花轴伸长，促进株型矮化，多长苞芽，形成多茎，增强植株的光合能力，可使种子千粒重增加 3 g 左右，参根产量增加 10％～20％。但由于近年国内外曾有报道称 B_9 有致癌毒性，现已停止试验。延胡索长时间的开花对块根等营养体的生长发育具有显著抑制作用，在盛花期前用 1000 mg/kg 40％的乙烯利液喷施延胡索，疏花效果显著；除蕾后再喷洒 0.5～1 mg/kg 的三十烷醇 1～2 次，能提高块茎产量 25％以上。在人参苗期用多效唑喷洒植株，能有效控制人参的营养消耗，加快生殖生长，减轻病害发生。

(四) 其他方面的应用

用乙烯利喷洒银杏，可以促进果实脱落。在罗汉果花果期喷施含生长调节剂类的微肥可保花保果；在桔梗花期喷施 1000 mg/kg 的乙烯利可疏花疏果，提高产量。

第四节　其他田间管理措施

一、覆盖与遮阴

(一) 覆盖

覆盖是利用稻草、树叶、植物蒿秆、厩肥、土杂肥、草木灰、泥土或塑料薄膜等覆盖于地面或植株上的管理措施。覆盖可以调节土壤的温度和湿度；防止杂草滋生和表土板结；有利于植物越冬和过夏；防止或减少土壤水分蒸发；提高药材产量等。覆盖的时间和覆盖物的选用应根据药用植物不同生长发育时期及其对环境条件的要求而定。有些药用植物如荆芥、紫苏、党参等的种子细小，播种时不便覆土，或即便覆土较薄但表土易干燥，从而影响出苗；有些种子发芽慢，需时长，土壤湿度变化大易影响出苗。因此，它们在播种后需盖草，以保持土壤湿润，防止土壤板结，促进种子早发芽，出苗齐全。有些药用植物在生长过程中也需要覆盖，如夏季栽培白术在株间盖草；栽培三七在畦面上盖草或草木灰；在浙贝母留种地覆盖稻草以保种越夏等。

许多植物不能忍受冬季严寒的侵袭，需要覆盖，以确保安全越冬。如东北地区种植白芷，在冬天则需盖土或马粪；东北移植的三年生人参亦要覆盖防冻等。

覆盖对木本药用植物如厚朴、黄皮树、杜仲、山茱萸等，尤其是对幼林生长阶段的保墒抗旱具有重要意义。这些药用植物大都种植在土壤贫瘠的荒山、荒地上，水源条件较差，灌溉不便，只有在定植和抚育时，就地刈割杂草、树枝，铺在定植点周围，保持土壤湿润，才能提高造林成活率，促进幼树生长发育。覆盖厚度一般为 10～15 cm。在林地覆盖时，覆盖物不要直接紧贴植物主干，以防在干旱条件下，昆虫集居在杂草或树枝内，啃食主干皮部。

近年来，在药用植物的栽培上采用地膜覆盖，增产效果明显，如可使三七增产 36%、甜叶菊增产 24%等。地膜覆盖利用超薄的聚乙烯薄膜覆盖在地面上所产生的物理阻隔作用，充分利用太阳光能，有效地改变土壤中的水、肥、气、热状况，创造相对稳定的生产环境，促进植物生长发育，达到优质、高产的目的。

（二）遮阴

一些阴生药用植物（如黄连、三七、人参等）及在苗期喜阴的植物（如五味子、肉桂等）须在栽培地上采用遮阴措施，以避免植株受高温和强光直射，保证其正常生长发育。目前，遮阴的方法有间作、套种作物遮阴，林下栽培，搭设荫棚等。由于不同的植物对光照条件的反应不同，要求的荫蔽程度也不一样。因此，应根据植物种类及其发育时期的不同，采用不同的遮阴措施。

1. 间作、套种作物遮阴

对于一些喜湿，不耐高温、干旱及强光，但只需较小荫蔽条件下就能正常生长的药用植物，可采用此法进行遮阴。如半夏与玉米间作，利用玉米遮阴可减少日光对半夏的直接照射，给半夏创造阴湿的环境条件，有利于其生长发育；麦冬也可在夏、秋季间作玉米，同样取得较好的效果；孩儿参的留种地套种早熟大豆，利用其茂盛的枝叶遮阴，降低地温，有利于孩儿参安全越夏；黄芪的幼苗期套种油菜、小麦等，有利于其幼苗生长发育。

2. 林下栽培

一些药用植物可在林下栽培，利用树木的枝叶遮阴，如黄连、细辛、砂仁、石斛等。但必须根据各种植物所需的荫蔽程度，采取间伐、疏枝等措施对树木进行调节。如黄连在苗期的荫蔽度为 80%，移栽当年为 70%左右，第二年为 65%左右，第三年为 50%左右，以后则逐年变小，到收获当年可不用遮阴。

3. 搭棚遮阴

对于大多数阴生药用植物，目前最常用的遮阴方法是搭设荫棚。用于搭棚的材料可因地制宜，就地取材，选择经济耐用的材料。荫棚的高度、方向应根据地形、地貌、气候和药用植物的生长习性而定。荫棚有全荫棚（不透光不透雨棚）、单透光棚（透光不透雨棚）和双透棚（透光透雨棚）3类。棚式有平棚、一面坡棚、脊棚、拱形棚和弓形棚。黄连、三七、细辛多用双透平棚。在雨量较大的地区（特指在生育期间）以拱形、弓形透光不透雨棚为好；在雨量较少或土壤透水较好的地方，以拱形、弓形透光透雨棚为好。平棚、一面坡棚、脊棚、拱形棚、弓形棚中，在棚帘密度相同的情况下，以拱形棚、弓形棚为最好，一面坡棚和平棚为最差。

近年来，人们逐渐采用遮阳网代替荫棚进行遮阴，可减少对林木资源的破坏，以保护生态环境。此法简单易行，经济实用，是值得大力推广的一种遮阴方法。

二、搭架

攀缘、缠绕、藤本和蔓生的药用植物种类很多，如天门冬、党参、丝瓜、山药、马兜铃、何首乌、雪胆、牵牛、荜拨、穿山龙、轮叶党参、南瓜、冬瓜、忍冬、罗汉果、栝楼、五味子、木鳖子、马钱子、山葡萄、钩藤和六方藤等。这些植物爬地栽培时，叶层相互遮阴，群体下层光照弱，单位叶面积的平均光合生产率下降，导致净光合积累减少，再加上通风不良，湿度过大，易感染病害。而搭架栽培，株体攀缘、缠绕于架上生长，提高了冠层的高度，扩大了株间的距离，增加了受光面积，大大降低了荫蔽程度，其产量随叶面积指数上升而增加。如南瓜和冬瓜等搭架栽培后，叶面积指数由1.5提高至4～5甚至以上，产量大幅度提高。所以在这些植物栽培管理中，搭架是必不可少的措施。

对于党参、山药、白扁豆、马兜铃、何首乌、牵牛、雪胆和荜拨等株型较小的药用植物，可在株体旁立竿做支柱。为使支架牢固、抗风，可将3～6个立竿（通常4个为一组）绑固在一起，也可将立竿编架在一起。忍冬、罗汉果、栝楼和钩藤等株型较大，立竿做支架承受不起，应搭棚架或牢固的立架，使株体在架上生长。搭架必须适时，当株高不能直立时就应及时搭架。

三、寒潮、霜冻和高温的防御

药用植物在栽培过程中，常会遇到不良气候条件的侵袭，如寒潮、霜冻、高温等，往往导致植株生长受到影响，轻则生长不良，影响产量与质量，重则枯萎死亡，颗粒无收。因此，必须做好对这些恶劣环境的防御工作。

（一）抗寒防冻

低温能使药用植物受到不同程度的伤害，甚至引起死亡。尤其是越年生或多年生植物，由于要经受冬季严寒的侵袭，故常遭受冻害，易致幼苗死亡或块根、块茎组织遭到破坏而腐烂。不同程度的低温对药用植物危害的程度亦有差异。

抗寒防冻是为了避免或减轻冷空气的侵袭，提高土壤温度，减少地面夜间散热，加强近地层空气的对流，使植物免遭冻害或减轻冻害程度。抗寒防冻的措施很多，除选择和培育抗寒力强的优良品种外，还可采取以下措施。

1. 调节播种期

药用植物在不同的生长发育时期，其抗寒能力不一样。一般苗期和花期的抗寒能力较其他生长期弱，因此适当提早或推迟播种期，可使苗期或花期避过低温冻害。

2. 灌水

灌水是一项重要的防霜冻的措施，因为水的比热较大，灌水后能放出大量潜热，增大土壤的热容量和导热率，增加空气温度，缓和气温下降，从而提高地面温度。据报道，灌水可提高地面温度 2℃左右。灌水时间与灌水防冻效果有一定关系，越接近霜冻日期灌水，防冻效果越好。因此，必须预知天气情况和降霜特征，才能掌握好灌水防冻的时间。一般在春、秋季，由东南风转西北风的夜晚，易发生降霜；潮湿、无风而晴朗的夜晚或云量很少且气温较低时就有降霜的可能性。因此，春、秋季大雨过后，必须注意气候变化，适时做好灌水防霜冻工作。

3. 追肥

在降霜前追施磷、钾肥，配合施用火烧土，能增强药用植物的耐寒能力。因为磷能促进植物的根系生长，扩大根系吸收面积，促进植株生长健壮，提高对低温、干旱的抗性。钾能促进植株纤维素的合成，利于木质化，在生长后期，能促进淀粉转化为糖，提高植株的抗寒性。

4. 覆盖、包扎与培土

对于珍贵或植株矮小的药用植物，可用稻草、麦秆或其他草类进行覆盖防冻。对于落叶的木本药用植物，在寒冷季节到来之前可用稻草等包扎苗木，并结合根际培土，以防冻害。在我国北方地区，不宜过早除去保护物，以免遭受“倒春寒”的危害。

药用植物遭受霜冻危害后，应及时采取措施加以补救，力争减少损失，如采用扶苗、补苗、补种和改种，以及加强田间管理等。又如在木本药用植物发芽前可将受冻枯死部分剪除，以利新梢萌发，促进植株复壮。

（二）高温的防御

夏季温度过高会导致大气干旱。高温干旱对药用植物的生长发育威胁很大，特别是对一些不耐高温的阴生植物尤为明显。在生产上可通过培育耐高温、抗干旱的优良品种，并采用灌水降低地温、喷水增加空气湿度、覆盖遮阴等办法来降低温度，从而降低高温干旱的为害程度。

第六章 药用植物的病虫害及其防治

药用植物在生长发育过程中，常会受到各种病虫害的影响，导致生长不良、产量和品质下降。病虫害及其防治是药用植物栽培过程中最为薄弱和关键的环节。药用植物种类繁多、受环境因素的影响较大及栽培生产中的粗放管理，导致长期以来病虫害及其防治问题十分突出，成为影响药用植物产量和中药材品质的重要因素。因此，加强药用植物的规范化管理，重视病虫害的有效防治，是保证药用植物高产、优质、高效的重要措施之一。药用植物病虫害的防治应贯彻“预防为主，综合防治”的方针，采用各种方法，将病虫害造成的损失保持在最低限度。

第一节 药用植物的病害

药用植物病害指药用植物在生产过程中，受到病原生物的侵染或不良环境条件的影响，正常新陈代谢遭到破坏和干扰，从生理机能到形态构造等方面发生一系列反常变化，从而呈现出变色、枯萎、腐烂、斑点、萎蔫、坏死等病变现象。

药用植物病害与其他作物病害在病原病因、症状特点、发生和流行规律及防治措施上基本相同。药用植物致病的因素称为病原，病原包括非生物因素和生物因素。由非生物因素如干旱、洪涝、盐碱、高低温、重金属等不利的环境因素或营养失衡等所致的病害，没有传染性，称为非侵染性病害或生理性病害。由生物因素如真菌、细菌、病毒等侵入植物体所致的病害，具有传染性，称为侵染性病害或寄生性病害。在侵染性病害中，致病的寄生物称病原生物（简称病原物），被侵染的药用植物称寄主植物（简称寄主）。侵染性病害不仅取决于病原物的作用，而且与寄主的生理状态及环境条件也有密切关系。药用植物侵染性病害的形成过程就是寄主与病原物在外界条件影响下相互作用的过程。

一、药用植物病害的症状

药用植物染病后，内部生理活动和在外部形态上表现出来的病变现象称症状，症状包括病状和病征。药用植物染病后本身所表现出的反常状态叫病状，病原物在药用植物发病部位所形成的特征性结构为病征。非侵染性病害通常没有病征。一般来说，病状较易被发现，而病征要在病害发展到某一阶段才能表现出来。药用植物的各种病害都有其一定的症状和发病特点。常见药用植物病害的症状有变色、斑点、腐烂、萎蔫、畸形等。

(一) 变色

变色指药用植物染病部位细胞内色素发生变化，表现出植物体全部或局部褪绿、变黄、变紫等。变色主要是营养失调或某些病原物侵染所致。

(二) 斑点

斑点指药用植物染病后造成局部细胞组织坏死，在局部形成一定颜色、形状及纹理的病斑，多发生在茎、叶、果实或种子等器官的染病部位，有些病斑到后期脱落形成穿孔。如人参黑斑病在叶片上形成黄褐色至黑褐色、圆形或不规则形、稍有轮纹的病斑。

(三) 腐烂

腐烂指多由细菌或真菌引起的药用植物各器官的腐烂坏死现象，可分为干腐、湿腐、软腐、根腐及茎基腐等。干腐通常无异味，湿腐则常在病变部位产生特殊的酸、臭味。有些幼苗常因茎基干腐而造成“立枯病”，有些因茎基四周腐烂缢缩而造成“猝倒”。如白术立枯病导致幼苗茎基部出现水渍状的暗褐色病斑，茎部坏死收缩，地上部分萎蔫，最后幼苗倒伏死亡。

(四) 萎蔫

萎蔫除部分生理原因外，多由真菌，少数由细菌或线虫寄生所致，典型的萎蔫是由于植物根或茎的维管束受病害侵染后输导组织被大量菌体堵塞，使地上部分缺水而表现出全株或局部不可恢复的永久萎蔫。如红花枯萎病、毛花洋地黄枯萎病等。

(五) 畸形

畸形指药用植物受病原物寄生的刺激，局部引起生长异常的现象。其中使细胞异常分裂、生长过度者称增生型或刺激型，表现为染病部位呈现肿瘤、疮痂等，如地黄根线虫病使病株根块停止膨大、须根增多，变形为大小不一的瘤状物，导致病株叶片枯黄或落叶。有的使病株生长发育受到抑制则称为矮缩型或抑制型，表现为植株矮缩、卷叶、缩叶、扭曲等，如百合病毒病导致病株叶片卷曲、病斑坏死、植株矮化、急性落叶，严重者致病株枯萎死亡。

二、药用植物病害的主要病原

(一) 非侵染性病原

非侵染性病原主要是指不适宜的环境条件，由其引起的病害称生理性病害或非侵染性病害。按照病因不同，可以分为（1）药用植物自身遗传因子或先天性缺陷引起的遗传性病害或生理病害。（2）物理因素恶化所致病害，主要包括大气温度过高或过低引起的灼伤或冻害；大气物理现象造成的伤害，如风、雨、雷电、雹害等；大气与土壤中水分的过多或过少、湿度的过高或过低，如旱、涝灾害；农事操作或栽培措施不当所致病害，如密度过大、播种过早或过迟、杂草过多等造成苗瘦发黄、矮化及不结实等各种病态。（3）化学因素恶化所致病害，主要包括肥料元素供应过多或不足，如营养失调症或缺素症；大气与土壤中有毒物质的污染与毒害；农药与化学制品使用不当造成的药害。在一定的栽培区域内，当生长条件不适宜或有害物质的浓度超过了药用植物的适应范围时，其正常的生理活动就会受到严重的干扰和破坏而发生病变。这类病害的诊断有时会很困难，在田间多呈大面积同时发生，病株表现症状的部位有一定的规律。引起非侵染性病害的环境因素主要有以下几个方面。

1. 温度

药用植物的生长和发育都有三基点温度（最低、最高和最适温度），超出了适宜温度范围，就有可能造成不同程度的损害。因此，温度是药用植物栽培必须考虑的重要因子之一。温度过高可造成高温灼伤，而 0～5℃的低温常使热带和亚热带药用植物遭受严重冻害，导致植株枯萎。如在遮阳不当的参棚下生长的人参，夏季常发生叶面灼伤。北京地区引种的穿心莲常因秋季温度偏低，叶片中的叶绿素被破坏而发黄，或形成花青素而发红。有些药用植物常因温度条件的不适宜而诱发其他侵染性病害。

2. 湿度

药用植物的生长状况与土壤湿度密切相关。土壤水分不足或连续干旱，植株生长发育受到抑制，甚至导致凋萎和死亡，如枸杞在结果期遇干旱，果实明显瘦小，产量和品质下降。土壤湿度过大会引起涝害，使土壤中氧气供应不足，根部得不到正常生理活动所需要的氧气而容易烂根，同时，由于土壤缺氧促进了厌氧性微生物的生长，产生一些对根部有害的物质。如丹参在湿度过大时极易烂根，致使植株枯萎死亡；白术的立枯病和白绢病均与高温高湿有密切关系。

3. 光照

光照的影响包括光照度和光照时间两个因素。光照过弱常引起药用植物黄化、植株生长过弱、干物质积累较少，极易遭受病原物的侵染，这种情况常发生在颠茄、洋地黄等多种药用植物的温室或冷床育苗时。光照过强与高温结合会导致药用植物灼伤，如砂仁、人参等喜阴植物常易被灼伤。光照时间长短也会影响植株生长发育和生殖，光照不适宜导致其推迟或提早开花和结实，如华北地区引种的穿心莲因日照时间长而不能正常结果。

4. 土壤和空气的成分

土壤中的营养条件不适宜或存在其他有害物质，可使药用植物表现各种病状。药用植物的缺素症很多，不同植物对缺乏同一种元素的反应也不尽相同。如缺氮、磷、钾、镁时都会引起药用植物生长不良、变色；缺锌时细胞生长分化会受影响，导致花叶和小叶簇生；缺硼会引起幼芽枯死或造成器官矮化、畸形。土壤中某些元素或有害物质的含量过多也能引起病害，微量元素超过一定限度就会危害药用植物，尤其是硼、锰、铜对植物有毒。施肥不当，如过量施用硫酸铵或未充分腐熟的有机肥，常使土壤积累过量的硫化氢，导致植物中毒。

空气中的有害成分也常对药用植物造成危害。如工业产生的氟化氢引起药用植物叶缘或叶尖呈水渍状、变黑褐色或黄褐色，最后枯死脱落；二氧化硫或二氧化氮导致药用植物生长受抑制，叶片褪色早落，甚至整株死亡；豆科药用植物对二氧化硫最为敏感；臭氧可引起药用植物叶片形成斑驳或褪绿斑点并早落，以及植株矮化。

5. 药害

杀虫剂、杀菌剂、除草剂和植物生长素等施用不当，常引起药用植物的各种药害。这些药害会引起叶面出现斑点、灼伤，或干扰、破坏药用植物的生理活动，导致产量和品质受到影响。

（二）侵染性病原

药用植物的侵染性病原是病原生物。目前已知的药用植物病原生物有真菌、细菌、病毒、类菌原体、寄生线虫及寄生性种子植物等。

1. *病原真菌*

目前已知的药用植物病害绝大部分是由真菌引起的。致病真菌的种类繁多，能在药用植物栽培中引起多种严重病害，真菌病害的症状多为枯萎、坏死、斑点、腐烂、畸形及肿瘤等。较为常见的致病真菌主要有以下几种。

（1）鞭毛菌亚门

该亚门真菌多生活在水中，潮湿环境有利于其生长繁殖，如腐霉菌引起人参、三七、颠茄等多种药用植物的猝倒病，霜霉菌能引起延胡索、菘蓝、大黄、当归等多种药用植物的霜霉病，白锈菌能引起牛膝、菘蓝、牵牛、白芥子、马齿苋等药用植物的白锈病。

（2）接合菌亚门

该亚门真菌广泛分布于土壤和粪肥及其他无生命的有机物上，多能引起药用植物贮藏器官的霉烂。其中毛霉菌常引起药用植物产品贮藏期的腐烂，根霉菌能引起人参、百合、芍药等腐烂。

（3）子囊菌亚门

该亚门真菌为陆生的寄生真菌，常导致药用植物的缩叶病、丛枝病等。该亚门的曲霉菌和青霉菌能引起许多贮藏药材腐烂；白粉菌能引起菊花、黄芩、黄芪、川芎、甘草和黄连等的白粉病；核盘菌能引起北细辛、番红花、人参、补骨脂、红花、三七及延胡索等的菌核病。

（4）担子菌亚门

该亚门真菌为寄生或腐生真菌。其中黑粉菌多引起禾本科和石竹科药用植物的黑粉病；锈菌多引起枯斑、落叶、畸形等锈病，病征多呈锈黄色粉堆，如太子参、牡丹、桔梗、党参、木瓜、乌头、何首乌、当归、苍术、白术、延胡索、山药、大黄和三七等。

（5）半知菌亚门

该亚门含有大量的药用植物病原菌，占药用植物病原真菌的半数左右，能危害药用植物的所有器官，会引起局部坏死、腐烂、畸形及萎蔫等症状。如柴胡、人参、白术、红花、党参、地黄、牡丹、菊花、白苏和紫苏等的斑枯病，玄参、三七、大黄和半夏等的炭疽病，防风、芍药、黄芪和枸杞等的白粉病，贝母、牡丹、百合等的灰霉病，人参、颠茄、三七等的苗期立枯病，白术、附子、丹参等的白绢病或叶枯病。

2. *病原细菌*

药用植物细菌病害的数量和危害性都不如真菌和病毒病害，细菌性病害多为急性坏死病，呈现腐烂、斑点、枯焦、萎蔫等症状。在潮湿情况下常从病部溢出黏液（菌脓），且引起细菌性腐烂常散发出特殊的腐败臭味。其中假单胞杆菌引起的人参细菌性烂根、白术枯萎病，欧氏杆菌引起的浙贝母、人参、天麻等软腐病等都是生产上较难解决的问题。

3. 病原病毒、类菌原体

目前，药用植物病毒病的发生相当普遍，仅次于真菌病害，其寄生性强、致病力大、传染性高，能改变寄主的正常代谢途径，使寄主细胞内合成的核蛋白质变为病毒的核蛋白质，所以受害植株一般在全株表现出系统性的病变。病毒性病害的常见症状有花叶、黄化、卷叶、萎缩、丛枝、矮化和畸形等。北沙参、白术、桔梗、太子参、人参、牛膝、萝芙木、天南星、玉竹、地黄、洋地黄和欧白芷等都较易感染病毒病。

近年来发现，许多过去认为是病毒引起的呈现黄化、丛枝、皱缩等症状的病毒病，它们的病原体并不是病毒，而是类似菌原体的生物，称为类菌原体。目前已发现多种药用植物有这类病害。类菌原体可侵染全株植物，独特的症状是丛枝、花色变绿等，其他变色和畸形症状与病毒病很难区分，如牛蒡矮化病等。

4. 寄生线虫

线虫危害药用植物所表现的症状与病害相似，故习惯上将线虫作为病原物对待。药用植物普遍受到线虫的危害，其中某些药用植物的根结线虫病和孢囊线虫病已成为生产上的重要问题。已发现药用植物的线虫有危害根部、形成根结的根结线虫，如人参、川芎、草乌、丹参等50多种药用植物有根结线虫病；危害地下根茎、鳞茎等的茎线虫，如浙贝母、元胡等受茎线虫危害；导致紫苏、蛔蒿、菊花、薄荷等药用植物矮化的矮化线虫；引起芍药、栝楼、砂仁、地黄和麦冬等根部损伤的根腐线虫、针线虫等。

5. 寄生性种子植物

寄生性种子植物寄生在药用植物上，其影响主要是抑制寄主的生长，使受害植株生长矮小、黄化、开花减少、落果或不结果，严重时全株枯死。危害药用植物的寄生性种子植物主要有全寄生性的菟丝子和列当，前者主要危害多种豆科、菊科、茄科、旋花科的药用植物，后者主要危害黄连；半寄生性种子植物有桑寄生、樟寄生和槲寄生，主要为害酸枣等木本药用植物。

三、药用植物侵染性病害的发生和流行

（一）病害的侵染过程及其流行条件

1. 侵染过程

从病原物同寄主接触，到寄主出现症状的过程称为侵染过程，简称病程。病害的侵染过程是一个连续的过程，通常分为侵入期、潜育期和发病期。

（1）侵入期

从病原物与寄主接触、侵入，到建立寄生关系的这一段时间，称为侵入期。病原物可以由不同的途径如伤口（虫伤、机械伤、病斑伤、冻伤等）、自然孔口（气孔、皮孔、水孔、蜜腺等）及表皮等直接侵入寄主。真菌以孢子萌发产生芽管从伤口、自然孔口和表皮直接穿透表皮侵入寄主；细菌主要通过植物表面的溢泌水的回收，靠鞭毛的游动从伤口和自然孔口侵入；病毒靠机械擦伤或昆虫口器为媒介从伤口侵入，并且立即与寄主细胞质直接接触；线虫多从伤口或裂口侵入；寄生性种子植物都是直接侵入。

病原物侵入寄主后，如寄主有较强的抵抗能力，常可延缓或阻碍侵染过程的进行，反

之，病原物便在寄主体内迅速扩展。有的病害仅发生在局部，称为局部病害；有的病原物扩展到大部分或整个植物体，称为系统性病害。

环境条件对侵入期的影响较大，其中湿度和温度影响最大。对寄主而言，环境湿度大，愈伤组织形成缓慢，气孔开张，水孔的溢泌水多而持久，保护组织柔软，从而导致植物抗病能力下降，有利于病原物的侵入。对病原物而言，环境湿度对其侵入影响最大，其中经气流传播的病原菌，湿度越高，对其侵入越有利，而存在于土壤中的病原物，湿度过高，影响氧气供应，对其侵入不利。所以，南方的梅雨季节和北方的雨季，病害发生普遍而且严重，少雨干旱季节发病较轻或不发病。适宜的温度可以促进孢子的萌发，缩短侵入所需时间。其他环境条件如光照等对病原物的侵入也有一定的影响。

（2）潜育期

从病原物侵入寄主建立寄生关系，到出现病害症状称为潜育期。这是病原物在寄主体内生长、繁殖并扩展的时期，也是寄主与入侵病原物进行激烈抗争的时期，斗争的结果将决定植物保持健康状态还是发病。

各种病害潜育期的长短与病原物的生物学特性、寄主的种类和生长状况及环境因素有关，短的 2～3 d，长的十几天、数十天甚至更长，一般为 5～10 d。环境条件中对潜育期影响最大的是温度，在一定范围内温度升高，潜育期缩短。

（3）发病期

从寄主出现症状到症状停止发展称为发病期。植株出现症状是其体内一系列生理、组织构造病变的必然结果，标志着一个侵染过程的结束。当被侵染的药用植物表现出明显症状时，病原物也已经达到繁殖时期，多数已形成繁殖体，并随着症状的发展，经常在发病部位产生孢子，成为下一代侵染源；细菌和病毒的个体已达到一定数量。大多数药用植物侵染性病害在侵染过程停止以后，症状仍然存在，直至寄主死亡。

2. 病害的流行及其条件

在一定地区或在一定时间内病害发生普遍而严重的病害现象称为病害流行。病害流行的条件是很复杂的，各有其特有的流行规律，应结合病原物特性、寄主生长状态和环境因素等方面进行综合分析。通常侵染性病害的流行需要同时具有的基本条件是大量感病寄主的存在、致病力强的病原物大量积累、环境条件有利于病害的发生和蔓延。

对于某一个具体的病害，常有一个因素起主导作用。不同的病害或同一种病害在不同的环境条件下流行的主导因素是不同的。在相同的栽培条件和环境条件下，品种的抗病能力是主导因素，如采用抗病品种且栽培条件相同时，当年的气象条件可能是主导因素；在品种、环境条件相同时，种植地染病性的差异及水肥管理成为主导因素，如人参立枯病的病原物一直存在于土壤中，只要地温较低、湿度较大、幼苗较密，都能降低人参的抵抗力，导致参苗大量发病致死，所以苗期低温高湿是人参立枯病流行的主导因素。而地黄斑枯病流行的原因非常复杂，地黄品种抗病性差异较大，播种期、水肥条件、病原物数量、染病期的环境条件都会影响病害的流行。

（二）病害的侵染循环

病害的侵染循环是指从前一个生长季节开始发病到下一个生长季节再度发病，周而复始的过程。侵染循环包括病原物的越冬或越夏、病原物的传播、初侵染和再侵染 3 个基本环节。

1. 病原物的越冬（越夏）

在寄主收获后或进入休眠期后，病原物度过不良环境，成为下个生长季的病害初侵染源，称为病原物的越冬（越夏）。病原物越冬或越夏的主要场所有病株或病株残体、种子及无性繁殖材料、土壤和肥料等。

（1）病株或病株残体

多年生植物染病后，病原物可在寄主体内定殖，染病植物的落叶、秸秆、枯枝、落果等残体，常带有病原繁殖体，这些病原物可继续生长繁殖或经越冬（越夏）后成为侵染源。如地黄斑枯病病菌以分生孢子器附着在病残体上、人参疫病病菌以菌丝体或卵孢子附着在病残体上等。

（2）种子及无性繁殖材料

在寄主植物收获或休眠后，很多病原菌可潜伏在种子或苗木、地下茎等的表面或内部，成为苗期主要的侵染源。如人参、红花炭疽病常以分生孢子和菌丝体在种子内外越冬、薏苡黑粉病的厚垣孢子多附在种子上越冬、地黄花叶病毒多在根茎中越冬等。

（3）土壤和肥料

对以土壤为传播途径，主要危害药用植物根部的病害来说，土壤是最重要或唯一的侵染源。病原物常随病残体落在地上，以各种休眠体或腐生等方式在土壤中越冬或越夏。大部分病原真菌和细菌只能寄生在寄主残体上，随寄主残体腐败分解而死亡，不能单独在土壤中生存，称为土壤寄居菌；有些病原物具有很强的腐生能力，寄主病残体腐败分解后，仍可以单独长期存在于土壤中，称为土壤习居菌。

病原物可在没有经过充分腐熟、发酵的粪肥中越冬，造成粪肥带菌。

2. 病原物的传播

病原物经过越冬或越夏以后，从越冬或越夏场所到达新的传染地、从一个病程到另一个病程，都需要一定的传播途径。有些病原物可以通过孢子游动、细菌游动、线虫爬行等作短距离传播，称为主动传播。但大多数病原物借助各种媒介进行被动传播，其传播途径主要有以下几种。

（1）风力传播

病原真菌的孢子通常小而轻，易于飞散，可以借助风力传播，如锈病孢子、霜霉病的分生孢子等。

（2）雨水传播

病原真菌的游动孢子或病原细菌常借雨水的下落和飞溅、土壤中的流水而传播，如根瘤病菌可通过灌溉水传播。

（3）昆虫传播

昆虫本身可以携带病原物，而且常在植物体上造成伤口而利于细菌侵入，如蚜虫、叶蝉、飞虱等为主要传播媒介。

（4）人为传播

人为传播主要通过栽培操作、贮藏流通等方式传播病原物，如带病种子及繁殖材料的调入与调出、栽培过程的人工操作等。人为传播方式导致病原物传播数量大、距离远，危害极大。

3. *初侵染和再侵染*

经越冬或越夏的病原物，在寄主植物生长期进行的第一个侵染过程称为初侵染。在同一个生长季内，病株上的病原物又传播到新的侵染点进行重复侵染称为再侵染。有些病害只有初侵染，而无再侵染，一年只发生一次，如薏苡黑粉病。大多数病害都有再侵染，其病原物产生的孢子量大，病害潜育期短，侵染期长，如环境条件有利于病害的发生，就可造成多次再侵染。

总之，典型的侵染性病害的病程是病原菌以某种方式越冬或越夏以后，经过一定的传播途径进行初侵染，染病部位或植株上的病原物再传播到新的侵染点后进行再侵染；再侵染可以反复进行多次，寄主于生长季的末期进入休眠期，病原物随之进入越冬或越夏状态。

第二节　药用植物的虫害

药用植物虫害种类很多，主要为昆虫，其次为螨类、蜗牛、鼠类等。昆虫中有许多害虫，它们一般以药用植物的花、叶、果、茎、枝、根等器官为取食对象，造成这些部位缺失、枯萎、畸形、腐烂等，降低药用植物价值和产量，甚至引起植株死亡。有的还能传染人畜疾病及植物病害，如蝼蛄、地老虎、蚜虫等，对药用植物危害较大。

一、药用植物主要害虫及其危害

（一）蚜、蚧、螨类等刺吸口器害虫

蚜虫是药用植物的重要害虫，为害十分普遍。有些蚜虫是终生寄生，有些是乔迁寄生。其中常见的有为害红花、牛蒡等菊科植物的红花指管蚜、为害数十种药用植物的桃蚜、为害萝藦科植物的萝藦蚜等。介壳虫主要为害一些南方生长的药用植物，尤其是木本南药受害较重，如为害槟榔的椰圆盾蚧、为害多种药用植物的日本龟蜡蚧、为害三七的软蚧等。少数药用植物受螨类危害较重，如为害地黄的棉叶螨、为害枸杞的瘿螨、为害望江南的短须螨等。

这类害虫吸食药用植物汁液，造成黄叶、皱缩、叶及花果脱落，严重影响药用植物生长发育，导致产量降低、质量下降。有些害虫还是传播病毒病的媒介，造成病毒病蔓延。此类害虫发生量大、世代多，所需用药水平较高，因此，如何防止或减少农药污染值得重视。

（二）咀嚼口器害虫

此类害虫主要咀食药用植物叶、花果等，造成药用植物出现孔洞或被食成光秆。如危害伞形科药用植物的黄凤蝶幼虫、为害枸杞的枸杞负泥虫、为害板蓝的青菜虫、为害大黄等蓼科植物的蓼金花虫等。此外，金银花受尺蠖为害，几天内可被吃成光秆，造成严重损失。

（三）钻蛀性害虫

钻蛀性害虫是一类为害重、防治难度较大、造成经济损失较大的害虫类群。为害药用植物的钻蛀性害虫主要有蛀茎性害虫如金银花咖啡虎天牛、菊天牛、肉桂木蛾等；蛀根及根茎类害虫如北沙参钻心虫等；蛀花、果害虫如槟榔红脉穗螟、枸杞实蝇等；蛀种子害虫如黄芪种子小蜂等。

钻蛀性害虫为害药用植物很普遍，无论是木本、草本或藤本均受此类害虫危害，不少种类会直接蛀食药用部位，造成严重经济损失。同时防治难度较大，一旦蛀入，一般防治方法很难奏效。因此，此类害虫应是药用植物害虫的防治重点。

（四）地下害虫

地下害虫指主要为害植物地下部分又生活在土壤里的害虫。地下害虫种类很多，包括蛴螬、蝼蛄、金针虫、地老虎、根蛆、根蚜、根蚧、白蚁等，以前 4 种为害最普遍。因药用植物中根及根茎类入药者居多，地下害虫直接为害药用部位，致使药材规格下降，影响产量和质量。

二、虫害的发生与环境条件的关系

各种虫害的发生都与环境条件有密切关系。环境条件影响害虫种群数量在时间和空间方面的变化，如发生时期、地理分布、危害区域等。揭示虫害与环境条件相关的规律，找出虫害发生的主导因子，对防治害虫具有十分重要的意义。

（一）气候因子

气候因子包括温度（热）、湿度（水）、光、风等因素，其中以温度、湿度的影响最大。

1．温度

昆虫是变温动物，没有稳定的体温，其体温基本上取决于太阳辐射的外来热量。昆虫的新陈代谢与活动都受外界温度的影响，一般害虫有效温区为 10～40℃，适宜温度为 22～30℃。当温度过高或过低时，害虫就要进入休眠，甚至死亡。害虫种类不同，对温度的反应和适应性不同，同种害虫的不同发育阶段对温度的反应也不相同。如黏虫卵、幼虫、蛹及成虫发育起点温度分别为 13.1℃、7.3℃、12.6℃、9℃。同种害虫也因地区、季节、虫期和生理状态等不同，对低温的忍受能力也有差异。如栖息在北方的害虫较南方的耐低温、越冬虫期较其他虫期更耐低温、滞育状态的害虫对低温的抵抗能力最强；停止发育或已达成熟的虫期，抗低温能力稍差，正在发育的虫期则最差。

2．湿度

湿度对害虫的影响明显地表现在发育期的长短、生殖力和分布等方面。害虫在适宜的湿度下，才能正常生长发育和繁殖。害虫种类不同，要求的湿度范围不一，有的喜干燥，如蚜虫、叶蝉类；有的喜潮湿，如黏虫在 16～30℃时，湿度越大，产卵越多，在 25℃下、相对湿度 90%时，其产卵量比在相对湿度 40%以下时多一倍。

一般来讲，害虫对温度、湿度各具有特殊要求，但在温度适宜时，对不适宜湿度的适应力常稍强些；而温度、湿度都不适宜将抑制其生长、繁殖，甚至导致死亡。

此外，光、风等气候因子对虫害的发生也有一定的影响，光与温度常同时起作用，不易区分。风能影响地面蒸发量，改变大气中的温度、湿度和害虫栖息的小气候条件，从而影响害虫的生长发育。风还可以影响某些害虫的迁移、扩散及为害活动。

（二）土壤因子

土壤是害虫的一个特殊的生态环境，大部分害虫都和土壤有着密切关系。有些害虫终生生活在土壤中，如蝼蛄；有些害虫有一个或几个虫期生活在土壤中，如地老虎、金龟子等。土壤的物理结构、酸碱度、通气性、温度、湿度等，对害虫生长发育、繁殖和分布都有影响，特别是对地下害虫影响最大。如蝼蛄用齿耙状的前足在土壤内活动，故在沙质壤土中蝼蛄多，危害重；而黏重土壤则不利于其活动，危害较轻。又如蛴螬喜在腐殖质多的土壤中活动；金针虫多生活在酸性土壤中；小地老虎则多分布在湿度较大的土壤中。

（三）生物因子

生物因子包括食料和天敌两个方面，主要表现在害虫和其他动植物之间的营养关系上。害虫一方面需要取食其他动植物作为自身的营养物质，另一方面它本身又是其他动物的营养对象。它们互相依赖、互相制约，表现出生物因子的复杂性。食料的种类和数量与害虫的生长、繁殖和分布有密切的关系。单食性害虫的分布为食料的有无所限。如白术术籽虫只以白术为食料，没有白术的地方就没有白术术籽虫。食料对多食性害虫的分布影响较轻微。每一种害虫都有最适宜它的食料，食料越合适，就越有利于其发生、发展。如黏虫喜食薏苡，黄凤蝶幼虫喜食小茴香、珊瑚菜、防风、白芷等。

在自然界中，凡是能抑制病、虫的生物，通称为该种病、虫害的天敌。天敌的种类和数量是影响害虫消长的重要因素之一。害虫的天敌主要有捕食性（如食蚜瓢虫、食蚜虻、食蚜蝇、草蜻蛉及步行虫等）和寄生性（如赤眼蜂、蚜茧蜂、肿腿蜂等）两种。

（四）人为因子

人类的生产活动对害虫的繁殖和活动有很大的影响，采用各种栽培技术措施，及时组织防治工作，可以有效地抑制害虫发生和减轻危害程度。在种苗调运中，实施植物检疫制度，可以防止危险性害虫的传播、蔓延。人类在进行垦荒、改土等生产活动时，也就同时改变了害虫的生活环境，有些害虫因寻不到食物和不能适应新的环境条件而逐渐衰亡，但也有些害虫因适应了新的环境条件而繁殖猖獗。这就需要不断调查研究，掌握害虫发生和消长规律，从而有效地进行防治。

第三节　药用植物病虫害的综合防治

一、药用植物病虫害的发生特点

植物病虫害的发生、发展与流行取决于寄主、病原与虫原、环境因素三者之间的相互关系。因为药用植物本身的栽培技术、生物学特性和要求的生态条件有其特殊性，所以药用植物病虫害的发生和一般农作物相比有其自己的特点，主要表现在以下几个方面。

（一）害虫种类复杂，单食性和寡食性害虫相对较多

药用植物包括草本、藤本、木本等各类植物，生长周期有一年生、几年生，甚至几十年生。各种药用植物本身含有特殊的化学成分，这导致某些特殊害虫喜食这些植物或趋向于在这些植物上产卵。因此药用植物上单食性和寡食性害虫相对较多。如射干钻心虫、栝楼透翅蛾、白术术籽虫、金银花尺蠖、山茱萸蛀果蛾及黄芪籽蜂等，它们只食一种或几种近缘植物。

（二）药用植物地下部病害和地下害虫危害严重

许多药用植物的根、块根和鳞茎等地下部分，既是药用植物营养成分积累的部位，又是药用部位，这些地下部分极易遭受土壤中的病原菌及害虫的危害，导致减产和药材品质下降。地下部病虫害防治难度较大，造成的经济损失往往比较惨重，历来是植物病虫害防治的老大难问题。其中药用植物地下部病害尤为突出，如人参锈腐病、根腐病和立枯病，贝母腐烂病，地黄根结线虫病等。地下害虫种类很多，如蝼蛄、金针虫等，因植物根部被害后造成伤口，导致病菌侵入，更加剧地下部病害的发生和蔓延。

（三）无性繁殖材料是病虫害初侵染的重要来源

应用植物的营养器官（根、茎、叶）来繁殖新个体在药用植物栽培中占有很重要的地位。由于这些繁殖材料基本都是药用植物的根、块根、鳞茎等地下部分，常携带病菌、虫卵，所以无性繁殖材料是病虫害初侵染的重要来源，也是病虫害传播的一个重要途径，而当今种子、种苗频繁调运，更加速了病虫害传播、蔓延。

（四）特殊栽培技术易致病害

药用植物栽培中有许多特殊要求的技术措施，如人参、当归的育苗定植，附子的修根，板蓝根的割叶、枸杞的整枝等。这些技术如处理得当，是防治病害、保证药材高产、优质的重要措施，反之则成为病虫害传染的途径，加重病虫害的流行。

二、药用植物病虫害的防治策略

药用植物病虫害防治的目的在于使药用植物不因病虫为害而减产或降低品质。防治病虫害的方法有很多，主要有植物检疫、农业防治、生物防治、物理机械防治和化学防治。每种防治方法都有其优越性和局限性，依赖单一方法解决病虫害防治问题一般很难实现。药用植物病虫害的防治应采取综合防治的策略。综合防治就是从农业生态系统总体出发，本着预防为主的指导思想和安全、有效、经济、简便的原则，充分发挥自然因素的控制作用，并正确认识各种防治措施的优缺点，因地制宜，合理运用农业、生物、化学、物理的方法及其他有效的生态手段，把病虫害的危害控制在经济阈值以下，以达到控制病虫害的数量、保护药用植物的产量和质量不受影响，以及提高经济效益、生态效益和社会效益的目的。

药用植物栽培除要求一定的产量外，更注重药材的品质，有效成分的含量必须符合国家药典的规定。因此，在各项药用植物病虫害防治措施的应用中，要做到既控制病虫的危

害，又不降低中药材的品质，避免农药残留及其他污染物对中药材的污染，并研究药用植物病虫害的防治技术对中药材活性成分的影响。为推进《中药材生产质量管理规范》(GAP) 的实施，在加强药用植物病虫害基础研究的同时，在病虫害防治方面，应重点加强无污染新技术的研究。

为了有效地防治药用植物的某些病虫害，首先必须做好当地病虫害的调查工作，弄清病原和害虫种类，掌握其侵染或为害的时间和部位、发生世代和越冬场所等。其次要做好病虫害的预测、预报工作。采取物候观察、灯光诱测、查卵、饲养观察、空中孢子捕捉等方法掌握病虫害的数量和发育进程，分析有关环境条件和未来天气情况，结合病虫害的历史发生资料，正确判断病虫害的发生趋势。最后根据各种防治措施的特点和现实可能性（包括技术、资金、劳力等）制订合理的综合防治方案。

病虫害综合防治主要应围绕以下几个方面进行：消灭病虫害的来源；切断病虫的传播途径；利用和提高药用植物的抗病、抗虫性，保护药用植物不受侵害；控制田间环境条件，使其有利于药用植物的生长发育，而不利于病虫的发生发展；直接消灭药用植物上的病原和害虫。

三、药用植物病虫害综合防治的特点

（一）以生态系统为管理单位

药用植物病虫害的防治要从生产全局和生态总体出发，通过控制农田生态系统，使有害生物数量维持在受害允许水平之下，同时避免生态系统受到破坏。因此，只有了解生态系统中各种因素的地位、功能和关系，才能协调运用不同的防治方法。

（二）强调各种措施的协调与综合应用

药用植物病虫害防治的基本方法有植物检疫、农业防治、物理机械防治、生物防治、药物防治等。任何单独防治措施都存在着优点与局限性，若长期使用一种防治措施，可能会产生不满意或预料不到的结果。综合防治不是多种防治方法的机械拼凑和组合，而是在综合考虑各种因素的基础上，按照安全、经济、简便、有效的原则，合理运用某些防治措施，并注意实施的时间和方法，以达到最好的防治效果，并将对生态系统内外产生的副作用降到最低限度，既要控制病虫为害，又要保护人、畜、天敌和植物的安全。综合防治并不排斥化学合成农药的使用，而是尽量避免杀伤非靶标生物和减少污染。

（三）强调利用有害生物的自然控制因素

大多数有害生物都存在着自然的控制因子，这些因子包括病虫的寄主、生活空间、不利的气候条件、有害生物种内或种间竞争、各种天敌等。这些因子的综合作用，使一些有害生物数量总是处于不引起危害的水平之下。有害生物综合防治的一个重要目标就是充分利用自然控制因素，达到控制有害生物发生的目的。

（四）让有害生物在受害允许水平之下继续存在

有害生物综合防治并非以“消灭”病虫为准则，而是将病虫为害控制在经济阈值以下，它允许少数有害生物存在于植物的生长环境中，这有利于维持生态多样性和遗传多样性。如少数害虫的存在可为天敌提供食料和中间宿主，使天敌的自然控制能力得以保持和加强。经济阈值是防治时机的一种病虫害密度指标，病虫害达此密度时应该采取控制措施，以防止病虫害种群密度增加而达到经济受害水平。

四、药用植物病虫害的防治方法

（一）植物检疫

植物检疫是依据国家法规对植物及其产品进行检验处理，防止检疫性有害生物通过人为传播进、出境并进一步扩散、蔓延的一种植物保护措施。根据国务院发布的《植物检疫条例》和农业农村部发布的《植物检疫条例实施细则（农业部分）》规定，设立植物检疫机构，对植物检疫对象进行病虫害的检验，以防止威胁性病虫害检疫对象传入和带出。植物检疫是一项重要的防治病虫害的预防性和保护性措施。

（二）农业防治

农业防治指从农业生态系统的总体观念出发，通过有意识地运用各种栽培技术、管理措施，调节病原物害虫和寄主及环境之间的关系，创造有利于作物生长，而不利于病虫害发生的环境条件，达到促进药用植物生长发育、控制和减轻病虫害发生的目的。农业防治结合了药用植物 GAP 栽培要求，一般不增加额外开支，具有安全有效、简单易行、无污染等优点；缺点是对某种虫害或病害有效的措施对其他的虫害或病害不一定有效，所用的措施具有明显的针对性和地域性。因此，农业防治多作为预防性措施，不能作为应急措施。

1. 选育抗病、抗虫品种

选择理想的抗病、抗虫品种，特别是对那些病虫害严重且防治难度大的药用植物，是一项十分经济有效的措施。不同品种或类型的药用植物对病虫害的抵抗能力往往有显著差异。如地黄品种“金状元”对地黄斑枯病比较敏感，“小黑英”“北京 2 号”对地黄轮纹病和斑枯病有较好的抗性，“小黑英”抗孢囊线虫能力较强；枸杞的宁杞 1 号、宁杞 2 号、扎扎刺和黄果抗病性较强；有刺红花比无刺红花抗炭疽病和红花实蝇；光果甘草和乌拉尔甘草比胀果甘草抗锈病；青葙子的“台南 1 号”“台南 2 号”抗褐斑病能力较强。因此在选用品种时即要考虑其质量和产量，也要充分考虑当地主要病虫害的发生情况。目前优质的抗病、抗虫品种数量极少，加强药用植物的抗病、抗虫品种的选育工作已十分迫切。为了提高品种的抗性，可在病虫害发生盛期，在田间选择比较抗病、抗虫的单株留种，并通过连年不断选择和培育，可以选育出抗病、抗虫能力较强的品种，也可利用现代生物技术加快抗病、抗虫品种的选育速度。

许多病虫害是靠种子、苗木及其他无性繁殖材料来传播的，如菊花白锈病由脚芽传播、黄枯萎病和根结线虫病靠种栽传播。因此，通过建立无病留种田和种苗地，应用组培脱毒技术等培育无病种苗等，可有效地控制病虫害的发生。

2. 建立合理的种植制度

合理的种植制度包括仿野生栽培技术、合理轮作和间作、合理密植和立体栽培等。

（1）采用仿野生栽培技术

仿野生栽培就是指根据药用植物生长特性及其对生态环境的要求，通过人为创造一定的生长环境，让其在模拟自然环境条件下繁殖生长，实现药用植物集约化生产与管理。由于仿野生栽培从种植地环境选择到管理措施都模拟野生状态，栽培的药用植物生长在一个相互协调和适应的生物群落中，种内竞争和逆境增加，不仅所产药材外观性状好，品质也可与野生的媲美；同时提高了药材抗病虫害的能力，减少了因使用农药造成的污染，产品符合安全、高效的要求。目前人参、丹参、前胡、天麻、黄芩、石斛等药材的仿野生栽培均取得了成功。仿野生栽培应因地制宜，充分利用当地资源。

（2）合理轮作和间作

不同药用植物有不同病虫害，而各种病虫又有一定的寄主范围，因此，一种药用植物在同一地块上连作，就会使其病虫源在土壤中积累加重。对寄主范围狭窄、食性单一的有害生物，轮作可恶化其营养条件和生存环境，或切断其生命活动过程的某一环节。如大豆食心虫仅危害大豆，采用大豆与禾谷类作物轮作，就能防止其危害。对一些土传病害、专性寄主或腐生性不强的病原物，如地黄枯萎病、栝楼根结线虫病、人参根肿病等，轮作也是有效的防治方法之一。此外，轮作还能促进有拮抗作用的微生物活动，抑制病原物的生长、繁殖。因此，进行合理轮作和间作对防治病虫害和充分利用土壤肥力十分重要。特别对那些病虫在土中寄居或休眠的药用植物，实行轮作更为重要。如土传病害发生多的人参、西洋参、三七绝不能连作，老参地不能再种参，否则病害严重。再如延胡索与水稻轮作数年、浙贝母与水稻隔年轮作，可分别大大减轻菌核病和灰霉病的危害。又如附子与玉米间作，可大大减轻附子根腐病的危害。

合理选择轮作作物很重要，同科、属植物或同为某些严重病虫害寄主的植物不能选为轮作物。此外，药用植物在生长过程中会在土壤中分泌一些有毒物质，也使得连作的效果不好。一般药用植物的前作以禾本科植物为宜。烂根病严重的药用植物（如白术、玄参等）与禾本科作物进行水旱轮作 4 年以上，可减轻根腐病和白绢病的发生。如果轮作作物选择不当，反而会使某些病虫害加剧，如地黄、花生、珊瑚菜都有枯萎病和根线虫病，白术、附子、玄参都有白绢病，它们不能互相轮作。

（3）合理密植

密植是增加单位面积产量的有效途径，但密度过大时，叶片相互重叠，株间透光率降低，田间郁蔽，引起植株旺长，茎秆细弱，易出现倒伏，病虫害加重。药用植物种植时必须根据当地的自然和栽培条件，结合品种、土壤、光照、肥水、风力等条件，因地制宜，综合考虑，合理密植，提高植株间的通风透光性，减轻病虫害的发生程度。

（4）推行立体栽培

实行立体栽培药用植物，可充分利用土地、光能、空气、水肥和热量等自然资源，提高单位面积产量。如秋播桔梗地块中，待出苗发枝后再于翌春 3 月在桔梗株行间栽种青天葵，其产值比原来同一块地只种植一种药材高 40％～60％。同时立体栽培有利于调节生态平衡、增强药用植物抗逆能力，从而减少病虫害的危害。农作物与药用植物的间作、套作是常见的立体栽培方式。间作、套作时必须从病虫害防治和植物生长发育多方面进行综合考虑。如有些植物的植株和根系的分泌物或气味可对其邻近植物病虫害产生抑制或驱避作用。再如地黄与玉米或芝麻间作，地黄拟豹纹蛱蝶为害大大减轻，这可能是由于玉米、芝麻高秆阻碍了蛱蝶成虫飞翔产卵；龙胆草与玉米间作，可利用玉米的遮阳作用减轻斑枯病的发生。相反，如果邻近植物选择不当，改善了病虫食料条件，有利于病虫转移，就会导致这些病虫害加重。如同为茄科的颠茄与土豆实行间作，则加重茄二十八星瓢虫和部分疫病的为害，黄芪与大豆套作则加重豆荚螟的为害。一些喜湿耐阴的藤本、草本或灌木类药材，如人参、田七、黄连、砂仁、天冬、巴戟天、草果、石斛、茯苓、益智、细辛、天麻等，适宜于林下或果树下栽种。也可将喜阳的高层药用植物与耐阴的低层药用植物混种；深根性的药用植物与浅根性的药用物物混种；阔叶类药用植物与细叶（或针叶）类药用植物混种；多年生的木本药用植物与短期生长的草本药用植物混种。

3. 加强栽培管理

栽培管理包括深耕细作，除草、修剪和清洁田园，调节播种期和加强水肥管理等。

（1）深耕细作

深耕细作能促进根系的发育，增强吸肥能力，使药用植物生长健壮，同时也有直接杀灭病虫的作用。很多病原菌和害虫在土内越冬，因此，冬耕晒土可改变土壤物理、化学性状，促使害虫死亡，或直接破坏害虫的越冬巢穴，或改变栖息环境，减少越冬病虫源。耕耙不仅能直接破坏土壤中害虫巢穴和土室外，还能把表层内越冬的害虫翻进土层深处，使其不易羽化出土，又可把蛰伏在土壤深处的害虫及病菌翻露在地面，经日光照射、鸟兽啄食等，达到直接消灭部分病虫、减少病虫害发生的目的。如对土传病害发生严重的人参、西洋参等，播前应对耕地耕翻晾晒，以减少土壤中病原菌数量，达到防病的目的。但对土传病害要尽量采用免耕技术或减少耕作次数，并及时挖除病穴土壤，以防病菌的扩散，如细辛菌核病、丹参根腐病等。

（2）除草、修剪和清洁田园

田间杂草和药用植物收获后的残枝落叶常是病虫隐蔽及越冬场所和来年的重要病虫来源。因此，除草、修剪病虫枝叶和收获后清洁田园将病虫残枝和枯枝落叶进行烧毁或深埋处理，可大大减少病虫越冬基数，是防治病虫害的重要农业技术措施。

（3）调节播种期

有些病虫害常和药用植物某个生长发育阶段的物候期有着密切关系。调节药用植物播种期，使其某个发育阶段错过病虫大量侵染危害的危险期，可避开病虫危害达到防治目的。如北方薏苡适期晚播，可以减轻黑粉病的发生；红花适期早播，可以避过炭疽病和红花实蝇的危害；黄芪夏播，可以避免春季苗期害虫的危害；地黄适期育苗移栽，可以有效地防止斑枯病的发生；荆芥适时早播可避开或减轻茎枯病的发生；菊花春栽可减轻黑斑病的危害。

（4）加强水肥管理

合理施肥能促进药用植物的生长发育，增强其抗病虫害的能力和避开病虫为害时期，特别是施肥种类、数量、时间、方法等都对病虫害的发生有较大影响。一般来说，增施磷肥、钾肥，特别是钾肥可以增强植物的抗病性，偏施氮肥则抗病性降低。如红花施用氮肥过多或偏晚，易造成植株贪青徒长、组织柔嫩，从而诱发炭疽病；白术施足有机肥，适当增施磷肥、钾肥，可减轻花叶病的发生；延胡索后期施氮肥会导致严重的霜霉病和菌核病。但应注意使用的厩肥或堆肥一定要腐熟，否则肥中残存的病菌及蛴螬等地下害虫的虫卵未被杀灭，易使地下害虫和某些病害加重。

浇水方式、浇水量、浇水时间等都会影响病虫害的发生。喷灌和洒水等方式往往容易引起叶部病害的发生，最好采用滴灌或沿根部边缘浇注。浇水量要适宜，浇水过多易引起多种根部病害的发生，浇水过少则易使药用植物因缺水而生长不良，出现各种生理性病害或加重侵染性病害的发生。浇水时间最好选择晴天的上午，以便及时降低叶表湿度。多雨季节要及时排水。对根茎类药用植物，在收获前不要大量浇水，以防腐烂。对温室栽培的药用植物，应经常通风换气、降低湿度，可减轻灰霉病、霜霉病等病害的发生。

（三）生物防治

生物防治是利用有益生物及其代谢产物控制有害生物种群的发生、繁殖或减轻其危害，从而消灭或抑制有害生物的方法。一般指利用有害生物的寄生性、捕食性和病原性天敌来消灭有害生物。这些生物产物或天敌一般对有害生物选择性强、毒性大；而对高等动物毒性小，对环境污染小，一般不造成公害。生物防治能改变生物群落，直接消灭病虫害，具有对人、畜、植物、天敌安全，无残留，无污染，害虫不产生抗性，效果持久，来源广泛等特点，且使用灵活，是解决中药材免受农药污染的有效途径。如应用管氏肿腿蜂防治金银花天牛等蛀干性害虫。又如木霉在土传病害的生物防治中有重要的应用价值，可应用木霉菌制剂防治人参、西洋参等的根病。但生物防治往往作用缓慢，需提前使用，且使用技术要求较高，必须与其他防治措施相结合，才能充分发挥其应有的作用。

1. 利用害虫天敌

生物在进化过程中形成了稳定的食物链，在害虫的为害地，其天敌的种类和数量很多，对害虫的种群密度起着重要的控制作用。

（1）寄生性和捕食性昆虫

有些昆虫寄生在害虫体内（或卵内），在发育过程中逐步摄取寄主体内（或卵内）的营养，最后使寄主死亡，或使卵不能孵化；也有些昆虫寄生在害虫体外，通过口器吸取寄主体内的物质作为自身营养，这些昆虫被称为寄生性昆虫。这类昆虫个体一般较寄主小，数量比寄主多，常见类群有姬蜂、小茧蜂、蚜茧蜂、土蜂、肿腿蜂、黑卵蜂、小蜂类和寄蝇类，如寄生菊天牛、金银花咖啡虎天牛的肿腿蜂，寄生木通枯叶夜蛾卵的赤眼蜂，寄生地黄蛱蝶的绒茧蜂等。这些寄生性昆虫经过人工繁殖后释放到田间，可有效地控制害虫虫口密度。

专以其他昆虫或小动物为食的昆虫，称为捕食性昆虫。它们利用咀嚼式口器直接蚕食虫体的一部分或全部，或利用刺吸式口器刺入害虫体内吸食害虫体液使其死亡。捕食性昆虫有害虫也有益虫，因此，其并不都是害虫的天敌。自然界捕食性益虫种类很多，主要有肉食性瓢虫、草蛉、螳螂、步行虫、食蚜蝇、食蚜虻等，对抑制害虫虫口数量起着重要作用。目前在药用植物生产上应用较多的是瓢虫和草蛉。

(2) 其他有益动物

① 鸟类

据调查，我国现有 1200 多种鸟，其中食虫鸟约占半数，它们能够食用大量的害虫，如每对大山雀每天捕虫达 200～400 条；啄木鸟防治越冬吉丁虫幼虫效果达 97%以上，防治光肩星天牛效果达 99.9%。近年来人工悬挂鸟巢招引食虫鸟控制害虫为害收到良好效果，值得推广。

② 蛙类

两栖类动物中的青蛙、蟾蜍等，主要以昆虫及其他小动物为食。所捕食的昆虫，绝大多数为农林害虫。蛙类食量很大，如泽蛙 1 d 可捕食叶蝉 260 头。

③ 蜘蛛和螨类

蜘蛛为肉食性，主要捕食昆虫，在害虫防治中有着重要作用。捕食叶螨和植食性害虫的螨类主要包括植绥螨科、长须螨科，也可用于防治害虫。上述两科中有的种类已能人工饲养繁殖并释放于温室和田间，对防治叶螨起到良好效果。

此外，鸡、鸭等在药用植物害虫防治中也有良好的效果。

为充分发挥天敌对害虫的控制作用，必须善于保护和利用当地的自然害虫天敌。对害虫进行防治时，要尽量减少对天敌的伤害。如化学防治时，应选用选择性强或残效期短的杀虫剂，选择适当的施药方法，避开天敌活动盛期，减少杀虫剂对天敌的伤害；保护天敌安全越冬，增加天敌基数；通过改善天敌的营养条件，加快天敌的繁殖等。

2. 利用有益微生物

常用的病原微生物有细菌、真菌、病毒、线虫、原生动物等，目前生产上应用较多的是前 3 类。有益微生物既可防治虫害，也能有效防治病害。

(1) 利用有益微生物防治害虫

该方法具有杀虫效力高、无污染、对人畜无害、害虫不易产生抗性等优点，符合药用植物 GAP 生产的要求，具有较好的推广应用前景。

① 细菌

目前已经发现的昆虫病原细菌有 90 余种，在害虫防治中应用较多的是芽孢杆菌科芽孢杆菌属和梭状芽孢杆菌属的细菌。病原细菌主要通过消化道侵入虫体，导致败血症或产生毒素使昆虫死亡。被细菌感染的昆虫食欲减退，口腔和肛门具黏性排泄物，死后虫体颜色加深，并迅速腐败变形、软化或组织溃烂，有恶臭味。病程较短，感菌虫一般 1～3 d 后死亡。

目前生产上应用较多的是苏云金杆菌（杀螟杆菌、松毛虫杆菌、青虫菌、金龟子芽孢杆菌等均为其变种），已有工业品出售。该类药剂可与其他农药混用，并且对温度要求不严，在温度较高时发病率高，对鳞翅目幼虫防治效果好。

② 真菌

寄生于昆虫上的病原真菌的类群有 530 余种，主要有白僵菌属、绿僵菌属、虫霉属、蛾霉属、轮枝孢属等。病原菌以孢子或菌丝形式从昆虫体壁侵入体内，以虫体各种组织和体液为营养，随后虫体上长出菌丝，产生孢子，随风和水流进行再侵染。被真菌感染的昆虫常出现食欲锐减、虫体萎缩、死后虫体僵硬、体表布满菌丝和孢子等现象。病程较长，感菌虫在 3～15 d 后死亡。

目前生产上应用较多的是白僵菌、绿僵菌，其寄生范围包括鳞翅目、膜翅目、螨类等 200 余种害虫。

③ 病毒

当前已知的昆虫病毒有 1600 多种，主要有杆状病毒、多角体病毒、颗粒体病毒和痘病毒等。昆虫病毒的寄主专化性很强，一般一种病毒在自然条件下只能寄生一种昆虫。昆虫感染病毒后，表现烦躁，食欲不振，横向肿大，皮肤易破，后期流出大量液体，无臭味，体表无丝状物。病程较长，感染约 1 周后死亡。

目前生产上应用较广的有甜菜夜蛾核型多角体病毒、舞毒蛾核型多角体病毒、甘蓝夜蛾核型多角体病毒、棉铃虫核型多角体病毒、小菜蛾颗粒体病毒等，对鳞翅目、双翅目、膜翅目、鞘翅目等相应害虫的幼虫有很好的防治效果。

④ 线虫

昆虫病原线虫（又称嗜虫线虫）种类很多。线虫通过寄生到健康害虫的幼虫、蛹、成虫体腔，或通过其携带的细菌、病毒而使昆虫感染病原菌，导致害虫受抑制或死亡。被线虫寄生的昆虫通常表现为褪色或膨胀、生长发育迟缓、繁殖能力降低，有的出现畸形。线虫大多用于防治土栖性害虫或钻蛀性害虫，如日本丽金龟、蝼蛄、小木蠹蛾等。

⑤ 原生动物

原生动物是许多单细胞真核生物的总称，其细胞壁能完成运动、摄食、消化、排泄等功能。微孢子虫是重要的昆虫病原原生动物，寄生在昆虫体内的微孢子虫有 200 种以上，都是昆虫专性病原物，主要寄生鳞翅目、膜翅目和双翅目昆虫。常随污染的粪便在敏感寄主中传播，经口、皮肤和卵感染，昆虫感染后呈现发育迟钝、运动不活泼、食欲下降、变态异常、繁殖力降低、寿命缩短等症状。相对于病原菌的快速起效和急性作用，原生动物通常起效较慢。

近年来，我国已先后筛选出了斜纹夜蛾微孢子虫、小菜蛾微孢子虫、甜菜夜蛾微孢子虫、天牛微孢子虫、棉铃虫微孢子虫、玉米螟微孢子虫等，并对其生物学特征、发病规律、饲养条件等进行了较深入的研究，某些微孢子虫（如蝗虫微孢子虫）已在生产上成功应用。

（2）利用有益微生物防治病害

应用颉颃作用和交叉保护作用防治病害已成为生物防治的一个重要方面。某些微生物在生长发育过程中能分泌一些抗菌物质，抑制另一种生物的生存和发展，这种现象称为颉颃作用。用于防治植物病害的病原菌既可是活体微生物，也可是其代谢产物（抗生素）。直接用于生物防治的活体微生物主要有细菌（如假单胞杆菌、放射性土壤杆菌、枯草芽孢杆菌等）、真菌（如木霉菌、尖孢镰刀菌等）和放线菌（如链霉菌及其变种），多用于土传病害的防治。如哈茨木霉菌对西洋参锈腐病、人参立枯病及根腐病有很好的防治效果。目前在药用植物病害防治中应用较多的抗生素有多抗霉素、农抗 120、农用链霉素、新植霉素、中生霉素、井冈霉素等。如农抗 120 对西洋参疫病、西洋参黑斑病具有较好的防治效果。

用非病原微生物或不亲和的病原小种先行接种植物，往往导致这些植物对以后接种的亲和性病原物产生抗性，称为交叉保护或诱导抗病性。用交叉保护法防治枸杞黑果病已获初步成功。

3. 利用昆虫激素

昆虫激素是由昆虫体内某些细胞或腺体分泌的具有特殊作用的生理活性物质或特殊化学物质。这种物质具有生物活性，直接参与并影响昆虫体内的各种生理活动。昆虫激素具有生物活性高、毒性极低、不污染环境等特点，正在害虫防治中得到越来越多的应用。昆虫激素分外激素和内激素两大类型。

（1）昆虫的外激素

昆虫的外激素是昆虫分泌到体外的微量挥发性物质，是昆中对它的同伴发出的信号，便于寻找异性和食物，又称昆虫信息素。昆虫外激素专化性很强，目前已经发现的外激素有性外激素、聚集外激素、追踪外激素和告警外激素，生产上应用最多的是雌性外激素，某些昆虫的雌性外激素已能人工合成（又叫“性诱剂”，如马尾松毛虫、白杨透翅蛾、桃小食心虫、梨小食心虫、苹小卷叶蛾等的性诱剂）。利用雌性外激素可将雄虫诱来，配以黏胶、毒液等方法将其杀死。在成虫发生期向田间施以适量的性诱剂，可使雄虫分不清真假而迷失寻找雌虫的方向；或者使雄虫的触角长时间接触高浓度的性外激素而处于麻痹状态，失去对雌虫召唤的反应能力，导致雌虫得不到交配，不能繁衍后代，达到消灭害虫的目的。此外，昆虫性外激素还可应用于害虫的预测与预报，通过成虫期悬挂性诱芯，掌握害虫发生始期、盛期、末期及发生量，指导施药时机和施药次数。

目前性诱剂通常以诱芯的形式来使用。通过模拟自然界雌虫释放性信息素的原理，将人工合成或提取的高活性昆虫性信息素溶渗于特殊物质内，微量的昆虫性信息素均匀地释放到空中，把目标害虫引诱至昆虫诱捕器内，达到虫情测报和虫害防治的目的。使用时，将诱芯悬挂于诱捕器中央（如直径为 20～30 cm 的水盆内装八分满的水，加少量洗衣粉或杀虫剂），昆虫受诱芯所释放的信息素引诱自动投入诱捕器中。

（2）昆虫的内激素

昆虫的内激素是昆虫分泌在体内的一类激素，用以控制昆虫的生长发育和蜕皮，主要有保幼激素、蜕皮激素及脑激素。保幼激素是由昆虫咽侧体分泌的保持昆虫幼虫期特性、阻止成虫期出现的一类激素。保幼激素具有广谱性，对哺乳动物和鱼类毒性较低，在土壤中易降解为无毒物质。保幼激素具有变态抑制作用，可以抑制幼虫→蛹→成虫的变态，使之形成过龄幼虫，或幼虫→蛹→成虫的中间类型，或即使变成正常的成虫也立即死亡。保幼激素也具有胚发育抑制作用，可抑制卵胚的正常发育，达到杀卵的效果，这种作用已在无翅红蝽、天蚕蛾、柞蚕中得到证实。该激素不仅影响已产下的卵，而且对雌虫体内的卵也有作用，从而导致雌虫不育。保幼激素还具有潜伏效应，在卵期用保幼激素处理，幼虫虽能正常发育，但潜伏效应能抑制成熟幼虫→蛹→成虫的变态。脱皮激素是抑制几丁质合成的一类激素，能抑制昆虫幼虫蜕皮时外骨骼的形成，从而不能形成新皮，引起昆虫生长发育紊乱。如用含有 0.01%～0.1%脱皮激素的饲料去喂家蝇，能使 80%雌蝇不育。丽蝇的环腺和一些昆虫的卵巢及卵能分泌脱皮激素，一些节肢动物和植物也能分泌脱皮激素活性化合物，为应用脱皮激素作杀虫剂提供了更多来源。目前保幼激素、蜕皮激素已有工业化产品。

4. 利用昆虫不育技术

在防治害虫中，可采用多种特异方法（如辐射源或化学不育剂）处理害虫，破坏其生殖腺，杀伤其生殖细胞，导致害虫不育；或利用雌雄生殖细胞的杂交不育，胞质不亲和性，染色体的倒位、易位，半致死因子等遗传学上的现象，使害虫遗传成分发生改变，培育出有遗传缺陷的害虫，再将培育的不育个体大量释放于自然群体中与同种昆虫交配，引起后代不育，达到消灭或减少害虫的目的。研究者采取这一方法已在蝇类、蛾类等害虫的防治中取得了令人满意的成果。

（1）辐射不育技术

目前我国采用辐射不育技术防治的害虫近 20 种，主要种类有黄地老虎、桑天牛、光肩星天牛、玉米螟、黏虫、小菜蛾、桃小食心虫、油茶尺蠖、柑橘大实蝇、红铃虫等。如用^{60}Co γ 辐照光肩星天牛雄虫后发现，110 Gy 辐照处理的野生雄性天牛和实验室饲养的雄性天牛，与野生雌天牛交尾后所产卵的孵化率分别平均降低 3.4%和 0；野生和实验室饲养雄虫适宜的辐照剂量率分别为 1.75 Gy/min 和 1.40 Gy/min；在释放比为 5∶1 的田间纱笼试验条件下，能有效降低卵的孵化率。值得注意的是，不同种类的昆虫具有不同的辐射敏感性，同一种昆虫不同虫期对辐射的敏感性也有差异。因此，采用辐射不育技术时，必须了解昆虫的种类及其生活习性，在最敏感的时期，采用适当的辐照剂量处理昆虫，达到理想的防治效果。

（2）化学不育技术

化学不育技术是利用化学不育剂破坏细胞的有丝分裂而阻碍其繁殖的方法。目前所用的化学不育剂有 3 类：①代谢竞争物质。这些物质含有与昆虫所含成分类似的化学结构和生化特性，在代谢过程中与昆虫的某些分子发生竞争，从而抑制雌虫卵巢的发育，诱发不育。②生物烷化剂。使用生化或生理手段把这类物质导入到生物体遗传物质的分子中，使雄虫的精子不活化或不能形成，使雌虫的卵巢停止发育。③其他诱发不育的物质。这类物质较多，如尿素及硫脲的衍生物、保幼激素类、氮丙啶核类化合物、三苯锡化合物等均有诱发害虫不育的作用。据报道，使用化学不育剂处理棉铃虫、苹果蠹蛾、甘蓝根花蝇后，释放这些昆虫能使田间害虫密度急剧下降。

但是，一些对害虫有效的化学不育剂，对天敌昆虫及其他哺乳动物也会产生不良影响，使哺乳动物呈现畸形或癌变，而且这些不良作用可能有遗传性，因此，在使用化学方法诱发不育时，宜采取谨慎态度。

（四）物理机械防治

利用物理因素、人工或各种机械来防治病虫害的方法称为物理机械防治。该法具有简便易行、成本较低、无污染等优点，既能用于预防病虫害，也可在病虫害发生时与其他防治方法协调应用，共作为应急措施，满足了 GAP 的要求。其缺点是一些措施具有一定的局限性，某些方法通常要耗费较多的劳力、功效较低，有些方法也能杀伤天敌。

1. 捕杀法

捕杀法适用于活动性不强、具有假死性与群集性或其他目标明显易于捕捉的害虫。如多数金龟子、象甲的成虫具有假死性，可在清晨或傍晚将其震落杀死；地老虎幼虫白天潜伏在土中，夜间出来为害，且常将被害幼苗拉到洞穴附近，利用此特点，早晨翻检新受害植株附近的土块，很容易找到幼虫；可结合日常管理，人工捏死发现的幼虫、虫苞，摘除虫卵和病虫叶、果，拔除病株；蛀入树干内的天牛幼虫可用铁丝钩杀；飞行能力较差和群集习性的成虫如芫菁等可人工网捕；冬季或早春轻刮树皮消灭一些越冬病虫害等。

2. 诱杀法

诱杀法是利用害虫的趋光性、趋化性和其他习性进行诱集，然后加以杀灭处理。

（1）灯光诱杀

利用害虫对灯光的趋性，人为设置灯光来诱杀害虫的方法称为灯光诱杀。目前生产上应用较多的是黑光灯。黑光灯在田野中接通电源后，可发出 360 nm 左右波长的光，对此波长敏感的害虫就会纷纷飞来，再在黑光灯下放置一个水深 20 cm 的水盆（水中放入少许洗衣粉和杀虫剂，每 2～3 d 换一次水），被诱来的害虫见到水盆里折射的光时窜入水中即被淹没或毒死。

利用黑光灯诱杀害虫无污染、无残留、成本低廉、使用简便、杀虫效率高。如浙江贝母产区用黑光灯诱杀金龟子，一夜最多能诱集 385 头，减轻了对贝母的为害。此外，近年来生产上应用较多的是频振式杀虫灯，其利用害虫较强的趋光、趋波、趋色特性，将光的波段、波的频率设定在特定范围内，近距离用光，远距离用波，灯外配以频振式高压电网触杀，使害虫落入灯下的接虫袋内，达到杀灭害虫的目的。

（2）食物诱杀

① 毒饵诱杀

利用害虫的趋化性，在其喜欢的食物中掺入适量毒剂来诱杀害虫的方法称为毒饵诱杀。如蝼蛄、地老虎等地下害虫，可用炒香的麦麸、豆饼、谷糠等作饵料，掺入适量敌百虫、辛硫磷等药剂制成毒饵来诱杀；用糖醋液加入适量晶体敌百虫可诱杀大量地老虎成虫，糖醋液中的糖、醋、酒、水的比例可为 6∶3∶1∶10。

② 植物诱杀

利用害虫对某些植物有特殊的取食、产卵习性，人为种植或采集此种植物诱集捕杀害虫的方法称为植物诱杀。如在地块周围种植蓖麻，可使金龟子误食后麻醉，从而集中捕杀。

（3）潜所诱杀

利用害虫在某一时期喜欢某一特殊环境的习性，人为设置类似的环境来诱杀害虫的方法称为潜所诱杀。如在田间堆集新鲜杂草或泡桐叶，能诱集地老虎幼虫，然后集中杀灭；在田间放置杨树枝把，可诱到地老虎、棉铃虫、烟青虫等多种夜蛾科害虫；梨星毛虫、梨小食心虫、苹小食心虫等潜藏在粗树皮裂缝中越冬，入冬前在树干上束草或包扎麻布片，诱集它们进入越冬，集中杀灭。

(4) 色板诱杀

将黄色黏胶板设置于田间，可诱黏到大量有翅蚜、白粉虱、斑潜蝇等害虫，在温室保护地内使用效果更好。

3. 阻隔法

根据病虫的为害习性人为设置各种障碍，切断病虫害的侵害途径，这种方法称为阻隔法，也叫障碍物法。

(1) 涂环、涂白

对有上、下树习性的害虫的幼虫，可在树干上涂毒环或胶环，阻隔和触杀幼虫。如在舞毒蛾幼虫大量发生时，在树干上涂 3～5 cm 宽的 2.5%溴氰菊酯 10 mL＋氧化乐果 10 mL＋废机油 1 kg 的混合物即可杀死害虫。在木本药用植物树干上刷白色涂剂既可减少冻害，促进伤口愈合，又可防治病菌感染，杀死树皮内越冬虫卵，有效防治病虫害。白色涂剂的配方是生石灰 12 份（用凉水化开）、硫黄 2 份或石硫合剂原液 3 份、食盐 2 份（用热水化开）、水 36 份、兽油或废矿物性油适量。石灰和硫黄可以防冻、防日灼，还能防病杀虫；食盐有助于石灰渗入树皮保持水分，防止石灰龟裂剥落；加入兽油可增强白色涂剂的黏着性。白色涂剂应于晴天涂刷，涂刷前先将树干上粗糙易脱落的树皮刮去。入冬时涂刷一次，早春时再涂刷一次，效果更好。

(2) 设障碍物

有的害虫雌成虫无翅，只能爬到树上产卵。对这类害虫，可于上树前在树干基部设置障碍物阻止其上树产卵，如在树干上绑塑料布，制成光滑的陡面。此外，在药用植物周围种植高秆植物，可阻隔飞行能力差的外来害虫为害。土表覆盖银灰色薄膜，可驱避蚜虫，从而使药用植物免受蚜虫的危害，并减少蚜虫传播病毒病的机会。覆膜或盖草不仅对病原物的传播起到了机械阻隔作用，而且覆膜后土壤温度、湿度的提高，加速了病残体的腐烂，减少了侵染来源，盖草腐烂后还可增加肥料。

(3) 纱网阻隔

在温室及各种塑料拱棚内，可采用 40～60 目的纱网覆罩，不仅可以隔绝蚜虫、叶蝉、粉虱、蓟马、斑潜蝇等害虫的为害，还能有效地减轻病毒病的侵染。

4. 温度处理法

任何生物包括植物病原物、害虫对温度都有一定的忍耐力，但超过限度生物就会死亡。害虫和病菌对高温的忍受力都较差，因此，可通过提高温度来杀死病菌或害虫，这种方法称为温度处理法，又称热处理。

(1) 种苗的热处理

有病虫的种子可用 35～40℃热风处理 1～4 周，也可用一定温度（40～60℃）的温水浸泡 10 min 至 3 h，减轻病虫害的发生。如薏苡于播种前用 60℃温水浸种 30 min 或用开水烫 5～8 s，黑穗病防治效果可达 70.9%～80.9%；在山药种薯萌动前将其放在太阳下晒 1～2 d，再放入 50～55℃温水中浸泡 10～20 min，可有效防治山药短体线虫病。种苗热处理的关键是对温度和时间的控制，一般对休眠器官处理比较安全。对有病虫的种苗做热处理时升温要缓慢，使之有个适应温热的锻炼过程。现在已有可以准确地控制处理温度的种子苗木消毒机，可根据需要灵活调节温度，既保证杀死有害生物又确保被处理物的安全。对种苗进行热处理还可促进其后期的生长。

（2）土壤的热处理

在7～8月份将土壤摊平做垄，垄为南北向，浇水并覆盖塑料薄膜（25 μm厚为宜），在覆盖期间要保证有10～15 d的晴天，利用太阳能对土壤暴晒，耕层温度可高达60～70℃，能基本上杀死土壤中的病原物和害虫。温室大棚中的土壤也可照此法处理。在发达国家，蒸汽热处理已成为常规管理，如使用热蒸汽（90～100℃）处理土壤30 min，可大幅度降低菊花枯萎病及地下害虫的发生程度。

5. 近代物理技术的应用

近几年随着生物物理技术的快速发展，原子能、高频电流、超声波、紫外线、红外线、γ射线、激光等正在病虫害防治中得到越来越多的应用。这些方法具有穿透力强、杀灭效果好、无污染、成本低和快速等特点。如直接用32.2万伦琴的^{60}Co γ射线照射仓库害虫，可使害虫立即死亡，即使用6.44万伦琴剂量，仍有杀虫效力，部分未被杀死的害虫，虽可正常生活和产卵，但生殖能力受到了损害，所产的卵粒不能孵化。利用高频电流在物质内部产生温度的特点来消灭在土壤等隐蔽场所为害的害虫；国外设计的一种高压放电机器，两极之间可以产生5 cm的火花，可使土壤表面的害虫在很短时间内就死亡。

（五）化学防治

应用化学农药防治病虫害的方法，称为化学防治法。其优点是作用快、效果好、应用方便，受地区性或季节性限制比较小，能在短期内消灭或控制大量发生的有害生物。但如果长期使用，害虫易产生抗药性，同时会杀伤天敌，往往造成害虫猖獗；有机农药毒性较大，有残毒，能污染环境，影响人畜健康。尤其是药用植物产品大多数都是内服药品，农药残毒问题必须严加注意，严格禁止使用毒性大或有残毒的药剂，对一些毒性小或易降解的农药，要严格掌握施药时期，防止污染植物。另外，有的农药能使部分药用植物的有效成分含量降低而影响药材质量。因此，当病虫害大面积发生时，化学防治通常是有效的急救措施，但应采用科学的方法减少其毒副作用，同时与其他防治方法相结合，扬长避短，充分发挥化学防治的优越性，达到安全、有效、经济、简便的防治目的。

1. 农药的分类

农药按防治对象、作用方式和有效成分来源可分为不同类别。

（1）按防治对象分类

农药按防治对象可分为杀虫剂、杀菌剂、杀螨剂、杀线虫剂、杀软体动物剂、杀鼠剂、植物生长调节剂等8大类。

（2）按作用方式分类

农药按作用方式可分为杀虫剂和杀菌剂。

① 杀虫剂

杀虫剂可分为胃毒剂、触杀剂、内吸剂和熏蒸剂等。

a. 胃毒剂

药剂必须通过害虫的消化系统进入虫体内，使害虫中毒死亡。多数杀虫剂具有胃毒作用，适合防治咀嚼式口器的昆虫。

b. 触杀剂

药剂必须接触害虫虫体，经体壁及气门进入虫体内，使害虫中毒死亡。多数有机磷类、拟除虫菊酯类杀虫剂具有触杀作用。触杀剂对各种口器类型的害虫均适用，但对体被蜡质分泌物的介壳虫、木虱、粉虱等效果差。

c. 内吸剂

药剂易被植物根、茎、叶和种子等器官吸收，并传导至植株的各部分，或经过植物的代谢作用而产生更毒的代谢物，当害虫取食植物或吸取汁液时便会中毒死亡，如吡虫啉、噻虫嗪等。内吸剂对刺吸式口器昆虫的防治效果好，对咀嚼式口器昆虫也有一定的防治效果。

d. 熏蒸剂

药剂在常温下气化为有毒气体而充斥其作用的空间，通过害虫的呼吸系统进入虫体，使害虫中毒死亡，如磷化铝、溴甲烷等。熏蒸剂一般在温室等密闭环境条件下使用效果才好，如用磷化铝片剂防治蛀干害虫时，要用泥土封闭虫孔。

此外，一些杀虫剂可使害虫的发育、行为、习性、繁殖等受到阻碍或抑制，从而达到控制害虫为害的目的。这类杀虫剂对人、畜安全，选择性高，不会杀伤天敌，害虫不易产生抗药性，不会污染环境，主要类型有拒食剂（如杀虫脒、拒食胺）、引诱剂（如棉铃虫性诱剂）、黏捕剂（如松脂合剂）、忌避剂（如驱蚊油、樟脑）、绝育剂（如绝育磷、六磷胺等）、昆虫生长调节剂（如灭幼脲）等。

② 杀菌剂

杀菌剂可分为保护剂、治疗剂、铲除剂和免疫剂等。

a. 保护剂

药剂喷布于植物体表后，形成一层保护膜，病原物着落到有药剂的表面后，被药膜中的有效成分抑制或杀死，从而起到防止侵入的保护作用。该类药剂对已经侵入并已进入潜育期的病菌无效，所以，保护剂必须在病菌侵入之前施用。保护剂的典型代表有波尔多液、代森锰锌等。

b. 治疗剂

治疗剂又称内吸剂，药剂能被植物内吸，并能在植物体内传导，直接抑制或杀死已经侵入植物体内的病原物而达到治疗的作用。这类药剂可施于叶片、根系甚至种苗，然后传导至植物体内各处，只要植物体内药剂达到一定浓度，便可起周身治疗作用。内导性又分为上导性和下导性。有的治疗剂以上导性为主，施于根系可以上导至枝叶，而将其施于叶片则未必能输导至根系，有的则反之，以下导为主，只有少数能兼行上下内导。三唑酮、甲基托布津、瑞毒霉、甲霜灵等都是较好的内吸性治疗剂。

c. 铲除剂

铲除剂可用于铲除休眠期植株表面的病原物、种苗表面消毒、仓库和工具的消毒及土壤消毒等，不能用于生长期间的植株。常用的有福尔马林、硫酸铜等。有些药剂，低浓度可作保护剂或治疗剂，高浓度可作铲除剂，如 0.3～0.5 波美度的石硫合剂是保护剂，而

5.0 波美度的石硫合剂则是铲除剂。

d. 免疫剂

药剂被吸收后并不能直接抑制或杀伤病原物，而是诱发植物增强抗病性或耐病性，从而起到减轻病害的作用。如乙膦铝可诱发侵染点周围的植物组织产生大量的酚类物质，抑制病菌的生长。目前生产上使用这类杀菌剂还较少。

实际上，农药作用并不完全是单一的，多数农药往往兼具几种作用。如敌敌畏具有触杀、胃毒、熏蒸 3 种作用，但以触杀作用为主；华光霉素则可防治多种害螨和真菌病害。

(3) 按有效成分来源分类

农药按有效成分来源可分为矿物源农药、生物源农药和化学合成农药。

① 矿物源农药

矿物源农药是指来源于天然矿物的无机化合物，又称无机农药，如砷化合物（砒霜）等。目前，由于毒性大、药效低，它们已逐渐被淘汰，仅有少数矿物源农药还在使用，如石硫合剂、波尔多液、硫黄、碘等。矿物源农药使用浓度较高，常会对植物产生药害，使用时必须注意。

② 生物源农药

生物源农药是利用天然生物资源开发的农药。根据其生物资源类型的不同，又可分为植物源农药、动物源农药和微生物源农药。

a. 植物源农药

许多植物的次生代谢物具有生物活性，如巴豆具有杀虫作用，丁香油有引诱果蝇的性能，香茅油有驱避蚊子的作用，芝麻素具有杀虫剂的增效作用，大蒜汁具有杀菌作用，油菜素内酯具有调节植物生长发育的作用等。目前，已开发登记了不少植物源农药制剂，如鱼藤酮乳油等。

b. 动物源农药

动物源农药指利用动物资源开发的农药，如沙蚕产生的沙蚕毒素具有毒杀有害生物的活性，昆虫分泌的蜕皮激素和保幼激素具有调节昆虫生长发育的功能。目前已商品化的动物源农药数量较少，多数尚处于研究阶段。生产上应用最多的是昆虫性信息素，可用于害虫测报和防治。

c. 微生物源农药

微生物源农药是一类发展较快的生物农药。微生物源农药包括活体微生物农药和农用抗生素。活体微生物农药是指有害生物的病原微生物活体，如白僵菌、绿僵菌是真菌源杀虫剂；苏云金杆菌是细菌源杀虫剂；核多角体病毒是病毒源杀虫剂；蝼蛄斯氏线虫是线虫源杀虫剂；木霉菌是真菌源杀菌剂等。活体微生物农药不可与杀菌剂混用，以免杀死活体微生物。农用抗生素是由抗生菌发酵产生的、具有农药功能的代谢产物，如井冈霉素、春雷霉素、有效霉素等，可用来防治真菌病害；农用链霉素、中生霉素、土霉素可用来防治细菌病害；浏阳霉素可用于防治蛾类。

③ 化学合成农药

化学合成农药是由人工研制合成的农药，是目前市场上的主要农药类型，也是造成环境污染的重要来源，根据其结构的不同又分为有机氯类、有机磷类、有机氮类、有机硫类、拟除虫菊酯类、氨基甲酸酯类、酚类、酸类、醚类、苯氧羧酸类、脲类、磺酰脲类、三氮苯类、脒类、唑类、杂环类等，其作用机理也不尽相同。

2. 农药的剂型

未经过加工的农药一般称为原药。原药都要经过加工，加入适当的填充剂和辅助剂，制成含有一定成分、一定规格的剂型以便使用。常见的剂型有以下几种。

(1) 固体制剂

① 粉剂

粉剂直径在 100 μm 以下。一般高浓度的粉剂用于拌种、制作毒饵或土壤处理，低浓度的粉剂用作喷粉。粉剂使用前不能兑水稀释，因为粉剂不易被水湿润，也不能分散和悬浮在水中。粉剂适用于缺水的地区及需控制湿度的温室、大棚，缺点是在喷撒过程中容易滑落而随风飘移，造成药物浪费和环境污染。

② 可湿性粉剂

可湿性粉剂直径一般在 70 μm 以下。其优点是可兑水直接使用，能均匀的展布在植物表面，从而提高药效；储运安全，使用方便；对环境污染轻。可湿性粉剂一般不宜喷粉，因为喷粉时分散性差，易造成施用不均，产生药害。

③ 可溶性粉剂

可溶性粉剂外观呈粉状或颗粒状，使用时有效成分能迅速分散而完全溶入水中。本剂型防治效果比可湿性粉剂高，使用方便，便于包装运输。但可溶性粉剂湿润展布性能比乳剂差，易被雨水冲刷而污染土壤和水体。

④ 微胶囊剂

微胶囊剂是近年来出现的具有缓释作用的一种剂型，农药的有效成分被包裹于高分子微胶囊中，具有降低毒性、减少挥发与降解、延长持效期、提高安全性、用药量少等优点，但加工成本较高。

⑤ 水分散粒剂

水分散粒剂又称干流动剂、水悬性颗粒剂。其是在可湿性粉剂和悬浮剂的基础上加入隔离剂后再造粒而成，入水后，自动崩解、分散成悬浮液，具有分散性好、悬浮率高、稳定性好、使用方便等特点。

⑥ 颗粒剂

颗粒剂粒径一般为 250～600 μm。其优点是在施用过程中沉降性好、飘移性小、对环境污染轻、持效期长、施用方便、省工省时，主要用于土壤处理。

⑦ 片剂

片剂是用原药、填料和辅助剂压制成的片状制剂，使用前无须加水稀释调配，多用于仓储病虫害的防治，如磷化铝片剂。

⑧ 烟雾剂

烟雾剂是在原药中加入燃料、氧化剂、消燃剂、引芯而制成的。其点燃后燃烧均匀，成烟率高，无明火，原药受热气化，再遇冷凝结成微粒飘浮于空间，一般用于防治温室大棚及仓储病虫害。

（2）液体制剂

① 水剂

水剂是利用某些原药能溶解于水中的特性，直接用水配制而成的。其可兑水使用，成本低，克服了乳油中有机溶剂的污染问题，但是不易在植物体表湿润展布，黏着性差，久存易分解失效。

② 水乳剂

水乳剂是将不溶或微溶于水的原药先溶解在与水不相溶的有机溶剂中形成 0.1～50 μm的小液滴，再将小液滴分散于水中而制成的制剂。其外观为乳白色牛奶状液体，具有良好的热贮稳定性、冻熔稳定性和水稀释稳定性。

③ 微乳剂

微乳剂是指将原药分散在含有大量表面活性剂、增溶剂的水溶液后形成的透明或半透明的液体农药。微乳剂的乳化作用极强，可迅速形成 10～100 nm 的微粒，一般田间药效比乳油高 5%～10%。微乳剂不能制成高浓度的制剂，活性物质含量一般最高仅在 25%左右，且存在潜在的慢性毒性。

④ 乳油

乳油是指将原药按一定比例加人乳化剂和有机溶剂而制成的透明状液体。乳油在水中不能溶解，但加水搅拌后会形成无数微小的油滴且均匀地悬浮在水中，形成乳白色的乳状液，此现象称之为乳化。乳化程度常是判定乳油质量的一个重要指标。乳油可喷雾、泼浇、涂抹、拌种、浸种、处理土壤等。乳油喷雾时能在植株表面湿润展布，黏附性好、渗透力强，不易被雨水冲刷，防治效果好，持效期长，使用方便。乳油是目前生产上应用最广的一种剂型，但因含有机溶剂，对环境污染较严重。

⑤ 悬浮剂

悬浮剂又称胶悬剂，是由原药、微粒、水、分散剂和防冻剂等构成的黏稠性悬浮液，兼具乳油和可湿性粉剂的优点，主要用于常规喷雾和超低容量喷雾。

⑥ 种衣剂

种衣剂是原药以高分子膜为载体，加入微量元素、植物生长调节剂等成分制作而成。种衣剂具有成膜迅速、膜质牢固、污染小、作用范围集中、持效期长、用药量小、使用方便等特点。其用作种子处理时能缓慢释放所加成分，达到防虫、防病、促进生长等作用。

随着农药加工技术的不断进步，各种新的制剂不断出现，如缓释剂、胶囊剂、固体乳油、漂浮颗粒剂、泡腾片剂、超低容量制剂等。

3. 农药的使用方法

农药的品种繁多，加工剂型也多种多样，又因防治对象的为害部位、为害方式、环境条件等各不相同，所以，农药的使用方法也有很多，常用的方法有以下几种。

（1）喷雾

喷雾指利用喷雾器械将按一定比例配好的药液均匀地喷布于防治对象及被保护的寄主植物上的一种施药方法，是目前生产上应用最广泛的方法。其优点是展布性和均匀性较好，药效期长，与病虫草接触的机会较多；缺点是药液易被风吹走造成药害。根据喷雾容量的多少又可将喷雾分为常量喷雾、低容量喷雾、超低容量喷雾。喷雾时要求均匀周到，以使目标物上均匀地有一层雾滴，且不形成水滴从叶片上滴下为宜。最好不要在中午进行喷雾，以免发生药害和人体中毒。

（2）喷粉

喷粉指利用喷粉器械产生的风力，将粉剂均匀地喷布在植物上的一种施药方法。此法的缺点是用药量大，粉剂黏附性差，且易被风吹走和雨水冲刷，易造成污染环境。宜在早晚叶面有露水或雨后叶面潮湿且无风条件下进行喷粉，使粉剂易于附着在叶面，提高防治效果。

（3）土壤处理

将药剂与细土、细沙、炉灰等混合均匀，撒施于地面，然后进行耧耙翻耕等被称为土壤处理。其主要用于防治地下害虫、土传病害或某一时期在地面活动的病虫。

（4）种苗处理

种苗处理包括拌种、浸种（苗）、闷种和包衣。拌种是指将药剂与种子均匀地拌和在一起，使种子表面均匀地覆上一层药粉或药膜，在种子播种后，发挥其防治病虫的药效。拌种可在拌种器内进行，也可先将药剂配成药液，均匀地喷洒在摊开的种子上，边喷边拌，拌匀后堆闷一定时间再播种，能充分发挥药效，提高防治效果。但堆闷时间不宜过长，以防发热影响发芽率。浸种（苗）是指先将药剂配成一定浓度的药液，然后将种子（幼苗）浸在药液里，使种子（幼苗）表面能吸收和黏附一部分药液，以消灭种子（幼苗）表面和内部病菌。气温高，浸种时间短些；气温低，浸种时间长些。闷种是指把种子摊在地上，把稀释好的药液均匀地喷洒在种子上，并搅拌均匀，然后堆起熏闷并用麻袋等物覆盖，经一昼夜后，晾干即可。包衣是指将种子与特制的种衣剂按一定的药剂比例充分搅拌混合，使每粒种子表面覆盖一层均匀的药膜，形成包衣种子（或包膜种子），其有效成分缓慢有序释放，以增强种子的抗逆性和提高生长特性。

（5）泼洒、灌根

泼洒、灌根指把定量的药剂加在适量的水里搅拌均匀后进行泼浇，或将药剂与湿润细土或化肥等拌和后由人工直接洒灌。该法的优点是农药对天敌影响小，药剂不飘移，残效期较长，操作方便，使用工具简单，缺点是施药均匀度不够。

（6）毒谷、毒饵

毒谷、毒饵指将害虫喜吃的食料与药剂配制成一种含毒食物后撒布在害虫活动的场所，引诱害虫前来取食，产生胃毒作用将其毒杀而死。常用的饵料有麦麸、米糠、豆饼、花生饼、玉米芯、菜叶等，主要用于防治蝼蛄、地老虎、蟋蟀等地下害虫，使用时应根据害虫取食习性，在傍晚撒布于田间诱杀。

（7）熏蒸

熏蒸指利用有毒气体来杀死害虫或病菌的方法。熏蒸一般应在密闭条件下进行，主要用于防治温室大棚、仓库、蛀干害虫和种苗上的病虫。

（8）涂抹

涂抹指利用内吸性农药在植物体能运输到各个部位的特点，将其直接涂布在植物幼嫩部分或刮去老皮露出的韧皮部分上，或将触杀性强的农药涂抹到害虫经常活动的地方。涂抹可用于防治某些病害和具有上、下树习性的幼虫，以及在植物体上越冬的害虫。

(9) 注射

注射指用注射机或兽用注射器将内吸性药剂注入树干内部，使其在树体内传导、运输而杀死害虫。一般将药剂稀释 2～3 倍后注射，多用于防治为害木本植物的钻蛀性害虫。

4. 农药的科学使用原则

农药的科学、合理使用要求贯彻“安全、有效、经济、简便”的原则，应从综合防治的角度出发，运用生态学的观点来使用农药。使用农药时应注意以下几个问题。

(1) 对症下药

各种药剂都有一定的性能和防治范围，即使是广谱性药剂也不可能对所有的病害或虫害都有效。因此，在施药前应根据病、虫种类和农药的性能选用高效、低毒、低残留、持效期短的药剂品种，切实做到对症下药。

(2) 适时用药

在调查研究和预测预报的基础上，掌握病虫害的发生、发展规律，抓住病虫害最敏感的阶段或最薄弱的环节用药，既可节约用药，又能提高防治效果，且不易发生药害。如对食叶害虫和刺吸式口器害虫在低龄幼虫、若虫盛发期防治为好；对钻蛀性害虫在卵孵化盛期、钻蛀前防治为好；防治病害时，一定要在寄主发病之前或发病早期用药，尤其是保护性杀菌剂必须在病原物接触、侵入寄主前使用。即使在同一天的不同时间，施药效果也存在极大的差异，如夜出为害的害虫，以傍晚施药效果较好；而在炎热的中午施药，不仅害虫躲藏在阴凉处不易杀死，还容易引起操作人员中毒。此外，用药前还要考虑当地气候条件和物候期等因素。

(3) 适当施药

① 选择适当的用量和浓度

施用农药时，应根据商品说明书的用量标准（如规定的浓度、单位面积用量等）来施药，切不可随意提高浓度、加大用药量或增加使用次数。否则，不仅浪费农药、增加污染、抬高成本，而且还易对植物体产生药害，甚至造成人、畜中毒。在用药前应搞清农药有效成分的含量，准确称量，科学配制。

② 选择科学的施药方法

不同的农药剂型、不同的为害部分应采用不同的施药方法。如乳油、可湿性粉剂、水剂等以喷雾为主；颗粒剂以撒施或深层施药为主；粉剂以撒毒土为主；内吸性强的药剂，可采用喷雾、泼浇、撒毒土等；触杀性药剂以喷雾为主；防治为害上部叶片的病虫以喷雾为主；防治为害植物基部的害虫以撒毒土或泼浇为主。施药时要细致周到，根据病虫在植物上为害的部位，把农药用在要害处。

③ 轮换用药

长期使用一种农药防治某种害虫或病菌，易使害虫或病菌产生抗药性，降低防治效果，导致病虫越来越难治。轮换使用性能相似而作用机制不同的农药品种，就会减缓抗药性的产生，提高农药的防治效果。

④ 合理混用农药

将 2 种或 2 种以上的对病虫具有不同作用机制的农药混合使用，可扩大防治范围，提高防治效果，节省劳力，延缓病虫产生抗药性。但不能盲目混用，否则不仅造成浪费，还会降低药效，甚至引起人、畜中毒等不良后果。农药混用时必须注意遇碱性物质分解、失效的农药不能与碱性农药、肥料等物质混用；混合后会产生化学反应或减效作用明显的农药不能混用；混合后会引起植物药害的农药不能混用；混合后出现乳剂破坏现象、产生絮结或大量沉淀的农药剂型不能混用。

（4）安全用药

在使用农药时，要严格遵照安全使用规程，防止中毒事故和药害的产生，同时要注意农药残留问题。

① 防止用药中毒

施用农药时必须注意施药人员必须做好一切安全防护措施；配药、喷药时应穿戴防护服、手套、风镜、口罩、防护帽、防护鞋等防护用品，不能谈笑、吃东西、抽烟等；有药物过敏者及孕期、经期、哺乳期的妇女等不能施药；施药中间休息或工作完毕时，需用肥皂洗净手脸，工作服也要洗涤干净；喷药过程中，如有不适或头疼目眩，应立即离开现场，寻一通风、阴凉处安静休息，如症状严重，必须立即送往医院，不可延误；药品应放在阴凉、通风、干燥处，与水源、食物严格隔离；用完后的药品包装材料（瓶、袋、箱等）和未用完的药品应集中处理，不得随意乱丢、乱放或派作他用。

② 药害及其预防

农药在施用过程中，由于药剂、植物、施用技术和环境条件等多种因素的影响，常会在植物上产生药害，给生产造成损失。药害是指因用药不当对植物造成的伤害，分为急性药害和慢性药害。急性药害指用药几小时或几天内，植物叶片很快出现斑点、失绿、黄化等；果实变褐，表面出现药斑；根系发育不良或形成黑根、鸡爪根等。慢性药害指用药后药害现象出现相对缓慢，主要表现为植株矮化、生长发育受阻、开花结果延迟、产量与质量下降等。

第七章　药用植物的采收、加工、包装、运输与贮藏

第一节　药用植物的采收

药用植物的采收是指药用植物生长发育到一定阶段，入药部位或器官已符合药用要求，药效成分的积累动态已达到最佳程度时，采取相应的技术措施，从田间将其收集运回的过程。它是一项科学性要求较为严格的工作，也是控制药材质量的一个重要环节。适期采收的药材产量高、品质好。

一、药用植物的采收时期

采收期是指药用植物药用部位或器官已符合药用要求、达到采收标准的收获时期，一般每一年中按月、旬来表示采收期。采收期与药材产量、品质及收获效率有着密切关系。

（一）采收期与产量

采收期对产量影响很大。如灰色糖芥地上部分产量在孕蕾期为 834.9 kg/hm^2、初花期为 984 kg/hm^2、盛花期为 1080 kg/hm^2、花凋谢种子形成期为 1462.5 kg/hm^2、种子近于成熟时为 1153.35 kg/hm^2，以花凋谢种子形成期的产量最高。又如，四川栽培的黄芪，8 月花期采收 7 kg 鲜根出 1 kg 干根，即鲜干比为 7∶1；9 月初采收鲜干比为 5～6∶1；接近枯萎期（10 月）采收，鲜干比为 3～4∶1；完全枯萎后（11 月）采收鲜干比为 2～3∶1。按各期鲜根产量相等计算，以完全枯萎的 11 月采收为最好，实际上鲜根产量也是 11 月最高。

采收期与产量的关系不单单是年内各时期、各月份的差异，还有适宜采收年限问题。采收年限也称收获年限，是指播种（或栽植）到采收所经历的年数。采收年限不同，产量也不相同。如芍药栽培 3 年采收，其单产为 4.5～6 t/hm^2；如果 4 年采收（增加生长的 1 年中，生产上投入不大），则单产为 6～7.5 t/hm^2。收获年限的长短，一般取决于 3 个主要因素：第一是药用植物本身特性，如木本或草本及一年生、二年生、多年生等。一般而言，木本植物比草本植物收获年限长，草本植物收获年限多与其生命周期一致。第二是环境因素的影响，同一种药用植物因南北气候或海拔高度的差异而采收年限不同。如红花在北方多为 1 年收获，而在南方是 2 年收获；三角叶黄连（雅连）在海拔 2000 m 以上栽培为 5 年以上收获，而在海拔 1700～1800 m 栽培时，4 年即可收获。第三是药材品质的要

求，根据药用要求，有的药用植物收获年限可短于该植物的生命周期。如川芎、附子、麦冬、白芷、浙贝母、姜等为多年生植物，而其药用部位的收获年限却为1～2年。根据药用植物栽培的特点，药用植物收获年限可分为1年收获、2年收获、多年收获和连年收获4类。

（二）采收期与质量

药材的质量优劣与药用（有效）成分含量高低呈正相关。药效成分含量高，治病效果较好，没有药效成分就不能防病治病。我国华北地区有“三月茵陈四月蒿，五月六月当柴烧”的谚语，说明茵陈只有3月苗期采收才能做药材。

药用植物生育时期不同，其体内有效成分含量也有差异。如灰色糖芥的强心苷含量在莲座叶丛期为1.17%、孕蕾期为1.82%、初花期2.15%、盛花期2.31%、种子形成期为1.99%，所以，就强心苷含量而言，以盛花期收获为佳；再如细辛，它是全草入药，挥发油为主要活性成分，有人测试出苗期（4月）、开花期（5月）、果期（6月）、果后营养生长期（7～8月）和枯萎期（9月）的醚溶性浸出物含量，分别为4.52%、5.78%、3.21%、3.45%和3.41%，以开花期含量为最高。细辛在我国东北传统的采挖期也是5月。

人参、西洋参、三七、大黄、细辛和黄连等多年生宿根性药材，生长年限不同，药效成分含量也不同。一般地讲，生长年限愈长，有效成分含量愈高。但要注意的是，人参生长年限在6年以内，随生长年限延长，活性成分的含量增长速度较快，而生长年限延长至6～7年以后，活性成分的含量增长速度开始下降。又如生长3～4年大黄根中的大黄苷在其种子成熟前含量最高，种子成熟后，苷的含量显著下降，因此从有效成分含量的角度来看，传统的大黄采收期有问题，应改为种子成熟前采收。

药材质量问题，除了药效成分含量外，还有色泽、饱满度、油性等多方面的衡量指标。采收期不同，这些指标的优劣也不尽一致。如番红花适期采收干后产品色泽鲜红，有油性；采收偏晚柱头黏上花粉粒呈黄色；采收偏早干后呈浅红色，质脆油性小。又如人参，适期采收浆足质实，加工出的红参、生晒参色正，无抽沟，红参断面呈角质样；如果提早或延后采收，加工出的产品有抽沟。天麻提早或延后采收，加工后的块茎抽瘪严重。贝母提早采收加工出的产品质轻，过晚采收加工出的产品色泽发黄。

（三）采收期与收获效率

许多以果实或种子入药的药材（如薏苡、紫苏、芝麻和芥子等），必须适时采收，如果采收过晚，果实易脱落或果实开裂种子散出，这样不仅减少了产量，而且还浪费了人力。如厚朴、杜仲和肉桂等皮类药材，多在树液流动时采收，剥皮容易，劳动效率高；过早或过晚采收，不仅剥皮费工，而且也保证不了质量。我国东北、华北、西北地区及南方的高寒山区，根类药材收获过晚（土表结冻后），不仅影响收获效率，而且易使根部折断，降低药材质量。我国南方郁金收获过迟，块根水分过多，挖时易折断、费工，加工易起泡，干燥时间长。

（四）种子质量与收获期

收获期不仅影响药材的产量与品质，也影响种子、种栽的产量和质量。如细辛种子采收不及时，果实成熟后会自然开裂，种子散落在地，散出的种子不是被蚂蚁搬食，就是因干热而丧失发芽能力。人参种子采收过晚，成熟者会落地；红花种子不及时采收，一旦遇雨会自然萌发；平贝母鳞茎采收过晚（8 月后）会生根，严重影响种用鳞茎质量；人参和西洋参种栽起采收过晚，易遭缓阳冻等，种子采收过早则未成熟，难以保证种子质量。

(五) 最佳采收期的确定

药材的采收，关键是确定其最佳采收期。最佳采收期的确定必须把有效成分的积累动态与产品器官的生长动态结合起来考虑，同时也应当注意药材的商品性状。由于药材种类多，入药部位不同，其采收期的确定也要区别对待。

第一，有效成分含量高峰期与产品器官产量高峰期一致时，可以根据生产需要，在采收商品价值最高时采收。这有两种情况：(1) 有效成分含量有显著高峰期，而产品器官产量变化不显著者，则以含量高峰期为最佳采收期。属于这类的药材有蛔蒿、细辛和红花等。(2) 有效成分含量变化不显著，而产量有显著高峰期者，则以产量高峰期为最佳采收期。一般以果实、种子入药的药材都属这一类，均以果实、种子充分成熟时采收为宜。

第二，有效成分含量高峰期与产品器官产量高峰期不一致时，则应以有效成分含量与产量之积最大时为最佳采收期。如薄荷，薄荷叶在花蕾期的产量为 15 t/hm^2，有效成分薄荷油含量为 3%；在开花期的产量为 75 t/hm^2，薄荷油含量为 1.5%。确定其最佳采收期则要以两者的乘积（有效成分含量×产品器官产量）达到最大值的时期（即开花期）为宜。

第三，有些药材中除含有效成分外，尚含毒性成分，应选择产量高、有效成分含量高，但有毒成分含量低时为最佳采收期。

第四，同一种药材在不同地区栽培，应根据当地的气候条件确定最佳采收期，也就是说不同地区最佳的采收期不同。

由于药用植物种类多，药用成分复杂，目前还不能确定每一种药材的最佳采收期。确定采收期的原则：以药用部位最充实、最饱满、质量最好，有效成分或主要成分含量高时为最佳。

(六) 各类药材的采收

药材采收期因植物种类、药用部位、地区气候条件等因素而异。下面为各类药材传统的采收经验。

1. 根和根茎类

当年播种收获的根和根茎类药材有牛膝、玄参、半夏、天麻（白麻做种）、地黄、北沙参、浙贝母、菘蓝、天南星等；栽培 2～3 年收获的有乌头（附子）、柴胡、黄芪、当归、白芷、防风、黄芩、白术、云木香、土木香、党参、桔梗、前胡、知母、独活、缬草、商陆、射干、百合、丹参、平贝母、峨参、何首乌等；栽后 3～5 年收获的有细辛、大黄、芍药、三七、甘草、百部、天门冬、远志、穿山龙等；栽培 5～8 年收获的有人参、黄连、巴戟天等。

对于这些药材，在收获年份里，绝大多数品种都是在植株生长停止，待要进入或进入休眠期的秋季采收，或者在春季萌芽前采收。传统经验认为柴胡和明党参在春季采收最好，平贝母和延胡索在小满至芒种期间采收，太子参在夏至前后采收。

2. 皮类（树皮、根皮）

皮类药材栽培年限较长，除牡丹皮需 3～4 年外，杜仲、厚朴、黄柏需 10 年以上，肉桂需 15～20 年。一般在春末夏初植物生长旺盛，皮部养分和树液增多时采收。

3. 叶类

多数叶类药材为当年采收，有的为 2 年采收，有的可连采。采叶宜在植物生长最旺时期，如花未开放或果实未成熟前进行。此时叶内营养充足，有效成分含量最高。但桑叶须在秋霜后采收。

4. 花类

忍冬、丁香、款冬、槐花、番红花、洋金花等多在花蕾膨大，但尚未开放时采收；辛夷在花蕾微开时采收；红花、菊花、凌霄花宜在盛花期采收；除虫菊在花头半开时采收。

5. 果实和种子类

果实类药材多在果实自然成熟或将要成熟时采收，如栀子、山楂、栝楼、枸杞、薏苡等；枳壳、梅等宜在未成熟时采收；川楝、山茱萸着霜后采收为佳。种子类药材多在自然成熟时采收。成熟期不一致的果实或种子，应随熟随采，如木瓜、凤仙花、补骨脂、水飞蓟、续随子等。

6. 全草类

全草类药材多在植株进入生长最旺盛时期，如蕾期或花期采收，如细辛、藿香、荆芥、穿心莲；马鞭草等少数种是在开花后采收。

7. 树脂及其他

树脂、藤木类药材栽培年限较长，苏木、阿拉伯胶需 5～6 年，安息香需 7～9 年，儿茶、沉香需 10 年以上，檀香要 30 年才能采收。

二、药用植物的采收方法

药用植物入药部位不同，其采收方法也不同。采收方法恰当与否，直接影响到药材的产量和品质。常用的采收方法有下面几种。

（一）挖掘

适用于收获以根或地下茎入药的药用植物。要选择适宜时机与土壤含水适当时进行挖掘，若土壤过湿或过干，不但不利于采挖根或地下茎，而且费时费力，容易损伤地下药用部分，降低药材的品质与产量。

（二）刈割

用于收获全草、花、果实、种子，且成熟程度较一致的草本药用植物。可以根据不同药用植物及入药部位的具体情况，或齐地割下全株，或只割取其花序或果穗。有的全草类一年两次或多次收获，在第一、二次刈割时应留茬，以利于萌发新的植株，提高下次的产量，如薄荷、瞿麦等。花、果实、种子的刈割，亦因种类不同需要区别对待。

（三）击落

树体高大的木本或藤本药用植物的果实、种子等需收获时，可以器械击落而收集，如胡桃等药材。击落时最好在植物下垫上草席、布围等，以便收集与减轻损伤，同时也要尽量减少对植物体的损伤或其他危害。

（四）采摘

在进行成熟程度不一致的药用植物果实、种子和花的收获时，由于它们成熟程度不一致，只能分批采摘，以保证其品质与产量，如辛夷花、菊花、金银花等。采摘果实、种子或花时，要注意保护植株，不要损伤未成熟部分，以免影响其继续生长发育，也不要遗漏，以免其过熟脱落或枯萎、衰老变质等。另外，有一些药用植物的果实、种子个体大，或者枝条质脆易断，其成熟程度虽较一致，但不宜用击落法采收，也可用本法收获，如佛手、连翘、栀子等。

（五）剥离

适用于树皮或根皮入药的药用植物采收，如黄柏、厚朴、杜仲、牡丹皮等。树皮和根皮的剥离方法略有差异。树皮的剥离方法又分为砍树剥皮、活树剥皮、砍枝剥皮和活树环状剥皮等。木本的粗壮树根与树干的剥皮方法相似。灌木或草本根部较细，剥离根皮方法则与树皮不同：一种方法是用刀顺根纵切根皮，将根皮剥离；另一种方法是用木棒轻轻锤打根部，使根皮与木质部分离，然后抽去或剔除木质部，如牡丹皮、地骨皮和远志等。

（六）割伤

以树脂类入药的药用植物如安息香、松香、白胶香、漆树等，常采用割伤树干来收集树脂。一般是在树干上凿"▽"形伤口，让树脂从伤口渗出，流入下端安放的容器中，收集起来后经过加工即成药材。

第二节　药用植物的产地加工

药用植物采收后，除少数鲜用，如生姜、鲜石斛、鲜芦根等，绝大多数均需在产地及时进行初步处理与干燥，称之为"产地加工"或"初加工"。

由于药用植物种类繁多，根据其药材的形、色、气味、质地及所含物质的不同要求，加工的要求也各不相同。一般来说都应该达到体型完整、含水量适度、色泽好、香气散失少、不变味（必须经加工变味的例外）、活性物质破坏少的要求，才能确保药材商品的规格和品质。总之，产地加工的目的是使药材纯净，防止霉烂变质；保持药效和活性成分的含量，保证药材的品质；便于包装、运输和贮藏。

一、产地加工方法

（一）清选

1. 挑选

挑选是清除混在药材中的杂质或将药材按大小、粗细分类的净选方法，在挑选过程中要求除去非药用部位。根与根茎类药材，不仅要除去残留茎基、叶鞘及叶柄等，亦要除去混入的其他植物根及根茎；鳞茎类药材，要除去须根和残留茎基；全草类药材，要除去其他杂草和非入药的根与根茎；花类药材，要除去霉烂或不符合药用要求的花类；茎类药材，要除去细小的茎和叶；果实类药材，要除去霉烂及不符合药用要求的果实；种子类药材，要除净果皮和不成熟的种子。

2. 筛选

筛选是根据药材和杂质的体积大小不同，选用不同规格的筛子以筛除药材中的泥沙、地上残茎残叶等的一种方法。筛选可用手工筛选，也可以用机械筛选，筛孔的大小可根据不同要求进行选择。多用于块茎、球茎、鳞茎、种子类药材的净选除杂。

3. 风选

风选是利用药材和杂质的比重不同，借助风力将杂质除去的一种方法。一般可用簸箕或风车进行，可除去果皮、果柄、残叶和不成熟的种子等。多用于果实、种子类药材的初加工。

4. 水选

水选是通过水洗或漂的方法除去杂质的一种方法。有些药材杂质用风选不易除去，可以通过水选除去泥土、干瘪之物等。多用于植物种子的净选。

（二）清洗

清洗是将药材与泥土等杂质分开的一种行之有效的方法。为了减少活性成分的损失，一般在药材采收后，趁鲜水洗，再进行加工处理。根据不同要求可选择不同的清洗方法，清洗方法有喷淋法、刷洗法、淘洗法等。

（三）去皮

根、地下茎、果实、种子及皮类药材常需去除表皮（或果皮、种皮），使药材光洁，内部水易向外渗透，干燥较快。去皮要厚薄一致，以外表光滑无粗糙感，去净表皮为度。去皮的方法有手工去皮、工具去皮、机械去皮和化学去皮。

（四）修整

修整指用刀、剪等工具去除非药用部位或不利于包装的枝杈，使之整齐，便于捆扎、包装，或划分等级等。修整工艺要根据药材的规格、质量要求来制定。剪除芦头、须根、侧根，进行切片、切瓣、截短、抽头等多在药材干燥之前进行。剪除残根、芽苞，切削不平滑部分等常在药材干燥后进行。

（五）蒸、煮、烫

此法指将鲜药材在蒸汽或沸水中进行不同时间的加热处理，均在药材干燥之前进行。

蒸是将药材盛于笼屉中置于沸水锅上加热，利用蒸汽进行的热处理。蒸的时间长短依目的而定。以利于干燥为目的，应蒸至熟透心，以蒸汽直透笼顶为度，如菊花、天麻、天冬等；以去除毒性为目的，蒸的时间宜长，如附片需蒸 12～48 h。

煮和烫是将药材置于沸水中煮熟或熟透心的热处理。煮的时间较长，有的药材需煮熟，如天麻。烫的时间较短，以烫至熟透心为止，我国西南地区习称“潦”，如川明参、石斛、黄精等，烫后干燥快。判断煮、烫是否熟透心，可以从沸水中取出 1～2 支药材，向其吹气，外表迅速“干燥”的为熟透心；吹气后外表仍是潮湿或是干燥很慢的，表示尚未熟透心，应继续煮、烫。

（六）浸漂

浸漂是指浸渍和漂洗。浸渍一般时间较长，有的还加入一定辅料。漂洗时间短，换水勤。漂洗的目的是减轻药材的毒性和不良性味，如半夏、附子等；抑制氧化酶的活性，以免药材氧化变色，如白芍、山药等。浸漂要注意药材在形、色、味等方面的变化，掌握好浸漂时间、水的更换、辅料的用量和添加的时机。漂洗用水要清洁，换水要勤，以免引起药材发臭、霉变。

（七）切制

一些较大的根及根茎类药材，往往要趁鲜切成片或块状，利于干燥。含挥发性成分的药材不适宜产地加工，因切制后容易造成活性成分的损失。切制方法有手工切制法和机械切制法。

（八）发汗

鲜药材加热或半干燥后，停止加温，密闭堆积使之发热，内部水分就会向外蒸发，当堆内空气含水汽达到饱和，遇堆外低温，水汽就凝结成水珠附于药材的表面，如人出汗，故称这个过程为“发汗”。发汗是药材加工常用的独特工艺，它能有效地克服干燥过程中产生的结壳，使药材内外干燥一致，加快干燥速度，使某些挥发油渗出，化学成分发生变化，药材干燥后更显得油润、光泽或者香气更浓烈。

（九）揉搓

一些药材在干燥过程中易皮肉分离或空枯，为了使药材不空枯、油润、饱满、柔软，在干燥过程中必须对其进行揉搓，如山药、党参、麦冬、玉竹等。

（十）干燥

干燥是药材加工的重要环节，除鲜用的药材外，绝大部分要进行干燥。干燥的目的是及时除去鲜药材中的大量水分，避免发霉、虫蛀及活性成分的分解和破坏，保证药材的质量，利于贮藏。

理想的干燥方法要求干得快、干得透，干燥的温度不破坏药材的活性成分，并能保持药材原有的色泽。干燥的方法分为自然干燥法和人工加温干燥法。

1. 自然干燥法

此法利用太阳的辐射、热风、干燥空气达到药材干燥的目的。晒干为常用方法，一般将药材铺放在晒场或晒架上晾晒，利用太阳光直接晒干，是一种最简便、经济的干燥方法，但含挥发油的药材、晒后易爆裂的药材均不宜采用此法。阴干是将药材放置或悬挂在通风的室内或荫棚下，避免阳光直射，利用水分在空气中自然蒸发而干燥，阴干主要适用于含挥发性成分的花类、叶类及全草类药材。晾干则将原料悬挂在树上、屋檐下或晾架上，利用热风、干风进行自然干燥，也叫风干，常用于气候干燥、多风的地区或季节，如大黄、菊花、川明参等多采用晾干。在自然干燥的过程中，要随时注意天气的变化，防止药材受雨、雾、露、霜等浸湿；要常翻动药材使其受热一致，以加速干燥。在大部分水分蒸发后，药材干燥程度已达五成以上时，一般应短期堆积回软或发汗，促使水分内扩散，再继续晾干或晒干。这样处理不仅加快了药材干燥速度，而且使其内外干燥一致。

2. 人工加温干燥法

人工加温可以大大缩短药材的干燥时间，而且不受季节及其他自然因素的影响。利用人工加温的方法使药材干燥，重要的是严格控制加热温度。根据加热设备不同，可分为炕干、烘干、红外干燥等法。现一般多用煤、木炭、蒸汽、电力等热能进行烘烤。具体方法有直火烘烤干燥、火炕烘烤干燥、蒸汽排管干燥设备干燥（利用蒸汽热能干燥）、隧道式干燥设备干燥（利用热风干燥）、火墙式干燥室干燥、电热烘干箱干燥、电热风干燥室干燥、太阳能干燥室干燥、红外与远红外干燥、微波与冷冻干燥设备干燥等。一般温度以50～60℃为宜，此温度对一般药材的成分没有多大破坏作用，却能较好地抑制酶的活性。对含维生素较多的多汁果实类药材可用70～90℃的温度，以利于迅速干燥。但对含挥发油或须保留酶活性的药材，如薄荷、杏仁等，则不宜用本法干燥。

值得注意的是，除了上述方法外，在中药材传统加工上经常采用熏硫的方法，一般在干燥前进行。此法主要是利用硫黄燃烧产生的二氧化硫，达到加速干燥、使产品洁白的目的，并有防霉、杀虫的作用，如白芷、山药、菊花等的产地加工大多使用硫黄熏蒸。但因硫黄颗粒及其所含有毒杂质等残留在药材上影响药材品质，国家已禁止在食品生产加工中使用硫黄，因此建议在中药材生产加工上也应慎用或禁用此法。

二、各类药材的产地加工

各类药材在不同的地方有不同的加工方法，药材种类繁多，加工方法各异，下面介绍几种常用的加工方法。

（一）根与根茎类

1. 直接分级干燥，除杂入药

这类药材不经洗刷，直接晒干、阴干或分级烘干。有些药材根体粗大，不易干透，应边干边闷，反复闷晒（烘），直至八九成干时，除去杂物，最后干至符合商品规定标准为止。如平贝母、川芎、三七、牛膝、大黄、防风、柴胡、前胡、甘草、黄芪、白术、地黄、板蓝根、独活、丹参、黄连、续断、缬草、紫菀、何首乌、云南萝芙木等可直接分级干燥、除杂，干后再按商品等级分级包装。

2. 洗刷后干燥

人参、西洋参、伊贝母、虎杖和射干等药材采收后，要用清水将根体洗净，然后晒干或烘干，最后按商品规格分级包装。

3. 浸漂后干燥

平贝母加工时，先水洗，然后用石灰水浸 12 h，浸后拌石灰干燥。盐附子加工时，把附子浸在一定浓度的胆巴和盐的水溶液中（俗称泡胆），浸泡 3～4 d 后，浸控、浸晒（晒短水、晒半水、晒长水）2 周，最后用高浓度的煮沸的盐胆水浸泡 24～42 h，浸后控干即成盐附子。

4. 刮皮干燥

有些药材加工中有刮皮工艺，刮皮后干燥成成品，如北沙参、桔梗、山药、穿山龙、半夏、浙贝母、大黄、明党参、芍药和光知母等。其中北沙参、芍药和明党参先用沸水浸烫，冷却后去皮；其余的趁鲜刮去粗皮（大黄也可削去粗皮），然后晒干或烘干。雪胆的去皮较特殊，它是先将块根放入火中烧熟（严禁把皮烧焦），然后剥去表面粗皮干燥。

5. 切片（段）干燥

根体较粗或质地坚硬的药材需趁鲜切片（段）或剖开，然后晒干或烘干。采用此种工艺加工的药材有天花粉（栝楼根）、商陆、地榆、苦参、乌药、土木香、云木香、吐根、穿山龙、大黄、附片（白附片、黑附片、顺片）、催吐萝芙木和巴戟天（晒六七成干切段）等。

6. 熏干或熏后干燥

当归加工时把根扎成小把，再把小把纵横堆放在架上（高 30～50 cm），用湿柴或秸秆燃烟熏干，熏至表皮呈赤红或金黄色时，再用煤熏烤至干。

7. 烫或蒸制后干燥

有些药材洗刷后需要沸水浸烫或热锅蒸制，然后烘干。这样加工出的药材质地致密、吸湿慢、耐储性能好，但药性与直接晒干或烘干者略有不同，如大力参（又称为烫通参）和红参。采用烫后干燥的药材有天门冬、百部、百合、白及、延胡索、石斛、太子参和峨参等。采用蒸后干燥加工的药材有郁金、黄精、大个的白芷等。

8. 其他

远志加工时，趁水分没干，用木棒敲打，使其松软，抽去木心，晒干后成为远志肉，不抽心直接晒干则为远志棍。

玄参晒干过程中要经常把根体堆放在一起，并盖上麻袋等闷捂（晒 1～2 d，捂 2～3 d），使其根体内部变黑。闷捂变黑的化学反应或药效成分变化，虽然尚不清楚，但商品规格规定断面全黑者为佳。

（二）叶、全草类

叶、全草类药材多含挥发性成分，最好是放在通风处阴干或低温下烘干。通常在阴干前或阴干中将药材扎成小把（捆），然后再阴至全干或晒至全干，如紫苏、芥穗、薄荷和细辛等。但穿心莲、大青叶、毛花洋地黄和莨菪可直接晒干。含水多的叶类药材（如垂盆草和马齿苋等），需用沸水轻轻烫一下，然后晒干。

（三）花类

花类药材采收后除保证活性成分不损失外，还应保持花色鲜艳、花朵完整。一般在采收后须直接晒干或烘干（红花忌烈日下晒干），随采随晒，并应尽量缩短烘晒的时间。

（四）果实、种子类

决明子、续随子、胡芦巴、牛蒡子、水飞蓟、急性子和薏苡等可直接晒干，干后清除杂物。薏苡干后还要去皮，取种仁入药。砂仁连果皮一起干燥。李和郁李等应打碎果核，取内部种仁晒干入药。五味子和枸杞子可直接晒干或烘干。枳壳和佛手可割开干燥。栝楼割开后晒干，或去掉内瓤和种子，然后晒干（烘干）入药。豆蔻带果实干燥储存，用时取其种子入药，这样干燥保存使其有效成分散失较少。

（五）皮类

多数皮类药材采收后可直接晒干，但杜仲和厚朴要先刮去粗皮（厚朴趁鲜刮粗皮，以色显黄色为度），刮后趁鲜或半干时，将皮展平，相互重叠用重物压平后再晒干。杜仲剥下的树皮还要用沸水烫、泡，然后展平，并用稻草垫、盖，使之“发汗”，当内皮呈紫褐色时再取出晒干。桂皮也有卷筒干燥者，牡丹皮有刮皮和不刮皮两种。皮类药材在加工中都要严禁着露、触水，否则会发红变质。

第三节　中药材的包装、运输与贮藏

加工后的中药材还需要经过包装，才能进入运输、贮藏和销售领域。

一、中药材的包装

（一）中药材包装的目的与作用

根据中药材形态特点和所含活性成分的变异特性，采用相应的包装措施，有利于防止或延缓中药材的质量变异。特别是采用分档、分级包装或小包装，可以避免大包装的药材在贮藏、运输、销售过程中发生虫害、霉烂、走油等现象，以及这些现象交叉感染所造成的更大的损失；有利于中药材的贮藏和运输；有利于增加药材附加值和扩展品牌效应。

（二）中药材的包装要求

中药材包装容器应遵循“适用、牢固、经济美观”的原则。包装容器应无污染、清洁、干燥、无破损，符合有关国家标准和中药材质量要求。现在流通的药材包装形式主要以麻袋、编织袋、纸箱、压缩打包为主，也有部分药材采用桶装。包装场地、设备和参与包装人员应达到相应卫生标准。包装过程应按照标准操作规程操作，并有相应包装记录。每件药材包装上，应注明品名、规格、产地、批号、包装日期、生产单位，并附有质量合格标志。易破碎的药材应装在坚固的箱盒内；毒性、麻醉性、贵细药材应使用特殊包装，并贴上相应标记。

（三）中药材的包装方法

中药材的包装应根据中药材性质的区别，选择不同的包装方法，产区常用的方法有下面几种。

1. 袋装

常用袋的种类有布袋、细密麻袋、无毒聚氯乙烯袋等。粉末状药，如海金沙、蒲黄等应用布袋包装；颗粒小的药材，如车前子、青葙子、黑芝麻等应用细密麻袋包装，以防散失；易潮解、泛糖的中药材，如地黄、黄精等应用无毒聚氯乙烯袋包装，以防吸水。

2. 筐装或篓装

筐、篓能承受一定的压力，在储运过程中不致将药材压碎，同时还能通风换气，故一般用来装短条型药材，如桔梗、赤芍等。

3. 箱装

箱子一般用木材组成，适用于怕光、怕潮、怕热、怕碎的名贵药材。

4. 桶装

常用的有木桶和铁桶，适用于流动的液体药材，如苏合香油、薄荷油、缬草油等。此外，还有用铁桶、铁盒、陶瓷瓶、陶瓷缸等盛装冰片、麝香、樟脑等易挥发的固体药材。

5. 打包

打包分为手工打包和机械打包。手工打包易出现“斧头形”或“龟背形”，在操作中应避免发生。

（1）打包材料

外层多用粗布、麻布、薄席、草席、塑料编织布作覆盖物，以竹片作垫料，用铁丝、麻绳做捆器。

（2）打包要求

一是打包压力不低于 15 t，并扣牢固，回松的包件保持扁平，缝捆严密。二是打包的中药材应有标准，如包装材料符合规格要求、中药材符合品质标准等。

（3）捆扎的要求

商品装料必须两头平齐，四周踩紧，两边填实，中间紧松持平，分层均匀平放。捆扎的绳索一般不少于 4 道，机械打包的包件大小应符合国家相关部门制定的标准件尺寸。缝口严密，两端包布应缝牢，标记事项应填完整。

（4）打包捆扎

打包捆扎分为全包、夹包。全包即全包、全缝、全捆的货包，外用竹夹或粗布全部包裹捆扎，其密度因品种而定。夹包即上下两面用粗布或包裹捆扎，只限于桑白皮等的包装。

二、中药材的运输

中药材采收后，从产地到批发企业，再到药厂或零售企业，最后到消费者手中，需要经过一个中间环节，即运输环节。因此，需创造良好的储运条件和恰当地使用交通运输工具，最大限度地保证药材在储运过程中质量完好。

《药品经营质量管理规范实施细则》第四十八条规定：“药品运输时，应针对运送药品的包装条件及道路状况，采取相应措施，防止药品的破损和混淆。运送有温度要求的药品，途中应采取相应的保温或冷藏措施。”《中药材生产质量管理规范（试行）》中对药材运输也作了要求。

1. 运输过程中的质量保证

运输过程包括装车、运输和卸货。装车时要严格检查，去除次品和废品，清点要运输的药材数量，认真堆垛，捆牢。具体应该注意的问题：注意单项装运、混装时不得有污染及不得与矿物药混装；防止途中摔坏包装、污染、淋湿和掉包；商品运到交货地点后，应立即卸车交货，并完善交接手续；中转时要认真清点、填好交接清单。

2. 特殊中药材的运输

中药材中有一些品种具有特殊的性质，如鲜用药材易干枯失鲜或腐烂霉变、贵细药材价格昂贵、有的中药材质地特殊等，这些都给运输工作带来了一定的技术难度。针对上述各类药材的特性，在运输中鲜用药材要注意采取防腐保鲜措施；贵细药材要严格监管和有押运措施；质脆易碎的中药材要用坚固的箱盒包装，避免包装受重压而变形、变碎。

对易燃中药材及毒性、麻醉性药材的运输应进行严格的管理。在运输过程中，应当采取有效措施，防止盗窃、人身伤害、燃烧、爆炸等事故的发生，确保运输安全。

三、中药材的贮藏与养护

中药材贮藏，又称仓储，是指中药材商品在离开生产领域进入消费领域之前在流通过程中形成的停留与积聚。中药材的贮藏和养护是中药材流通中的重要环节之一，是保证中药材质量必不可少的重要组成部分。中药材在贮藏过程中往往会受到虫害、鼠害、光照、空气、水分等外界因素的影响，造成虫蛀、霉变、腐烂等现象。因此，采取各种有效措施，减少中药材在储存过程中的损耗和保护中药材的质量和疗效，成为中药材贮藏和养护的重要任务。

（一）中药材的贮藏

1. 常用的贮藏方法

贮藏时间短时，只需选择地势高、干燥、凉爽、通风良好的室内，将中药材堆放好，或用塑料薄膜、苇席、竹席等防潮即可。

（1）冷藏法

此法是一种防治害虫及霉菌比较理想的办法，但须制冷设备。北方可利用冬季严寒季节，将药材薄薄摊晾于露天，在零下15℃经12 h后，一般会冻死各种害虫。

（2）干沙贮藏法

干燥的沙子不易吸潮，又无营养，不仅能防虫，而且霉菌也无法蔓延。一般将沙铺在水泥晒场上，经40℃左右地面温度曝晒至充分干燥，然后装入缸或木箱中，再将中药材埋于其中。根及根茎类中药材适用此法。

（3）防潮贮藏法

将石灰等吸水材料置于贮藏中药材的室内，并不断更换吸水材料，使室内保持干燥。此法适用于吸湿性强的中药材。

（4）气调贮藏法

密封仓库，充氮降氧，使库房内空气含有98%的氮气，害虫会窒息而死，而且仓库内中药材不会发霉变质、变色。此法是一种科学而经济的贮藏方法。

（5）密封防潮贮藏法

在仓库地面铺木板，木板上铺油毛毡和草席，再铺上大块塑料薄膜，中药材堆放于薄膜上，用薄膜包装密封，并将接缝黏接起来。

2. 贮藏时应注意的问题

（1）应经常抽检中药材的水分含量，以免产生霉变等不良后果。

（2）中药材堆放要整齐，要留有通道、间隔和墙距，以利于抽检及空气流动。

（3）不同种类中药材应分别堆放，特别是吸湿性强的中药材更应单独堆放，以免引起其他中药材受潮。各种中药材应挂上标签，并在上面注明植物学名、产地、数量、加工方法及等级等。

（4）易碎中药材，不能重叠堆放。

（二）中药材的养护

1. 中药材常用养护方法

中药材传统贮藏中的养护方法主要有下面几种。

（1）干燥法

中药材在储存期的生虫、生霉、腐烂等现象多数与水分有关，除去中药材中过多的水分，可以延长中药材的保存时间。常用除去水分的传统方法有晒、晾、烘、烤等。

（2）密封法

在密封的条件下，中药材中害虫的呼吸受到抑制，害虫长期处于低氧的环境中，不利于其生长和繁殖，久而久之会因窒息而死亡。常见的密封容器有缸、坛、罐、瓶、桶、箱等，较大的有塑料袋和库房。

（3）对抗驱虫法

对抗驱虫法是中药材传统养护方法之一，指利用一些有特殊气味能起驱虫作用的药材或物品与易生虫中药材共同存放，达到防止中药材生虫的目的。常用的有驱虫作用的药材或物品有山苍子、花椒、蒜头、白酒等。

（4）吸潮法

通过一些干燥剂带走空气中的水分，使中药材不受潮解而生虫，此法通常与密封法混合使用。常用的干燥剂有生石灰、无水氯化钙、硅胶等。

（5）低温和高温法

害虫的生长繁殖需要适宜的温度和湿度，一般温度在16～35℃、空气相对湿度在60％以上是害虫生长的最适宜环境，如果人为降低或升高湿度，害虫的生长发育都会受到抑制，甚至导致害虫死亡，从而达到防治害虫的目的。常用的低温设备有冰箱、冰柜、空调等；常用的升温设备有恒温箱、炕等。

（6）化学药剂法

此法利用有关化学药剂散发的气体来杀死害虫、霉菌。常用的化学药剂有硫黄、氯化苦、磷化铝等。散发的化学气体被中药材吸收后会带来一定的毒副作用，在贮藏中应尽可能不用或少用这类方法。

2. 新技术在中药材贮藏养护中的运用

新技术主要包括气调养护法、气幕防潮养护法、远红外加热干燥养护法、微波干燥养护法和辐射防霉除虫养护法等。

(1) 气调养护法

此法是在密闭条件下，人为调整空气的组成，造成低氧的环境，抑制害虫和微生物的生长繁殖及中药材自身的氧化反应，以保持中药材品质的一种方法。气调养护法具有杀虫、防霉的作用。气调养护的具体形式包括塑料薄膜罩帐和气调密闭库。气调养护法具有下列优点：能保持中药材原有的色泽和气味；对不同质地和成分的中药材均可使用，库房存储量可调节；操作安全，无公害；比用化学熏蒸剂节省费用。

(2) 气幕防潮养护法

此法是在仓库门上装气幕，配合自动门以阻止仓库内外空气对流，减少湿热空气在库内较冷的墙、柱、地面等处结露，进而达到防潮的一种方法。

(3) 远红外加热干燥养护法

此法是将电能转变为远红外线辐射中药材，中药材内组织吸收远红外线后产生共振，引起分子、原子的振动和转动，导致物体变热，经过热扩散、蒸发或化学变化，最终达到干燥灭虫目的的一种方法。此法具有较强的杀菌、灭卵的能力。

(4) 微波干燥养护法

此法是一种感应加热灭虫和介质加热灭虫的方法。仓虫经微波加热处理，体内水分子发生振动摩擦而产热，使虫体内蛋白质遇热凝固，水分汽化排出体外，导致仓虫迅速死亡。此法具有杀虫时间短、杀虫效力高、无残毒、无药害的优点。

(5) 辐射防霉除虫养护法

此法是利用原子辐射作用杀灭仓虫，或致使仓虫不能完全发育及产生不育成虫，从而达到灭虫目的的一种方法。常用的辐射能为 X 射线、γ 射线和快中子等。

第八章　药用真菌培育基本技术

第一节　药用真菌的消毒与灭菌

一、消毒与灭菌的基本概念

微生物在自然界广泛分布，可以说无处不在，凡是生物能够生活的地方都有它们的分布，它们以菌体或孢子的形态存在，并通过各种媒介、途径广泛传播。这里所说的微生物包括细菌、真菌、放线菌、病毒等所有微生物。凡是药用真菌可以生长的地方，它们都可以生长，它们有的与药用真菌争夺养分，有的甚至可以抑制药用真菌菌丝的生长，总之它们对药用真菌的正常生长发育影响很大。在药用真菌栽培生产中，凡是培养的药用真菌以外的微生物统称杂菌。为了保证药用真菌的正常生长发育，必须杀死或抑制其他杂菌的生长，因此，消毒与灭菌成为药用真菌栽培生产成败的关键，也是在药用真菌栽培生产中必须掌握的一项最基本的技术。

(一) 灭菌

灭菌指在一定范围内，用物理或化学方法杀灭培养料或容器中的一切微生物，包括营养体、孢子等休眠体，使培养料或容器成为无菌状态，是一种彻底的灭菌方法。

(二) 消毒

消毒指在一定范围内，用物理或化学方法杀灭或清除培养料中、物体表面及环境中的部分微生物，是一种不彻底的灭菌方法。也就是说消毒后还存在部分活的微生物，如细菌的芽孢、霉菌的厚壁孢子等。所以，消毒的作用是使有害的微生物暂时不能危害药用真菌的生长发育，并可防止病虫害的传播。

(三) 防腐

防腐指用物理或化学方法暂时抑制微生物的生长，达到防止物品腐败霉变的目的，如浸制标本等。

(四) 杀菌

杀菌指杀死微生物菌体，通常不包括芽孢等。

(五) 除菌

除菌指用物理方法（机械方法）除去液体或气体中的微生物，如过滤与离心分离、静电吸附等。

在药用真菌生产或科研实践中，如菌种的分离培养、试管菌种（母种）的扩大繁殖、原种和栽培种的制作等，必须要对培养料、接种工具、接种场地等事先进行彻底的灭菌，使其达到无菌状态，同时遵守无菌操作规程，只有这样才能保证培养的各级菌种达到纯培养。对于生产用的菇房、菇架及生产中用的工具、器皿、出菇场地等要进行消毒处理，以消灭危害药用真菌的各种可能的微生物和害虫，这样才能为药用真菌的优质、高产提供可能。

二、灭菌的一般方法

各种微生物都由蛋白质组成，加热灭菌可以使核酸变性、蛋白质凝固，从而达到杀死微生物的目的。加热灭菌经济有效、简便易行，可分为干热灭菌和湿热灭菌两种。

（一）干热灭菌

1. 火焰灭菌

此法是直接利用火焰将微生物杀死的方法，它适用于金属制的工具、玻璃器皿等物品的灭菌，常用的灭菌器具是酒精灯。

2. 干热灭菌

此法主要在恒温干燥箱中进行，是利用热空气进行灭菌的方法。它适用于玻璃器皿如吸管、培养皿试管、三角瓶等，灭菌前必须将器皿用纸包装好放入箱中，温度慢慢上升，灭菌时箱中温度要求控制在140～160℃，保持1 h即可。灭菌后待箱中温度下降至60℃以下方可取出器皿，以免温度突然下降造成器皿炸裂。

（二）湿热灭菌

1. 高压蒸汽灭菌

此法是最有效、使用最广泛的灭菌方法，常用的器具为高压蒸汽灭菌锅。蒸汽压力与温度成正比。高压灭菌所采用的蒸汽压力与所需时间，应根据具体物品而定。高压蒸汽灭菌锅的形式与规格较多，有立式、卧式、手提式，能源为电、蒸汽、煤等。由于湿热的穿透力比干热的穿透力强，所以含有水分的培养基宜采用这种方法，一般液体及琼脂培养基只要15磅压力灭菌半小时，而锯木屑培养基灭菌时间则延长1倍。

使用高压蒸汽灭菌锅应注意以下几点：灭菌锅内的冷空气必须排尽；灭菌锅内的基质排列一定要稀疏些，使蒸汽流畅通；灭菌时升压和降压要缓慢；灭菌过程应注意保持棉塞干燥。

2. 常压蒸汽灭菌

此法是利用自然压力的蒸汽灭菌方法，可用土蒸锅、蒸笼等灭菌。由于是常压，温度较高时的压力较高压蒸汽灭菌锅低得多，故灭菌时间较长，一般需要8～10 h，中途不能间断（注意防止烧干锅）。其优点是结构简单、成本低、便于自制，适宜于家庭制种。

3. 常压间歇灭菌

常压间歇灭菌就是利用多次反复蒸煮的方法达到灭菌的目的，通常用于栽培生产。具体操作方法：将要灭菌的材料装袋（瓶）放置于蒸笼上加热蒸煮，从锅中水沸腾冒气开始计时，维持1h，这样可以杀死培养料中的杂菌营养体，但杂菌的孢子、芽孢等还保持着生活力，待降温后保持25～37℃培养1天，使原来没有被杀死的孢子、芽孢萌发成营养体，再进行第二次蒸煮灭菌30～60 min。这样重复3～4次，即可达到彻底灭菌的效果。

（三）其他灭菌方法

1. 土法灭菌

此法以利用蒸汽锅（或普通锅）蒸的方式达到灭菌的效果，一般是在没有高压灭菌条件或高压灭菌会破坏培养基的情况下采用。灭菌温度只能达到100℃左右，为了达到彻底灭菌的目的，一般要进行3次间歇灭菌，每次圆气后保持1 h，然后在室温下放置1天，第二天及第三天再各蒸1次。

2. 药物灭菌

常用的灭菌药物有70%酒精、0.1%升汞水、10%漂白粉、40%甲醛溶液及新洁尔灭等。

3. 紫外线灭菌

紫外线灭菌主要是利用适当波长的紫外线来破坏微生物细胞中的核酸，造成细胞死亡，从而达到灭菌的效果。超净工作台和无菌室多用紫外线灭菌的方法。

三、消毒的一般方法

（一）低温消毒法（巴氏消毒法）

一些不耐高温的食品，如牛奶、果酒、酱油等，需要低温消毒，将其加热到60℃维持30 min，即可杀死食品中的病原菌及多数细菌营养体。真菌培养料配好后的发酵过程就是采用巴氏消毒法杀死培养料中病虫、杂菌的过程。

（二）沸水消毒法

此法主要用于针筒等器材的消毒，将有关的器材置于沸水中烧煮一定时间，从而杀死微生物的营养体。

（三）化学药剂消毒法

此法是利用化学药剂进行杀菌的方法。杀菌剂主要有下面几种。

1. 重金属盐类

所有的重金属盐类对微生物都有毒害作用，如硝酸银、氯化汞等。

2. 氧化剂

常用的氧化剂有高锰酸钾、过氧化氢、漂白粉、漂白精等，常用的高锰酸钾溶液浓度是0.1%，氯气自来水清洁剂浓度为1 ppm，漂白精浓度为400 ppm。

3. 有机化合物

5%甲醛溶液可用于种子表面消毒；原液可用于接种箱、培养室、栽培室等空间消毒；甲醛熏蒸可用于环境消毒，即通常用5份（mL）甲醛、1份（g）高锰酸钾，称量好后，把甲醛溶液倒入容器内，然后投入称量好的高锰酸钾，立即关闭门窗24 h，即可达到熏蒸杀菌的效果。5%的苯酚溶液主要用于环境的消毒；生石灰与水按 4∶1 的比例配制，首先化合成熟石灰，使用时可将熟石灰撒于杂菌处，也可配制成 5%～10%的水溶液进行喷洒，主要用于菇房及出菇场所的消毒。

4. 新洁尔灭

0.25%新洁尔灭溶液可用作皮肤、种子消毒。

(四) 紫外线消毒

紫外线消毒主要用于接种室或接种箱的空间消毒。医院经常用紫外线进行环境消毒。紫外线杀菌波长为 200～300 nm，而 260 nm 杀菌力最强。其杀菌原理就是杂菌细胞吸收紫外线后使蛋白质、核酸和酶变性而导致死亡。所以工作人员不要在紫外线灯开启的环境下工作。紫外线的穿透力比较弱，因此紫外线照射只适用于空气及紫外线能照射到的物体表面的消毒。紫外线还可使空气中产生臭氧，臭氧也具有一定的杀菌作用。为了提高紫外线的杀菌效果，经紫外线照射后应保持一段黑暗时间。所以常选择下班前开启紫外灯照射 20～30 min，即可杀死空气中 95%以上的微生物。

(五) 干燥消毒

利用干燥条件使微生物失水，从而达到杀菌或抑菌的目的，称为干燥消毒。食物、药品等经过适当干燥，便可长时间保存，如蘑菇干片。

(六) 渗透压消毒

利用高渗透压杀菌或抑菌的方法称为渗透压消毒。在高渗溶液中，微生物细胞由于脱水而质壁分离，不能进行正常新陈代谢而死亡，盐水蘑菇就是利用这一原理制成的。

第二节　药用真菌的分离培养

为了得到某种药用真菌的纯菌种，必须将它从其周围的其他生物或微生物中分离出来。分离工作要根据药用真菌的特性，从分离方法、培养基的种类、培养条件的控制及在培养基中是否添加某种抑制剂等方面综合考虑，否则达不到分离菌种的有效目的。纯菌种的分离方法大致有 3 种，包括组织分离、孢子分离及寄主分离。

一、药用真菌培养基的制备及培养过程

由于药用真菌菌种培育通常采用三级生产，即母种培育、原种培育和栽培种培育，所以和生产菌种相应的培养基也可分为 3 种类型。

(一) 母种生产（一级菌种）

药用真菌母种菌丝体比较细弱，分解养料的能力较差，所以常在营养丰富又易于吸收利用的培养基上进行培养，常用的母种培养基是马铃薯－葡萄糖－琼脂培养基，简称 PDA 培养基。

1. 培养基制备

马铃薯—葡萄糖—琼脂培养基是广泛应用于绝大多数药用真菌的母种培养基，所以又叫基本培养基，其配方是马铃薯 200 g、琼脂 20 g、葡萄糖 20 g、水 1000 mL。而加富 PDA 培养基的配方是马铃薯 200 g、琼脂 20 g、葡萄糖 20 g、磷酸二氢钾 3 g、硫酸镁2 g，加水 1000 mL 定容。制备过程为土豆→洗净、去皮、切片→煮沸 10 min→过滤→加琼脂→煮沸 10～15 min→加葡萄糖→定容→趁热及时分装试管（10～15 mL/支，注意不粘管内壁口）→封口（非脱脂棉）→加防潮盖。每 10 支试管扎成一捆，上半部用牛皮纸或 2 层报纸包住，用棉线捆扎好，竖放于高压蒸汽灭菌锅中。

2. 灭菌

采用高压蒸汽灭菌，压力为 1.2～1.3 kg/cm^2，时间为 30 min。分装试管后及时灭菌，灭菌时间不能太长，一般 20～30 min 即可，以免消毒时间过长会破坏培养料的营养成分，不利于菌丝生长。注意升压时要排净冷气，降压时不可过快。

3. 摆斜面

待高压蒸汽灭菌锅温度降到 60℃以下时，打开锅盖取出试管，斜放于干净无菌的桌面上，待冷却至室温时即做成斜面培养基。也可挑取 2～3 支试管放置于 25℃恒温箱中培养 3～5 d，若培养基表面没有发现杂菌及乳白色细菌，则表示灭菌彻底，可供接母种使用。

4. 接种

接种要求无菌操作，接种场所如无菌室、超净台、接种箱等要事先灭菌消毒，确保接种用具无菌。接种时菌种块要小，放在斜面上 1/3 处接种，转接率为 30～40 支/支。

5. 贴标签

标签粘贴在管口的正上方。

6. 培养

保持温度 24～26℃、湿度 60%～70%、黑暗条件下培养。

7. 检查

2～3 d 检查一次，去掉污染、生长过快、不均匀、异常状态的试管。一般 10～15 d 可长满试管，试管长满后即可使用或出售。在 0～4℃、干燥、无光条件下，一般可储藏 2～3 个月。

（二）原种、栽培种（二级菌种、三级菌种）

原种、栽培种培养基可用相同配方，配制步骤也基本相同。原种由母种繁殖而成，主要用于扩大、繁殖栽培种，也可直接用于栽培生产。

1. 原种、栽培种常用培养基

（1）木屑培养基

木屑培养基配方为木屑 78%，麸、糠 20%，石膏 1%，糖 1%，水适量，适用于平菇、木耳、香菇、猴头菇等。

（2）棉籽壳培养基

棉籽壳培养基配方为棉籽壳 78.5%，麸、糠 20%，石膏 1.5%，水适量，适用于平菇、猴头菇、金针菇、鸡腿菇等。

(3) 粪草培养基

粪草培养基配方为稻草（切碎）78%，干粪20%，石灰、石膏各1%，水适量，适用于蘑菇、草菇、鸡腿菇、姬松茸等。各种培养料应无霉烂、新鲜、干燥。各种培养基的含水量应保持在60%左右。

将培养料拌匀装入菌种瓶（袋）内，装料松紧适宜、上下一致，装料高度以齐瓶（袋）应肩为宜。然后用锥形木棒在瓶（袋）的中央向下插一个小洞，塞上棉塞。装好的料瓶（袋）应采用高压蒸汽灭菌或常压蒸气灭菌，装好的料瓶（袋）要当天灭菌，以免培养料发霉变质。

2. 接种与培养

(1) 原种接种与培养

原种是母种第一次扩大生产后的菌种。每支试管可转接10～20瓶，严格无菌操作。接种容器以小口玻璃瓶最佳，其他次之。无菌操作指在接菌操作过程中，始终坚持以隔离接种目的菌种之外的其他微生物为原则而进行的操作过程。实现无菌操作的“三个前提”：容器密封，培养基灭菌彻底（绝对的）；菌种纯净（绝对的）（制种、保存）；环境灭菌（相对的）。在以上三个前提下，通过人为操作实现无菌操作。

原种培养的条件：温度为24～26℃、黑暗、空气相对湿度为60%～70%、通风良好；2～3 d检查一次，及时剔除非正常个体是提高菌种纯度的重要手段；过8～10 d摇瓶，生长点多，分布均匀，缩短菌龄；再过8～10 d，菌丝长满瓶即可使用，也可在低温、闭光、干燥条件下贮存备用。

(2) 栽培种接种与培养

栽培种是原种或二级菌种扩大生产一次的菌种，每瓶（袋）可转接50～60瓶（袋）。栽培种培养基材料与栽培料基本一致，所以栽培种既可做菌种又可作栽培。栽培种所用容器一般为大口瓶或塑料袋，500 mL的菌种瓶可以装湿料0.25～0.3 kg；17×33 cm的塑料袋可以装湿料0.9～1 kg。

栽培种培养的条件：培养前期（一周之内）温度为27～28℃，中期（7～15 d）为24～26℃，后期（15 d后）为22～24℃；保持空气相对湿度为60%～70%；黑暗条件，通风良好；定期倒堆检查，去杂、去劣，防高温烧菌，促进发菌一致。栽培种可在低温、干燥、避光条件下贮存2～3个月。栽培种可直接用于出菇。

二、菌种的分离培养

(一) 组织分离法

组织分离法是利用菌菇中幼嫩组织中的菌丝，在无菌条件下将其接种在适宜生长的培养基上，使其重新恢复为没有组织分化的菌丝体而得到纯菌种的一种方法，这种方法分离得到的菌种生命力强，菌丝生长快，得到纯种的生活力较高。此法适用范围较广，特别是对有些孢子不易萌发或萌发速度不一致的种类及菌核、菌索等组织，宜采用此法。此法根据不同的分离材料大体可分为下面3种。

1. 子实体组织分离法

选肥厚、幼嫩、单生菇、菇形圆整（菌形正常）、无病虫害的材料作菌种，先用清水洗净外面黏附的泥土或杂物，放入无菌操作室（柜）中的无菌器皿内，用0.1%升汞或70%～75%乙醇进行表面消毒，然后用无菌水冲洗。消毒时间要根据消毒剂的特性和菌体组织的质地、大小而定。一般如菇类（香菇、蜜环菌）鲜嫩的组织，消毒时间要短，控制在30～60 s，这样既不会伤害组织又能达到组织表面杀菌的目的；表皮组织比较厚的猪苓菌核，消毒时间应在半小时以上，不致影响生活力。升汞溶液杀菌力较强，组织经表面消毒后，必须再经无菌水冲洗，去掉附着的残留药物，以免影响菌体萌发生长。组织经无菌水冲洗后要用灭菌滤纸吸去黏附的水分，用无菌刀（解剖刀）将其切割成约0.5 cm^2的小块，在无菌条件下迅速将其接入适当的培养基上，一般每皿5块左右，排开并保持一定间隔，试管内仅放1块为宜，培养时将皿底朝上，置于适当（24～28℃）的恒温培养箱中培养数天，数日后组织块周围长出新的白色菌丝且无污染，即表明分离成功。为了保证获得的是纯菌种，要求所有过程必须严格进行无菌操作。

2. 菌核组织分离法

少数子实体不发达的药用真菌（茯苓、猪苓、雷丸等药用真菌），常利用菌核进行组织分离以获得纯菌种。操作方法与子实体组织分离法相同，只是切开的部位是菌核。

3. 菌索分离法

对既不易长子实体又不易形成菌核的种菇可用菌索分离，如密环菌、假密环菌，操作亦同子实体组织分离，但需选择菌索前端生长点部分。

在进行菌体表面消毒时，如方法掌握不当或无菌操作不严格，往往会造成污染，消毒过度则会导致菌体本身生活力丧失而分离不出纯菌种。分离多孔菌类或菌肉较肥厚的伞菌类真菌，也可不用药剂浸泡，只要用70%～75%酒精棉涂擦外皮后，去掉表皮，挑取内部组织块直接进行分离。为了防止细菌感染，可将要分离的组织小块用0.1%～0.5%金霉素（或链霉素）浸蘸一下再移置。为防止培养基上产生细菌污染，可在每毫升培养基内加入0.125 mg氯霉素，因它较金霉素与链霉素稳定，耐高温，可与培养基一同高压灭菌。

（二）孢子分离法

孢子分离法是利用药用真菌的菌褶或菌孔中着生的孢子，使其在无菌条件下弹射到适合生长的培养基上，并萌发生长成菌丝而得到纯菌种的一种方法。这种方法在香菇、银耳、茯苓等药用真菌的分离培养中广泛应用。

1. 多孢子分离法

真菌的有性孢子都是由异性细胞核经核配后形成的，具双亲的遗传特性，变异性大，生命力强。为避免异宗结合的菌菇发生单孢不孕现象，多采用此法进行分离培养。因为真菌的有性繁殖一般有两种类型：由同一个担孢子萌发的两条初生菌丝细胞间，通过自体结合能够产生有性孢子一担抱子的现象称同宗结合，是自交可孕的。而由同一个担孢子萌发的初生菌丝细胞间不结合，只有两条不同性别的菌丝细胞间才能结合产生子实体的现象称异宗结合，为自交不孕的。

多孢子分离首先选择优良子实体为分离材料，然后采集孢子，为防止杂菌感染，分离材料要严格消毒，操作方法有下面几种。

（1）涂抹法

将接种针插入菌褶间，抹取成熟但尚未弹射的孢子，或使成熟的孢子散落在无菌玻璃珠上，再抹于培养基上。

（2）孢子印法

使大量孢子散落在无菌色纸或玻璃片上，形成孢子印或孢子堆，从中挑取部分移植于培养基上。

（3）空中孢子捕捉法

孢子弹射时可形成云雾状，可在孢子云上方置培养基，使孢子飘落其上。如茯苓担孢子是在其子实体发射孢子云时采收。可用试管口对准孢子云，使孢子落入试管培养基上，置于25℃下培养。

（4）弹射分离法

将分离材料置于培养基上方，使孢子直接落到培养基上培养。具体操作方法有下面几种。

① 钩悬法（悬挂法）

在孢子尚未弹射之前，将成熟子实体切成1 cm^3小块，用灭菌后的挂钩将其悬挂于无菌三角瓶或大试管内，子实体距培养基面2～3 cm。在适宜温度下，培养1～2 d，在基面上隐约可见孢子附着，再继续培养2～3 d就可以形成突起菌落。

② 整菇插种法

将整只成熟度适当的种菇，经表面消毒后，插入孢子采集器内，放在适当的温度下，让其弹射孢子。蘑菇、香菇、草菇等真菌常用此法采集孢子。

③ 贴附法

将1 cm^3的子实体小块贴附于试管壁上，待孢子成熟后弹射到培养基上。

2. 单孢子分离法

以杂交育种为目的，要采用单孢子分离法。此法较复杂，普遍使用菌液连续稀释法。此法是用无菌水把孢子冲散，最大限度地降低孢子在无菌水中的分布密度，最终使每滴水中只含1～2个孢子，然后用无菌注射器或移液枪吸取孢子悬浮液滴在培养基上，涂抹均匀后将培养基置于合适的培养箱中培养，选优良菌落纯化。对于异宗结合类型的真菌，使用此法虽然可繁殖菌丝，但无论菌丝如何生长，永远不会形成子实体，所以不能用于栽培生产，只用于杂交育种。

（三）寄主分离法

此法也称基内菌丝分离法，主要用于腐殖质腐生菌的分离。此法是利用生长某种药用真菌菌丝的基质做分离材料而获得纯菌种的一种方法。一般只有在组织分离与孢子分离两种方法不能达到目的的情况下应用。被选做种子的子实体，若孢子已释放完毕，子实体开始干枯或腐烂，菌丝失去活性，难以用孢子分离法及组织分离法得到纯菌种，或某些品种子实体的质地为胶质（银耳、木耳）、革质（云芝）、木栓质（灵芝）、木质（针裂蹄）等类群均可采用此法。

选择菌木的标准：生长的子实体性状优良，基内菌丝发育旺盛，菌木未腐烂且无杂菌污染，尽可能取较清洁的菌丝束。为防止细菌污染，分离时要用无菌水反复冲洗，用无菌棉花或纱布吸干水分，再使用酸化培养基或加入抗菌素。以银耳为例，选好耳木后，在子实体生长的部位，削下 1～1.5 cm 厚的菌木一片，去掉树皮，把菌木片放入 0.1%升汞液中浸泡几分钟进行表面消毒，然后冲去药液，吸干表面水分，放入无菌室（柜）的培养皿内，切去木片外层，将中间生长菌丝的部分，用无菌刀切成 0.5 cm^2 的小块，放入培养基表面进行适温下培养和纯化移植，无杂菌污染即分离成功。

由于药用真菌种类不同，所形成的菌落外观及结构也各有差异。因此鉴定所分离的菌种，除根据经验外，更需经过一段时间培养，待形成一些特殊结构，如菌丝束、菌核、菌索，尤其是子实体和孢子后方可判断、确认是否为该菌的菌种。

（四）制种技术和菌种培养

药用真菌接种之前首先要进行菌种培养，菌种培养是将分离提纯得到的少量菌种，扩大培养成足够用于生产的大批菌种的制种过程。生产上最常用的既经济又稳定的制种方法是菌丝法。

1. 一级菌种（母种）的培养

选择适当配方，按常规制成斜面培养基，选优良、健壮、成熟的种菇，在无菌条件下取一小块接于培养基上，置 25～30℃下培养出菌丝，即得纯菌种。

2. 二级菌种（原种）培养

选择适当配方，要求营养成分高于母种培养基，如木屑米糠培养基、棉籽壳稻草培养基，在其含水量为 60%～65%时拌匀（如果是用作段木栽培的原种，需拌入与其树种相同的木块），分装于菌种瓶内，装量 2/3 即可，高温灭菌 1 h。从母种内挑取 4～5 mm 的小块放入培养基中央，置于适温下培养至菌丝长满瓶，即得二级菌种。

3. 三级菌种（栽培种）的扩大培养

选择适当的配方，要求营养高于原种（如果是用作段木栽培的三级菌种，需将木块加大些，并另备长度较培养瓶高度为短的木棍，每瓶插入 1～2 支）。制备方法同上，取原种长满菌丝的小块（或木块 1～2 片与混合物少许），接入瓶内，培养至菌丝长满瓶（或有特殊香气），可供接种。

制种后得到的纯菌种可接种在不同的培养基（如段木、袋用料等）上大规模培养。

当菌丝开始生长时，要每天定期检查，如发现黄、绿、橘红、黑色杂菌时，要及时拣出、清理。尤其是对塑料袋菌种，检查工作要到菌丝长满为止。培养室切忌阳光直射，但也不要完全黑暗；注意通风换气，保持室内清洁，空气相对湿度不要超过 65%；菌种瓶、袋不要堆叠过高，瓶间要有空隙，以防温度过高造成菌丝衰老，生活力降低。特别是加温的培养室，一要保持室内温度的稳定，因在温差较大的情况下（特别是母种培养）会形成冷凝水，而使菌丝倒伏变黄。有条件的话，可根据菇类的菌丝生长对温度的要求，按品种分别放在不同温度的培养室（箱）内培养。同时要注意经常调换原种、栽培种排放的位置，以使同一批菌种菌丝生长一致。二要注意通风换气，以免室内二氧化碳浓度过高而影响菌丝生长。

第三节　菌种的保藏与提纯复壮

药用真菌菌种是国家的重要资源与天然财富，也是药用真菌生产与科研的基础。药用真菌的“种”不同，其药用价值及培养条件也不同，就是同一“种”的不同菌株，也同样有差异。在生产实践中要选用符合生产要求的菌种，应具备药效好、生产周期短、产量高、生活力强等特点。对有效成分明确的，应选用含量高的菌株；对有效成分未确定的，应选药理作用显著、无毒性反应、临床疗效好、产量高的菌种。生产上也可以根据一定的目的和要求，对菌体的自然变异加以选择，不断巩固其特性，育成新菌株或进行人为定向培育，改良菌种特性。如通过杂交或诱变育种选择优良菌株，使有效物质含量达到新的水平。

一个品系纯正、品质优良的菌种，常由于管理不善和传代过多以及贮藏方法不当等，而引起优良性状的退化，这种现象称为菌种退化。为防止菌种性状的退化或恢复已经发生退化菌种的原有性状，应采取科学的保藏方法与有效的复壮措施。

一、菌种的保藏方法

药用真菌菌种在干燥、低温、冷冻或氧气含量低等条件下保藏，使其代谢强度降低，维持菌种的休眠状态，可防止菌种退化。否则，就会引起菌种生活力和遗传性状衰退、被杂菌污染或死亡。菌种保藏的基本原理是根据真菌的生理生化特性，控制环境条件，使菌种的代谢活动处于不活泼的休眠状态，以达到长期保持其优良性状的目的。常用的保藏方法有下面几种。

（一）斜面低温保藏法

此法是最简单、最普通的保藏方法，除草菇等个别高温型菌种，适宜在10～15℃条件下保藏外，绝大多数种类都适合低温保藏。将菌种在斜面培养基上培养到菌丝旺盛生长时移放到4～5℃的冰箱中，经2～3个月转接1次，为恢复菌种的生活力，需在使用前1～2 d从冰箱中取出，置于常温下进行活化转管，不能直接使用。

低温保藏菌种的培养基一般用营养丰富的天然培养基，如马铃薯－葡萄糖－琼脂培养基等。为防止菌种在保藏过程中产生过多的酸，在配制保藏用培养基时需添加少许缓冲盐，如磷酸二氢钾或碳酸钙等。

斜面低温保藏菌种虽然简便，但保藏时间较短，需经常转管，容易发生退化现象。为了弥补这一缺点，在生产上，最好把斜面低温保藏法与其他保藏法结合起来，以减少转管次数。母种在第一次转管时，尽量多移斜面试管，部分用作第一次生产，再取几管进行矿物油保藏（或冷冻干燥、液氮超低温保藏），其余则作为以后几批生产用的母种，暂存于4～6℃低温处，待低温保存的菌种用完后（或超过储存期后），再将第一代用矿物油保存的菌种移出繁殖。这样做能使每批生产使用的菌种的性状都保持在前几代的水平上，有利于菌种优良性状的保持。

（二）石蜡油（矿物油）封藏法

对斜面菌种灌注一层灭菌的石蜡油或者矿物油，能够更好地保藏菌种。这种保存方法可以防止培养基失水及外界空气进入，可降低菌种新陈代谢，保持菌种活力，从而起到延长菌种使用寿命的效果。从石蜡管中挑取菌丝移植到新斜面上活化培养，以后可供生产使用。此法可保存菌种1～2年不丧失活力。若是保藏孢子，可将沙土装入小试管并经过严格灭菌后，再将无菌孢子拌入其中，用石蜡封口，放在干燥器中密封保存。

石蜡油使用前，要经高压蒸汽灭菌2～3次（每次30 min），彻底灭菌后方可使用。灭菌后的液体石蜡，由于有水蒸气渗入，会影响菌种保存质量，因此，需要将其放在44℃烘箱中，烘烤8～10 h，使水蒸气蒸发（在室温下也可以，不过所需的时间要长些）。然后用无菌吸管将灭菌后的石蜡油加入要保藏菌种斜面试管内，用量要高出斜面尖端约1 cm。将棉塞齐口剪平，再用石蜡密封管口。要使用石蜡油封藏的菌种时，不必倒去石蜡油，直接用接种针从斜面上挑取少许菌体，放在新鲜的培养基上，经过培养，即可应用。原母种可重新封口继续保藏。

（三）麸曲法

用麸皮加水拌匀，分装于小试管，厚约1.5 cm，疏松，常规灭菌，冷却后接入菌种培养至长好，室温下放入装有氯化钙的干燥器中干燥几日，20℃以下可保藏1～2年。

（四）冷冻干燥法

此法是真空、干燥和低温三者结合的保藏菌种的方法，保存期可长达10～20年。具体方法：将保存真菌的孢子制成悬浮液，装入安瓿管中，然后迅速降温冷冻，并抽出空气，管内成真空状态，使培养物以固体状态升华脱水，熔封瓶口后，在低温或室温下保存。

（五）液氮超低温保藏法

超低温能使菌种代谢机能降低到最低水平而不发生变异。实验证明，采用这种超低温技术可以保藏所有的微生物菌种。液氮超低温冰箱内的温度为－196～－130℃。超低温保藏菌种具有高效、使用范围广、操作简便等优点。

除上述几种保藏菌种方法外，还有其他的菌种保藏办法。如沙土保藏法，此法是将药用真菌孢子保藏于干燥的无菌沙土中，保藏期可长达2～10年；菌丝球生理盐水法，此法先将药用真菌菌种用液体振荡培养3～7 d，然后将形成的菌丝球吸入装有5 mL无菌生理盐水的试管中，每管移入4～5个菌丝球，试管用无菌橡皮塞塞上，并用蜡封口，置室温或4℃下保藏，一般可保藏1～2年；麦粒菌种保藏法是利用麦粒作培养料来保藏菌种的方法，可保藏1～2年。

二、菌种的退化和复壮

菌种在生产保藏过程中，常因外界条件和内在因素的矛盾，造成菌种某些形态和生理性能逐渐劣变的现象称为菌种退化。把已退化的菌种，通过人为方法使其优良性状重新得到恢复的过程称为菌种复壮。

造成菌种退化的原因有很多，主要包括多次传代培养、长期人工培养、长期保藏而不进行转管及保藏条件不适等。菌种退化的主要表现有菌丝体生长缓慢、子实体性状变坏、产量下降及有效成分降低等。多次传代会导致菌丝长期处在活跃的营养生长状态，从而使其生命繁衍受到抑制，因此传代次数应控制在 2～3 次。已经产生退化的菌种，有必要继续保留和应用时，则必须进行菌种复壮。进行菌种复壮，除应改善培养条件外，对已驯化的栽培种类，最可靠的方法就是进行有性繁殖（孢子分离）。如银耳菌丝菌种，经多次传代后会出现生活力弱、出耳率低的退化现象，可利用加入芽孢的方法复壮菌种。即取芽孢试管 1 支注入 10 mL 无菌水，将芽孢悬液接入锯木屑菌种中，这样菌种出耳率会得到提高。若芽孢菌种在木屑基中不能萌发菌丝，加入 1%～2%过磷酸钙和 1%～2%骨粉则可促使菌丝萌发。重新接种原寄主也可起复壮作用。

避免菌种退化和菌种复壮的主要方法有下面几种。

1. 采用低温保藏，为防止菌种老化，每隔一定时期，注意调换不同成分的培养基，调整、增加某种碳源、氮源或矿质元素等。

2. 减少传代，控制突变型在数量上取得优势的机会。

3. 进行单菌落分离，选育生产性能优良的菌株，无性和有性繁殖交替使用，组织分离最好每年进行 1 次，有性繁殖 3 年 1 次。

4. 淘汰已退化的个体，选择有利于高产菌株的培养条件。

第四节　药用真菌育种技术

育种是通过单孢杂交、细胞杂交、物理因子、化学因子等强力诱变，使药用真菌的孢子或营养菌丝的种性（遗传物质）发生变异，接着对发生变异的菌种进行栽培，选出变异优良的菌种，再用组织分离法把优良遗传性状固定下来的技术。目前，人工栽培的药用真菌品种大都是从野生菌种驯化而来，药用真菌在没有人工干预的自然条件下也会发生突变，但是突变效率极低，有利于质量提升、产量提高的高品质突变菌株屈指可数。采用基因工程等技术对药用真菌进行育种尚存在很大难度，而单孢杂交、细胞杂交及传统的物理与化学诱变等具有高效、操作简单等优点，非常适用于药用真菌的诱变育种。

一、自然选育和杂交育种

（一）自然选育

自然选育是最古老、最简便、应用最广的选种方法。它是先分离和收集各地的有关的药用真菌菌株，然后通过生产试验比较各菌株的生产性能，选留最优者。为提高产量和品质，要将引进的多个菌株进行系统的栽培比较，特别是对各菌株的菌丝生长速度、对环境的抵抗力、产量、药用部位生物量、药用成分含量等各方面进行详细的评比，最后评选出优良品种。

（二）单孢杂交

单孢杂交是分别选取两种有一定遗传距离的药用真菌（大多是同种不同系或同属不同种）的孢子，通过分离获得两种真菌的单孢菌丝体，然后将两个不同种菌丝体萌发的菌落接在一个培养皿中培养，从而获得新的遗传性状的育种技术。在两个菌落蔓延至相互接触时，细心观察交接处的菌丝特征。两菌落在交接处没有明显界线，交接处上长出的菌丝粗而浓，置显微镜下观察，有锁状联合时，表明两个菌株的菌丝已发生质配，形成了双核菌丝（二次菌丝），说明能产生子实体。单孢杂交成功后，应再分离到适宜培养基培养。菌丝生长期间和长好后，观察菌丝分枝密度与长度、锁状联合、细胞器密度、多酚氧化酶等各种酶的活性、菌丝粗细、基质料变色状况，从中选择比较好的组合。把众多菌丝中性状表现较好，具有高产、优质标志的双核菌丝分别制种、扩大培养，最后栽培，记录产量、质量状况，栽培结束时进行生物统计、产量显著性测定。产量、质量提高明显的种，再进行组织分离获取第 2 代菌种。组织分离能将亲代的遗传性状较完好地保留，可以把亲本的优良性状固定。对再次分离获得的菌种进行较大规模的培养，用产量、质量最好的菌种做对照，经统计学分析，产量、质量明显高于对照的，表明选种成功。

（三）药用真菌育种技术

杂交育种是培育药用真菌菌种的有效手段。杂交是通过两个或几个亲株的染色体片段的交换或重新组合而获得新性状的。进行杂交时，亲代必须有标记。凡同宗接合的药用真菌可用营养缺陷型来标记。营养缺陷型是指在营养特征上表现出某种缺陷的变异菌株，它们在不含氨基酸、维生素等有机物的基本培养基上不能生长。我们可以把两个不同品种的营养缺陷型混合接种在基本培养基上，如果它们能生长，就意味着它们可能进行了杂交。通过杂交亲代的选择，就能得到融合亲代优点而除去亲代缺点的优良菌种，使生产水平大幅度提高。

二、物理诱变技术

（一）紫外线诱变技术

紫外线诱变技术是人类最早使用的诱变育种技术，核酸紫外线最大的吸收峰在 260 nm。正因如此，波长为 260 nm 的紫外线辐射诱变最有效。紫外线被吸收后，会引起 DNA 分子突变甚至可以使正常的 DNA 分子产生缺失、颠换、转换、移码突变等，从而对 DNA 分子造成不可逆转的改变。目前紫外线诱变在猪苓、杏鲍菇原生质体等药用真菌上均取得了成功。

（二）电离辐射诱变技术

利用 X 射线辐射的方法能够使电离辐射直接或者间接地作用于被诱变真菌的 DNA 双螺旋结构，产生的电离作用可以直接引起糖-磷酸键、碱基甚至脱氧核糖的化学键断裂。电离辐射更容易打断 DNA 双链或者单链结构，从而引起染色体缺失、断裂、重复等突变，由于电离辐射诱变具有突变效率高、操作简便等优点，常被用于药用真菌菌种的选育。X 射线辐射的方法在黑曲霉和白腐真菌上实现了诱变育种。

（三）激光诱变技术

激光诱变是20世纪60年代兴起的一项新技术，已经广泛应用于农作物诱变育种，促进了农作物品种的创新和改良，由于激光诱变具有性状稳定、诱变效率高且无污染等优点，也常用于药用真菌菌种选育。经激光处理筛选出来的白僵菌，生长速度快，易形成生长优势，抗污染的能力较强。

（四）离子束诱变

离子束技术是20世纪80年代由中国科学院等离子体物理研究所开发的一项新兴技术，被广泛应用于植物诱变领域，离子束诱变方法已经应用于药用真菌的诱变育种，在菌种选育中发挥了重要作用。以离子束为代表的低能电离辐射诱变与以X、γ射线为代表的高能辐射诱变相比，在相同剂量辐照下，离子束诱变育种具有更高的生物学效应。离子束诱变具有很多优点，比如变异率高、变异谱宽、变异速度快、技术稳定可靠、可在短时间内获得稳定的药用真菌品系、相对生物学效应大、损伤可修复性小等。

（五）超声波诱变技术

超声波是一种频率高于20 kHz的声波。与其他频率相比，超声波在传播过程中具有方向性好、穿透力强、传播距离远等优点，已在生产生活中被广泛应用，超声波在诱变育种方面也有重要应用价值。当超声波频率与分子的固有频率相同时，就能发生共振。分子吸收的超声波能量值达到最大，会使分子中的原子发生激烈振动，这种振动可能会使分子链发生断裂，从而引起突变，研究表明利用超声波诱变猴头菇，可使菌丝体和子实体中猴头菇多糖含量比原始菌株均有所提高。

（六）等离子体诱变技术

常压室温等离子体（ARTP）诱变技术是一种新型的诱变技术，相比传统的诱变手段，ARTP诱变技术具有操作简单、安全性高、无污染等优点，近年来广泛应用于药用真菌的诱变育种领域。该技术的诱变原理是ARTP诱变技术采用氦作为工作气体，在大气压下，氦可以产生高浓度活性粒子的等离子体射流，释放出来的活性粒子能够使DNA分子链发生断裂，导致DNA损伤，此时细胞启动复杂的修复机制，从而引起微生物的突变。ARTP诱变技术成功选育了高产黄酮的桑黄菌株；灵芝原生质体在经过ARTP诱变后，菌丝球大小、形态、颜色、生物量、生长速度等与未进行诱变的菌丝体相比有明显差异，并且诱变的菌株多糖含量明显提高。

（七）中子诱变技术

中子按能量大小可以分为超快中子、快中子、中能中子、慢中子、热中子5种，利用中子进行诱变育种使用较多的一般为热中子和快中子。快中子是在核反应中，未经过减速剂减速的中子。这种中子可以使碱基互补配对的A-T和C-G之间的氢键断裂；在一个或两个DNA链中，使糖和磷酸基之间断裂；在同一个DNA上相邻的两个胸腺嘧啶之间形成二聚体，从而导致DNA的结构发生改变。研究表明，对黑曲霉进行快中子辐照能显著提高其产木聚糖酶的能力。

（八）太空诱变技术

太空诱变又叫太空育种，是指利用返回式卫星搭载、高空气球搭载等方法使植物种子产生诱变，再返回地面的一种作物育种新技术。返回式卫星搭载所处的宇宙空间是高真空、超洁净、微重力，存在不同能量的宇宙射线的特殊环境，这些条件会对生物材料产生透变作用，从而使其产生变异。研究表明，经过太空诱变的植物后代不仅变异率高，而且变异幅度大，有害突变少，有益突变多，培育后的产量和质量都有明显提高。

（九）复合诱变技术

复合诱变是指采用两种或者两种以上的诱变方法共同作用于需要诱变的菌体，诱发菌体产生突变，从而改变菌体遗传物质的育种技术。由于不同的物理诱变方法作用机理不同，且不同的诱变方法具有各自特异的作用位点，有些物理诱变单独作用于被诱变对象时效果不甚理想，但是与其他物理诱变方法相结合，则能起到很好的效果。因此利用复合诱变有利于拓展突变谱、增加突变频率、提高正突变率。目前采用紫外线照射和 ARTP 辐射相结合进行复合诱变在蛹虫草育种上获得成功。

三、化学诱变技术

使用化学物质处理药用真菌使其遗传性状发生改变，以获得新菌种的处理方法称为化学诱变。化学诱变的作用机制与物理诱变有很大区别，与物理诱变相比，化学诱变往往具有专一性，它们对基因的某部位发生作用，对其余部位则无影响。突变主要为基因突变，并且主要是碱基的改变，其中多数为转换。各种具有诱变作用的化学物质和碱基接触产生化学反应，通过 DNA 的复制使碱基发生改变而产生诱变作用。通常使用的化学诱变剂包括烷化剂、碱基类似物、移码突变剂及其他种类等。

（一）烷化剂

烷化剂是一类诱发突变相当有效的化学诱变剂，这类诱变剂具有 1 个或多个活性烷基，它们易取代 DNA 分子中活泼的氢原子，使 DNA 分子上的碱基及磷酸部分被烷化，从而在 DNA 复制时导致碱基配对错误而引起突变。常用的烷化剂有亚硝基胍（NTG）、乙基硫酸甲烷（又称甲基磺酸乙酯，简称 EMS）、硫酸二乙酯（DES）、乙烯亚胺等。

（二）碱基类似物

碱基类似物是一类与天然的嘧啶嘌呤等 4 种碱基分子结构相似的物质，是一种既能诱发正向突变，又能诱发回复突变的诱变剂。将这类诱变剂在药用真菌细胞代谢旺盛期掺入到 DNA 分子中，在 DNA 分子复制时因其本身分子结构的酮式→烯醇式变化而引起变异。对于处在静止或休眠状态的细胞不适合。用于诱发突变的碱基类似物有 5－氟尿嘧啶（5－FU）、5－溴尿嘧啶（5－BU）、5－碘尿嘧啶（5－IU）、2－氨基嘌呤（2－AP）、6－巯基嘌呤（6－MP）等。

（三）移码突变剂

这类化合物的平面三环结构可插入 DNA 双螺旋的临近碱基对之间，使 DNA 链拉长，

2个碱基间距离拉宽，造成DNA链上碱基的添加或缺失，从而造成碱基突变点之后的全部遗传密码转录和翻译错误，引起菌种性状的变异。移码突变剂主要包括吖啶橙、吖啶黄、原黄素（2，8-二氨基吖啶）、ICR-171、ICR-191等化合物。

（四）其他化学诱变剂

除上述化学诱变剂外，还有一些其他的化学诱变剂，如脱氨基、羟化剂、金属盐类、秋水仙素和抗生素等。脱氨剂可直接作用于正在复制或未复制的DNA分子，脱去碱基中的氨基变成酮基，改变碱基氢键的电位，引起转换而发生变异。羟化剂具有特异诱变效应，专一地诱发G∶C→A∶T的转换。用于诱变处理的金属诱变剂主要与其他诱变剂复合使用，如氯化锂，其又称为助诱变剂。秋水仙素是细胞染色体多倍体的诱变剂。抗生素一般也与其他诱变剂复合使用。

第五节　药用真菌病虫害及其防治

药用真菌病虫害是指与药用真菌争夺养分和空间，危害药用真菌生长发育，引起药用真菌的产量和质量下降的微生物及害虫。病害主要有侵染性病害和生理性病害两大类。害虫一般有菇蚊、菇瘿、跳虫、螨类、线虫类等。

一、药用真菌常见病害及其防治

（一）竞争性杂菌与防治

1. 菇类药用真菌制种期杂菌

制种期杂菌主要包括链孢霉、曲霉、青霉与拟青霉、毛霉、根霉、木霉和细菌等。杂菌产生的原因主要有袋口扎不紧、灭菌不彻底、培养料不新鲜或湿度偏高、接种时无菌操作不严、搬运过程中松袋或刺破菌袋、培养环境消毒不彻底、环境中杂菌孢子浓度大、侵染源丰富、管理时喷水量过大、空气湿度大、环境通风不良、温度偏高等。细菌产生原因主要是灭菌不彻底。

（1）链孢霉

链孢霉也叫好食脉孢霉，因孢子橙红色或粉红色，也叫红色链孢霉，属中高温型好气性真菌，条件适宜时，其生长极快、传播迅速，在以木屑、棉籽壳等作为培养料栽培的菌类中常发生。主要危害是与药用真菌争夺养分与空间，常生长于袋口棉塞及菌袋表面，菌丝可在纵深发展，待菌丝长满袋后，自然消失，对出菇影响不大，但如与木霉交叉感染，则危害极大。

（2）曲霉

曲霉主要有黄曲霉、黑曲霉、灰曲霉3种。曲霉菌落中间黄绿色，周围一圈白色，属中高温型真菌，喜湿度大、微酸性环境，药用真菌菌丝生长良好时，可将其覆盖，对出菇影响不大，主要危害是与药用真菌争夺养分和空间。

（3）青霉与拟青霉

青霉与拟青霉菌落颜色较青、较蓝，周围白色，会与药用真菌争夺养分和空间，危害性比曲霉大。

（4）毛霉、根霉

毛霉会导致菌丝腐烂，根霉会产生假根，是培养料含水量偏高的表征，主要危害是与药用真菌争夺养分和空间。

（5）木霉

木霉产生绿色孢子，菌落呈绿色，也叫绿色木霉，能分泌霉，起破坏作用，并产生孢外毒素，常造成烂筒，危害极大。

（6）细菌类

培养料有有机物腐烂的腥臭味，大多为细菌性污染。

真菌杂菌污染的防治方法：一是应选择空气新鲜、场所干净、通风良好、凉爽干燥、水源清洁、远离仓库与畜禽舍等污染源的场地作栽培场；二是搞好环境卫生，对场地预先采用甲醛、硫黄、敌敌畏等高效、低毒的药剂进行严格消毒，药剂经常轮换使用；三是严格要求无菌操作，把好无菌关；四是对污染杂菌袋进行深埋、沤肥、火烧等集中处理。

2. 菇类药用真菌生产过程中的主要杂菌

生产过程中的杂菌主要包括胡桃肉状菌、蘑菇粉孢霉、石膏霉和鬼伞等。

（1）胡桃肉状菌

胡桃肉状菌是真菌覆土上长的杂菌，其产生后培养料发酸、发黑、发黏、不长菇，具有较浓漂白粉味道。其产生的主要原因是菇房和培养料不透气，而后遇高温、高湿而爆发，或是培养料堆制过熟、粪肥过多、含氮偏高。

防治方法：主要应加强菇房通风透气，对覆土材料严格消毒，培养料堆制采用二次发酵。

（2）蘑菇粉孢霉

蘑菇粉孢霉发生在真菌栽培中、后期覆土层中，初期菌丝短而细，菌丝旺盛，似棉絮状，后期菌丝萎缩，呈灰白色，最后产生橘红色的菌丝，致使出菇稀少或不出菇。

防治方法：可采用0.1%甲基托布津喷洒，往返3遍，5 d后可再用800倍多菌灵液再喷1次。

（3）石膏霉（白色石膏霉和褐色石膏霉）

感染石膏霉后，培养料发黑，产生恶臭，菌丝受抑制，一旦发生会使真菌绝收。其产生的主要原因是在建堆时加入了过多的石膏或石灰，引起发酵不良。

防治方法：可采用过磷酸钙溶液喷洒，降低pH，也可用500倍多菌灵、1∶7醋酸或5%石炭酸溶液喷雾，控制其发展，从而不影响出菇。

（4）鬼伞

培养料不新鲜、高温、高湿、培养料中存有游离氨、粪肥未转化，鬼伞便会大量产生。

防治方法：培养料使用前在烈日下暴晒1～2 d，用1%～2%的石灰水浸泡，同时增加接种量。鬼伞发生时应及时摘除鬼伞，并采用明矾水中和培养料中的氨。

（二）侵染性病害与防治

药用真菌受到有害生物侵染而发生病害，叫侵染性病害，包括真菌性病害和细菌性病害。

1. 真菌性病害

真菌性病害由真菌侵染所致。

（1）蘑菇湿泡病

此病也叫疣孢霉病、白腐病、菇癌，是蘑菇最主要的病害，秋菇出菇期遇高温，极易爆发成灾，严重时颗粒无收。此病发生后，首先是出现一些白色斑点，并在菇床和培养料上扩展，寄生于子实体，并使子实体发生畸形，早期块状，后期有菌盖偏小、菌梗偏大，蘑菇后期变褐色、软、湿，并流出橙褐色的清液，伴有恶臭味，发生原因主要是高温和通气不良。

防治方法：一是搞好环境卫生，注意菇房清洁和覆土材料消毒，覆土材料消毒可用甲醛密闭熏蒸 36 h；二要选好栽培季节，第一潮菇出菇期温度应避开 25℃以上高温；三要及时处理病斑，防止扩散，并做好治虫防病，以防昆虫携带传播；四是药剂防治，可用 1∶800 倍多菌灵或托布津喷洒。

（2）轮枝霉病（褐斑病、干泡病）

此病主要发生于蘑菇，感染后产生褐斑，早期子实体发育不良，颜色灰白，幼菇感染成洋葱菇，中期有唇裂现象，质地较干，不流水滴，无难闻气味。

防治方法：在病菇周围用 2%甲醛、500 倍多菌灵或 1000 倍百菌清喷洒。

（3）鱼籽菌

鱼籽菌呈粒状、圆球状、乳白色，此病也叫尿素病。感染后培养料发酸、发黑，菌丝疏而稀少。若早期感染，菌丝难以定植。发生的主要原因是培养料含水量过高和发酵不良。

防治方法：搞好培养料的发酵工作，加强菇房管理，做好通风透气，感染时可用 50%多菌灵可湿性粉剂 800 倍喷雾。

2. 细菌性病害

细菌性病害由细菌侵染所致。

（1）蘑菇细菌性斑点病常

此病在春菇后期，逢高温、高湿，特别是菌盖有水膜时极易发生，使菌盖产生褐斑，但不危害菌肉。

防治方法：保持恒温，减少变温，喷水后加强通风，菌盖上不能有水珠残留，发病时用 1%漂白粉液喷雾。

（2）金针菇细菌性斑点病

此病发生后，菌盖上的病斑不规则，外圈颜色较深，呈深褐色，条件适宜时很多病斑连成一片，使菌柄、菌盖变黑褐色，质软，有黏液，最后整朵腐烂。

防治方法：控制出菇温度不大于 15℃，发病时可用 1%的漂白粉液喷雾。

（三）生理性病害与防治

1. 菌丝生长阶段

菌丝生长阶段的生理性病害主要包括菌丝徒长和菌丝萎缩。

（1）菌丝徒长

菌丝徒长指当培养料中含氮量偏高，菌丝大量进行营养生长而不扭结出菇的现象。主要预防方法是配好培养料，加强通风换气，产生菌皮时用器具挑去菌皮。

（2）菌丝萎缩

发生菌丝萎缩的主要原因：一是料害，料中含氮量偏高，产生氨中毒；二是水害，喷水过多，造成缺氧；三是温度过高烧菌。

2. 子实体阶段

子实体阶段发生的生理性病害主要是地雷菇、空心菇、硬开伞、死菇等，预防方法主要是加强管理。

二、药用真菌常见虫害及其防治

药用真菌害虫主要包括昆虫纲、蛛形纲和有害动物 3 大类。常见虫害主要有菇蚊、菇瘿、跳虫、螨类、线虫类等。

（一）双翅目害虫

1. 闽菇迟眼蕈蚊（尖眼菌蚊、菇蚊、菌蛆）

此害虫主要发生于双孢蘑菇、凤尾菇、平菇、黑木耳、毛木耳、银耳、金针菇、香菇、茶树菇等，主要危害是幼虫取食菌丝体，造成菌丝萎缩、菇蕾枯萎，幼虫可从子实体基部钻蛀，造成窟窿，并伴有难闻腥臭味，成虫不直接危害子实体。

防治方法：搞好卫生，减少虫源，菇房门窗安装 60 目纱门、纱窗；灯光诱杀，可在菇房安装黑光灯或白炽灯，在灯下放一盆水，滴上几滴农药，白天开灯诱杀，晚上关灯；药剂防治，可用 25％溴氰菊酯 1500～2000 倍液喷洒，在一批药用真菌采收后施用，采收前 7 d 禁用。

2. 嗜菇瘿蚊（瘿蝇、小红蛆）

所有药用真菌都可受此害虫危害，主要危害是取食菌丝，钻蛀子实体，引起烂菇，严重时颗粒无收。

防治方法：同蕈蚊，也可对培养料停止喷水，使幼虫停止生殖和缺水死亡。

3. 蚤蝇（厩蝇、粪蝇、菇蛆、菇蝇）

此害虫主要发生于双孢蘑菇、凤尾菇、平菇、银耳、木耳等。

防治方法：同蕈蚊，接种后关好门窗，以防成虫飞入菇房内繁殖造成危害。

4. 食菌大果蝇

此害虫主要发生于蘑菇、平菇、银耳、木耳等，主要危害是幼虫取食菌丝体和子实体，当危害木耳类时可造成流耳。

防治方法：同蕈蚊；可在菇房悬挂敌敌畏药液布条，击到果蝇；可用酒、糖、醋、水按 1∶2∶3∶4 的比例混合再加几滴敌敌畏进行诱杀。

（二）鳞翅目害虫

1. 星狄夜蛾（夜蛾）

此害虫的主要危害是幼虫取食菌丝和子实体，并排出大量粪便，影响菌丝生长扭结，污染菇体，降低品质。

防治方法：菇房安装纱门、纱窗，可用 20％速灭杀丁或菊酯类 5000～8000 倍液喷杀。

2. 食丝谷蛾

此害虫主要蛀食段木黑木耳、段木银耳及香菇段木培养基，也可危害段木灵芝、蜜环菌棒、代料灵芝和平菇的培养基及菇体。在覆土灵芝上，食丝谷蛾会钻蛀芝体，将粪便排到灵芝盖上，芝内容物被食空，只剩下外壳。食丝谷蛾会蛀食平菇和培养基，其钻入培养袋咬食培养基和菌丝，将菇袋蛀成隧道，并将粪便覆盖在表面形成一条条黑色的蛀道。虫口密度大时每袋有 5～10 条幼虫，对药用真菌生产造成较大的损失。

防治方法：及时清除越冬期废弃菇袋，消灭越冬虫源；在成虫羽化期和幼虫孵化期用药，能提高杀虫效果，如用 1000 倍菇净喷雾，在羽化期或孵化期的初期至末期的 10～20 d 内用药 2～4 次，可有效地减少当代成、幼虫数量和下一代虫源，降低危害程度。

3. 地老虎

地老虎侵害天麻、茯苓和灵芝等覆土栽培类药用真菌。其幼虫会咬食天麻籽粒或茯苓菌块，造成孔洞和缺口，也会咬断蜜环菌菌索，切断天麻养分来源，造成死麻和烂麻，还会咬食灵芝菇蕾，造成畸形菇和死菇。

防治方法：选择向阳干燥的地方作为栽培场所，能有效地减少地老虎的发生；用糖醋液诱杀成虫，按糖 6 份、醋 3 份、白酒 1 份、水 10 份、90％的敌百虫 1 份调匀，分别装入几个盆中，放在菇场的不同角落诱杀成虫；在幼虫的三龄期内，用 1000 倍的菇净喷杀。

（三）等翅目害虫

等翅目昆虫通称白蚁，分类学上简称“螱”，为社会性昆虫。其生活于隐藏的巢穴中，有完善的群体组织，由有翅和无翅的生殖个体（蚁后和雄蚁）与多数无翅的非生殖个体（工蚁和兵蚁）组成。白蚁是危害药用真菌的著名害虫。

在对药用真菌造成的危害中，以土栖性的黑翅土白蚁危害最为严重。土白蚁蛀食多种段木栽培的药用真菌覆土及地面排袋的药用真菌菌袋。如白蚁蛀食香菇和木耳段木，破坏段木的树皮并蛀空木质部，导致菌丝失水和营养基质被毁而无法出菇。茯苓在下种后就会吸引白蚁蛀食种木，茯苓生长时白蚁又会来蛀食。白蚁在松木筒上糊泥，使菌丝生长受阻，萎蔫死亡。白蚁还蛀食放于地表处出菇的平菇、香菇菌袋，在菌袋内蛀成隧道和不规则的孔洞，严重时全袋蛀空，只剩下外壳。白蚁还蛀食覆土栽培的竹荪、杏鲍菇、茶树菇等的菌袋，使其减产甚至绝收。白蚁危害面较广，在我国长江流域地区栽培的药用真菌常遭白蚁侵害。

等翅目昆虫的防治方法：选用无蚁源之地种植，在旱地和靠近树林、地表腐殖质丰富的场所，蚁量多，药用真菌种植后常遭白蚁侵害，而水田和多年种植的老菜地，蚁源较少或无蚁害；对于必须搭建在多蚁区的菇棚，应在菇棚四周挖一条深 50 cm、宽 40 cm 的封闭沟，沟内常年灌水，切断白蚁过道；对于蛀入菌袋内的白蚁，可将菌袋从土中挖出，用水浸泡10 h后捞起排袋，可浸死袋内的白蚁，又可起到补水的作用；对蚁穴，可用菇净 500～1000 倍液注入穴内，杀死穴内的白蚁。

（四）弹尾目害虫

弹尾目属于内口纲节肢动物门的一目，俗称跳虫，遍布全世界。其常大批群居在土壤中，多栖息于潮湿隐蔽的场所，如土壤、腐殖质、原木、粪便、洞穴，甚至终年积雪的高山上也有分布。其体微小，长形或圆球形，无翅，身体裸出，或被毛，或被有鳞片。跳跃时，由于肌肉的伸展，弹器猛向下后方弹击物面，使身体跃入空中，故名跳虫。弹尾目常常在生态系统中充当大型有机物的分解者，它们可以分解枯枝落叶等有机质，维护生态平衡。危害药用真菌的跳虫种类主要有角跳虫、长角跳虫、球角跳虫、菇紫跳虫、菇疣跳虫、黑角跳虫、黑扁跳虫、姬圆跳虫和紫跳虫等。

跳虫食性杂，危害广，取食多种药用真菌的菌丝和子实体，同时携带螨虫和病菌，造成菇床二次污染，常在夏秋高温季节暴发。跳虫取食菌丝，导致菇床菌丝退菌。菇体形成后，跳虫群集于菇盖、菌褶和根部咬食菌肉，造成菇盖遍布褐斑、凹点或孔道。排泄物污染子实体，引发细菌性病害。跳虫暴发时，菌丝被食尽，导致栽培失败。

弹尾目害虫的防治方法：保持栽培场所干净、卫生，在夏季种植之前，先将栽培场及菇房清洗干净，再用硫黄熏蒸；清除菇房外围 20 m 之内的杂草、垃圾，填平坑洞，防止积水引发跳虫繁殖；培养料需高温处理，蘑菇栽培料要进行二次发酵，杀灭料中虫源；培养料和覆土材料都需要用药物处理，防止发菌期和出菇期跳虫危害；可用 0.1%的鱼藤精或 1∶150～200 除虫菊喷洒；可在培养料中拌入 25%的除虫脲 4000 倍液，用药后距出菇期还有 15 d 以上，菇体药剂残留量低，在 0.03 mg/L 以内。

（五）螨类（菌虱、红蜘蛛）

螨类能危害所有药用真菌，主要危害是咬断菌丝，咬食小菇蕾，也可直接危害子实体，并能使人全身奇痒难忍，产生过敏反应。

螨类的防治方法：菇房彻底消毒，杜绝虫源；停止出菇管理，用敌敌畏密闭熏蒸菇房；可用 1500 倍菊乐合酯喷杀。

（六）线虫类

线虫类主要危害是咬食菌丝体，为其他病虫害的入侵创造条件，诱发各种病虫害交叉感染。

线虫类的防治方法：可用蒸汽、培养料堆温、热水浸泡来杀灭线虫；使用清洁水源，可在水中加入适量明矾净化水质；可用 1∶500 倍马拉松乳液喷杀。

（七）蓟马

危害药用真菌的蓟马在分类上多数属缨翅目皮蓟马科，俗称黑蝇、小红虫，分布于全国各地。蓟马取食药用真菌类孢子、菌丝体或腐殖质汁液，并传播病毒及病害。成虫和若虫群集性强，日间活动，行动敏捷，能飞善跳。露地和大棚栽培的灵芝、木耳、香菇、平菇、鸡腿菇等易受蓟马危害。成虫和若虫用锉吸式口器锉破木耳表皮，吸取汁液，使耳片扭曲皱缩，不能伸展，严重时造成流耳。蓟马危害菌丝体使菌丝消失，危害幼菇使菇体萎缩死亡。

蓟马的防治方法：消灭越冬虫源，结合防治其他害虫，清除田块及其周围的杂草、枯枝落叶，有助于减少或消灭越冬虫源；大棚使用银灰膜覆盖，对蓟马有忌避作用；将蓝色的黏虫板悬挂在菌袋之间，具有诱捕和预测作用；可在若虫始盛期和出菇间歇期喷施化学药剂，用25%除虫脲3000倍液或25%噻嗪酮1000倍液喷雾，持效期长，也可使用70%吡虫啉可湿粉2000倍液或鱼藤精400倍液，或1%甲氨基阿维菌素苯甲酸盐1000倍液喷洒，不同药剂隔1周左右交替使用，杀虫效果明显。

三、药用真菌病虫害综合防治技术

（一）病虫害发生的特点

1. 药用真菌组织营养丰富、水分充足、气味浓郁，缺乏保护层，易受病虫侵染

很多药用真菌是药食同源菌，如香菇、木耳、金针菇等，它们以高蛋白、低脂肪、低纤维、好口感而赢得大众欢迎，也受众多微生物和昆虫的喜爱。同时每个药用真菌品种都会散发出各自特有的菌类香味，且菌丝和子实体表层没有相应保护层，极易成为各种生物的食物，使药用真菌生产遭受严重影响。

2. 侵害药用真菌的病虫种类多，造成的危害重

据初步统计，侵染培养料、菌丝体和菌体的杂菌、病菌和害虫达100多种。各种病菌和害虫在不同的季节以不同的方式与药用真菌争夺营养，侵害菌丝和菌体。

3. 栽培基质营养丰富，在提高子实体产量的同时也为病虫繁殖提供了良好的食源

多种昆虫和杂菌以腐熟的有机质为食源，如跳虫、螨虫、瘿蚊、线虫、粪蚊、白蚁和蚤蝇等都喜食腐熟潮湿的有机质，经发酵熟化后用于栽培的草腐料散发出特有的气味，吸引昆虫在料里产卵。在食源丰富的条件下，螨虫、瘿蚊以母体繁殖方式在短时间内快速增殖后代，在30～40 d内暴发成灾。经灭菌熟化的木腐菌基质成为竞争性杂菌快速繁殖的基地，如木霉、根霉、链孢霉孢子落入基质内能快速繁殖，与药用真菌争夺养料，而同时接种的菌种生长速度只有根霉的1/30、木霉的1/20，接种面被杂菌侵染后，药用真菌菌种失去营养源而无法生长，导致菌袋报废。

4. 适宜的环境为药用真菌提供了良好的生长条件，也为病菌和害虫的快速繁殖提供了优越条件

多数药用真菌发菌温度为20～26℃、出菇温度为10～25℃、培养基水分为65%左右、出菇房湿度为85%以上。人工创建的适宜菌丝和子实体生长的环境，更适合病害和虫害的生存和繁殖。在中温环境条件下，所有害虫的生长周期缩短，繁殖代数增加并且消除了冬眠期和越夏期，造成害虫数量激增。

5. 药用真菌与病原杂菌同属微生物，生理特性大致相同，需求性一致

药用真菌与病原杂菌在营养、生长环境条件方面需求一致，它们相伴相随，难以分开，许多杀菌药剂在杀菌的同时也伤害药用真菌的菌丝和子实体，如用甲基硫菌灵和百菌

清拌料，会抑制药用真菌菌丝生长；多菌灵对灵芝、猴头菇、木耳等菌丝有抑制作用；敌敌畏会抑制出菇或导致畸形菇。

6. 培养基质上携带多种病源和虫源

绝大多数杂菌和害虫的寄主都是农作物的残体，如稻草、棉籽壳、玉米芯、禽畜粪便，它们携带大量的病菌孢子与菌丝体及螨虫、蚊、蝇等的虫卵，因此需要对培养基进行灭菌和发酵处理，以消灭或减少病源和虫源，降低病虫害程度。

7. 病虫害分布广、隐蔽性强、食性杂、体形小、繁殖快、暴发性强，药剂难以控制

多数致病菌在人类尚未发现时，已在培养基内萌发、繁殖，等到产生危害时才能被发现。出菇期病害已经深入基质内，施触杀性药剂时，药剂不能与病菌完全接触，药效不显著。螨虫、瘿蚊、菇蚊能从培养基质、菌丝、菇体中取食，培养基表面和里层都有虫体分布。有的病害如胡桃肉状菌和鸡爪菌一旦发生，无药可治。

8. 病虫害同时入侵易发生交叉感染，加重危害

蚊、蝇类害虫常携带螨虫和病菌，在取食和产卵时传播病毒、螨虫和病菌。疣孢霉菌会使菌菇发病，病菇又引发细菌和线虫入侵危害，随后菇体腐烂发臭，污染整个菇房环境。

（二）病虫害综合防控

药用真菌的生产过程十分复杂，从培养基制作、菌丝生长到子实体发育及成品采收和贮藏，都易遭受病菌和害虫的侵染。因此在防治上也应该注意各环节，采用生态防治、物理防治和化学防治等多种方式将病虫控制在萌芽阶段，确保药用真菌的安全生产。由于人工栽培的各种药用真菌属腐生性真菌，其栽培的环境条件和营养基质均适宜病虫的发生，解决好菌种生产和栽培过程的病虫问题是获得高产、优质药用真菌的重要保证。对害虫来讲，综合防治不能单纯依赖一种方法，而是通过一系列的措施来减少虫口密度。总之，针对药用真菌有害生物的防治，较理想、较安全的方法是搞好栽培场所的环境卫生，创造有利于药用真菌生长而不利于有害生物生长、繁殖的环境条件，做到“预防为主，防重于治”。

1. 生物防治

随着科技的发展和人们生活水平的提高，生物防治成为今后的发展趋势。目前药用真菌的生物防治主要是运用捕食性天敌、寄生性天敌和病原微生物。捕食性天敌主要有双革螨、粪寄螨和窄蛛螨等捕食性螨类，这些螨类能捕食双翅目、蜱螨目和线虫纲的多种害虫。国内曾有人提出利用苏云金杆菌等生物农药进行蕈蚊的防治，因为它已经相当广泛地应用在农作物害虫的生物防治上，这为药用真菌害虫的防治提供了可借鉴的方法。

（1）木腐菌与草腐菌应该在不同场所制种和栽培

草腐菌类菌种的制种和栽培需对培养料进行发酵处理。发酵期间，病菌和蚊蝇类常在发酵料中繁殖，同时木腐菌的菌种也处在发菌期，在同一时间和同一环境下，生产的木腐菌极易受草腐菌病虫害的交叉感染，只有在不同场所分开制种和栽培，才能保持木腐菌类菌种场和栽培场地的清洁卫生。

（2）换茬轮作，切断病虫害食源

发生过致病性强的病害或虫害的栽培房不应连续栽培同一品种真菌，以防止同一种病

虫再度暴发，换茬轮作，切断病虫传播链，从根本上消除病虫再发生机会。

(3) 培育生活力强且抗病的良种

抗性强的品种体现出品种的遗传优势，菌种的生活力和纯度由供种单位的生产技术和制种条件所决定，种植者在引用优良菌种的同时，更要了解品种的适温性，选择适宜季节栽培，才能更好地体现品种的高产性和抗病性。

(4) 保持生产环境清洁、干燥

保持菌种场、栽培场清洁、干燥、通风、透气是提高成品率的基础条件。在生产过程中污染菌袋不能积压，应保持水沟通畅、空气清新、水源干净。这样，场内杂菌数量较少，接种和发菌期间感染的概率也较低。

(5) 菇房内制种的品种应保持一致性

为了便于栽培管理和病虫害综合防治，在环境条件一致的菇房内宜制作统一的品种，保证其具有同一接种期和出菇期，以便采用统一的管理措施，如在温度调节、水分管理、病虫害综合防治等环节上能达到统一性和有效性。

2. 物理防治

根据病虫会对某些物理因素产生反应的规律，可利用物理因素去防治药用真菌病虫害。

(1) 强化基质灭菌或消毒处理，保证熟化菌袋的纯净度

灭菌时，菌袋在常压、100℃条件下需维持8～10 h，在高压、120℃条件下需维持3～3.5 h，灭菌期要保持温度稳定，不应低于要求的温度指标，如中途因停电或是其他原因造成温度下降，应延长灭菌时间予以补救，杀死基质内的一切微生物菌体和芽孢。所用的菌袋韧性要强，无微孔，封口要严实，装袋时操作要细致，防止破袋。这些都是减少污染的重要措施。

(2) 规范接种程序，严格无菌操作

菌种生产应按照无菌程序操作，层层把关，严格控制，生产出纯度高、活力强的菌种。最好将灭菌灶安排在进袋口和出袋口门，中部隔断。出口处连接接种室，接种袋冷却后，在超净工作台内接种。操作人员穿戴好工作服，确保接种室高度无菌。

(3) 安全发菌、防止杂菌害虫侵入菌袋

发菌室应具备恒温条件，视品种的温度要求，将温度调节在最适宜菌丝生长的范围内，防止温差过大而引起菌袋水分蒸发、空气调换频繁，产生杂菌入侵污染。同时应遮光培养，减少蚊蝇飞入产卵危害。

(4) 利用成虫的趋光性等因素杀灭害虫

用电子灭蚊器、高压静电灭虫灯及黑光灯诱杀成虫，菇房的进出口要保持黑暗，应随时关灯，阻止成虫飞入。药用真菌干品可采用日光曝晒、烘干等降低含水量的方法来防止害虫的发生。微波是一种电磁波，物品可吸收微波的能量转化为热能，使温度升高，利用此方法可达到干燥药用真菌和杀灭害虫的目的。

3. 化学防治

化学防治目前仍是防治药用真菌病虫害十分有效的方法。鉴于药用真菌子实体生长周

期短、直接食用的特点，使用化学药剂会产生较多农药残留和毒害药用真菌的作用，因此，当前药用真菌病虫害化学防治的重点是筛选高效、低毒、低残留的农药品种和探索科学的施药方法。国家认证注册可用于药用真菌病虫害防治的药剂极少，许多农药在药用真菌上被禁用。目前所用药剂多数选自蔬菜和果树的一些高效、低毒、低残留的农药品种，如锐劲特、阿克泰、阿维菌素、苦参碱、除虫菊酯及鱼藤精等。如密闭良好的菇房可用磷化铝熏蒸杀死菇房空间、床面和培养料中的害虫，熏蒸时间为 24～27 h，药量视菇房面积而定；药用真菌干品仓库也可用磷化铝熏蒸杀灭害虫。药用真菌栽培过程中具体的防治方法有以下几种。

（1）培养料用药剂预防处理

大规模生产或栽培场周年性循环生产，场内的空气杂菌含量较高，污染途径也较多，有必要在培养料中加入微量杀虫剂或杀菌剂，从而有效地抑制竞争性杂菌繁殖，提高菌袋成品率。

（2）覆土材料需消毒处理

土壤是许多病菌和害虫的发生场地，使用前必须用化学药剂进行杀菌灭虫处理。黄土材料宜用河泥砻糠土，河泥在嫌气状况下，好气性致病菌少，且保湿性好。对于取自旱地的土壤和材料，应用 5%石灰拌土后再在太阳下暴晒几天，在使用前 5～7 d 再喷施杀菌剂，用薄膜覆盖，闷置 5 d 后再使用。

（3）出菌间歇期防虫治病

在出菌间歇期、料面无菌时用药，出菌期间不宜用药，以防止菌体产生药害和药剂残留，同时应选择高效、低毒的生物性药剂。

第六节　药用真菌的采收、加工与贮藏保鲜

采摘后的新鲜药用真菌，在常温下易腐烂变质，在包装和运输过程中也容易破损，降低质量，造成损失。在生产旺季，药用真菌主要是鲜销，大量生产而一时销售不了的，必须做好保鲜和储存，以调节、丰富市场供应。

一、药用真菌采收与产地加工

（一）药用真菌采收注意事项

采收是药用真菌栽培的最后环节，也是药用真菌储藏加工的最初环节。药用部位的采收标准及采收方法会直接影响药用真菌的储运损耗和加工品品质。应认真做好采收工作，为药用真菌的储藏或加工提供优质原料。

在确定某种药用真菌的采收标准、采收时间和采收方法时，应考虑药用真菌保鲜加工的方式、方法和设备等，否则会造成损失。如准备长途运输又无调温运输工具时，应适当提早采收。高温季节成熟的药用真菌应在黎明前气温较低时采收，以免日出后温度升高，增加储运过程中调控温度的难度，影响储运效果。采收后的子实体仍然是活的机体，其表

面组织是一道天然屏障。若这道屏障损伤破坏，新鲜药用真菌就会失去自然的抵抗力，易感染病菌，造成腐烂变质。在药用真菌的采收、储运过程中，应尽量减少或避免一切损伤，保护好子实体的抗病性和耐储性，并且做到产地直接加工。

在采收菌菇类药用真菌时，应在采菇前一天停止向菌棒喷水，以免因含水量太高而导致鲜菇菇面发黑粗糙、品质下降，所以雨天一般不宜采收。夏菇可在当天早晚各采收一次；冬菇宜于当天早上采摘，此时气温较低，菇体新陈代谢缓慢，鲜菇不易开膜，可保证品质。采摘时手捏菇柄底部，左右转动轻轻拧下，切勿碰伤周围小菇或带出大块菌棒和培养料。采摘要求是朵形完整，菇肉肥厚，菌幕白色未破、微开或大卷边，未粘上土，无病虫害、破损、畸形，保持其自然生长的优美形态。鲜菇采摘下来后应放在垫有大块方形纱布的塑料篮中，等菌菇收集好后，将纱布对角扣结，以避免运输途中相互碰撞损坏菇形，或带入泥沙等杂质，影响药用真菌质量。

（二）常见药用真菌采收和产地加工

1. 产地加工的目的和任务

药用真菌采收后，在产地经过拣选、清洗、切剥、干燥等一系列措施，使其形成商品药材的过程称为产地加工或产地初加工。绝大多数药用真菌需经过清洗、干燥和炮制等一系列加工过程方能成为商品。未加工的新鲜药用真菌容易霉烂变质，有效成分易分解散失，严重影响其质量和疗效。因此，产地加工的目的是确保药用真菌的商品特性，防止霉烂腐败，便于干燥和运输，保证药用真菌的疗效及其安全性，有利于其的进一步加工炮制等处理。

产地加工的主要任务是清除非药用部位、杂质、泥沙等，确保药用真菌的纯净度，按规定对药用真菌进行加工修整、分级，按用药要求清除毒性或不良性味，再干燥、包装成件，确保运输、贮藏的便利和可靠性。

2. 采收和产地加工方法

因药用真菌品种、规格的不同及各地传统经验的差异，其采收和产地加工方法各不相同。下面介绍几种常见的药用真菌采收和加工方法。

（1）竹荪

菌蕾破壳开伞至成熟约为 2.5～7 h，在此期间应完成采收。竹荪成熟后即开始萎缩，一般 12～48 h 即倒地死亡。因此，当竹荪开伞待菌裙下沿伸至菌托、孢子胶质将开始自溶时（子实体已成熟）即可采收。采摘时用手指握住菌托，将子实体轻轻扭动拔起，小心地放进篮子。切勿损坏菌裙，影响商品质量。竹荪子实体采回后，随即除去菌盖和菌托，不使黑褐色的孢子胶质液污染菌柄、菌裙。然后，将洁白的竹荪子实体一只一只地插到晒架的竹签上进行日晒或烘烤。无论是日晒或烘烤，商品均要求完整、洁白、干燥等。

（2）麦角

由于麦角成熟时很容易从穗上脱落，故当麦粒收获时，麦角掉落损失较大，因此必须早些收获。一般在麦粒成熟前 1～2 周采收，每周可采摘成熟麦角 2～3 次。也可采用比重法（利用麦角和黑麦种子间的比重差别）进行采收，以节省时间。而欧洲有些国家主要采用麦角采收机进行清选。在我国，北京地区采收期一般为 6 月中旬至 7 月上旬，哈尔滨可在 8 月初进行。麦角采收后，应迅速放在冷凉、干燥、避光处贮藏，以避免对麦角碱的破坏。

（3）香菇

当香菇菌盖长至八成开时，就应及时采收，这时的菌盖厚、质好，而菌盖全展开时质量差。在菌褶产生花点时采收，香菇烘焙后会发黑，失去商品价值。袋栽菇采菇时，要把菇脚一起采下，若将菇柄基部留在菌块上会产生霉菌，但不要把培养料一起掀起，以免影响下潮菇。香菇采摘后可先放在阳光下翻晒，待表皮干燥后再烘焙则质量好。阴雨天采收，应及时烘焙，烘焙温度应由低逐渐升高，以促进酶反应，合成香味物质，但不能超过65℃，否则酶的活性会被迅速破坏，不能形成香味物质，且干菇的外形和色泽均较差。烘焙时，不能有烟火，要勤翻动，直至菇柄与菇盖连接部坚硬为止。这样加工的香菇呈金黄色，香味浓，质量好，药用价值高。

（4）雷丸

雷丸一般在夏初采挖，大的选出作药材使用，拣净杂质，去净泥沙，晾干即可。每1 kg鲜雷丸可得干品0.5 kg。采摘后在原材料上加锯木屑、碎木块等继续掩埋，还可继续生长雷丸。

（5）猪苓

猪苓是多年生菌类，栽后一、二年之内产量不高，尤其在寒冷的高山区和我国北方生长速度更慢，栽后三、四年才是生长旺盛时期，产量较高，但如栽培年代太长，采收时菌材都已腐烂，也影响猪苓生长。故应在栽后第三、四年秋季收获，挖出栽培穴中全部菌材和菌核，选灰褐色、核体松软的菌核，留作种苓，而色黑质硬的老核，应除去泥沙，晒干入药。可将栽培穴周围土壤铲去一层，选择仍坚固、无杂菌感染、蜜环菌生长旺盛的老菌材，再添加一倍的新木段继续栽培，或用新培养好的菌材伴栽。

（6）银耳

当银耳子实体瓣片完全展开、没有包心、白色、半透明及手触摸稍有弹性、韧性时，不论朵大朵小，均要及时采收。适时采收的银耳，干燥后朵形圆整、饱满，如耳瓣柔软、萎缩、透明而无弹性，则采收已过迟，晒干后会塌扇，有的甚至烂耳。采耳应边采边收，防止遗漏，否则会过熟腐烂。采收最好在晴天的上午进行，以便采后摊晒。采收的前一天即停止喷水，并打开菇房两头的门，让风把耳子吹得半干然后再采收，这样的耳子便于加工，质量也好。用竹片刀或不锈钢小刀（禁用铁刀）沿树皮从耳基部分整朵割下，须保留耳根，使其再生。若连根割下或挖去耳基，则不易再生。采耳一般可至秋末，气温降低不再出耳后停止采耳。细小的耳木当年产耳后就不必保留，而粗的耳木或当年产耳不多的耳木可堆叠过冬，至翌年5月重新排列，加以管理仍可采到1～2批银耳。采收的银耳应立即加工，以免变质。

① 去掉杂质

将采回的银耳清除树皮等杂质，割除有颜色的耳根。

② 漂洗

将去掉杂质的银耳，放入竹箩，然后在清洁的流水中漂洗，洗去黏液和杂质。漂洗时动作要轻、快，时间要短，以免在水中泡的时间过长而影响质量。银耳漂洗后滤去水分立即进行干燥。

③ 干燥

干燥以日光晒干为好。在晒席或竹席上铺一层纱布，将银耳一朵一朵地均匀排放，一般晒1～2 d便可干燥。晒的过程中须将银耳翻转几次，加速其干燥并且使其干燥均匀、色白、朵形美观，否则会耳片平塌，影响质量。大量生产不易干燥或多雨季节时，可用电热鼓风干燥或红外线干燥，也可在烤房进行干燥，温度须控制在50～60℃，并多翻动，直至烘干。

④ 保存成品

干耳容易吸湿回潮，应分级储藏，以免变质。一般采用塑料袋密封，再放入纸箱或木箱内，能放于白铁皮箱内保存更好。箱内放些氯化钙或石灰包吸潮。耳箱置于干燥、低温的室内，定期检查、翻晒，以防回潮发霉。

（7）猴头菇

猴头菇菌丝体长满后一定要选晴天将其从瓶中掏出，并要立即摊晒，夏天要求1～2 d内晒干，冬天要求2～3 d内晒干。菌丝含水量要求不超过12%，湿菌丝绝对不可堆积，否则将发酸变质，药效降低甚至不能用。菌丝体（含菌丝的培养料）晒干后，装于清洁的袋中，做好登记，然后放干燥通风处贮藏备用。贮藏期间也要定期检查，防止受潮发热。最好及时提取药用成分，减少储存时间。如采收子实体，则在其刺长0.5 cm时及时采下，不要等它散发白色粉状孢子后才采收。一般可采收两次，但第二次产量较少，子实体采后也应及时剖开、晒干、风干或烤干，总之尽早对其进行处理，防止后熟降低质量。

（三）药用真菌包装

药用真菌包装的目的是保护药用真菌，将其完整、良好、安全地交给药材经营者。因此，包装应利于运输、出售、堆放和改装，产地包装一般比较简陋，多就地取材。产地常采用的包装有竹筐、柳条筐、草包、席包、篾包、木箱、麻袋、纸箱、塑料袋等。

在选择包装时应考虑药用真菌的种类、性质，以及运输、堆放和改装的便利，绝不可因陋就简、草率从事，致使药用真菌遭受损失。对于出口和需长途运输的药用真菌，则应按药材经营部门的要求进行包装，既要坚固耐磨损，又要美观实用。一般柔软、脆弱的药用真菌宜用内软外硬而结实的包装，以免压坏药用真菌。

二、药用真菌产品的贮藏保鲜

药用真菌贮藏的目的是保证药材品质，避免变质、虫蛀、鼠食。

（一）影响药用真菌变质的因素

药用真菌在贮藏期间会受到许多因素的影响，质量不断发生变化。这些因素有内在的和外在的，内在因素主要指药用真菌所含的化学成分，外在因素主要是空气、温度、湿度、日光、微生物、害虫等。外在因素对于药用真菌变质所起的作用是很大的。所以，贮藏期间要注意改善外界条件，消除或延缓药用真菌变质。

空气中的氧和臭氧对药用真菌变质起着推动作用，如挥发油受到氧的作用，易引起树脂化，油脂酸败也是氧化引起的；臭氧可以加速有机物质，特别是脂肪的变质。

外界气温的改变对药用真菌的变质速度有较大的影响。在常温条件下药用真菌成分是比较稳定的，当温度增高时，其物理、化学、生物变化都会加速。如气温升高会使药用真菌所含的挥发油加速挥发；温度适宜微生物或害虫生活时，它们就会繁殖和活动，使药用真菌发生霉烂和虫蛀。

湿度是影响药用真菌质量极为重要的因素之一，它不仅引起药用真菌的物理变化和化学变化，而且对微生物和害虫的生长繁殖影响很大。温度愈高，相对湿度愈小，药用真菌愈易干缩；温度愈低，相对湿度愈大，药用真菌就愈易吸湿。当外界空气的水蒸气压较大时，水蒸气就逐渐扩散到药用真菌中去，有时还会凝结成水，这就是受潮，药用真菌受潮后极易发生霉变。

日光对微生物和害虫的生命活动有较大的影响，利用日光曝晒药用真菌可以将其杀灭或消除。在日光直射下，一些有效成分如维生素等会分解。有颜色的药用真菌在日光直射下，色素会受到破坏。

微生物是引起药用真菌发霉、腐烂的主要因素。当空气中存在的大量霉菌孢子落于药用真菌表面，遇到适宜的温度、湿度就会萌发、分泌酵素，腐蚀药用真菌组织，使很多有机物质分解，有效成分也受到极大的破坏，甚至不能入药。

药用真菌的害虫种类很多，以甲虫类最多，其次是蛾类及螨类。药用真菌所含的淀粉、蛋白质、脂肪、糖类等，都是害虫的良好食料，当温度、湿度等适宜时，药用真菌就成为它们滋生、蔓延的场所。

（二）药用真菌贮藏保鲜的方法

1. 冷藏法

温度是影响新鲜产品呼吸作用最主要的因素。在 5～35℃，温度每上升 1℃，呼吸强度增大 3 倍，结果使环境温度上升的更高，不利于药用真菌的贮藏保鲜。冷藏温度不宜过低，通常控制在 0～8℃。冰冷在生产上最常用，将食盐或氯化钙加入冰中，把冰放置在贮藏药用真菌的上方，可以实现药材贮藏保鲜的目的。

2. 气调贮藏法

气调包装（MAP）是通过改变包装内的气体成分及比例来延长产品的保质期的一种方法，目前已广泛应用于水果、蔬菜等食品及中药材的保鲜。气调保鲜又可分为自发气调和机械气调。自发气调是利用塑料袋和塑料薄膜帐等包装被保鲜物，通过被保鲜物的呼吸作用，自然降低包装中氧气（O_2）的浓度，增加二氧化碳（CO_2）浓度，从而达到保鲜的目的。该方法成本较低，但保鲜时间相对较短，且不能根据不同的产品调整其最佳贮藏气体环境。机械气调是指通过人为调整被保鲜物贮藏环境中 O_2 和 CO_2 的比例，从而达到被保鲜物的最佳贮藏环境，抑制其采收的生理生化作用和微生物作用，延长贮藏期。

MAP 中 O_2 浓度的降低及 CO_2 浓度的增加还能够抑制微生物的生长，防止腐败。O_2 浓度低于 1%可抑制药用真菌开伞，在达到 5%时刺激开伞；高浓度的 CO_2 能抑制药用真菌开伞，但 CO_2 浓度太高又会促进药用真菌无氧呼吸，产生毒害。对于新鲜药用真菌来说，MAP 保鲜被认为是一种有效、简单、经济的包装方法。气调方法：将药用真菌放入有一定透明性的容器内，让其自然降氧；人工降氧法即充入二氧化碳和氮气，使其降氧。气调与冷藏结合效果会更好。

打孔膜包装技术也被认为是一种气调包装技术，指的是利用不同材料的保鲜膜包装被保鲜物，且在膜上均匀打上一定孔径的小孔，利于包装内的气体和水分排出，降低膜内的湿度，减少挥发性代谢产物积累，从而延长贮藏期。

3. 辐射保鲜技术

辐照保鲜技术是利用 γ 射线、紫外线或电子束等放射源，对药用真菌进行辐射处理，可使药用真菌体内的水和其他物质发生电离，产生游离基或离子，能有效地抑制药用真菌开伞，延缓菌体变色过程；还可以破坏腐败微生物和病原菌的 DNA、核酸和细胞膜，从而抑制微生物或害虫的生长，最大限度地保持药用真菌的药用和营养特性，从而起到保鲜作用，结合冷藏效果更好。美国食品药品监督管理局已证实 γ 射线辐照是一种安全的食品、药品加工技术，γ 射线（高达 1 kGy）是野生食用菌和药用真菌保持品质及延长货架期的有效方法。

4. 植物激素处理法

有些激素可以抑制药用真菌的呼吸作用，延缓衰老，延长贮藏时间；有些激素还可以抑制药用真菌开伞。药用真菌贮藏保鲜可选用的激素有矮壮素（CCC）、2，4－D、青鲜素（MH）、吲哚乙酸（IAA）、萘乙酸（NAA）等，使用浓度因不同菌类而异。

5. 超声波结合湿度保鲜技术

超声波在液体中会产生瞬间高温及温度变化、瞬间高压及压力变化，即形成空化效应。破碎的气泡造成的冲击波会产生破坏力极强的剪切力，破坏生物的细胞壁和细胞膜结构，以改善药品品质、减少化学和物理损伤，从而延长保质期。相对湿度（RH）作为产品水分损失的指标，对鲜产品蒸腾速率有显著影响。贮藏时较高的 RH 有利于减少鲜品贮藏过程中的质量损失。因此，超声波与湿度相结合可以实现药用真菌提质保鲜的目的。

6. 化学保鲜技术

化学保鲜技术可用于短期保存药用真菌。

（1）保鲜液洗涤

目前应用于食品、药品保鲜的化学保鲜液主要有 1－甲基环丙烯（1－MCP）、脱氢醋酸钠、VC、半胱氨酸、氯化钠、柠檬酸溶液等，此法可用于药用真菌的短期保鲜。

（2）涂膜保鲜

涂膜保鲜是通过浸泡、喷洒具有良好成膜能力的材料，在药用真菌的表面形成一层可食性薄膜，从而阻止水分损失、抑制呼吸作用等生理活动。壳聚糖因其成膜性好、天然无毒、可降解及抗菌性优良，在涂膜保鲜方面已得到广泛应用。涂膜保鲜处理得当可延长新鲜药用真菌保鲜期至 9 d 以上，最长可达 15 d。

（3）臭氧保鲜

臭氧（O_3）是一种安全的抗菌剂，过量的臭氧可以分解为氧气，不会残留和积累任何有毒物质，可以保持新鲜药用真菌的药用和理化特性。臭氧主要通过强氧化性杀灭药用真菌表面的微生物，钝化酶活性和抑制药用真菌的呼吸作用，还可以分解药用真菌成熟过程中释放的乙烯，减缓衰老的进程，从而延长贮藏时间，实现保鲜目的。

第九章　大别山区重要中药材栽培技术

第一节　霍山石斛

霍山石斛俗称米斛、霍山米斛、霍石斛，为兰科石斛属多年生附生草本植物，其新鲜或干燥茎均可入药，药材名霍山石斛。霍山石斛富含多糖、氨基酸和石斛碱、石斛胺碱等多种生物碱，具有益胃润肺、养阴生津之功效，对亏阴虚火、五脏虚损、烦热自汗、精气不足、眼目昏暗、胃热烦渴、咳嗽咽痛、口燥舌苔、熬夜积火、烟酒过度有显著疗效，常服能治标固本、调和阴阳、壮阳补肾、养颜驻容，从而达到保健益寿之功效。霍山石斛主要分布在大别山区的安徽省霍山县、金寨县、岳西县、舒城县，湖北省英山县及河南省南召县等。

一、形态特征

霍山石斛植株丛生，直立，肉质状，不分枝，一般长 3～12 cm，从基部向上逐渐变细，具 3～7 节，淡黄绿色，有时带淡紫红色斑点，干后淡黄色，第二节多急剧膨大，多呈蚂蚱腿状（斛状）。叶薄革质，2～7 片互生于茎的上部，舌状长圆形，先端钝并且微凹，基部具有抱茎的鞘。开花植株中，总状花序 1～3 个，从落叶的老茎上部发出，具 1～2 朵花，花较小，花淡黄绿色，开展。蒴果近椭圆形，一般具 3～5 条纵棱，内含微小、粉状、无胚乳的种子。

二、生物学特性

霍山石斛喜温暖湿润、通风透气、散射光照、阴凉的环境，耐寒但不耐高温、干旱，忌积水和强光直射。一般分布在北纬 31°03′～31°33′、东经 115°52′～116°32′，海拔为 250～1200 m，平均气温为 18～23℃，年降水量为 250～1200 mm，空气相对湿度早晚为 85%～90%、午间为 65%～70%的地区。常附生在岩石上，与苔藓植物伴生。其根部分附着于附主上，起固定和支撑作用，并吸取附主的水分和养分，部分根系则裸露在空气中，吸取空气中的水分。霍山石斛在气温为 14℃时开始生长，当气温为 20～26℃、空气湿度为 80%以上时最适宜其生长。

三、栽培技术

霍山石斛的栽培方式主要为原生态栽培和设施栽培。

(一) 原生态栽培

霍山石斛的原生态栽培有林下栽培、岩壁栽种及树体栽培 3 种模式，其环境、种源选择相同，栽种模式及方法不同。

1. 环境选择

种植基地以针叶林的林地为主，要求植被丰富且山间多石头，岩壁下最好有溪流或水涧；空气相对湿度平均不低于 50%，石头上多附有苔藓类植物即说明空气湿度条件适合；极端最低气温不低于 −20℃，极端最高气温不高于 45℃；最高海拔不超过 1000 m；局部郁闭度为 0.6～0.8，当超过时应适当疏剪斛园的乔木和灌木枝丫，不足时应补栽树木。

2. 地块开垦

进行霍山石斛林下原生态栽培前需要开垦地块。山林地形复杂，不能进行标准化操作，要因地制宜，沿等高线将山体整理成地块，地块的宽度根据山体的坡度而定。整理好的地块中间高、两侧低。在地块靠山体的一侧还要挖出宽 40 cm、深 15 cm 的中间高、两端低的沟渠，以便于排水。

3. 种源与基质选择

(1) 种苗选择

选择栽培驯化半年以上的霍山石斛种苗，植株要完整、健壮，栽培前用 50%高锰酸钾 1000 倍液浸泡 3 s 进行消毒处理。

(2) 基质选择

林下基地的地上栽培模式一般采用石子和松树皮作为基质，石子的直径为 2～4 cm，松树皮基质的直径为 0.5～1.0 cm。栽培前要对石子进行冲洗，使石子上不再粘有泥土。

(3) 栽培季节

霍山石斛种苗的最佳栽培时间为每年的 3～6 月，这个时期温度适宜，空气湿度大，有利于植株生根。每年的 7～10 月也可栽培霍山石斛种苗，但栽培后需要进行浇水管理。

4. 栽培模式

(1) 林下原生态栽培

① 铺设基质

在整理好的地块苗床上铺设一层园艺地布，再在上面铺设石子基质，园艺地布和石子基质的总厚度不低于 15 cm，苗床四周可用竹竿或石块围住。

② 栽培方法

在铺设好的沙石苗床上挖出栽培坑，再将准备好的单丛霍山石斛根梳理整齐，平直放在坑内，保持霍山石斛根茎交接处与沙石苗床齐平。将事先准备好的松树皮基质撒在霍山石斛根上方，填充至低于根茎交接处 1 cm，再将沙石围在石斛苗的四周。

③ 栽培规格

按 12 cm×12 cm 的行间距进行栽种。

(2) 岩壁原生态栽培

在原生态栽培技术中，岩壁栽培是难度最大、条件最苛刻的栽培技术。目前岩壁栽培方法有很多，如石坝栽培、石墙栽培、山石栽培等。利用石坝、石墙进行栽培时主要是将霍山石斛的根部塞进石缝中，用小石块进行填充固定。山石栽培包括两类情形：一是寻找石缝进行栽培；二是用工具在石头上打眼，然后将霍山石斛栽入打好的眼中进行固定。

（3）树体原生态栽培

利用树体进行栽培是原生态栽培的一种途径。目前霍山石斛的树体栽培方法有很多，如绳索捆绑、线卡固定、码钉固定等。但这些栽培方法不利于霍山石斛优良品质的形成，所以只适用于少量种植，不宜推广。

① 树种选择

要选有一定纹理的表面粗糙的树种，以利于霍山石斛的根系吸附和生长，如选择松树、梨树、板栗树、杉树等。

② 栽培方法

栽培要在离地面0.5～2 m的树干上进行。以绳索捆绑法为例，首先将霍山石斛种苗茎朝上，根部紧贴树干，然后将青苔覆盖在霍山石斛根部表面，将绳索压在青苔上面，呈30°角螺旋形向上，每隔15 cm距离固定一丛霍山石斛种苗。绳索捆绑时霍山石斛苗的茎要露出，否则影响发芽。绳索可选用稻草绳、麻绳、布条等绿色环保材料。

5. 日常管理

（1）浇水

在霍山石斛的生长过程中，水是必不可少的。在原生态种植环境下，霍山石斛在生长过程中吸收空气中的水分及雨露。只有在干旱的季节，霍山石斛苗叶片变黄的时候才需进行适当的人工补水。浇水要“见干见湿”，也就是一次浇水要浇透，但是基质底部不能积水，等基质变干再浇水。

（2）除草

原生态基地处于露天状态，周边杂草、灌木较多，在日常管理过程中除草是必须经常做的工作，也是最费时费力的工作。每年4～10月期间的每个月，工作人员都需要对地块上及地块旁边的灌木、杂草进行砍伐清理，灌木、杂草的及时清理可减少霍山石斛病虫害的发生。

（二）设施栽培

设施栽培普遍采用架空模式，用方盘作为载体，松树皮作为基质。

1. 准备工作

（1）选址要求

选址是设施栽培最重要的一步，一般情况下基地要选择向阳、水源充足、无污染源，而且通风、排灌方便的位置。最好选择面积稍大的平整地块，以大大降低建设和改造成本。

（2）平整土地

基地选好后，首先要开沟铺路，保证基地水流畅通，雨季不会积水。

（3）大棚搭建

大棚的一般规格为长 25 m、宽 6 m、高 2.8 m（或 3.2 m），大棚的规格也可因地制宜而确定；拱杆间距 65 cm，设置 3 道纵梁、4 道卡槽，选用遮光率有 50%～75%的遮阳网，根据需要覆盖内膜。

（4）喷灌系统

蓄水池是基地的重要组成部分，应按每亩 5 t 的蓄水量建造。喷灌分为地插喷灌和垂挂喷灌两种类型。

（5）栽培基质

栽培基质有碎石、树皮、木屑、花生壳、椰壳等，以碎石为最佳。一般多选择碎石和树皮。

2. 种苗栽培

霍山石斛栽培一般用丛栽的方式进行。以 5～8 株为 1 丛，栽植成 1 穴，株行距为 10 cm×10 cm，每平方米栽 100 丛左右，栽种时根要平放，以茎基部露出基质为宜。

3. 栽培管理

（1）水分管理

霍山石斛栽培基质要保持 50%左右的含水量，以早晨浇透后，傍晚表层风干为宜；定植成活后可以在晴天的早晨彻底浇透，等基质基本干后再浇水，这样可以有效抑制青苔的生长，同时也可有效控制根部病害的发生。

（2）肥料管理

施肥时按每亩 100 kg 施用菜籽饼做基肥，菜籽饼需要提前 3 个月以上进行发酵处理，以便杀死其中的虫卵及病菌。

（3）越冬管理

越冬保暖的方法很多，除了在大棚上加盖塑料膜外，还可在内部苗床覆盖草帘或毛毯。目前，霍山石斛的越冬不需要覆盖草帘或毛毯，只需在棚外加盖一层外膜即可。加盖外膜时要加固大棚，在棚内中间顶梁处安装支撑装置以防止大棚垮塌。

四、病虫害及其防治

（一）病害

1. 白绢病

在夏季高温高湿或基质偏酸时，此病易发生。发病时，在近地面的茎基部发病，此处像被开水烫过一样，上边生有很多白色绢丝状物，后期生出许多白色小米至茶色油菜籽大小的小粒，植株很快腐烂直至死亡。防治方法：改善大棚内部的通风状况，适当降低大棚内的湿度和温度，可预防此病的发生；用绿亨一号 3000～5000 倍液灌根，或将生石灰撒在发病植株周围，或按每亩 20～25 mL 的量喷洒 24%噻呋酰胺悬浮剂进行防治。

2. 软腐病

此病在新栽苗初期或高温高湿的环境中发生。最初发病部位多为茎的基部或根部，茎基部发病处可见明显的软化腐烂现象，呈黄褐色，有臭味，发病一段时间后植株开始萎蔫，继而叶片变黄。防治方法：发病初期，用72%农用硫酸链霉素可溶性粉剂3000～4000倍液，或90%新植霉素可湿性粉剂4000倍液，每隔7～10 d喷洒1次，连续喷洒2～3次；加强棚内管理，注意通风透光和降低棚内湿度；及时拔除病株，并集中销毁。

3. 叶斑病

此病往往发生在管理粗放的大棚内，是由寒害、药害、烈日灼伤，以及氮肥施放过多、基质过酸、种植太密、通风不良、水分过多等因素造成的。发病时，叶片上出现深褐色或黑色病斑，病斑周围有由内到外呈圈状的黑色斑纹，严重时可使茎秆、新株受感染。防治方法：保持大棚或温室通风良好，雨后及时排水，清除病叶并立即烧毁；发病初期用10%苯醚甲环唑水分散粒剂，或60%吡唑醚菌酯·代森联水分散粒剂，或25%吡唑醚菌酯悬浮剂1000倍液喷淋。

（二）虫害

1. 蜗牛、蛞蝓

霍山石斛喜阴凉、潮湿的环境，这种环境和一些软体动物的生活环境刚好相同，它们舔食霍山石斛茎尖、嫩叶、芽，将其舔磨成孔洞、缺口或将茎苗弄断，对霍山石斛栽培造成损失。防治方法：由于蜗牛、蛞蝓在晚间活动，多躲藏于阴暗、潮湿的环境里，所以可以在晚间采用人工捕捉的方法进行防治，也可用石灰粉撒施阻断其爬行路线，同时喷洒密达或梅塔等杀虫剂诱杀。

2. 斜纹夜蛾

斜纹夜蛾又称莲纹夜蛾，俗称夜盗虫、乌头虫，是一种间歇性发生的暴食性害虫，主要危害叶片和嫩芽。斜纹夜蛾喜温、喜湿，每年发生5～6代，世代重叠，主要发生期在7～9月。成虫夜间活动，夜里对灯光有趋性，还对糖、醋、酒及发酵的胡萝卜、麦芽、豆饼、牛粪等有趋性。虫卵多产于植株中下部叶片的反面，多数多层排列，卵块上覆盖棕黄色绒毛。防治方法：用20%氟虫双酰胺水分散粒剂2500倍液喷施，或用0.5%甲氨基阿维菌素苯甲酸盐乳油按每亩3～4 g的量喷施。

3. 叶螨

叶螨是夏、秋季高温期发生的害虫之一，俗称红蜘蛛，食性杂，危害广，主要危害叶片和肉质茎。成螨群集于叶片上刺吸汁液，并吐丝结网，使叶片光合作用受到抑制或破坏，蒸腾作用增大，植株严重失水，使叶片变黄或变红，严重时造成叶片焦枯、死亡或脱落。防治方法：在虫害始见期到始盛期，使用杀螨剂连续防治数次，每次间隔5～7 d。重点喷植株上部嫩叶，叶片上下两面、叶基要全面喷施。药剂可混合使用24%螨危悬浮剂3000倍液加1%阿维菌素乳油2500～3000倍液。

五、采收与加工

霍山石斛适宜采收时间为11月至次年3月。采收时，采取采老留新的方法，即等霍山石斛生长5年后，剥下四年生以上的老茎，四年生以下的仍继续生长，如此反复。

将剥下的茎进行去除杂质、剪根、去叶等简单处理后临时贮存，贮存环境要阴凉通风，时间不要超过 3 d。然后运输至车间内进行拣选，分大小进行炒制，能加工枫斗的按枫斗流程进一步加工，不能加工枫斗的烘干制成干条。

第二节　黄　精

黄精和多花黄精为百合科黄精属多年生草本植物，以根状茎入药，药材名黄精，其味甘，性平，归脾、肺、肾经。黄精根茎部含有皂苷类、多糖类、氨基酸及微量元素等多种活性成分，具有补气养阴、健脾润肺、益肾功能、祛风湿、抗氧化、抗肿瘤、降血糖、调血脂等功效，可治疗脾胃虚弱、体倦乏力、口干食少、肺虚燥咳、精血不足、内热消渴、肺结核、癣菌病等症。黄精既可入药、泡药，又因其肉质根状茎肥厚可生食，也可炖服，于 2002 年被列入“药食同源食品目录”，常食用可令人气力倍增、肌肉充盈、骨髓强健。目前，我国有 30 多种黄精品种，广泛种植于大多数省份的山林、丘陵地带。大别山区主要种植黄精和多花黄精 2 个品种。

一、形态特征

黄精根状茎圆柱状，由于结节膨大，因此“节间”一头粗、一头细，在粗的一头有短分枝，茎高 50～90 cm，或可达 1 m 以上，有时呈攀缘状。叶轮生，每轮 4～6 枚，条状披针形，先端拳卷或弯曲成钩。黄精花序通常 2～4 朵，似成伞形状，总花梗长 1～2 cm，花梗长 2.5～10 mm，俯垂；苞片位于花梗基部，膜质，钻形或条状披针形，长 3～5 mm，具 1 脉；花被乳白色至淡黄色，花被筒中部稍缢缩，裂片长约 4 mm；花丝长 0.5～1 mm，花药长 2～3 mm；子房长约 3 mm，花柱长 5～7 mm。浆果直径 7～10 mm，黑色，具 4～7 颗种子。花期 5～6 月，果期 8～9 月。

多花黄精根状茎肥厚，通常连珠状或结节成块，少有近圆柱形，直径 1～2 cm。茎高 50～100 cm，通常具 10～15 枚叶。叶互生，椭圆形、卵状披针形至矩圆状披针形，少有镰状弯曲。花序具 2～14 花，伞形，总花梗长 1～6 cm，花梗长 0.5～3 cm；苞片微小，位于花梗中部以下，或不存在；花被黄绿色，全长 18～25 mm，裂片长约 3 mm；花丝长 3～4 mm，两侧扁或稍扁，具乳头状突起至具短绵毛，顶端稍膨大乃至具囊状突起，花药长 3.5～4 mm；子房长 3～6 mm，花柱长 12～15 mm。浆果黑色，直径约 1 cm，具 3～9 颗种子。花期 5～6 月，果期 8～10。

二、生物学特性

黄精适宜生长于海拔 800～2800 m 的林下、灌丛或山坡阴处，对气候条件的适应性较强，喜阴湿，性耐寒，幼苗能露地越冬。其在干燥地区生长不良，在湿润荫蔽的环境生长良好。土壤以土层深厚、肥沃、疏松、排水和保水性能较好的沙壤土为好，在黏重或过于干旱及瘠薄的土地，均不宜种植。

三、栽培技术

（一）选地与整地

宜选阴湿的林下、山地林缘或有荫蔽条件的平地栽培。以土层深厚、土质疏松肥沃、排水良好的沙质壤土为好。土地选好后，先深翻一遍，结合整地每亩施入腐熟厩肥或堆肥2000 kg，翻入土中作基肥。然后耙细做宽为1.3 m的高畦，开宽为40 cm的畦沟，四周理好排水沟。

（二）繁殖方法

1. 根茎繁殖

采收时挖取根状茎，选先端幼嫩部分，切成数段，每段须具2～3节。待切口稍晾干收浆后，立即栽种。春栽于3月下旬进行，秋栽于9～10月上旬进行。栽时在整好的畦面上按行距25～30 cm开横沟，沟深7～9 cm，将种根芽眼向上，每隔10～15 cm平放入一段，覆盖拌有火土灰的细肥土，厚5～7 cm，再盖细土与畦面齐平。栽后3～5 d浇一次水。秋栽的于土壤封冻前在畦面覆盖一层厩肥或堆肥，以利保暖越冬。

2. 种子繁殖

当8月浆果变黑时，采集生长健壮、无病虫害的二年生植株的成熟果实，在背阴向阳处挖深和边长都是33 cm的坑，将1份种子与3份细沙充分混匀后，放入坑内，中央插一把麦秸秆，顶上用细沙土覆盖，经常检查，保持一定湿润。待第二年春季筛出种子进行条播。按行距12～15 cm均匀地播入沟内，覆细土1.5～2 cm，稍加压紧后浇一次透水，畦面盖草。当气温上升至15℃左右，约15～20 d出苗。出苗后及时揭去盖草，进行中耕除草和追肥。苗高7～10 cm时进行间苗，去弱留强，最后按株距6～7 cm定苗。幼苗培育1年即可出圃移栽。移栽时，按行株距25×17 cm开沟种植，沟深10 cm，种栽时用多菌灵800倍液和生根粉溶液浸泡根部10 min或用生石灰粉拌匀，稍晾干后摆放在沟内并覆土5～8 cm。移栽后需浇1次定根水。

（三）田间管理

1. 中耕除草

生长前期要经常中耕除草，于每年4、6、9、11月各进行一次，宜浅锄，避免伤根。

2. 追肥

每年结合中耕除草进行追肥。前三次中耕后每亩施入人畜粪水1500～2000 kg，第四次冬肥要重施，每亩用土杂肥1500 kg、过磷酸钙50 kg、饼肥50 kg混合拌匀后，于行间开沟施入，施后覆土盖肥，顺行培土。

3. 灌溉、排水

黄精喜湿怕干，田间应经常保持湿润，遇干旱天气要及时灌水。雨季要注意清沟排水，以防积水烂根。

4. 打顶

打顶时间为展叶期，在黄精展叶8～10节时进行打顶。选晴天上午6～10点，通过手掐的方法摘除顶芽。

5. 间作

田园栽黄精必须要有遮阴条件。可在畦沟或畦坡上种玉米等高秆作物遮阴。

四、病虫害及其防治

(一) 病害

1. 叶斑病

此病在4～5月开始发病，雨季发病较严重。防治方法：采收后清洁田园，将枯枝病体集中烧毁，消灭越冬病原；发病前和发病初期喷1∶1∶100波尔多液，或50%退菌特1000倍液，每7～10 d喷1次，连喷3～4次。

2. 根腐病

此病易发生在雨后或高温高湿环境下，会造成植株根部腐烂，营养不能供应，整株死亡。防治方法：可用铜制剂或甲霜恶霉灵喷雾预防，发病时用甲霜恶霉灵或铜制剂进行灌根。

3. 黑斑病

此病多在春季、夏季、秋季发生，为害叶片。防治方法：收获时清园，消灭病残体；发病前期喷施1∶1∶100的波尔多液，每7 d喷施1次，连续喷施3次。

(二) 虫害

1. 地老虎

幼虫多从地面咬断幼苗，主茎硬化后可爬到上部危害生长点。防治方法：消灭虫卵、深耕整地、及时除草，可利用糖醋、黑光灯诱杀越冬成虫；如果虫害较为严重，可以选择40%辛硫磷1500倍液灌根处理，药液用量为5 mL/株左右。

2. 蛴螬

蛴螬会咬断幼苗的根、茎，造成枯死，或啃食块根、块茎，使作物生长衰弱，影响产量和品质。防治方法：深耕多耙，合理轮作倒茬，合理施肥和灌水；播种前或移栽前，每亩用10%的二嗪磷颗粒剂1～2 kg穴施或撒施，不仅可以防治当季作物的地下害虫，而且对潜伏在地里的其他害虫虫卵也有消杀作用；用90%敌百虫晶体1000倍液浇灌；成虫发生旺盛时期，可以利用成虫趋光、趋化的特性，在田间安装黑光灯诱杀成虫。

五、采收与加工

(一) 采收

根茎繁殖的于栽后2～3年采收，种子繁殖的于栽后3～4年采收。海拔较高地区采收宜早些，以9～10月为宜；海拔较低、气候较暖的地区采收期可推迟，以晚秋至早春萌发前及时采收为宜。

(二) 加工

根茎挖取后，去掉茎、叶，抖去泥沙，削去须根和烂疤。用清水洗净，放在蒸笼内蒸

10～20 min，蒸至透心后，取出边晒边揉至全干即可。

第三节 天 麻

天麻为兰科多年生草本植物，以块茎入药，药材名天麻，其味甘，性平，归肝经。天麻的主要化学成分有天麻素、对羟基苯甲醇、对羟基苯甲醛、香荚兰醇和香荚兰醛等，具有息风止痉、平抑肝阳、祛风通络的功效，主要用于治疗头痛眩晕、肢体麻木、小儿惊风、癫痫抽搐、破伤风等症。近年来的研究发现天麻还具有增智、健脑、延缓衰老的作用，对老年性痴呆症有一定的疗效。天麻在全国大部分地区都有栽培，主产于陕西、贵州、湖北、安徽、云南、四川等省。

一、形态特征

天麻植株一般高 30～100 cm，根状茎肥厚，块茎状，椭圆形至近哑铃形，肉质，具较密的节，节上被许多三角状宽卵形的鞘。茎直立，橙黄色、黄色、灰棕色或蓝绿色，无绿叶，下部被数枚膜质鞘。天麻为顶生总状花序，一般每株可开 30～70 朵花，多的可达 100 多朵花。花的颜色有姜黄色（略带红色）、黄绿色、黄色、淡黄色等。天麻花为两性花，左右对称。花被合生成歪壶状，顶端 5 裂，中央一片称唇瓣，雄蕊与花柱合生，称合蕊柱。合蕊柱半圆柱形，与唇瓣对生，雄蕊 1 枚生于合蕊柱顶端，花药通常 2 室，具有花粉粒黏结成的花粉块 2 个。心皮 3 枚，合生，柱头侧生，凹陷，子房下位，侧膜胎座，1 室，胚珠倒生。花茎圆柱形，高 0.5～1.8 m，直径 0.5～2 cm，前期肉质实心，果子成熟后，花茎变为中空。花茎颜色有肉红色、绿色、铁锈色等。茎上有节，节上有鞘状包茎的鳞片，鳞片膜质互生，顶生花穗。蒴果倒卵状椭圆形。花果期 5～7 月。

二、生物学特性

天麻喜凉爽、湿润气候，要求产区年平均气温为 10℃左右，冬季不过于寒冷，夏季较为凉爽。野生天麻多生长在海拔 1000～1800 m、年降雨量在 1400～1600 mm、空气相对湿度为 70%～90%、土壤湿度为 50%左右的气候凉爽的地区。人工栽种天麻，可在海拔 300～2000 m 的地区进行，以海拔 1100～1600m 地带最合适。天麻喜疏松、腐殖质较多、透气性好的微酸性土壤，在黏土中生长不良，最适土壤 pH 为 5.5～6。

天麻是一种无根无绿叶的植物，不能进行光合作用。其块茎常年潜居土中，主要依靠蜜环菌供给营养。温度对蜜环菌和天麻发育影响很大，天麻种子在 15～28℃能发芽，最适温度为 20～25℃，超过 30℃种子萌发受限。天麻在－3～5℃的土壤温度能安全越冬，但长时间低于－5℃时，易发生冻害。天麻在发育过程中，必须经过一定的低温来打破休眠，否则即使条件适宜，也不会萌动发芽。一般小白麻和米麻用 6～10℃温度处理 30～40 d 可打破休眠；大、中白麻用 1～5℃低温处理 50～60 d 可打破休眠；箭麻贮藏在 3～5℃的低温条件下 25 个月可通过休眠期。天麻生长发育各阶段对土壤湿度要求都不同。处于越冬休眠期的天麻，土壤含水量应保持在30%～40%为宜，而在生长期，土壤含水量以40%～60%最为有利，土壤含水量超过70%，则会造成天麻块茎腐烂，影响产量。

三、栽培技术

（一）选地和整地

1. 选地

天麻喜凉爽、潮湿的环境，低山区气温高，尤其夏季高温、干旱，温度长期高于30℃，抑制蜜环菌和天麻生长，因此不宜在平原地区大面积栽种。土壤质地对天麻生长有极大影响，蜜环菌喜湿度较大的环境条件，而天麻则不宜栽种在水浸土壤、黏性土壤、排水不良的土壤，特别是雨季穴中长期积水会造成天麻染病腐烂，因此宜选沙土和沙壤土种植天麻和培养菌床。

2. 栽培场地和栽培穴的准备

天麻栽培以“窝”“穴”或“窖”为单位。栽培场地不一定要求连片，根据小地形能栽几窝即栽几窝，窝不宜过大，不能强求一致，可根据地形有扩大或缩小。

对整地的要求不严格，只要砍掉地面上过密的杂树以便于操作，挖掉大块石头，把土表渣滓清除干净即可，不需要翻挖土壤，便可直接挖穴栽种。雨水多的栽培场地不宜过平，应保持一定的坡度，有利于排水。陡坡地区作小梯田后，穴底稍加挖平，但为了方便排水，也应有一定的斜度。

（二）繁殖方法

天麻主要采用块茎繁殖，也可用种子繁殖。无论用哪种繁殖方法，首先均应培养菌材。

1. 培育菌材

天麻的生长主要靠蜜环菌提供营养，因此须提前培养好优质菌材。

（1）蜜环菌培养

纯菌种的分离（一级菌种的制备）是指以蜜环菌菌索、子实体、带有蜜环菌的天麻或新鲜菌材为原料，在无菌条件下进行分离培养，获得纯化菌种。随后将纯化菌种培养成二级菌种用以培养菌材。

（2）菌材培养

一般阔叶树，如桦树、野樱桃、青冈、毛栗树、柳树等均可培育菌材。通常将长有蜜环菌的木棒称为菌材或菌棒；将长有蜜环菌的短树枝称为菌枝。菌棒选直径5～10 cm的树干或枝丫，锯成长20～70 cm的木棒，并砍2～3排鱼鳞口，深达木质部，鱼鳞口间距2.5～3 cm；菌枝选粗2～3 cm的树枝，截成长20～25 cm的小木段，以备培养。

① 菌枝培养

菌枝培养最适宜时间在4～6月。培养方法：选择腐殖质较多、排水良好的湿润的沙质壤土，挖深50 cm、边长1 m的坑，坑底先铺1 cm厚的湿树叶，将长度20～25 cm待培养的短枝铺上一层，再将蜜环菌枝铺上一层，然后再铺一层待培养的短枝，之后在其上盖沙土 1 cm，用手摇动树枝，使沙土充分落入其间，浇水，再撒树叶，以此类推，堆放 4～5 层后，填土 15～20 cm，最后用树叶盖好防晒保墒。一般在温度 22～25℃时，1 个月左右即可培养好。

② 菌材（棒）培养

7～8 月气温高，降水多，蜜环菌繁殖快，是天麻冬栽前准备菌棒的最好时期。培养方法：培养菌材常采用坑培法、半坑培法、堆培法和箱培法。

a. 坑培法

挖深 50 cm、长 2 m、宽 1.2～1.5 m 的坑。坑底要平，先用水将坑底浇透后撒 1 cm 厚的湿树叶，将准备好的木棒摆好，两棒相距 1 cm，用沙土回填至半沟时，在每根木棒的两侧及两端摆放 8～10 个菌枝，然后再盖土 1～1.5 cm，摇动木棒，压实并用水浇湿，如此摆放 4～5 层，上盖土 15～20 cm，最后覆一层树叶保湿。一般在温度 18～24℃、含水量为 50%以上时，2～3 个月就可培养好。该法适用于低山和干旱地区。

b. 半坑培法

一般坑深 30 cm 左右，操作方法同坑培法，只是 1～2 层木材高出地面，上面盖沙土呈梯形。该法适用于温度、湿度适中的地区。

c. 堆培法

此法在地面上进行。地面平整后，操作方法同坑培法，注意保湿。该法适用于温度低、湿度大、地下水位高的地区。

d. 箱培法

此法在室内四季均可进行，可用箱子，也可用砖砌成槽。但温度必须保持在 20℃左右，用等量的沙或锯末作填充物。

（3）培养固定菌床

该法简化了先培养菌材，再用菌材栽培天麻的生产过程，加快了栽培速度。此法中，蜜环菌繁殖快，杂菌污染少，菌床质量高。培养通常在 7～8 月进行，培养好后可直接赶上天麻冬栽。培养方法：挖深 30～40 cm、长 70 cm、宽 60 cm 的坑。先铺 1 cm 厚的湿树叶，摆放木棒 5 根，填半沟沙，在棒间斜夹放菌枝 3～4 个，在菌枝两端和木棒鱼鳞口处，夹放鲜树枝数节，盖土至棒平，按此再摆放一层，覆土 5～6 cm 封顶，上盖树叶保湿。

2. 种子繁殖

天麻无性繁殖存在严重的种质退化问题。为了解决种质退化问题，可采用种子繁殖复壮，此外还可提高天麻产量。从种子播种到形成种麻仅 1 年半时间。通常箭麻于 5～7 月开花在果，在果实裂口前 1～2 d 采收种子。采收后即可播种。种子不宜存放过久，否则影响种子萌发率，最多在阴凉处暂存 2～3 d。天麻种子最适萌发温度为 20～25℃，一般在 5 月至 6 月上旬播种。播种前应将木棒、树枝用 0.25%硝酸铵溶液浸泡 24 h，并准备好菌材、菌棒、栽培料（粗沙与杂木屑按 1∶1 体积比混匀后加水堆积闷湿 6～8 h 后使用）、树叶等。将培养好的紫萁小菇的生产种，从瓶内掏出，放入干净容器，用手将贴在一起的菌叶撕成单片叶，之后将天麻种子均匀撒在菌叶上，使每片菌叶上都粘上天麻种子。

播种时挖开准备好的菌床，取出菌材，耙平床底，先铺一层壳斗科树叶，然后将拌好的菌叶撒一层在上面，按原样摆好下层菌材，间留 2～3 cm，盖土填满菌材间的空隙，铺树叶后再撒一层拌种菌叶在上层，放菌材后用土盖严压实，上盖树叶即可。一般种子繁殖从 6 月开始到次年的 11 月收获，需时 1 年半。

3. 块茎繁殖

块茎繁殖以天麻块茎为繁殖材料，使其直接生产出新个体，大的可收获加工成药材，小的继续做播种材料。通常新鲜米麻、白麻、箭麻都可作种，但以色泽淡黄、生长点嫩白、无病虫害、无损伤的中、小白麻为佳。栽培期分春栽和冬栽，一般在初春 3～4 月、冬季 11 月天麻休眠阶段栽培为好。栽培方法有菌材伴栽、菌材加新材法、菌床栽培法 3 种。

（1）菌材伴栽

挖深 30～40 cm、宽 50～60 cm、长 70 cm 的坑。沟底整平，撒铺 3 cm 厚的腐殖土或湿树叶，平摆菌材 4～6 根，菌材之间相隔 3～5 cm，把种麻贴靠在菌材菌索上，用腐殖土填实空隙。之后再按序放完第二层菌材，上面覆土 16～17 cm，盖树叶保湿。

（2）菌材加新材法

挖坑，深、长、宽同上。坑底土挖松 10 cm，铺一层湿树叶，将菌材和木棒相间摆放，间距 6～8 cm，填半沟土，将种麻贴靠在菌材的两侧及两头摆放，每根菌材放种麻 8～10 个。在新材与菌材的空隙处夹放树枝和菌枝数根，用土 5～10 cm 覆盖压实，再同样栽种一层，最后上盖 15～20 cm 沙土压实，覆落叶、杂草保湿。

（3）菌床栽培法

将培育好的固定菌床挖开，取出上面一层菌材，下层菌材不动，把菌材间的土按 10 cm挖一小孔，栽上种麻，种麻紧靠菌材的两侧及两端，每根菌材栽种 8～10 个种麻，棒间斜夹 4～5 根树枝，种完用沙土填实空隙，盖上一层树叶，再同样放上第二层菌材，方法同上，最后盖土 15～20 cm，覆树叶压实。

（三）田间管理

1. 调节温度

开春后，为加快天麻生长，应及时覆盖地膜增温，5 月中旬气温升高后又必须撤去地膜，待 9 月下旬再盖上地膜，以延长天麻生长期。夏季高温时，要覆草或搭棚遮阴，把地温控制在 28℃以下。冬栽天麻在田间越冬，为防止冻害，必须在 11 月份覆盖沙土或树叶 20～30 cm 以上，翌年开春后再除去覆盖物。

2. 防旱排涝

春季干旱时要及时浇水、松土，使沙土的含水量在 40%左右。夏季 6～8 月，天麻生长旺盛，需水量增大，可使沙土含水量达 50%～60%。雨季要注意排水，防止积水造成天麻腐烂。9 月下旬后，气温逐渐降低，天麻生长缓慢，但是蜜环菌在 6℃时仍可生长，若此时水分大，蜜环菌生长旺盛，可侵染新生麻。这种环境条件不利于天麻生长，而只有利于蜜环菌生长，从而使蜜环菌进一步侵染入天麻内层，引起麻体腐烂。因此，9～10 月份要特别注意防涝。

四、病虫害及其防治

（一）病害

1. 块茎黑腐病

此病一般通过菌材感染天麻，染病的天麻早期出现黑斑，后期腐烂。防治方法：选择无杂菌侵染的菌材；在制备菌材前可将木棒、树枝、树叶用0.1%～0.2%的多菌灵浸泡。

2. 日灼病

此病因遮阴不当而产生。天麻抽薹后花茎出土，受日光灼伤后颜色变深，继而变黑，遇到阴雨感染霉菌，使茎倒伏。防治方法：培育种子时应搭建遮阴棚，防止灼伤。

（二）虫害

1. 蝼蛄

蝼蛄嚼食天麻块茎，使与天麻接触的蜜环菌菌索断裂，破坏天麻与蜜环菌的关系。防治方法：用90%敌百虫30倍液拌成毒谷或毒饵进行诱杀。

2. 蛴螬

幼虫在天麻窝内嚼食天麻块茎，将天麻咬成空洞，并在菌材上蛀洞越冬，毁坏菌材。防治方法：选择无病虫害的栽培基质；在成虫发生期，用90%敌百虫晶体800倍液或50%辛硫磷乳油800倍液喷雾，或每平方米用90%敌百虫晶体0.3 kg加水少量稀释后，拌细土5 kg制成毒土撒施；利用蛴螬的趋光性，设置灯光诱杀成虫；在播种或栽种前，用50%辛硫磷乳油500倍液喷于窖内底部和四壁。

3. 介壳虫

天麻收获时常见有粉蚧群集于天麻块茎上，受危害的天麻块茎色深，严重时块茎瘦小停止生长，有时在菌材上也可见到群集的粉蚧。防治方法：发现天麻块茎或菌材上有粉蚧，如系个别穴发生，应将菌棒放在原穴中架火焚烧，白麻、米麻和箭麻一齐水煮加工入药，不能与其他种麻混合，更不能作种麻用；如果大部分栽培穴都遭到介壳虫危害，就应将天麻全部加工，所有菌棒烧毁处理，此块地也要停止种天麻，杜绝蔓延。

五、采收与加工

（一）采收

冬季栽种天麻的第二年冬或第三年早春采收；春季栽种的天麻当年冬或第二年春采收。有性繁殖播种的天麻，一般可当年播种当年移栽或播种1年半后采收。

采收一般在晴天进行，收获方法是慢慢扒开表土，揭起菌材，露出天麻，小心将天麻取出，防止撞伤，然后向四周挖掘，以搜索更深土层中的天麻。将挖起的商品麻、种麻、米麻分开盛放，种麻作种，米麻继续培育，商品麻加工入药。

（二）产地加工

采收的天麻应立即加工，尤其3～6月采收的春麻不宜久放，以免影响质量。

1. 分级、清洗

天麻的大小及完好程度直接影响蒸煮时间和干燥速率。因此，应根据天麻块茎的大小分为 3～4 个等级。150 g 以上的为一等，70～150 g 的为二等，70 g 以下的为三等，一些挖破的、受病虫害危害而切去受害部分的归于等外品。将以上四等天麻，分别用水冲洗干净，量少时可在水盆中刷洗，或装入竹篓在河水中淘洗，量多时运输困难，可在竹篓中用水管冲洗，以洗净泥土为原则。当天洗净的天麻，一定要在当天蒸煮完毕。

2. 蒸煮

洗净后的天麻分等放在沸水中煮，要轻轻地翻动几次，使受热均匀。天麻大小不同，煮沸时间不同，一等大麻在下锅后，重新煮沸 5～8 min，以下依次减少。检验是否煮好的方法：将天麻捞起后体表水分能很快散失；对着阳光或灯光看，麻体内没有黑心，呈透明状；用细竹插能顺利插进麻体。达到上述程度应及时出锅，放入清水里浸后即捞出，防止过熟和互相黏缩，损伤表皮。

3. 烘干

蒸煮之后应及时进行干燥，晒干或烘干均可。烘干时应慢火干燥，初温掌握在 50℃左右，水汽敞干之后，可升温至 60℃慢慢干燥，防止因表皮水分散失过快而形成硬壳，中间髓心。当烘至七八成干时，取出用手压扁整形，堆起来外用麻袋等物盖严，使之发汗 1～2 d，然后再进烘房烘至完全干燥。相互敲击发出清脆声，表面无焦斑、鼓泡现象，断面白色坚实者佳。

第四节　断血流

断血流是唇形科植物风轮菜或灯笼草的干燥地上部分，味涩、微苦，具有凉血止血的功能，主治风热感冒、咳嗽、目赤肿痛、咽喉肿痛、白喉、腹痛痢疾、吐血、咯血、尿血、崩漏、外伤出血、子宫肌瘤出血、肝炎等。断血流为皖西大别山区道地中药，主要分布于江苏、湖北、浙江、江西、广西、福建、台湾、四川、云南等地。

一、形态特征

断血流为多年生草本植物，高 0.5～1 m。茎秆呈方柱形，四面凹下呈槽，分枝对生，长 30～90 cm，直径 1.5～4 mm，茎基部有时匍匐生根，多分枝；上部密被灰白色茸毛，下部较稀疏或近于无毛，节间长 2～8 cm，表面灰绿色或绿褐色；质脆，易折断，断面不平整，中央有髓或中空。叶对生，有柄，叶片多皱缩、破碎，完整者展平后呈卵形，长 2～5 cm，宽 1.5～3.2 cm；边缘具有疏锯齿，上表面绿褐色，下表面灰绿色，两面密被白色茸毛。

二、生物学特性

断血流多分布在海拔 1000 m 以下的山坡、草丛、路边、沟边、灌丛、林下，喜温暖、湿润气候，既耐寒又耐热，在中国东北地区可露地越冬，在南方 35℃高温条件下也能正常生长，对土壤要求不严格，但适宜在排水良好的沙壤土上栽培。

三、栽培技术

(一)选地与整地

宜选择向阳、排水良好、土层深厚、土质疏松肥沃的地块，或坡度适中、通风良好的针叶林、阔叶林、针阔混交林的疏林地栽培。将选好的地块每亩撒施有机肥 1000～2000 kg,深耕细耙，整地作畦，畦面宽 1.3～1.5 m 或依地势而定，畦面高 15～20 cm，四周挖好排水沟，疏林地采取块状整地，耕深 25～30 cm。

(二)繁殖方法

繁殖方法包括种子繁殖、扦插繁殖和分株繁殖。

1. 种子繁殖

9 月上旬～10 月中旬，待种子大部分呈黄色或棕黄色时，收割后晒干脱粒，种子净选后，存放于阴凉干燥处备用。翌年 3 月上旬，按行距 20～25 cm 开沟，沟深 2～3 cm，将种子用适量细沙拌匀后均匀撒于沟内，然后用细土覆盖压实，浇透水，每亩用种量约为 2 kg。

2. 扦插繁殖

4 月中旬～5 月上旬，选择健壮、无病虫害的新枝，剪成长 10～15 cm 的插条，下端剪口削成斜口，按行距 10～15 cm、株距 6～7 cm 插入插条，插时可用小木条等在畦面上先打小孔，再将插条的一半插入孔内，压实浇水，插后保持畦土湿润。

3. 分株繁殖

挑选生长健壮、发育良好、无病虫害的植株，将根与植株一同挖起，按行距 25 cm、株距 20 cm 将植株放入深 10 cm 左右穴内，顺直根系，覆土压实，浇透定根水。

(三)田间管理

1. 中耕除草

苗高 10 cm 左右时，进行中耕除草，以后视杂草生长情况，及时人工除草。

2. 追肥

结合中耕除草，每年追施有机肥 1～2 次，施后及时浇水，也可每亩撒施尿素 7～10 kg,第二次施肥时间在 5～6 月为宜。

3. 排、灌水

天气干旱时，在清晨或傍晚时分进行浇水保苗；遇有积水时，及时排除。

4. 打顶

苗高 15 cm 左右时，晴天摘除顶芽，以促进分枝，增加产量。

四、病虫害及其防治

(一)病害

褐斑病

此病从下部叶片开始发病，逐渐向上部蔓延，感染部位出现病斑，初期为圆形或椭圆形，紫褐色，后期为黑色，严重时病斑可连成片，使叶片枯黄脱落。防治方法：及时摘除病叶烧毁；发病前及发病初期喷施 1∶1∶120 波尔多液；实行轮作。

（二）虫害

棉铃虫

棉铃虫取食嫩叶、蕾、花，危害植株生长发育。防治方法：将风轮菜或灯笼草鲜草切成 3～4 cm 长的小段，用 50%辛硫磷乳油将 100 倍（质量比）切段鲜草拌湿，傍晚撒在畦的周围进行诱杀。

五、采收与加工

应在夏季开花前，选择晴天及时割取地上部分，除去泥沙，晒干，要求含水量不超过 10%。

第五节　七叶一枝花

七叶一枝花，又名重楼，为百合科植物云南重楼和七叶一枝花的干燥根茎，具有清热解毒、消肿止痛、清肝定惊、止血、祛痰抑菌、抗细胞毒之功效，用于治疗痈疮、咽喉肿痛、蛇虫咬伤、跌扑伤痛、惊风抽搐等症，临床上广泛用于治疗内、外、妇、儿科疾病。其大量分布于我国华南、华东、西南及陕西、山西、甘肃、河南、湖北、西藏等地。

一、形态特征

七叶一枝花为多年生草本植物，以根状茎入药。根茎横走，粗壮，逐年生节。茎单一，直立，高 50～100 cm，直径 1～1.5cm，全株无毛，通常带紫红色，基部有 1～3 枚灰白色干膜质的鞘。根状茎粗厚，外面棕褐色，密生多数环节和许多须根。叶 5～9（多为 7 片）片轮生于茎顶，矩圆形、椭圆形或倒卵状披针形，长 5～15 cm，宽 4～8 cm，先端短尖或渐尖，基部圆形或宽楔形，全缘，叶面绿色，背面粉绿色；叶柄长 1～2 cm，常带紫红色。花梗长 5～16 cm，从茎顶抽出，通常比叶长，顶生一花，宽 1～1.5 mm，长为萼片的 1/3 至近等长；雄蕊 8～12 枚，花药短，长 5～8 mm，与花丝近等长或稍长，药隔突出部分长 0.5～1 mm；子房近球形，具稜，顶端具一盘状花柱基，花柱粗短，具 4～5 分枝。蒴果紫色，直径 1.5～2.5cm，3～6 瓣裂开。

二、生物学特性

七叶一枝花适宜生长在海拔 500～3000 m 的阔叶林下树荫处或沟谷边灌丛阴湿处，喜在凉爽、阴湿、水分适度的环境中生长，喜斜射或散光，忌强光直射，属典型的阴性植物，宜在肥沃的沙质酸性土壤或者酸性腐殖质土壤中正常生长。

三、栽培技术

（一）选地与整地

七叶一枝花喜在背阴凉爽、疏松肥沃、土层深厚、排水良好的沙质壤土或腐殖质土壤中生长，而低洼积水的壤土、黏壤土容易造成根部腐烂。一般选择地势平坦、排灌方便、含腐殖质和有机质较高的疏松沙质壤土，于秋冬将土深翻 20～25 cm，结合整地每亩施腐熟的农家肥 2000～3000 kg，过磷酸钙 40 kg 翻入地中作基肥。栽种前再浅耕细耙整平作畦，畦面宽 120 cm，畦沟宽 30 cm，沟深 25 cm。整好畦后，将沙壤土、腐殖土、牛粪（或其他农家肥）3 种成分研细、晒干、过筛，按 1∶1∶1 混合，再按 100∶1 的比例与土混合均匀后作覆盖土。

（二）繁殖方法

生产实践中，七叶一枝花的繁殖主要用种子繁殖，也可根据实际用根茎繁殖。

1. 种子繁殖

（1）种子采集与处理

9～10 月七叶一枝花种子成熟，在发现种子上半部裂开或底部露出一个鲜红色的球状浆果时及时采收。搓洗剥去种皮的种子，用少量清水漂洗后晾干，在 1%以上无水或含硫酸铜的酸碱水溶液中加热开水浸泡 5 min，捞出后用清水冲洗、晾干。处理后的种子放在湿度为 50%～60%的沙子中密封贮藏 90 d 或放在温度为 5～6℃的冷冻冰箱中冷藏 90 d。将置于沙藏或冰箱冷藏的萌芽种子置于 18～22℃室内进行催芽，待 90 d 之后种子的萌芽胚根完全开始萌发即可开始进行播种育苗。

（2）播种育苗

3 月中旬，使用波尔多液对整个苗床进行灭菌处理后，采用条播育苗法播种。在已整好的苗床上挖深为 5 cm 的浅沟作为播种沟。播种前将种子与草木灰或石灰拌好后均匀地加水播入播种沟内，然后在种子表面均匀覆盖一层厚 1.5 cm 左右的腐殖质壤土或细粪，及时浇透水，并加盖薄膜，7～10 d 即开始萌发出苗。育苗 30 d 后，将小苗移栽大田，注意在起苗前必须浇足水，不能伤害根系。

2. 根茎繁殖

（1）根茎处理

当地上茎全部枯萎后，人工挖掘出健壮、不容易产生或没有任何病虫害的块状根茎，置于阴凉干燥处，并加沙和水贮藏，于翌年 3 月中旬从沙中取出，切下 3～5 节顶端芽叶或带部分芽苞的块状根茎作栽培品种，再将切下的小节切成至少带 1 个芽痕的顶芽小段，切口位于 2 节接缝口中间。切好后适当晾干，使用生根粉水溶液浸泡 2～4 h，拌好草木灰即可直栽或育苗。

（2）根茎播种

翌年 3 月中旬进行育苗，使用波尔多液对苗床进行消毒杀菌后，按株行距 20 cm×35 cm规格将处理好的根茎均匀地条栽于苗床，芽头向上，栽后覆盖厚 1.5 cm 的腐殖土或细粪，浇水并盖薄膜。15～20 d 即生根发芽，于 5 月下旬按直播规格进行移栽。

（三）田间管理

1. 间苗、补苗

5 月中下旬对种子播种地进行间苗，同时查漏补缺。间苗前要先浇水，再用木棍撬取苗；补苗时要浇定根水，充分利用小苗，保证全苗和足够的密度。

2. 中耕除草

移栽定植后1～3个月是地下茎生长的初期，选择晴天的上午或傍晚用小锄轻轻中耕除草和松土，中耕不宜过深，以免伤害地下茎和根系。日常注重加强管理，发现杂草应及时人工拔除。

3. 遮阴

七叶一枝花喜荫蔽、怕强光，全生育期均以40%～50%透光度为好。因此出苗、移栽后，就要采取遮阴措施。有条件的地方，最好采用遮阳网；没有条件的地方，可采取插树枝遮阴的办法，还可视行间距套种玉米等高秆作物遮阴，但要注意密度和间、套种方式。

4. 培土

七叶一枝花通常有上面开花、下面块茎就膨大的生长规律，一般6月中下旬到8月期间生长膨大最快。因此必须在6月上旬追肥，每亩用腐熟农家肥2000～3000 kg，加普钙20～30 kg，追施于根部后结合清沟进行培土，培上的土层要松散，保持墒面、沟底无积水。

5. 施肥

从幼苗第一年开始每年都要施用基肥，10～11月倒苗后，把堆肥和山基土打碎，过粗筛，每平方米施3～4 kg，直接覆盖在土表，即可作肥料，冬季又有保墒的作用。种子出苗后的第一、二年仅为单叶，到第三年可有50%以上的幼苗有4～5片叶，若底肥较足，由于第一、二年幼苗对速效肥不敏感，可不追肥或少量追肥，到第三年需肥量很大，尤其是对氮肥和磷肥的吸收值较高，因此到第三年开始便可以追肥，通常在7月下旬初，每平方米施复合肥40～50 g或农家肥2～3 kg，随着苗龄的增大应适当地增加施肥量和施肥次数。在此期间可配合施用叶面肥，叶面肥一般为复合肥，期间还需施微量肥，微量肥以40～80 mg/kg镁、40～80 mg/kg钙兑水浇灌为主。

6. 排、灌水

七叶一枝花喜阴湿环境，要保持畦面及土层的湿润，平时间隔喷水，旱季保证及时浇水，也要注意雨季及时疏沟排水，田间避免积水，以防诱发病害。

7. 打花薹

在5～6月出现花薹时，为减少养分的消耗，使其能集中供应地下块茎的生长，除了留种外，还应及时的剪除所有花薹来提高产量。

四、病虫害及其防治

（一）病害

1. 黑斑病

此病从叶尖、叶基开始发病，会产生近圆形的病斑，有时病害会蔓延至花轴，形成叶枯、茎枯。防治方法：注意土壤湿润，降低空气的湿度，以减少发病；在发病初期喷施1%苗毒清水剂300～500倍液，或50%甲基硫菌灵悬浮剂1500～2000倍液，或50%扑海因可湿性粉剂1000～1500倍液。

2. 茎腐病

此病在苗床期频发，发病初期会在茎基部产生黄褐色病斑，待病斑扩大后，叶尖将会失水下垂，严重时导致茎基湿腐倒苗。防治方法：与禾本科作物3年以上轮作；移栽前，苗床需喷50%多菌灵可湿性粉剂1000倍液进行消毒；剔除病苗；大田发病初期用95%的敌克松可湿性粉剂1000倍液浇灌，每隔10天1次，连灌2～3次。

3. 叶枯病

此病主要为害叶片，其次为茎、花梗、蒴果及地下茎，可造成地下茎糜烂。染病后，先从叶尖出现水渍状，逐渐向下蔓延至地下茎。防治方法：及时排水松土；可用波尔多液或代森锰锌喷雾。

（二）虫害

七叶一枝花的虫害主要以地下害虫和蚜虫较多，猎蝽、蝗虫、红蜘蛛及刺蛾等则在某些产地发生，对七叶一枝花影响相对较低。

1. 蚜虫

蚜虫主要为害叶片，刺吸叶片汁液，造成叶片枯黄，其分泌物会在叶表面引起煤污菌，使叶片不能正常光合作用。防治方法：可用草木灰洒于润湿的叶片上进行防治，亦可用吡虫啉、乐果等兑水喷雾。

2. 红蜘蛛

红蜘蛛的成虫和幼虫在叶面上取食汁液，会造成被害叶面出现黄色小点，严重时变黄干枯，直至脱落，植株枯死。防治方法：因为红蜘蛛大多在田间杂草上越冬，因此要及时清除田间杂草，发现红蜘蛛时应及时喷洒化学药剂（如哒螨灵、齐螨素等）。

3. 蝗虫

蝗虫适宜的生长环境为高温干旱，能长距离迁徙。若大量发生，将对作物造成大量减产甚至绝收。防治方法：全国统防统治，创造不适宜蝗虫生存的环境；化学防治可采用50%辛硫磷乳油800倍液、10%吡虫啉1500倍液喷施。

五、采收与加工

七叶一枝花以种子栽培的5年后收获块茎和块茎栽培的3年后收获块茎人药。秋季倒苗前后，即11～12月至翌年3月以前均可收获。七叶一枝花块茎大多生长在表土层，容易采挖，但要注意保持块茎完整。应先割除茎、叶，然后用锄头从侧面开挖，挖出块茎，抖落泥土，清水刷洗干净后，趁鲜切片，片厚2～3 mm，晒干即可。阴天可用30℃左右微火烘干。以粗壮、坚实、断面白及粉性足者为最佳。

第六节　白　术

白术为菊科多年生草本植物，以干燥根茎入药，药材名白术，其味苦、甘，性温，归脾、胃经。白术主要成分为挥发油和多糖，挥发油中主要成分为苍术醇和苍术酮，具有健脾益气、燥湿利水、止汗、安胎等功效，用于治疗脾虚食少、腹胀泄泻、痰饮眩悸、水肿、自汗、胎动不安等症。白术主产于浙江省，为浙江省道地药材之一。此外，江苏、安徽、湖北、河南、湖南、四川、江西、福建等省亦有栽培。

一、形态特征

白术为多年生草本植物，高 30～80 cm。根茎粗大，略呈拳状。茎直立，上部分枝，基部木质化，具不明显纵槽。单叶互生。茎下部叶有长柄，叶片 3 深裂，偶为 5 深裂，中间裂片较大，椭圆形或卵状披针形，两侧裂片较小，通常为卵状披针形，基部不对称；茎上部叶的叶柄较短，叶片不分裂，椭圆形或卵状披针形，先端渐尖，基部渐狭下延呈柄状，叶缘均有刺状齿，正面绿色，背面淡绿色，叶脉突起显著。头状花序顶生；总苞钟状，总苞片 7～8 列，膜质，覆瓦状排列。基部叶状苞片 1 轮，羽状深裂，包围总苞；花多数，着生于平坦的花托上；花冠管状，下部细，淡黄色，上部稍膨大，紫色，先端 5 裂，裂片披针状，外展或反卷；雄蕊 5 枚，花药线形，花丝离生；雌蕊 1 枚，子房下位，密被淡褐色茸毛，花柱细长，柱头头状，顶端中央有 1 浅裂缝。瘦果长圆状椭圆形，微扁，长约 8 mm，径约 25 mm，被黄白色茸毛，顶端有冠毛残留的圆形痕迹。

二、生物学特性

白术喜凉爽气候，忌高温，年平均气温 17℃左右、年平均日照 2000 h、年平均降雨量 1500 mm 的自然环境较适合白术生长。温度是影响白术生长发育的决定因素，术栽萌发生长至出苗最适温度为 10～15℃，地上部植株生长最适温度为 20～25℃，地下部根茎生长最适温度为 24～26℃。白术忌干旱和水涝，对土壤要求不严，以土层深厚、质地疏松、透气性好、有机质含量高的土壤种植为宜，忌连作。

三、栽培技术

（一）选地和整地

育苗地土壤应选择疏松肥沃、排水良好、通风凉爽的沙质壤土。育苗前对土壤进行翻耕，翻耕深度 30 cm，翻耕时每亩施入充分腐熟的厩肥 1500 kg。经精耕细耙后，做成高 20～30 cm、宽 120～130 cm的畦，并开好排水沟。种植地的选择与育苗地相似，但对土壤的肥力要求较高，在整地时应每亩施入 3000 kg 充分腐熟的厩肥或堆肥，其余同育苗地。白术忌连作，种过白术的地需间隔 3 年以上才能再种，也不能与白菜、玄参、花生、甘薯、烟草等轮作，前作以禾本科植物为宜。

（二）繁殖方法

白术的繁殖，多用种子育苗移栽。一般是第一年育苗，储藏越冬后移栽大田，第二年冬季收获产品。也有春季直播不经移栽，培养两年收获的，但产量不高，一般很少采用。

1. 种子选择与处理

精选色泽发亮、颗粒饱满的当年种子。播前选晴天将种子晒 2～3 d 后用 50％多菌灵可湿性粉剂 500 倍液浸种 30 min，取出用清水冲洗干净，晾干后将种子放入 25～30℃的温水中浸泡 12 h，捞出种子，置于 25～30℃的室内，每日早晚用温水冲淋 1 次，经 4～5 d 后，种子开始萌动时即可播种。

2. 播种育苗

3 月下旬至 4 月上旬，在整好的畦面上开横沟进行条播，行距 15～20 cm，播幅 7～10 cm，沟深 3～5 cm，将已催芽的种子播入沟内，播种量为每亩 5～8 kg，每亩撒钙镁磷肥 40～50 kg，再撒施适量焦泥灰，然后覆一层细土，厚度约 3 cm，盖没种子，最后在畦面盖稻草保温、保湿。

3. 苗期管理

一般播后 7～10 d 出苗，幼苗出土后揭去盖草。苗高 7 cm 左右时，按株距 3～5 cm 进行间苗。当幼苗长出 2～3 片真叶时，结合中耕除草进行第一次追肥，每亩施人粪尿 1500 kg、草木灰 50 kg。6 月上旬开始防治白术铁叶病，用 70%多菌灵 1000 倍液喷雾白术苗，7～10 日 1 次，连续 3～4 次。7 月下旬进行第二次追肥，每亩施人粪尿 2000～2500 kg。遇干旱应及时浇水抗旱，雨季及时疏沟排水。及时剪去抽出的花蕾。

4. 起苗贮藏

10 月下旬至 11 月上旬，当苗茎叶枯黄时，选晴天挖出术栽，剪去茎叶和细根，选择生长健壮、大小匀称的术栽，放置于通风、阴凉的室内贮藏。贮藏期间每 15 d 检查 1 次，及时拣去发病术栽。

（三）移栽与定植

术栽最适宜的栽种期为 12 下旬至翌年 1 月上旬。一般采用宽窄行栽种方式，即畦宽 1.2 m，沟宽 25 cm，畦面栽种 4 行白术，中间宽行距 40 cm，两边窄行距 25 cm，株距 23～27 cm，穴栽。采用中等大小（200 个/kg）根茎的术栽，每亩用术栽 40～45 kg。栽种深度10 cm，每穴放术栽 1～2 个，栽种时，使术栽芽头向上，栽后覆土 10 cm。

（四）田间管理

1. 中耕除草

生长期间要勤除草，浅松土，做到田里无杂草，土壤不板结。5 月中旬植株封行后，只除草不中耕。

2. 摘蕾

白术植株在 5～6 月开始现蕾，8～10 月开花，花期长达 4～5 个月。为了减少养分消耗，促使营养物质集中于根部，除留种植株外，应在现蕾开花前，选晴天分期分批摘除花蕾。一般在 7 月上中旬至 8 月上旬分 2～3 次摘完。摘蕾时，动作要轻，一手捏住茎秆，一手摘蕾，注意不要伤及茎、叶，尽量保留小叶，不摇动根部。雨天或露水未干时不能摘蕾以防病害侵入。一般摘蕾比不摘蕾的能增产 30%～80%。摘蕾后应施摘蕾肥。

3. 灌溉排水

2～7 月，白术对水分需求不多，应重点做好排水工作。田内挖排水沟，深度应在 35 cm以上，做到雨停水干。8 月以后白术地下根茎开始膨大，需水量增加，如遇干旱，应适当浇水抗旱。

4. 施肥

应根据白术生长特征和生长阶段，正确把握施肥时间和用量。基肥：白术栽种后在畦面每亩施 1000～1500 kg 充分腐熟的厩肥，施厩肥要求摊铺均匀，并取沟泥盖铺于厩肥上，泥土覆盖厚度为 3 cm。齐苗后，每亩施尿素 7.5 kg、过磷酸钙 36 kg、硫酸钾 7 kg 或施稀薄人粪尿 750～1000 kg，结合中耕除草和培土进行。苗肥：5 月中旬至 6 月上旬，每亩施尿素 5 kg、硫酸钾 3.5 kg 或复合肥5 kg。摘蕾肥：在摘蕾后，重施氮肥，每亩施尿素 25 kg，也可每亩施稀薄人粪尿 1000～1250 kg 或复合肥 15 kg。后期肥：8 月底至 9 月上旬，视白术生长情况施尿素 5 kg 或兑水喷施磷酸二氢钾 1 kg 于叶面。

四、病虫害及其防治

（一）病害

1. 根腐病

此病发病初期，根部呈黄褐色，随后变褐色而干瘪，并继续向茎部蔓延，后期根茎干腐，顶部叶片萎蔫。土壤和术栽带菌是此病初次侵染的主要来源。此病一般在 4 月中下旬开始发病，到 6 月上旬气温升到 22℃以上时，病害迅速蔓延，并在 7 月上旬和 8 月下旬形成 2 个发病高峰。防治方法：实行轮作，间隔 3 年以上；术栽下种前用 70%恶霉灵可湿性粉剂 3000 倍液浸种 1 h，晾干后下种；4 月下旬至 5 月下旬用 50%多菌灵可湿性粉剂 1000 倍液喷洒白术植株基部，此后根据发病情况在 7 月和 8 月再各喷药 1 次。

2. 白绢病

此病发病初期为害茎基部，无明显症状，随着温度和湿度增高，茎基部变暗褐色，并可见白色菌丝体，后期茎基部完全腐烂，植株枯死。土壤和术栽带菌是此病初次侵染的主要来源。此病在 4 月下旬开始发病，6～8 月为发病盛期，高温多雨易造成流行。防治方法：实行轮作，间隔 3 年以上；6 月份以后进入发病盛期，用 50%多菌灵可湿性粉剂 1000 倍液喷洒白术植株基部，每隔 10 d 1 次，连续 3 次。

3. 立枯病

立枯病是白术苗期主要病害，发生普遍，危害严重，常造成幼苗成片死亡，刚出土的小苗及移栽的白术苗均会受害。受害苗茎基部初期出现水渍状椭圆形暗褐色斑块，地上部呈现萎蔫状，随后病斑很快延伸绕茎，茎部坏死收缩成线形，状如“铁丝病”，幼苗倒伏死亡。立枯病是低温（适温约为 15～18℃）、高湿（土壤潮湿但不浸水）病害。早春术苗出土后生长缓慢，组织尚未木栓化，抗病力弱，极易感染。防治方法：立枯病主要由土壤带菌引起，避免病土育苗是防病的根本措施；合理轮作 2～3 年，或土壤消毒，可每亩用 1～2 kg 50%多菌灵在播种和移栽前处理土壤；适期播种，促使幼苗快速生长和成活，避免丝核菌的感染；苗期加强管理，及时松土和防止土壤湿度过大；发现病株及时拔除，发病初期用 5%的石灰水淋灌，7 d 淋灌 1 次，连续 3～4 次，也可喷洒 50%甲基托布津 800～1000 倍液等药剂防治，以控制其蔓延。

（二）虫害

1. 白术长管蚜

白术长管蚜主要为害白术嫩叶和嫩芽，为害后叶片发黄，严重时使植株枯萎。防治方法：为害盛期在 4～6 月，用 1000～1500 倍乐果或 600～800 倍鱼藤精进行防治。

2. 白术术籽虫

白术术籽虫属鳞翅目螟蛾科害虫，具有专食性，主要为害种子。此害虫 8～11 月发生严重，其幼虫咬食花蕾底部的肉质花托，造成花蕾萎缩、下垂，还蛀食白术种子，影响留种。防治方法：冬季深翻土地，消灭越冬虫源；实行水旱轮作；选育抗虫品种，如浙江选用大叶矮秆型白术；在成虫产卵前，白术初花期喷药保护，可喷 50%敌敌畏 800 倍液或 40%乐果 1500～2000 倍液，7～10 d 喷 1 次，连续 3～4 次。

五、采收与加工

（一）采收

一般于栽种当年的 10 月下旬至 11 月上旬，当茎秆变黄褐色、叶片枯黄时及时采收白术。选晴天土壤干燥时挖起全株，抖去泥土，剪去茎、叶，及时加工。

（二）加工

加工方法有晒干和烘干 2 种，晒干的白术称生晒术，烘干的白术称烘术。

1. 晒干

将收获运回的鲜白术，抖净泥土，剪去须根、茎、叶，必要时用水洗去泥土，置日光下晒干，需 15～20 d，直至干透为止。在干燥过程中，如遇阴雨天，要将白术摊放在阴凉干燥处。切勿堆积或袋装，以防霉烂。

2. 烘干

将鲜白术放入烘斗内，每次 150～200 kg，最初火力宜猛而均匀，温度约为 100℃，待蒸汽上升，外皮发热时，将温度降至 60～70℃，缓缓烘烤 2～3 h，然后上下翻动一次，再烘 2～3 h，至须根干透，将白术从斗内取出，不断翻动，去掉须根。将去掉须根的白术，堆放 5～6 d，让内部水分慢慢外渗，即反润阶段。再按大小分等上灶，较大的白术放在烘斗的下部，较小的放在上部，开始加温。开始火力宜强些，至白术外表发热，将火力减弱，控制温度为 50～55℃，经 5～6 h，上下翻动一次再烘 5～6 h，直到七八成干时，将其取出，在室内堆放 7～10 d，使内部水分慢慢向外渗透，表皮变软。将堆放返润的白术，按支头大小分为大、中、小三等，再用 40～50℃文火烘干，大号的烘 30～33 h，中号的约烘 24 h，小号的烘 12～15 h，烘至干燥为止。

第七节 艾 草

艾草又称艾、艾蒿等，是菊科多年生草本植物，全草均可入药。艾草含有多糖、黄酮类、萜类、苯丙素类、甾体类、脂肪酸类等多种活性成分，有温经、去湿、散寒、止血、消炎、止咳、抗过敏、抗氧化等功效。可用于治疗月经不调、经痛腹痛、风湿性关节炎、哮喘、虚寒胃痛、久痢、口腔溃疡、咽喉肿痛、牙周炎、中耳炎、流感等多种疾病。艾草在全国大部分地区都有分布，主产于湖北、河南、河北、四川等低海拔至中海拔地区。自明代以来，以蕲州（今湖北蕲春）为艾草道地产区。

一、形态特征

艾草植株有浓烈香气。主根明显，侧根多。茎直立，有明显纵棱，上部分枝，直径达1.5 cm左右，高80～150 cm。叶互生，正面被灰白色短柔毛，并有白色腺点和小凹点，背面密被灰白色蛛丝状密绒毛。茎下部叶近圆形或宽卵形，羽状分裂，每侧具裂片2～3枚，裂片椭圆形或倒卵状长椭圆形，每裂片有2～3枚小裂齿，干后背面主、侧脉多为深褐色或锈色，叶柄长0.5～0.8 cm，常在花期萎谢；中部叶卵形、三角状卵形或近菱形，有柄，羽状分裂；上部叶全缘或3裂。头状花序椭圆形，复总状排列，直径2.5～3 mm，无梗或近无梗；总苞片卵形，3～4层；小花筒状，带红色，多数，外层雌花长约1 mm，内层雄花长约2 mm。瘦果长卵形或长圆形，花果期7～10月。

二、生物学特性

艾草在海拔1200 m以下的区域长势较好，常见生长于向阳而排水较好的路旁、荒野、河边、山坡、草地、林缘等地，也见于森林及草原。艾草喜温暖、湿润气候，较耐寒、耐阴，以土层深厚、疏松、肥沃的中性或微碱性沙质壤土栽培为宜。艾草极易繁衍生长，对气候和土壤的适应性较强，但在潮湿、肥沃的土壤生长更好，积水、重黏土地和荫蔽之地不宜栽培。

三、栽培技术

（一）选地与整地

艾草对土壤要求不严，但以向阳、土层深厚、排水良好、有机质丰富的缓坡地为宜，最好是2～3年内未种过艾草的土地。选好地块后，对土地进行深耕细耙，除去杂草、石块，疏松土壤，提高土壤保墒能力。结合整地过程，施足基肥，每亩施入腐熟粗杂肥2000～3000 kg或饼肥150 kg、氮磷钾三元复合肥（N∶P∶K＝15∶15∶15）50 kg，耕地深度30～35 cm。然后做畦，畦高25 cm左右，宽2～4.5 m。为了利于排水，地块四周应挖好排水沟，沟深40～50 cm。

（二）繁殖方法

艾草有种子繁殖、分株繁殖和根茎繁殖3种繁殖方法，一般采用分株繁殖和根茎繁殖。

1. 种子繁殖

留种应以二至三年生的植株为好，选留生长健壮、无或少受病虫为害的植株，待到

10～11 月，当瘦果呈浅黄绿色成熟时，剪下果枝，摊晾至干，脱粒、过筛、簸去杂质后，将种子装于布袋，置于阴凉干燥处贮藏待用。

种子播种于早春 2～3 月进行。预先用 30℃左右温水浸种 5～6 h，漂去瘪粒，捞出晾干。在整好的地上，开 2～3 cm 的浅穴或浅沟，用 5%左右的稀薄人粪尿或沼液浇湿播种穴后，将 5～6 粒处理过的种子播于浅穴内或将种子用细泥拌均匀后播于沟内，再覆以约 0.5 cm 细土，播后加强管理。

2. 分株繁殖

每年的 3 月末至 4 月初，选用艾草根状茎分出的幼苗进行分株繁殖，当苗高 15～20 cm时，分 3～5 株栽植，株行距为 20 cm×20 cm，栽植深度 8～10 cm，保证水分充足后覆土盖实。

3. 根茎繁殖

根茎繁殖多在秋冬和早春进行，秋冬季可选择 10 月末，选浅黄色、无病虫害、芽点多的艾草根状茎，截成 5～8 cm 长的茎段，按每穴 2～3 段，行距 20 cm、穴距 20 cm 进行栽植，深度 10～15 cm，栽后保证水分充足，覆土盖实。早春季，可在艾草芽苞萌动前，挖取多年生地下根状茎，选取较嫩的根状茎，截成 5～8 cm 长的茎段，栽植方法与秋冬季根茎繁殖相同。

(三) 田间管理

1. 中耕除草

根茎繁殖的艾草在苗高 10 cm 左右时或种子繁殖和分株繁殖栽种的艾苗成活后，要中耕浅锄一次，在艾草封行前进行第二次中耕，仍浅锄，主要是除草松土，提温保墒，促进艾草健壮生长。第一茬收割后进行深中耕，不仅铲除杂草，促根向下扎，还要锄去部分根状茎，使其不至过密。第二茬艾草出苗后，正值雨季，温度较高，杂草生长迅速，如不及时除去杂草容易造成草荒，严重影响艾草生长，此时应根据杂草情况进行 1～2 次中耕。

2. 施肥

定苗或移栽后 10d 左右，用 5%左右的稀薄人粪尿或沼液浇施一次提苗肥。在出苗后 30 d 或移栽 25 d 左右，结合中耕除草每亩施入商品有机肥 75～100 kg，或含硫复合肥 10～15 kg，或沼渣肥 300～350 kg 进行追肥。之后每采收一次，结合中耕除草用上述施肥量追施一次，以促其健壮生长，获取高产。应于 11 月下旬最后一次采收后，清除地中枯枝残叶，按整地施肥的基肥使用量进行一次冬季施肥，以促使艾根生长健壮。

3. 排、灌水

艾草喜湿润、怕积水，如遇干旱，尤其是苗期植株生长旺盛，需水量大，应及时灌水。在每次收割后，应结合追肥浇水，使根茎迅速萌发。夏季高温干旱时要在早晚或夜间灌溉，但收割后当天切勿浇水，以免发生烂根。在多雨季节艾草地还需要及时排水，尽量做到雨停积水流尽，不可浸水过久，以防烂根枯萎。

4. 平茬

艾草每次收割后要进行平茬，将艾草收割后的老桩和地上茎灭掉，促使地下茎萌发新的艾苗，这种艾苗生长健壮、生活力强、产量高、品质好。

5. 冬耕疏密

每年第三茬艾草收割后，要清除残枝败叶，施入基肥后用旋耕机进行松土断根，在疏松土壤的同时又使基肥与土壤充分混匀，还能减除一部分根系，达到疏苗复壮的效果。

四、病虫害及其防治

（一）病害

1. 白粉病

此病一般为害叶片、叶柄和茎，严重时整个叶面或植株全部覆满白粉，影响植株光合作用。防治方法：及时清扫落叶残体并烧毁；发病初期可喷洒 50％多菌灵可湿性粉剂 800～1000 倍液，或 70％甲基托布津 1000 倍液，也可用小苏打 500 倍液，隔 3 d 喷 1 次，连喷 5～6 次。

2. 叶斑病

此病主要为害叶片，发病初期叶片出现针尖大小褪绿色至浅褐色小斑点，后扩展成圆形至椭圆形或不规则状，中心暗灰色至褐色，边缘有褐色线隆起。防治方法：及时清除病残体并集中烧毁；加强田间管理，注意排水，清除杂草，保证通风透光；发病初期开始喷洒 75％百菌清可湿性粉剂 1000 倍液、70％甲基硫菌灵可湿性粉剂 l000 倍液，隔 10～15 d 喷 1 次，连喷 2～3 次。

（二）虫害

1. 蚜虫

蚜虫是艾草上为害最重的害虫。蚜虫不仅吸取叶片汁液，分泌蜜露，导致煤污病发生，影响光合作用及新枝生长，还可传播多种病毒。防治方法：在艾草出芽前，喷洒多菌灵或甲基托布津于地表，可以在较大程度上减少害虫啃咬。在每年冬季结合中耕除草，深翻土壤，使虫卵在地底没有充足的氧气而死亡，这样可以阻止虫卵在土中越冬，大幅减少虫害。

2. 叶甲

初孵幼虫仅食叶肉，留下表皮，稍大的幼虫和成虫则将叶片吃成孔洞或缺刻。嫩叶受幼虫体背的粪便或黏液污染，1 d 后污染处即变焦黑色，严重的经 3～4 d 后叶片枯萎脱落。防治方法：在叶甲成虫产卵盛期和一龄幼虫发生期用 45％丙溴・辛硫磷乳油 1000 倍液，或 20％氰戊菊酯乳油 1500 倍液与 5.7％甲维盐水分散颗粒剂 2000 倍混合液进行防治。

五、采收与加工

艾草每年收割 2～3 茬，每茬收割时株高最好在 70 cm 以内。艾草第一茬收获期为 6 月初，7 月中上旬收获第二茬，下霜前后收取第三茬，并进行田间冬季管理。收割时，选择晴天割取地上带有叶片的茎枝，并进行茎、叶分离，收割下来的艾草不能暴晒，一定要摊晾自然风干，当叶片含水量小于 14％时，打包存放。

第八节　半　夏

半夏为天南星科多年生草本植物，又名麻芋子、三步跳、野芋头，以干燥块茎入药，药材名半夏，为常用中药，其性温，味辛，有毒，归脾、胃、肺经，主要化学成分为挥发油、胆碱、烟碱、L-麻黄碱、β-谷甾醇及谷氨酸、精氨酸等多种氨基酸和多种微量元素，具有燥湿化痰、降逆止呕、消痞散结之功效，主治痰多咳嗽、呕吐反胃、胸脘痞闷等症。半夏为广布种，国内除内蒙古、新疆、青海、西藏未见野生外，其余各省区均有分布，主产于四川、湖北、河南、贵州、安徽等省，其次是江苏、山东、江西、浙江、湖南、云南等省。

一、形态特征

半夏是多年生草本植物，株高 15～40 cm。地下块茎球形或扁球形，直径 0.5～4 cm，芽的基部着生多数须根，底部与下半部淡黄色，光滑，部分连年作种的大块茎周边常联生数个小块状侧芽。顶基生叶 1～4 枚，叶出自块茎顶端，叶柄下部有一白色或棕色珠芽，偶见叶片基部亦具一白色或棕色小珠芽。实生苗和珠芽繁殖的幼苗叶片为全缘单叶，卵状心形；成年植株叶 3 全裂，裂片卵状椭圆形、披针形至条形。浆果卵圆形，顶端尖，绿色或绿白色，成熟时红色，内有种子 1 枚。种子椭圆形，两端尖，灰绿色。鲜种子千粒重 10 g左右。花期 4～7 月，果期 8～9 月。

二、生物学特性

半夏喜温和、湿润气候，怕干旱，忌高温。半夏畏强光，夏季宜在半阴半阳中生长，在阳光直射或水分不足情况下，易发生倒苗；耐阴、耐寒，块茎能自然越冬。半夏具有明显的杂草性，对环境有高度的适应性。半夏为浅根性植物，一般对土壤要求不严，除盐碱土、砾土、重黏土及易积水之地不宜种植外，其他土壤基本均可，但以疏松、肥沃、深厚、含水量在 20%～30%、pH 为 6～7 的沙质壤土较为适宜。野生多见于山坡、溪边阴湿的草丛中或林下。

三、栽培技术

(一) 选地与整地

半夏宜选湿润、肥沃、保水保肥力较强、质地疏松、排灌良好的沙质壤土种植，亦可选择半阴半阳的缓坡山地种植。黏重地、盐碱地、涝洼地不宜种植。前茬选豆科作物为宜，可与玉米、油菜、小麦、果木进行间、套种。

地选好后，于 10～11 月深翻土地 20 cm 左右，除去砾石及杂草，使其熟化。半夏根系浅，一般不超 20 cm，且喜肥，生长期短，基肥对其有着重要的作用。结合整地，每亩施农家肥 5000 kg、饼肥 100 kg 和过磷酸钙 60 kg，翻入土中作基肥。于播前，再耕翻一次，然后整细耙平。南方雨水较多的地方宜做宽 1.2～1.5 m、高 30 cm 的高畦；膜沟宽

40 cm，长度不宜超过 20 m，以利灌排。北方浅耕后可做宽 0.8～1.2 m 的平畦，畦埂宽、高分别为 30 cm、15 cm。畦埂要踏实整平，以便进行春播催芽和苗期地膜覆盖栽培。

（二）繁殖方法

生产上半夏的繁殖方法以块茎繁殖和珠芽繁殖为主，亦可用种子繁殖，但因种子生产周期长，一般不采用。

1. 块茎繁殖

于每年的 6、8、10 月半夏倒苗后，挖取块茎，选择直径 0.5～1 cm、生长健壮、无病虫害的块茎作种茎。种茎拌细湿沙土，置通风阴凉处贮藏，于当年冬季或翌年春季取出栽种。因冬栽产量低，故以春栽为宜。春栽于日平均气温为 10℃左右时进行。栽种过早，温度低，出苗难；栽种过迟，虽出苗快且齐，但生长周期短，影响产量。因此在我国江南地区 2 月中旬即可栽种。栽时在整好的畦面上横向开沟条播。按行距 12～15 cm、宽 10 cm、深 5 cm 开沟，每条沟内交错排列栽种 2 行，株距 5～10 cm，顶芽向上，覆土耙平。用种量为每亩 100 kg。

2. 珠芽繁殖

珠芽发芽可靠，成熟期早，也是主要的繁殖材料。在整好的畦面上按行距 15 cm 横向开沟，沟宽 10 cm，深 3 cm，每条沟种 2 行，靠沟边种下，株距 5 cm，错开排列，栽后覆土，当年可长出 1～2 片叶子，块茎直径 1 cm 左右。第二年秋，大的可加工入药，小的可作种。

3. 种子繁殖

生长 2 年以上的半夏，从初夏至秋冬能陆续开花结果。当佛焰苞萎黄下垂时，采收种子，随采随播，亦可贮存于湿沙中。翌年 2～3 月在整好的畦面上按行距 15 cm 开沟，沟深 2 cm，将种子撒入沟内，盖 1 cm 厚的细土，并盖草，保持湿润，15 d 左右即可出苗。当年生长 1 片卵状心形单叶，第二年长 3～4 片心形叶，个别的有 1 片三出复叶。实生苗当年形成的块茎直径为 0.3～0.6 cm。种子繁殖因出苗率较低，费时费工，生产上一般不予采用。

（三）田间管理

田间管理要根据半夏各生长阶段的不同要求及环境条件的变化进行。

1. 中耕除草

在出苗后未封行前要经常除草，以免草荒。因半夏属浅根性植物，若深耕易伤根，故中耕宜浅不宜深，中耕深度不超过 5 cm。苗长大后，不宜中耕，杂草宜用手拔除。

2. 施肥

半夏喜肥，生长期中应当注意适当多施肥料，特别是出苗的早期，应当多施氮肥，中后期则应当多施磷肥和钾肥。半夏对钾的需求量较大，多施钾肥对其生长尤其重要。半夏出苗后，先可按每亩撒施尿素 3～4 kg 催苗。此后，应在每次倒苗后施用腐熟的粪水肥，每亩为 2000 kg，肥施在植株周围，随后培土。半夏生长的中后期，可视生长情况每亩叶面喷施 0.2%的磷酸二氢钾溶液 50 kg。施肥应以农家肥为主，不可施用氯化钾、氯化铵、碳酸氢铵及硝态氮类化肥。

3. 培土

培土是一项重要的高产技术措施，其目的是盖住珠芽和杂草的幼苗，并有利于半夏的保墒和田间的排水。6 月以后，成熟的珠芽陆续落地，此时可从畦沟取土均匀撒于畦面上，厚约 1.5 cm，以盖住珠芽为度，不久珠芽即可出苗，又成新株。6～8 月需培土 3 次。

4. 排、灌水

半夏喜湿润，怕干旱，如遇久晴，植株易枯黄影响生长，故须灌水，尤其在 5～8 月间，要保持土壤湿润，促进植株良好生长。雨季应及时排水，以免积水引起块茎腐烂。

5. 摘除花序

除留种外，发现花序应立即剪除，使养分集中供给地下块茎生长，以利提高产量与质量。

6. 遮阴

在半夏种植地可间作玉米、豆类等作物，或搭荫棚遮阴。

四、病虫害及其防治

（一）病害

1. 根腐病

此病是半夏最常见的病害，多发生在高温多湿季节和越夏种茎贮藏期间，危害地下块茎，造成其腐烂，随即地上部分会枯黄倒苗而死亡。防治方法：选用无病种栽培，雨季及大雨后及时疏沟排水；播种前用木霉的分生孢子悬浮液处理半夏块茎，或以 5%的草木灰溶液浸种 2 h，或用 1 份 50%多菌灵加 1 份 40%的乙膦铝 300 倍液浸种 30 min；发病初期，拔除病株后在穴处用 5%石灰乳淋穴，防止蔓延；及时防治地下害虫，可减轻危害。

2. 病毒性缩叶病

此病是栽培半夏中普遍发生且较为严重的一种病害，发病率随栽培年限的增加呈上升趋势，种茎带毒及蚜虫等昆虫传毒可能为其主要传播途径。此病多在夏季发生，为全株性病害，发病时，叶片上产生黄色不规则的斑，使叶片呈现花叶症状，叶片变形、皱缩、卷曲，直至枯死；植株生长不良，地下块根畸形瘦小，质地变劣。当蚜虫大发生时，容易发生此病。此病可使半夏鲜种茎在贮藏期间及运输途中大量腐烂，受害半夏块茎加工成商品后，往往品质差、品级低。防治方法：选无病植株留种，避免从发病地区引种及发病地留种，控制人为传播，并进行轮作；施足有机肥料，适当追施磷肥、钾肥，增强抗病力；及时喷药消灭蚜虫等传毒昆虫；出苗后在苗地喷洒 1 次 40%乐果 2000 倍液或 80%敌敌畏 1500 倍液，每隔 5～7 d 喷 1 次，连续 2～3 次；发现病株，立即拔除，集中烧毁深埋，病穴用 5%石灰乳浇灌，以防蔓延；应用组织培养方法，培养无毒种苗。

3. 叶斑病

此病为害叶片，一般在初夏发生。发病初期叶片上出现紫褐色斑点，后期病斑上出现许多小黑点，发病严重时，叶片布满病斑，使叶片卷曲枯焦而死。防治方法：发病初期喷 1∶1∶120 波尔多液或 65%代森锌 500 倍液，每 7～10 d 喷 1 次，连喷 2～3 次。

（二）虫害

1. 芋双线天蛾

此虫是半夏生长期间为害极大的食叶性害虫，栽培半夏田为害率可达80%以上。每年可发生3～5代，以蛹在土下越冬。8～9月幼虫发生数量最多。成虫白天潜伏在荫蔽处，黄昏时开始取食花蜜，趋光性强。雌蛾交配后2～5 d产卵，每只雌蛾产卵30～60粒，散产于半夏叶背面。一般每片叶只产1粒卵，幼虫孵化后取食卵壳，并在叶背取食叶肉，残留表皮。二龄后将叶片吃成孔洞，三龄后从叶缘蚕食，造成大的缺刻，高龄幼虫食量暴增，每头幼虫每天可为害半夏苗10株以上。防治方法：结合中耕除草捕杀幼虫；利用黑光灯诱杀成虫；5月中旬至11月中旬幼虫发生时，用50%的辛硫磷乳油1000～1500倍液喷雾或90%晶体敌百虫800～1000倍液喷洒，每5～7 d喷1次，连续2～3次，可杀死80%以上的幼虫。

2. 红天蛾

此虫主要在5～10月为害，尤以5月中旬至7月中旬发生量大，为害最严重。幼虫咬食叶片，食量很大，发生严重时，将叶片咬成缺刻或吃光。防治方法：参考芋双线天蛾。

3. 蚜虫

此虫为害叶片，群居于嫩叶上吸取汁液，造成植株萎缩，生长不良。防治方法：清洁田园，铲除田间杂草，减少越冬虫口；发生期间，喷洒40%乐果乳剂1000倍液。

五、采收与加工

（一）采收

种子繁殖的半夏于第三、四年采收，块茎繁殖的半夏于当年或第二年采收。一般于夏、秋季茎与叶枯萎倒苗后进行采收，过早采收可影响产量，过晚采收则难以去皮和晒干。采收时，选晴天进行，从地块的一端开始，从畦的一端用锄头或锹小心将半夏挖起，抖去泥沙，装入筐中运回，切忌暴晒，否则不易去皮。

（二）产地加工

收获的鲜半夏要及时去皮，堆放过久则不易去皮。先将鲜半夏洗净，按大、中、小分级，分别装入麻袋，在地上轻轻摔打几下，然后倒入清水缸中，反复揉搓，或将块茎放入筐内或麻袋，在流水中用木棒撞击或穿胶鞋用脚踩去外皮，也可用去皮机除去外皮。不管采用哪种方法，均应将外皮去净、洗净。再取出晾晒，并不断翻动，晚上收回，平摊于室内，不能堆放，不能遇露水。次日再取出，直至完全晒干。如遇阴雨天气，采用炭火或炉火烘干，但温度不宜过高，一般应控制在35～60℃。在烘时，要微火勤翻，力求干燥均匀。半夏采收后经洗净、晒干或烘干，即为生半夏。

第九节　厚　朴

厚朴及凹叶厚朴为木兰科木本植物，以树皮、枝皮及根皮入药，药材名厚朴。厚朴为常用中药，也是我国特产中药。其味苦、辛，性温，具有温中理气、燥湿散满、降逆平喘的功能，主治胸脘痞满、痞闷疼痛、呕吐泄泻、气滞血瘀、痰饮咳喘等症。其花及果实也可入药。花性微温，味苦，具有宽中理气、开郁化湿之功效，主治胸脘痞闷胀满、纳谷不香；果实具理气、温中、消食等功效。厚朴分布于四川、湖北、陕西、甘肃、云南、贵州、广西等省区，主产于四川、湖北，习称“川朴”。凹叶厚朴分布于浙江、江苏、江西、福建、安徽、河南、湖南等省，主产于浙江、江苏、江西，习称“温朴”。

一、形态特征

厚朴是木兰科厚朴属植物，落叶乔木，树皮厚，紫褐色，小枝粗壮，淡黄色或灰黄色，顶芽大，狭卵状圆锥形。单叶互生，密集小枝顶端，叶片椭圆状倒卵形，近革质，先端短急尖或圆钝，基部楔形或圆形，全缘而微波状；叶面光滑，背面网纹状，被灰色短绒毛。初夏时花与叶同时开放。叶柄粗壮，托叶痕长为叶柄的 2/3。花单生枝顶，白色，有香气，花梗粗短，被长柔毛。雄蕊约 72 枚，花药长 1.2～1.5 cm，内向开裂。果实为聚合蓇葖果，小果实椭圆形，蓇葖具长 3～4 mm 的喙。种子三角状倒卵形，外皮鲜红，内皮黑色。

凹叶厚朴的形态特征与厚朴相似，主要区别是叶片先端有凹陷，深达 1 cm 以上而成 2 钝圆浅裂片（幼苗叶片先端不凹陷而为钝圆），侧脉 15～25 对。

二、生物学特性

厚朴为南方高山特有树种，喜凉爽、潮湿、多雨雾的气候，怕炎热，能耐寒，冬季积雪 3 个月及最低气温在－10℃以下也不会受冻害；在夏季温度达 38℃以上的地方栽培，生长极为缓慢。凹叶厚朴喜温暖，多分布在海拔 300～600 m 的山区，耐炎热能力比厚朴强，在气温高达 40℃的情况下能正常生长，也能耐寒，但其耐寒力不及厚朴，如海拔超过 1000 m，则生长缓慢。

这两种厚朴幼苗都怕强光高温，需适当遮阳才能生长良好。而成年树要求阳光充足，如遇荫蔽，则不适合生长。土壤以疏松肥沃、含腐殖质较多、呈中性或微酸性沙质壤土为宜，山地黄壤、黄红壤也可以种植。

厚朴和凹叶厚朴的种子均具有后熟性和坚硬性，寿命短。外种皮坚硬，富含油脂，内种皮厚而坚硬，水分不易渗入。因此，发芽困难，若失水过度，则出苗率会显著下降。

两种厚朴萌蘖力均较强，故常出现萌芽而形成多干现象，影响主干的形成与生长，尤以凹叶厚朴为甚，如果主干被折断，则会形成灌木。它们都是生长较缓慢的树种，仅幼树阶段生长较快，凹叶厚朴比厚朴生长快。

厚朴树龄 8 年以上才能开花结果，凹叶厚朴 5 年以上就能进入生育期。种子干燥后会显著降低发芽能力，低温层积 5 d 左右能有效解除种子的休眠。种子发芽适温为 20～25℃。厚朴花期 4～5 月，果熟期 10～11 月；凹叶厚朴花期 3～4 月，果熟期 9～11 月。

三、栽培技术

（一）选地与整地

育苗地宜选向阳、湿润、土层深厚、疏松肥沃、富含腐殖质的微酸性沙质壤土地块。

每亩施厩肥 3000 kg、过磷酸钙 50 kg，深翻 30 cm，耙细整平，做宽 1.2 m 的高畦，畦沟宽 40～45 cm，挖好排水沟。

厚朴定植地宜选海拔 1000～1200 m 地势平缓的地方，如系坡地，则将其改成梯地，以利保持水土；凹叶厚朴宜选海拔 500～800 m 的山地，尤以山谷为宜。选地后，清除地上及周围的杂草、灌木，集中沤制或烧毁作基肥用，然后全面翻耕地块，深度为 30 cm，并将表层肥土堆放在一边，以便植苗时垫入穴底作基肥。整地时间应在 9 月中下旬。

（二）繁殖方法

厚朴繁殖方式主要有种子繁殖、分株繁殖、压条繁殖和扦插繁殖，生产上以种子繁殖和扦插繁殖为主。

1. 种子繁殖

（1）采种选种

在 10～11 月当果实的果皮由青绿色变为紫黑色并开裂露出红色种子时进行采种。采种时，将果实摘下，曝晒 2～3 d，取出种子。选择色深、饱满、净度不低于 98%、含水量在 22%～38%、千粒重不低于 140 g、发芽率不低于 75%、发芽势不低于 50%的种子备用。

（2）种子处理

将选好的种子摊放于室内，厚 10～15 cm，待红色外种皮变黑后，用清水浸泡 1～2 d,再将种子置于箩筐内，撮去外种皮，用清水冲洗干净，摊放于阴凉处晾干。晾干的种子用 0.3%高锰酸钾溶液消毒后用湿沙储藏，储藏高度以不超过 50 cm 为宜。储藏期间每半个月检查一次，发现沙子干燥发白，应适当补充水分，并将种子与沙子重新翻一次。

（3）播种育苗

厚朴可秋播也可春播。秋播多在 11 月中下旬进行，春播于 2 月下旬至 3 月上旬进行。播种方法是在整好的苗床上开横沟条播，沟距 25～30 cm，沟深 3 cm，种距 6 cm，将处理好的种子播下，然后覆盖细土 2～3 cm，再盖草。厚朴播种量为每亩 12 kg，凹叶厚朴为每亩 15 kg。播种后 20 d 左右即可出苗。出苗后要及时揭去盖草，并适当遮阳。当幼苗长出 3 片真叶时进行松土除草、追肥，肥料以腐熟农家肥为主，亦可用复合肥，每亩施入农家肥 100 kg 或复合肥 30 kg。当苗高 7 cm 时，结合间苗进行移栽培植，间苗按苗距 30～35 cm 进行留苗，所间出的幼苗按 30～35 cm 苗距另行栽植培育。整个苗期追肥 2～3 次。高温干燥时要及时浇水，多雨季节要及时清沟排水，以防苗地积水，发生烂根现象。厚朴当年生苗高仅为 35～40 cm，不分枝，不可出圃定植，需在苗圃内培育 2 年后，当苗高达1 m左右时，方可出圃定植。

2. 分株繁殖

厚朴分蘖能力强，常可产生许多萌蘖，可用萌蘖进行分株（蘖）繁殖。方法是立冬前或早春，选择 35～50 cm 的萌蘖，挖开母株根部泥土，在萌蘖与母树连接处的外侧，用利刀横切萌条茎干的 1/2，握住萌蘖中、下部，将与切口相反的一面下压，使萌条从切口处向上纵裂，裂口约 5 cm，在裂缝中夹一小石块，每株施入腐熟农家肥 3 kg，随之培土，高出地面 15～20 cm，稍加压实，到第二年早春，将培土挖开，见切口基部长出多数细根，便可将萌蘖苗从母树根部挖出定植。

3. 压条繁殖

在8月上旬至10月下旬或在翌年2月上旬至4月下旬，选择母树上近地面的一至二年生健壮枝条，用利刀将其皮部环切约3 cm长，并除去部分叶片，将切口处埋入土中，用石块或树枝等进行固定，再培土高约15 cm，枝梢要露出土外，并扶正直立。第二年春季大的可剥离母体定植，小的可继续培育一年再行定植。

4. 扦插繁殖

于2～3月选择径粗约1 cm的一至二年生健壮枝条，剪成长约20 cm的插条，扦插于苗床中，苗期管理与种子育苗相同。

（三）定植

以上各种繁殖方法所得苗木，于2～3月或10～11月落叶后进行定植。选好种植地，按株行距3 m×4 m或3 m×3 m开穴，穴长60 cm、宽40 cm、深30～50 cm。有条件的地方，每穴施入腐熟厩肥或土杂肥120 kg及磷肥、钾肥各1.5 kg作基肥，然后覆土约10 cm，将苗木的根系和枝条适度修剪后，每穴栽入1株，将根系舒展、扶正，边覆土边轻轻向上提苗、踏实，使根系与土壤紧密接触，覆土与地面齐平后浇足定根水。定植深度以根颈露出地面约5 cm为宜。幼树期间可套种豆类等农作物，以利幼树的抚育管理。

（四）田间管理

1. 中耕除草

幼树期每年中耕除草4次，分别于4月中旬、5月下旬、7月中旬和11月中旬进行。林地郁闭后一般仅在冬季中耕除草、培土1次。

2. 追肥

结合中耕除草进行追肥，肥料以腐熟农家肥为主，辅以适量麸饼、复合肥。每亩每次施入农家肥500 kg、复合肥5 kg。施肥方法是在距苗木6 cm处挖一环沟，将肥料施入沟内，施后覆土。若专施化肥，其氮、磷、钾的配比为3∶2∶1。

3. 除萌、截顶

厚朴萌蘖力强，常在根际部或树干基部出现萌芽而形成多干现象，除需压条繁殖的以外，应及时剪除萌蘖，以保证主干挺直、生长快。为促使厚朴树干加粗、干皮增厚，在其定植10年后，当树高到10 m左右时，应将主干顶梢截除，并修剪密生枝、纤弱枝，使养分集中供应主干和主枝生长。

4. 斜割树皮

当厚朴生长10年后，于春季用利刀从其枝下高15 cm处起一直至基部围绕树干将树皮等距离斜割4～5刀，并用100 mg/kg ABT_2生根粉溶液向刀口处喷雾，促进树皮增厚。这样，十五年生的厚朴即可剥皮。

四、病虫害及其防治

（一）病害

1. 根腐病

此病为害幼苗，发病时根部发黑腐烂，呈水渍状，继而全株枯死。防治方法：注意排除田间积水；发现病株立即拔除，并用石灰对病穴进行消毒；发病初期用50%甲基托布津1000倍液灌根。

2. 立枯病

感染此病的幼苗出土不久，靠近土面的茎基部呈暗褐色病斑，病部缢缩腐烂，幼苗倒伏死亡。防治方法：注意排除苗床积水；发现病株立即拔除，并用石灰对病穴进行消毒；发病初期用50%多菌灵1000倍液或50%甲基托布津1000倍液浇灌病区。

3. 叶枯病

此病发病初期叶上病斑呈褐色，逐渐扩大呈灰白色并布满叶片，潮湿时病斑上生有小黑点，叶片枯黄，植株死亡。防治方法：冬季清林时清除病叶枯枝；发病前喷1∶1∶120波尔多液保护，发病初期喷50%多菌灵1000倍液防治。

（二）虫害

1. 褐天牛

雌虫在5年以上幼株距地面30～50 cm的树干基部咬破树皮进行产卵，刚出的幼虫钻入树皮中为害，咬食树皮，影响植株生长。初龄幼虫在树皮下穿蛀不规则虫道，长大后蛀入木质部，为害木质部，虫孔常排出木屑，被害植株逐渐枯萎死亡。防治方法：虫期进行人工捕杀；幼虫蛀人木质部后，用药棉浸80%美曲膦酯原液塞入蛀孔，毒杀幼虫。冬季刷白树干防止成虫产卵。

2. 白蚁

白蚁筑巢于地下，4月初在土中咬食林木和幼苗的根，出土后沿树干蛀食树皮，侵害木材。防治方法：用灭蚁灵毒杀，或于11～12月群居于巢时挖巢灭蚁。

3. 褐边绿刺蛾和褐刺蛾

幼虫咬食树叶下表皮及叶肉，使树叶仅存上表皮，形成圆形透明斑。四龄后咬食全叶，仅残留叶柄，严重影响林木生长，严重时甚至使树木枯死。防治方法：幼虫可喷90%晶体美曲膦酯1000液或50%辛硫磷乳油1500～2000倍液，也可用每克含孢子100亿个的青虫菌500倍液加少量90%敌百虫液喷雾，效果均好。

五、采收与加工

（一）采收

厚朴及凹叶厚朴定植15年以上后即可剥皮，于4～6月植株旺盛生长期剥皮，此时植株含水量大，细胞活动旺盛，形成层与木质部易剥离。采收方式主要是砍树剥皮，即按60 cm长环剥树干基部树皮，再将树砍倒，按以上长度环剥干皮和枝皮。不进行林木更新的，根皮亦要剥下，然后将皮卷成筒运回加工。近年来也出现了活树多次剥皮的方法，既可以保护资源，又能提高厚朴的产量。活树剥皮可用半环剥法和环剥法。半环剥法指先在树干分枝下面横割一刀，再纵割一刀，呈"T"字形，深达韧皮部，但不要伤害木质部，然后撬起树皮，沿横割的刀痕向下撤至离地面10 cm处，再割下树皮。剥皮时动作要轻，不能戳伤木质部外层的幼嫩部分，更不能用手触摸，否则会变黑死亡。环剥法指用刀在树干分枝处的下方，绕树干环切一刀，再在离地面 10 cm 处再环切一刀，再垂直向下纵切一刀，只切断韧皮部，不伤木质部，然后剥取树皮。剥皮应选多云或阴天，不宜在雨天及炎热的晴天进行。

（二）加工

1. 厚朴

干皮、枝皮及根皮置沸水中烫软后，取出直立于木桶内或室内墙角处，覆盖湿草、棉絮、麻袋等使其“发汗”一昼夜，待内表皮和断面变得油润有光泽，呈紫褐色或棕褐色时，将每段树皮大的卷成双筒状，小的卷成单筒状，用利刀将两端切齐，用井字法堆放于通风处阴干或晒干均可，较小的枝皮或根皮直接晒干即可。

2. 凹叶厚朴

在通风的室内搭好木架，木架离地面 1 m，将干皮、枝皮及根皮斜立于木架上，其余的平放，经常翻动，风干即可。

第十节　山茱萸

山茱萸为山茱萸科植物，以干燥成熟果肉入药，药材名山茱萸，别名枣皮、山萸肉、药枣、蜀枣等，是我国常用中药之一。其性微温，味酸、涩，归肝、肾经，主要化学成分为山茱萸苷、皂苷、鞣制、熊果酸、没食子酸、苹果酸、没食子酸甲酯、白桦脂酸等，具有补益肝肾、收敛固涩之功效，用于治疗肝肾亏虚、头晕目眩、腰膝酸软、阳痿等症，主产于河南、陕西、浙江、安徽、四川等省。

一、形态特征

山茱萸为落叶灌木或乔木，高 4～10 m。树皮淡褐色，条状剥落；小枝圆柱形或带四棱。叶对生，卵形至长椭圆形，顶端渐尖，基部宽楔形或近圆形，全缘，幼时疏生平贴毛，后脱落，背面被白色丁字形毛，侧脉 5～7 对，弧曲，脉腋被褐色簇生毛。花 20～30 朵簇生于小枝顶端，呈伞形花序状，先叶开放；总苞片 4 枚，黄绿色；花萼 4 裂，裂片宽三角形；花瓣 4，黄色，卵状披针形；雄蕊 4；花盘环状，肉质；子房下位。核果长椭圆形，熟时深红色，中果皮骨质，核内种子 1 枚（偶有 2 枚）。花期 3～4 月，果期 4～11 月。

二、生物学特性

山茱萸在海拔 200～1400 m 地区均有分布，但以海拔 600～1200 m 地区生长发育最佳。其喜温暖、湿润的环境，畏严寒，正常生长发育、开花结实要求 10℃以上的有效积温 4500～5000℃，全年无霜期 190～280 d。花芽萌发需气温在 5℃以上，最适宜温度为 10℃左右，如果温度低于 4℃则受危害，花期遇冻害是山茱萸减产的主要原因。山茱萸喜阳光，透光好的植株坐果率高。山茱萸由于根系比较发达，耐旱能力较强。山茱萸对土壤要求不严，能耐瘠薄，但在肥沃、湿润、深厚、疏松、排水良好的沙质壤土中生长良好。冬季严寒、土质黏重、低洼积水及盐碱性强的地方不宜种植。

三、栽培技术

(一) 选地与整地

1. 育苗地

山茱萸大多在山区栽培，因此育苗地宜选择背风向阳、光照良好的缓坡地或平地，以有土层深厚、疏松、肥沃、湿润、排水良好的中性或微酸性沙质壤土、灌溉方便的地块为好。为减少病虫害的发生，提高出苗率和苗木品质，育苗地不宜重茬。地选好后，在入冬前进行一次深耕，深 30～40 cm，耕后整细耙平。结合整地每亩可施充分腐熟的厩肥 2500～3000 kg 作基肥。播种前，再进行一次整地作畦。北方地区多作平畦，南方多作高畦，但是不管是高畦还是低畦都应有排水沟。畦的长度根据育苗地具体情况而定，一般畦面宽 1.5 m。

2. 栽植地

山茱萸栽植地宜选择海拔为 200～1400 m、坡度为 20°～30°的背风向阳山坡，高山、阴坡、光照不足、土壤黏重、排水不良等处不宜栽培。由于山茱萸栽植地多为山区，在坡度小的地块按常规进行全面耕翻；在坡度为 25°以上的地段按坡面一定宽度沿等高线开垦即带垦；在坡度大、地形破碎的山地或石山区采用穴垦，其主要形式是鱼鳞坑整地。全面垦覆后挖穴定植，穴径 50 cm 左右，深 30～50 cm。挖松底土，每穴施土杂肥 5～7 kg，与底土混匀。土壤肥沃、水肥好、阳光充足条件下种植的山茱萸结果早、寿命长、单产高。

(二) 繁殖方法

山茱萸主要以种子繁殖为主，少数地区采用压条繁殖和嫁接繁殖。

1. 种子繁殖

(1) 采种

选择树势健壮、冠形丰满、生长旺盛、抗逆性强的中龄树作为采种树，在果实成熟季节，采集果大、核饱满、无病虫害的果实，晒 3～4 d，待果皮柔软去皮肉后作种。

(2) 种子处理

山茱萸种皮坚硬，内含透明的黏液树脂，影响种子萌发，且存在后熟现象。因此，在育苗前必须进行处理，否则需经 2～3 年才能萌发。种子有如下几种处理方法。

① 浸沤法

用温水（50℃左右）浸泡种子 2 d 后，挖坑闷沤，沤坑选向阳潮湿处，挖好后将沙、粪（牛、马粪）混合均匀铺坑底约 5 cm 厚，再放 3 cm 厚的种子，如此层层铺之，一般 5～6 层即可，最后盖土粪约 7 cm 厚，呈馒头状。4 个月后开始检查，如发现粪有白毛、发热、种子破头现象应立即晾坑或提前育苗，防止芽大无法播种。若没有破头，则继续沤制。

② 腐蚀法

每 1 kg 种子用漂白粉 15 g，放入清水内拌匀，溶化后放入种子。根据种子多少加水，水高出种子 12 cm 左右，每日用棍搅拌 4～5 次，让其腐蚀掉种子外壳的油质，使外壳腐烂，浸泡至第三天，捞出种子拌入草木灰，即可育苗或直播。

③ 沙贮催芽覆膜法

经脱肉加工的种子用清水浸泡后，再用洗衣粉或碱液反复搓揉种子，并在清水的冲洗下反复清洗，至种子表皮发白，晾干。种子与沙分层交替贮藏催芽，第二年春播后覆盖薄膜育苗。采用薄膜覆盖，可提高膜内的温度和湿度，达到使山茱萸种子早生快发的目的。

（3）播种育苗

① 播种

在春分前后，将已处理好的种子播入整好的育苗地。按 25～30 cm 的行距开沟，沟深 3～5 cm，把种子均匀撒播，覆土耧平，稍镇压，浇水覆膜或覆草，10 d 左右即可出苗，每亩用种量为 30～40 kg。

② 苗期管理

出苗后除膜或除去盖草，进行松土除草、追肥、灌溉、间苗、定苗等常规的苗期管理。间苗保留株距 7 cm。6～7 月追肥 2 次，结合中耕每亩施尿素 4 kg 或棉籽饼 100 kg，翻入土中浇水。苗高 10～20 cm 时如遇干旱、强光天气要注意防旱遮阴。入冬前浇一次封冻水，在根部培施土杂肥，保证幼苗安全越冬。幼苗培育 2 年，当苗高 80 cm 时，在春分前后移栽定植。

③ 移栽定植

3～4 月，在备好的栽植地上，按行株距 3 m×2 m、每亩 111 株或行株距 2 m×2 m、每亩 145 株，挖穴定植，穴径 50 cm 左右，深 30～50 cm。挖松底土，每穴施土杂肥 5～7 kg,与底土混匀。阴天起苗，苗根带土，栽植前进行根系修剪并蘸泥浆，保护苗木不受损伤，根系不能曝晒和风吹，栽穴稍大，以利展根，埋土至苗株根际原有土痕时轻提苗木一下，使根系舒展，扶正填土踏实，浇定根水。

2. 压条繁殖

秋季采果后或春天萌芽前，选择生长健壮、病虫害少、结果又大又多、树龄 10 年左右的优良植株进行压条。在植株旁挖坑，坑深 15 cm 左右，将近地面处二至三年生枝条压入坑中，用木桩固定，在枝条入坑处用刀切割至木质部，然后盖土肥，压紧，枝条先端伸出地面，保持土壤湿润，压条成活后两年即可与母株分离定植。

3. 嫁接繁殖

（1）芽接法

通常采用“T”形盾芽嵌接法。芽接在 7～9 月进行，砧木采用优良品种的实生苗，接穗采用已经开花结果且生长健壮、果大肉厚、无病虫害的壮龄母树上的枝条。方法是在接穗芽的上方约 0.5 cm 处横切一刀，深入木质部，然后在芽的下方约 1 cm 处向上削芽（稍带木质部），然后接在砧木的嫁接部位。砧木嫁接部位选择光面，最好在北面横切一刀，然后在切口往下纵切一刀，使成“T”形，深至木质部，轻剥开树皮，将芽皮插入“T”

形切口内，最后用薄膜自下而上包扎，露出芽眼，打活结，到第二年萌芽时解扎。

（2）切接法

切接在每年9月下旬至10月上旬进行，在砧木5～10 cm高处剪去上端，选光滑挺直一面向下纵切3～5 cm，再把接穗削成3 cm左右的斜面，另一面削成45°的斜面，随即插入砧木切缝中，使接穗与砧木一侧的形成层对齐，用弹性好的塑料薄膜缚紧。

（三）田间管理

1. 树盘覆草

山茱萸根系较浅，最怕荒芜，通过垦覆可使山茱萸生长健壮，达到高产的目的。可在每年秋季果实采收后或早春解冻后至萌芽前进行冬挖、深翻，在夏季6～8月浅锄山茱萸田地。垦覆深度一般为18～25 cm，掌握“冬季宜深，夏季宜浅；平地宜深，陡坡宜浅”的原则，适当调节。树盘覆盖可以减少地表蒸发，保持土壤水分，提高地温，有利于根系活动，从而促进山茱萸的新梢生长和花芽分化。树盘覆盖的材料可用地膜、稻草、麦秸、马粪及其他禾谷类秸秆等，覆盖的面积以超过树冠投影面积为宜。具体做法是将麦秸等铡成长20 cm的小段，每树覆盖20 kg，厚度10～15cm。根据山茱萸根系分布特点，覆盖范围从干周直到枝展外缘。覆草后为防风刮，将草被适当拍压，并在其上星点式压土。山茱萸树盘覆草可延迟开花期，减轻冻害影响，提高坐果率和产量，减少降雨引起的树盘土壤冲刷，并能抑制杂草的萌发和生长。

2. 追肥

山茱萸追肥分土壤追肥和根外追肥（叶面喷肥）两种。土壤追肥在树盘土壤中施入，前期追施以氮素为主的速效性肥料，后期追肥则应以氮、磷、钾，或氮、磷为主的复合肥为宜。幼树施肥一般在4～6月，结果树在每年秋季采果前后于9月下旬至11月中旬注意有机肥与化肥配合施用。施肥方法采用环状施肥和放射状施肥。根外追肥在4～7月，这期间，每月对树体弱、结果量大的树用0.5%～1%尿素和0.3%～0.5%的磷酸二氢钾混合液进行1～2次叶面喷洒，以叶片正反面都被溶液小滴沾湿为宜。

3. 整形与修剪

（1）根据山茱萸以短果枝及短果枝群结果为主及萌发力强、成枝力弱的特性和其自然生长习性，栽植后应选择主干分层形、自然开心形及丛状形等丰产树形。

① 主干分层形

主干高60～80 cm，有中心主枝，主枝分3～4层，着生在中心主枝上。主枝总数5～7个，第一层主枝一般为3个；第二层为2个；第三层以上各层为1个。第一层与第二层之间距离为80 cm左右，以上各层之间距离略小，并在各主枝上培养数个副主枝。

② 自然开心形

自然开心形树干较矮，不保留中心主枝。整形后，树冠较矮，喷药、采果等管理方便，树冠开张，通风透光性好，符合其耐阴喜光特性。此树形特点是主干高40～60 cm，主枝3个，间距近等，与主干呈50°左右向外延伸，每个主枝上选留2～4个侧枝。

③ 丛状形

丛状形没有树干，从地表以上培养出长势一致、角度适宜的3～6个主枝，每主枝上再留 2～4 个侧枝，侧枝上有结果枝组。要注意剪除过多的根蘖条、下垂落地的背生枝及内膛过旺的徒长枝，使树冠均衡圆满、通风透光。此树形管理方便，结果早。

（2）通过整形修剪，可调整树体形态，提高光能利用率，调节山茱萸生长与结果、衰老与更新及树体各部分之间的平衡，达到早结果、多结果、稳产优质、延长经济收益的目的。

① 幼树整形修剪

山茱萸定植后的第二年早春，当幼树株高达到 80～100 cm 时，就应开始修剪。这个时期应以整形为主，修剪为辅。根据整形的要求，应尽快地培养好树冠的主枝、副主枝，加速分支，提高分支级数，缓和树势，为提早结果打下基础。根据山茱萸生长枝对修剪的反应，幼树应以疏剪（从基部剪除）为主，短截（剪去枝条的一部分）为辅。疏剪的枝条包括生长旺、影响树形的徒长枝，骨干枝上直立生长的壮枝，过密枝，以及纤细枝。

② 成年树的整形修剪

山茱萸进入结果期，仍以整形为主；进入盛果期后，则以修剪为主。由于抽生生长枝数量显著减少，所以此时的生长枝要尽量保留，特别是树冠内膛抽生的生长枝更为宝贵。同时应对这些生长枝进行轻短截，以促进分支，培养新的结果枝群，更新衰老的结果枝群。总之，生长枝的修剪，应以“轻短截为主，疏剪为辅”。山茱萸生长枝经连续数年长放不剪，其后部能形成多数结果枝群。但由于顶枝的不断向外延伸及后部结果枝群的大量结果，整个侧枝会逐渐衰老，其表现是顶芽抽生的枝条变短，后面的结果枝群开始死亡。这时侧枝应及时回缩，更新复壮，以免侧枝大量枯死，一般回缩到较强的分枝处。回缩的程度视侧枝本身的强弱而定，即强者轻回缩，弱者重回缩。回缩之后，剪口附近的短枝长势转旺，整个侧枝又开始向外延伸。同时，侧枝的中、下部也常抽生较强的生长枝，可用来更新后面衰老的结果枝群。

③ 老树的更新修剪

山茱萸进入衰老期后，抗逆性差，容易被病虫害侵袭危害，导致山茱萸衰老死亡，因此必须更新修剪。其方法是剪除生命力弱的枝条和枯枝，迫使树体形成新的树芽。充分利用树冠内的徒长枝，将其轻剪长放培养成为树体内的骨干枝，促使徒长枝多抽中、短枝群，以补充内膛枝，形成立体结果。对于地上部分不能再生新枝的主枝或主干死亡而根际处新生蘖条，可锯除主枝、主干，让新条成株更新。更新植株比同龄栽株提早 2～4 年结果。

4. 疏花与灌溉

（1）疏花

根据树冠大小、树势强弱、花量多少确定疏除量，一般逐枝疏除 30%的花序，即在果树上按 7～10 cm 距离留 1～2 个花序，可达到连年丰产结果的目的，在小年则采取保果措施，即在 3 月盛花期喷 0.4%硼砂和 0.4%的尿素。

（2）灌溉

山茱萸在定植后和成树开花、幼果期，或夏、秋季遇天气干旱，要及时浇水，保持土壤湿润，保证幼苗成活和防止落花、落果而造成减产。

四、病虫害及其防治

（一）病害

1. 炭疽病

此病又名黑斑病、黑疤痢，主要为害果实和叶片。发病时，果实和叶片上出现病斑，果实病斑初为棕红色小点，逐渐扩大成圆形或椭圆形黑色凹陷病斑，病斑边缘红褐色，外围有红色晕圈；叶片病斑初为红褐色小点，以后扩展成褐色圆形病斑。果炭疽病发病盛期为6～8月，叶炭疽病发病盛期为5～6月。多雨年份发病重，少雨年份发病轻。防治方法：病期少施氮肥，多施磷肥、钾肥，提高抗病力，减轻危害；选育优良品种；清除落叶、病僵果；发病初期用1∶2∶200波尔多液或50%多菌灵可湿性粉剂800倍液喷施。防治叶炭疽病第一次施药应在4月下旬，防治果炭疽病第一次施药应在5月中旬，10 d左右喷1次，共施3～4次。

2. 角斑病

此病为害叶片和果实。发病初期叶正面出现暗紫红色小斑，中期叶正面扩展成棕红色角斑，后期病部组织枯死，呈褐色角斑；果实发病时出现锈褐色圆形小点，直径在1 mm左右，病斑数量多时，连接成片，使果顶部分呈锈褐色。果实发病，仅侵害果皮，病斑不深入果肉。多在5月初田间出现病斑，7月为发病高峰期。湿度较大时易发生。防治方法：增施磷肥、钾肥和农家肥，提高抗病力；发病初期喷75%百菌清可湿性粉剂500～800倍液2～3次，7～10 d喷1次；5月份树冠喷洒1∶2∶200波尔多液保护剂，10～15 d喷1次，连续3次，或者喷50%可湿性多菌灵800～1000倍液。

3. 灰色膏药病

此病一般发生在20年以上老树的树干或枝条上，病斑贴在枝干上形成不规则厚膜，像膏药一样，故称膏药病。此病通常以介壳虫为传播媒介。当土壤贫瘠、排水不良、土壤湿度大、通风透光差、植株长势较弱时发病严重。防治方法；调节光照条件，提高抗病力；冬季在树干上涂石灰乳；发病初期喷1∶1∶100的波尔多液，10～14 d喷1次，连续多次。

（二）虫害

1. 蛀果蛾

此虫又名食枣虫、药枣虫。一年发生一代，8月下旬至9月初危害果实，一般一果一虫，少数一果二虫。以老熟幼虫入土结茧越冬，成虫具趋化性。防治方法：及时清除早期落果，果实成熟时，适时采收，可减少越冬虫口基数；在山茱萸蛀果蛾化蛹、羽化集中发生的8月中旬，喷洒40%乐果乳剂1000倍液，7 d喷1次，连续喷2～3次，或喷施25%溴氰菊酯、20%杀灭菊酯2500～5000倍液。

2. 大蓑蛾

此虫又名大袋蛾、皮虫、避债蛾、袋袋虫、布袋虫，多发生在十至二十年生山茱萸树上。幼虫以取食叶片为主，也可食害嫩枝和幼果。一年发生一代，老熟幼虫悬吊在寄主枝条上的囊中越冬。防治方法：在冬季人工摘除虫囊；可选用Bt乳剂（含活孢子量超过100亿个/g）500倍液喷雾、25%溴氰菊酯5000倍液或20%杀灭菊酯2000～4000倍液，连续2～3次，间隔10 d左右。

3. 尺蠖

此虫又名量尺虫、造桥虫、吊丝虫等。幼虫以叶为食。一年发生一代，以蛹在土内或土表层、石块缝内越冬，6～8月为羽化期，7月中、下旬为盛期，成虫喜在晚间活动，幼虫为害期长（7月上旬到10月上旬），达三个月左右。防治方法：秋末冬初清除树干及枝干上的落皮层，并在树干80 cm以下涂抹石硫合剂；在树干周围1 m范围内挖土灭蛹。

五、采收与加工

（一）采收

当山茱萸果皮呈鲜红色，便可采收。因各地自然条件和品种类型不同，采收时期也有所不同，一般成熟时间为10～11月。果实采摘的早迟对产量和品质有较大影响，因此要适时采收。果实成熟时，枝条上已着生许多花芽，因此采收时，应动作轻巧，按束顺势往下采摘，以免影响来年产量。

（二）产地加工

目前产地加工一般要经过净选、软化、去核、干燥4个步骤。

1. 净选

将采摘的果实除去其中的枝梗、果柄、虫蛀果等杂质。

2. 软化

各产区由于习惯不同采取的软化方法也不同。常见的方法有下面几种。

（1）水煮法

将果实倒入沸水中，上下翻动10 min左右至果实膨胀，以用手挤压果核能很快滑出为好，捞出去核。

（2）水蒸

将果实放入蒸笼上，上汽后蒸5 min左右，以用手挤压果核能很快滑出为好，取下去核。

（3）火烘法

果实放入竹笼，用文火烘至果实膨胀变柔软时，以用手挤压果核能很快滑出为好，取出摊晾，去核。

3. 去核

将软化好的山茱萸趁热挤去果核，一般采用人工挤去果核或用山萸肉脱皮机去核。

4. 干燥

采用自然晒干或烘干。

第十一节 栝 楼

栝楼为葫芦科栝楼属植物，以果实、果壳、种子和块根入药，为常用中药。其干燥成熟果实药材名为瓜蒌，性寒，味甘，微苦，归肺、胃、大肠经，主要含三萜皂苷、有机酸、脂肪油、糖类、挥发油和色素等；干燥成熟种子药材名为瓜蒌子，性寒、味甘，归肺、胃、大肠经，主要含油脂、栝楼酸、甾醇类、三萜类和糖蛋白等，具有清热涤痰、宽胸散结、润燥滑肠的功效，可用于治疗肺热咳嗽、痰浊黄稠、胸痹心痛、结胸痞满、乳痈、肺痈、肠痈肿痛、大便秘结等症，为中医治疗胸痹症要药。栝楼在我国分布广泛，大部分地区都有栽培，主产区有山东、河南、河北、安徽、江苏、湖北、四川、广西和贵州等省区。

一、形态特征

栝楼是多年生草质攀缘藤本植物。块根肥厚肉质、粗长，圆柱状或纺锤形，稍扭曲，可深入土中 1～2 m，断面白色。茎攀缘，多分支，有浅纵棱和沟槽，有白色柔毛，藤长可达 10 m 以上。卷须腋生，常 2～3 个分枝。单叶互生，叶片宽卵状心形或扁心形，常 3～9 浅裂至中裂，稀深裂或不裂，两面稍被毛；具粗壮长柄（3～10 cm），疏被长柔毛长。花雌雄异株，生于叶腋，花冠白色。雄花数朵，生于总花梗上呈总状花序，顶端流苏状，花冠 5 裂；雌花单生，子房椭圆形。瓠果，宽椭圆形或近球形，幼时绿色，熟时橙黄色。种子多数，60～230 个不等，椭圆形或近圆形扁平，一端微凹，似瓜子，棕色。

二、生物学特性

栝楼生长在海拔 200～1800 m 的山坡林下、灌丛中、草地和村旁田边，喜温暖、潮湿气候，不耐高温、干旱，也怕涝。在土质肥沃疏松、透水通气良好、含细沙比率为 50%以上、土层深度在 50 cm 以上的沙质壤土中生长良好，忌黏性较大的土壤、低洼的盐碱地。

三、栽培技术

（一）选地与整地

栝楼宜选择通风透光、土层深厚、土质疏松肥沃、排水良好、重金属含量和农药残留量不超标的沙质土壤种植。冬前深翻耙平，开沟作畦，畦宽 1.5～2 m，畦高 20 cm，沟宽 30 cm，深 50 cm。重施有机肥后覆土，使土壤经冬季的寒冷充分风化、熟化，且消灭杂草和地下越冬害虫。播前每亩施用农家肥 5000 kg、过磷酸钙 50 kg、氯化钾 20 kg，与沟土拌匀，再用细土填平沟面，随即顺沟灌水，2～3 d 后平整土地、作畦，畦宽 2 m，畦面呈龟背形。

（二）繁殖方法

栝楼主要有种子、分根、压条 3 种繁殖方法，以前两者为主。

1. 种子繁殖

一般 3 月上、中旬播种，早播可以覆盖地膜。将种子用 40～50℃温水浸泡 1 昼夜，取出晾干，与温沙混匀，于 20～30℃的温度下进行催芽处理，当大部分种子裂口时，按 1.5～2 m 穴距挖穴，穴的规格为 30 cm×30 cm×30 cm。将基肥与土混合施入穴内，厚度约 15 cm，盖上一层约 10 cm 厚细土，每穴散开播入种子 5～6 粒，也可尖头朝下插入土中，再覆细土厚 3～4 cm，如土壤干燥，则需浇水。盖草保温保湿，8～15 d 后便可出苗。出苗后揭草。如果土壤肥沃并施入充足基肥，则可以挖 4～6 cm 穴播入。秋、冬季播种在次春出苗。

2. 分根繁殖

我国北方在 3～4 月、南方在 10～12 月进行。选取三至五年生、直径 3～5 cm、断面白色的新鲜块根，切成 5～7 cm 长的小段，切口上蘸取草木灰（拌入 50%钙镁磷肥），再喷 0.5～1 mg/L GA，摊于室内通风干燥处晾干后栽种。按种子繁殖方法挖穴施肥，每穴平放一段种根，浇透水后再盖细土，厚 3～4 cm，用脚踏实，再培土 10～15 cm，形成小土堆，以利保墒。1 个月左右即可出苗，当年可开花结果。如遇天旱，1 个月后仍不出苗者，可在离种根 10～15 cm 处开沟浇水，忌直接向根上浇水，以免烂根。若覆盖地膜可早出苗，当年可以开花结果。芽出土后及时破膜放苗。

繁殖时，以收获果实为目的，应多挖取雌株的根；若以收获根为目的，则多挖雄株的根，且雌雄株的根要分开摆放。

3. 压条繁殖

栝楼的茎节易生不定根。于 5～7 月间，将三至四年生的健壮藤蔓拉于地面，在茎节上压土，每节压一堆土，两个月左右便能生根。将节剪断，加强管理，促发新枝。次年春进行定植。

（三）田间管理

1. 间苗、补苗

种子直播地，在苗高 8～10 cm 时进行间苗，将小苗、弱苗除去，每穴留壮苗 2～3 株。间苗宜早不宜迟。若间苗过迟，植株过密生长会导致幼苗光照和养分不足、通风不良，造成植株细弱，易遭病虫害，同时，苗大根深，间苗困难，易伤害附近植株。大田直播时，间苗一般进行 2～3 次。在间苗的同时可对部分缺苗地进行补苗，补苗时，从间苗中选生长健壮且稍带土的幼苗进行补栽。补苗最好选阴天或晴天傍晚进行，并浇足定根水，以保证成活。

2. 中耕除草

栝楼生长期间，视杂草情况，每年需中耕除草多次。在春、秋两季增加中耕次数能提高地温，改善土壤的透水性及通气性，除去杂草，增加土壤肥力，促进根系生长。但中耕宜浅不宜深，以免损伤种根。

3. 追肥

追肥最好每次结合中耕除草进行适当施入腐熟人畜粪尿，5 月可适当施用氮肥，5 月、6 月、8 月增施复合肥，控氮增磷补钾。冬季增施过磷酸钙及农家肥。新种植的栝楼要适量多次追肥，促其生长发枝，增加结果数量，提高当年产量。因此，在苗蔓长 15 cm 左右时追施 1 次提苗肥，每株施 50～100 g 尿素，5 月下旬至 7 月中旬再追肥 2～3 次，每次每株施 100～200 g 复合肥。

4. 灌、排水

由于栝楼生长中后期单株叶面积逐渐增大，且处于高温、易干旱季节，叶面蒸发量大，应注意浇水，以保湿抗旱。雨季要注意排涝。

5. 搭设棚架

当栝楼茎长 30 cm 左右时，搭设棚架，架高 1.5～2 m，将茎蔓用细绳捆住牵引上架。在搭架引蔓的同时，去除多余茎蔓，每棵最多留 2 个壮蔓。

6. 修枝除蕾

要适时修枝打杈，摘除生长过密和细弱的分枝、徒长杈枝、腋芽等，使茎蔓分布均匀，通风透光，减少养分的无谓消耗和病虫害的发生。在秋分后果实逐渐成熟，可将老叶或靠近果实的叶片去掉，使其通风透光，既可促使果实早熟，又能保证品质。为避免立秋后所结果实不能成熟，可于 8 月开始摘除所有蔓顶、新出侧芽和花蕾，使养分集中供应已有的果实。

7. 人工授粉

为提高坐果率，需人工授粉。在花期早晨 8～9 时，用毛笔蘸取雄花粉，逐朵涂抹到雌花的柱头上即可，一朵雄花约可授 5 朵雌花。

8. 越冬管理

冬季于封冻前要中耕除草，并于植株根际周围施入适量农家肥，从距地面 1 m 处剪除上部茎蔓，留下的茎蔓盘在地上，随即盖草培土 30 cm，以防冻害。次年春季扒开土堆即可。

四、病虫害及其防治

（一）病害

为害栝楼的病害主要有炭疽病和根腐病等。

1. 炭疽病

此病常年发生，8～9 月是主要危害期。其症状表现为叶片发病时，首先出现水渍状斑点，逐渐扩大成不规则枯斑，病斑多时会互相融合形成不规则的大斑，病斑中部出现同心轮纹，严重时叶片全部枯死；果实发病时，首先出现水渍状斑点，后扩大成圆形凹陷，后期出现龟裂，发病重的果实失水缩成黑色僵果；果柄发病可迅速导致果实死亡，损失最大。防治方法：以 50%多菌灵 500 倍液浸种 1 h，或 150 倍液农用链霉素浸种 15 min，或用温水浸种，可起到一定的预防作用；在发病初期或具备发病的气候条件时，及时喷洒农药，可预防和控制此病的发生和蔓延，且以 10%世高防治效果较好，其次为三唑酮、多菌灵。

2. 根腐病

此病为害根部。感病初期地上部症状不明显，随着病情发展，主要表现为出苗晚、长势弱、茎蔓纤细、叶片小、开花结实少。地下根感病后，维管束变黄，最后整个根部变褐腐烂。随种植年限增加，发病率提高。防治方法：与禾本科等非寄主植物轮作，不能重茬，严禁与地黄、玄参、红花、乌头等轮作；及时销毁田间病株；土壤用甲基托布津等消毒；用多菌灵等拌种、浸种；防止积水；发病初期，间隔 10 d 左右用甲基托布津或多菌灵灌根 2～4 次；合理施肥也可以起到防治此病的作用，施肥应重氮轻磷，在生育的中后期应于根外追施磷、钾、锌等肥料，以增强植株自身的抗病力。

（二）虫害

危害栝楼的虫害主要有黑足黑守瓜、黄足黄守瓜、蚜虫、栝楼透翅蛾和蛴螬等。

1. 黑足黑守瓜

此虫是栝楼的重要虫害，又名黄萤子。一年发生 1～2 代，以成虫在杂草、土块下越冬。第二年 3～4 月成虫开始活动，取食栝楼幼苗和叶片。5～7 月产卵。幼虫土生，取食栝楼根部。成株根部受害，根部常留有黄褐色食痕。幼虫还可蛀入根内浅层取食，扒开根系附近土壤常可见高龄幼虫身体的前半部钻入根内，后半部在外面。根部被害后植株生长势减弱，土壤中的病原物易侵入，使根部腐烂，整株死亡。防治方法：人工捕捉；用 90% 敌百虫 1000 倍液毒杀成虫或 2000 倍液灌根毒杀幼虫。

2. 黄足黄守瓜

成虫咬食叶片，幼虫咬食根部，甚至蛀入根内，使植株枯萎而死。防治方法：清晨人工捕捉；用 90%敌百虫 1000 倍液毒杀成虫或用 2000 倍液灌根毒杀幼虫。

3. 蚜虫

此虫在 6～8 月发生，为害嫩叶及顶部，使叶卷曲，影响植株生长，严重时全株萎缩死亡。防治方法：用 40%乐果 800～1500 倍液或 50%灭蚜净 4000 倍液喷杀。

五、采收与加工

栝楼栽后 1～2 年开始结果，于秋分前后果实表皮有白粉并变成淡黄色时，分批采摘。采摘时，在离地 1 m 处将茎割下，把茎蔓连果实编成辫子挂起阴干，切勿暴晒或烘烤。也可将鲜瓜用纸包好，悬挂于通风处晾干，晾干后剪去果柄。瓜蒌要边采收边上架晒干，且采摘时应尽量保持外皮完整无损，晒干后的瓜蒌色泽鲜红，且切勿暴晒或烘烤，以防变色，影响质量。

第十二节　苍　术

茅苍术和北苍术为菊科多年生草本植物，以干燥根茎入药，药材名苍术，别名赤术、枪头菜、马蓟等。苍术味辛、苦，性温，归脾、胃、肝经，有燥湿健脾、祛风散寒、明目之功效，主治湿困脾胃、倦怠嗜卧、脘腹胀痛、食欲不振、呕吐泄泻、痰饮、湿肿、头身重痛、痹证温性、肢节酸痛重着、痿躄、夜盲、眼目昏涩等症。我国黑龙江、辽宁、吉林、内蒙古、河北、山西、甘肃、陕西、河南等多个省区均有栽培。

一、形态特征

苍术根状茎平卧或斜升，有不定根。茎直立，高可达 100 cm，单生或少数茎成簇生，基部叶花期脱落；中下部茎叶无柄，呈圆形、倒卵形、偏斜卵形、卵形或椭圆形，中部以上或仅上部茎叶不分裂，呈倒长卵形、倒卵状长椭圆形及长椭圆形，全部叶硬纸质，两面绿色，无毛，边缘或裂片边缘有针刺状缘毛或三角形刺齿及重刺齿。头状花序单生茎枝顶端，总苞钟状，苞叶针刺状羽状全裂或深裂。小花白色，瘦果倒卵圆状，被稠密的顺向贴伏的白色长直毛，冠毛刚毛褐色或污白色，6～10 月开花结果。

二、生物学特性

茅苍术喜欢温暖、潮湿的环境，但温度不宜过高，抗寒、抗冻，多生长于南方的山地、丘陵或树丛中；北苍术适宜有昼夜温差的地区，也能抗寒，喜欢生长在森林及草地之中，有的甚至长在灌木丛中。但它们都对阳光有一定的要求，对土壤要求并不严，但以排水良好、土质疏松、富含腐殖质的沙土生长最佳，其次是轻黏土。丘陵、山区半阴半阳荒坡地为最佳的种植场所，低洼地不宜种植。苍术不能连作，忌水浸，水浸后根易腐烂，易发病。

三、栽培技术

(一) 选地与整地

育苗地选择土壤肥沃、土质疏松、排水良好、海拔较高、温度较凉爽的地块。移栽地应该选择光照充足、温暖的阳面，要求海拔不低于 500 m、土壤为沙质土壤。然后在坡地进行开垦种植，需要在坡度较大的区域开垦出 1 m 多宽的地块，以便排水和管理，随后打出 30 cm 宽的沟渠，用于浇灌。如果要在秋冬季播种，需要采取翻耕措施；而春季播种的耕地不用过于频繁地翻田，只用翻 1～2 次，但要注意病虫害的防治，同时疏松土质。

(二) 繁殖方法

苍术采用种子繁殖，第一年播种培育术栽，第二年再用术栽种植。

1. 采种

苍术留种为株选，一般于 6～8 月选植株健壮、花蕾扁平而大者作留种母株。摘除迟开或早开的花蕾，每株选留 4～5 个花蕾为好。于 11 月上中旬植株下部叶片枯黄，部分头状花序上部开裂现出白色冠毛时采收种子。晒干后脱粒，扬去茸毛和瘪籽，放于阴凉通风处贮藏。

2. 种子选择与处理

苍术可秋播也可春播，秋播优于春播。秋播时间为 10 月底至 11 月初，气温在 10℃左右，以条播为主。播种前，挑选颗粒饱满、色彩明亮、成熟度一致的无病虫害的种子，用 25℃温水浸种，让种子充分吸足水分，待种子萌动、胚根露白，立即播种。播种时，按株距 15～20 cm、播幅 5～10 cm 开 2～3 cm 深的浅沟，种子均匀撒入沟内，覆 1 层火土，施入充分腐熟的土杂肥或复合肥料，再行覆土，上盖茅草、稻草遮阴，保温、保湿，提高出苗率。

3. 育苗

3 月下旬至 4 月上旬，在地温为 12℃以上时播种为宜。打好上垄，垄的方向以南北方向为佳，这种沟形通风透光，可减少植株病害，如果是带状地、梯地、坡地均应在靠垄上一侧处开沟，开沟深 10 cm，施足底肥，覆土 3～5 cm，浇水、撒种，覆土 5 cm，按压。育苗地过分干旱或遇干旱年份，播后上面可铺一层糟、稻草来防旱保墒，直至出苗。待苍术幼苗破土，去掉最上面一层稻草，将四周的杂草拔除。如果发现幼苗存在病害的现象，尤其是有虫苗、弱苗，要把它们拔除。幼苗生长过程中，每天浇 2 次水，早、晚各 1 次，水量不宜过多，也不能太少，要保证幼苗有合适的水分。苍术出地面 20～30 cm 时就要施些氮肥，但是量不要太多，每亩 5 kg 即可，最好施些叶面肥，这样肥料容易被作物吸收。一般在晴天早晚时施肥最佳。4～6 月喷施，每月两次即可。7～9 月是作物开花、长根时期，最好不要施氮肥，这样能使作物根系发达、坐果率高。

4. 移栽

移栽时用拇指、食指、中指掐住小苗，无名指扣土，顺势将幼苗插入土里，防止损坏小苗的外皮，以减少小苗擦皮感染病变，影响苗的正常生长，最后培土压实，培土时，苗顶部距地面 1～2 cm 最合适。栽苗时土壤湿度以能揉成团、撒成面为标准。若土壤有些干燥可适度浇水，不粘脚再打垄种植。

（三）田间管理

1. 中耕除草

小苗生长缓慢，应及时除草，保持田间无杂草。定植后须中耕、除草培土，不培土则易倒伏。除草需要遵循一定的时间规律，在每年的夏季进行，一般在每年的 5～7 月。除草前要先疏松土质，在操作的过程中要极其小心，按照一定顺序，不要伤到根部，在松土完毕后，需要将植株周围的土壤进行重新培好。

2. 施肥

第一次应该施以氮肥，具体来讲，就是在 4 月份的早晨，每天撒一次氮肥，这样可以促进幼苗快速、健康生长；第二次施肥是在每年的 5～8 月，这时候撒下氮肥是为了让植株更加茂盛，因为此时处于植株的孕蕾期；第三次施肥需要施钾肥，因为 7 月是苍术的生殖期，这时候需要补充大量养料；第四次施肥是苍术的开花期，需要进行外部施肥，主要肥料为过磷酸钙，辅之以钾肥，有利于增大根茎及增加养分的积累。

3. 摘蕾

当苍术长出花蕾时，需要进行人工摘除，选择阳光明媚的晴天，依次摘蕾，在摘的过程中要避免触碰根部，只留下顶部的花蕾，其余的全部摘除。

四、病虫害及其防治

（一）病害

1. 白绢病

此病在苍术整个生育期内均可发病，危害茎基部和根茎，发病部位变褐色后腐烂，并长有白色菌丝。发病严重的田块，植株发病率达到40%～50%。防治方法：发病初期，可用25%阿米西达悬乳剂稀释1000～1500倍在畦面喷雾防治。

2. 枯萎病

感病苍术下部叶片失绿发病，逐渐沿茎秆向上蔓延，导致整个植株叶片发黄枯死，但不落叶。此病在5月下旬开始发病，一直到9月下旬。防治方法：与禾本科作物轮作，周期为3年以上，不宜在前茬为白绢病菌寄主的豆科、茄科或葫芦科瓜类作物等田块种植；发病初期，可用70%的代森锰锌可湿性粉剂稀释400～500倍在畦面喷雾，也可用多菌灵或甲基托布津喷施。

3. 黑斑病

此病从植株基部叶片开始发病，逐渐向上蔓延，病部与健部无明显分界。病斑多数从叶尖或叶缘发生，呈圆形或不规则形，黑褐色，少数病斑有轮纹。湿度大时，病斑两面都能生出黑色霉层。发病严重时病斑连片，叶片呈黑褐色而焦枯脱落。此病在6月中旬至10月均有发生。防治方法：收获后，深翻土壤并清除病残体；与水稻轮作，可加速病菌的死亡；采用无病健壮的种子育苗移栽种植；发现病株，喷30%苯甲丙环唑乳油可抑制其蔓延为害。

（二）虫害

1. 地老虎

此虫低龄阶段主要为害苍术嫩叶、嫩茎造成洞孔、缺刻，三龄以后咬食近地面嫩茎或咬断茎基部，造成缺苗。防治方法：春耕前进行精耕细作，或在初龄幼虫期铲除杂草，可消除部分虫、卵；结合黏虫用糖、醋、酒诱杀液或甘薯、胡萝卜等发酵液诱杀成虫，也可用泡桐叶或莴苣叶诱捕幼虫，于每日清晨到田间捕捉；对高龄幼虫可在清晨到田间检查，假如发现有断苗，拨开邻近的土块进行捕杀；可用化学药剂进行防治，即幼虫三龄前每亩可选用2.5%溴氰菊酯乳油或40%氯氰菊酯乳油20～30 mL、90%晶体敌百虫50 g兑水50 L喷雾，也可用2.5%溴氰菊酯乳油90～100 mL加水适量，喷拌细土50 kg配成毒土，每亩20～25 kg顺垄撒施于苗根标邻近进行防治，而三龄后田间出现断苗，可用毒饵或害草诱杀，毒饵诱杀可选用90%晶体敌百虫0.5 kg加水2.5～5 L喷在50 kg碾碎炒香的棉籽饼、豆饼或麦麸上，于黄昏在受害作物田间每隔一定间隔撒一小堆，或在作物根际邻近围施，每亩用5 kg，害草可用90%晶体敌百虫0.5 kg，拌砸碎的鲜草75～100 kg，每亩用15～20 kg。

2. 蚜虫

苍术的蚜虫多为菊小长管蚜，多在4～5月发生，主要为害苍术嫩茎。防治方法：幼苗出土时施用生物农药预防苍术蚜虫，一般选择喷施印楝素乳油，用量为每亩50 g；一旦遇到蚜虫大发生，印楝素的预防效果不理想，可以辅助施用比蚜酮、啶虫脒等；对于已经产生抗性的蚜虫，在提前预防时，应加入吡丙醚，该药有较好的杀卵作用。

五、采收与加工

野生苍术春季、夏季、秋季均可采挖，以8月采挖的质量最佳。

人工栽培的苍术需生长 2～3 年后采收。茅苍术多在秋季采挖，挖出后，去掉地上部分和抖掉根茎上的泥沙，晒干后撞去须根，或晒至九成干时用微火烧掉须根即可。北苍术春、秋两季均可采挖，但以秋后至春初苗未出土前采挖质量较好。采挖出来的块茎应切下最肥壮的芽头留下作种苗，其余部分除去茎、叶和泥土，晒至四五成干时，撞掉部分须根，此时表皮呈黑褐色；晒至六七成干时再撞 1 次，以去掉全部老皮；晒至全干时再撞 1 次，使表皮呈黄褐色即可。

第十三节　灵　芝

灵芝为多孔菌科灵芝属一年或多年生真菌。目前已知灵芝种类有 50 种，分布在我国各地的有 41 种，其中以黑灵芝、松杉灵芝、紫灵芝、紫光灵芝等最为常见，以子实体、孢子及菌丝体入药。其除含有多糖、多肽及多种氨基酸外，还有麦角固醇、甘露醇、腺嘌呤、腺嘌呤核苷、尿嘧啶、尿嘧啶核苷、甜菜碱、海藻糖、硬脂酸、γ-三甲氨基丁酸、苯甲酸、虫漆酶等成分，具保肝、解毒、强心、抗缺氧、抗惊厥、益气、补中等多种功能，主治慢性气管炎、高山病、急慢性肝炎。其孢子粉经加工制成的无菌水溶液对进行性肌营养不良、萎缩性肌强直、多发性硬化等病症有较好疗效。灵芝产地较广，以南方各省为主。

一、形态特征

灵芝菌丝无色透明，有分隔、分支，直径 1～3 μm。表面常分泌出白色草酸钙结晶。子实体分菌盖、菌柄和子实层。成熟后子实体木栓化，其皮壳组织革质化，有赤褐色光泽。菌盖多为肾形、半圆形，柄侧生。菌盖大小不一，上有环状轮纹及辐射状皱纹，下面菌肉连着紧密排列的相互平行的菌管，管内产生担子层。管孔呈白色至淡褐色，担孢子着生在担子上，卵形，具双壁，中有一核及一大油滴。

二、生物学特性

灵芝菌丝在 4～39℃均可生长，在 24～30℃生长较快，分化子实体也快。菌丝生长要求基质含水量在 150％～200％，随基质本身物理性状如硬度、颗粒大小、形状、装载紧实度等不同而有一定差异，超过 250％时生长慢。子实体分化发育期相对湿度以 85％～90％为好。菌丝体在 pH 为 3.5～7.5 的基质中均可生长，以 pH 为 5～6 生长较好。一般常用的培养基自然酸碱度都适合其生长。菌丝在基质里生长不需要光，无光全黑条件生长速度最快，当照度增加到 3000 lx 时，生长速度只有全黑条件下的一半，所以光照对菌丝生长有一定抑制作用。

三、栽培技术

（一）繁殖方法

利用担孢子来培养子实体的繁殖方法一般不被采用。以往有人认为担孢子萌发不易，实际上只要孢子是新鲜、幼龄的，在基质固体上有适宜温度、湿度不难发芽，研究人员曾发现，在灵芝培养室脱掉油漆的木窗框上，由于孢子飘落上去而生长出许多小灵芝。无性繁殖是人工栽培灵芝的主要方法，栽培方式有瓶栽、段木栽及露地栽 3 种，以瓶栽较普遍。

（二）菌种以组织分离法获取

将野外或人工栽培的正在生长发育的新鲜子实体的一部分用 75%的酒精进行表面消毒后，采用无菌操作把它切为 3～5 mm^2 的小块，取 5 块左右放置于平板培养基上，或取 1 块放在试管斜面培养基上。在 25～28℃培养 3～4 d，就会发现小块组织的周围有白色菌丝长出。这时挑选纯白无杂的菌丝移植于新的斜面培养基上，继续培养 5 d 左右，即得灵芝母种。每支母种可转接新斜面 20 支为原种。母种分离及原种培养的培养基成分：马铃薯（去皮）200 g、蔗糖 20 g、磷酸二氢钾 3 g、硫酸镁 1.5 g、维生素 B 10 mg、琼脂 20 g，加水至 1000 mL。如无马铃薯可用 50 g 麦麸代替，并且可不加维生素 B。

除上述培养基外，还可用 PSA 或 PDA 培养基及沙氏培养基。为了配制方便，降低成本，也可用浸胀的小米、麦粒或玉米粉，以及麸皮做成斜面培养基，供培养原种用，也可用来保存菌种。

（三）瓶栽灵芝

1. 制备培养基

培养基的成分为锯木屑和麦麸，质量比为 3∶1。通常采用阔叶树的木屑，以硬木为好，后劲足。杨、柳等木屑较松软，不易压紧，后劲差。松、杉、樟、柏的木屑及霉变的硬木木屑不宜用。没有木屑可用蔗渣、棉籽壳或玉米渣等代替。按比例称好木屑及麦麸后混拌均匀，配好的料中加水，以手紧握指缝有水而不滴下为度。拌料多时水分下渗，注意上下搅拌均匀。

2. 装瓶及制种子皿（瓶）

将配好的培养料装入 750 mL 的广口瓶或蘑菇瓶，边装边将瓶蹾几下，以免瓶下部有空隙，使上下均匀。合适的盛量为距瓶口 3～5 cm，压平上表面，然后用直径近 1 cm 的竹棒或木棒（可用筷子代替），在瓶中央从上到下扎一孔洞，旋转退出竹棒以防把上部料弄碎。扎洞有利于灭菌彻底和菌丝蔓延。瓶口塞棉塞加防潮纸，或盖耐高压塑料瓶盖，用两层牛皮纸包上亦可。种子皿（瓶）的制备方法：将麦麸及水按质量比 1∶2 混匀后装入培养皿或柯氏瓿中，稍压平即可。每 10 g 干麦麸可装一个直径为 9 cm 培养皿，装瓶时培养基不要太厚，或者降低拌水量按 1∶1.5～1.8 即可。

3. 接种

在无菌条件下，将培养好的斜面原种，以接种针挑取黄豆大带培养基的一块菌丝，放置于麦麸皿中央，将菌种稍往下压，与麦麸紧密接触，置 26℃下培养一周，白色菌丝几乎充满全皿，即可作栽培种用。一个培养皿的菌丝可接 25～30 瓶。栽培瓶接种时，用镊子从皿中夹取约 1 cm 的一块菌丝麦麸，迅速放入瓶中孔洞处，包好瓶塞即可进行发菌培养。在没有麦麸种时可用斜面原种，也可用没长出子实体或已出过子实体的栽培瓶下边的菌丝体作种。

4. 培养

培养可分两个阶段，最好设两个培养室。第一培养室要求温度为25～28℃。瓶子均竖放，不能横放，以免菌种掉在瓶壁或瓶口而接不上培养基，影响发菌。约10 d后菌丝除在瓶内延伸5～6 cm外，还在瓶内培养基表面形成白色疙瘩状突起物，即子实体原基。此时应去盖拔塞送入第二培养室。为了多排放一些瓶子，瓶子可横放。如置袋收孢子粉以竖放方便。第二培养室除要求温度为25～28℃外，还要求空气相对湿度不低于70%，最好在75%～85%。此外要求有一定的散射光和适当的通风换气，以保证有足够的氧气供应，使灵芝正常分化出芝盖和产生担孢子。换气要缓缓进行，气温低时应在中午进行换气，避免温度骤变引起灵芝畸形。

（四）段木栽培

1. 段木准备

大别山区灵芝栽培主要为段木栽培，栽培时忌用油脂类较多的松木和香气较多的木材（如松、杉、樟等），以壳斗科、桦木科等阔叶树种和山毛榉科栗树、槭树科枫树等杂木为最佳。秋末冬初（11～12月）树叶变黄、树液回流后，砍伐野外适宜树种，选取树皮厚、材质硬、心材少、导管多的原木及其枝丫，去除直径小于2 cm的细枝，运至栽培场地或附近，风晒至六七成干，待用。

2. 菌棒接种

将树材削去尖角、毛刺，锯成15 cm左右段木，装入聚乙烯菌袋中，用细绳扎紧袋口，制成段木菌棒（袋料）。树木直径大于10 cm的，要劈开装袋，以利于灭菌消毒及灵芝菌丝快速萌发生长。装袋时要注意粗细段木搭配，装实、装圆满，不能扎破菌袋。同时，为便于搬运、堆放、消毒，菌棒再用透气的蛇皮口袋装盛，每个蛇皮袋装盛24棒，直接堆放于事先准备好的灭菌灶（台）中（上），等待灭菌。接种一般在冬、春季气温为20℃以下时进行。灭菌后的菌棒温度下降到30℃以下时，移至接种棚，用塑料布围起来。因接种箱体积有限，接种时应视接种箱容量及每袋菌种接种菌棒比例装盛菌种和菌棒，留足操作空间。一般每箱每次装盛菌种2～3袋、菌棒35～40棒。菌种、菌棒进箱后，在接种箱无菌条件下进行接种。

3. 菌棒培养

菌棒接种完毕，快速装入蛇皮口袋，齐缝扎好蛇皮袋口，移入培养棚堆垛养菌。堆垛一般为7～9层，堆放时菌棒间要留有适当缝隙，以防菌棒堆垛中间温度过高引起烧堆，内外温度不一致，不利于均匀走菌。接种工具要一直保持在无菌容器里，禁止随意乱放。接种完成后工作人员退出接种室，再进一步对接种室、培养棚及菌棒进行消毒。培养棚要求洁净、通风、避光，温度控制在15～28℃，湿度控制在50%左右。接种后50 d左右，菌丝一般发展到菌棒的一半以上，此时可能会因菌丝生长及外界温度影响造成菌垛内部温度过高，应视情况进行翻堆，调节菌棒温度，确保正常走菌。一般经过3个多月，菌棒基本长满洁白菌丝。当菌棒表皮长出浅黄色菌皮（转色）、菇原基显现、手压菌棒感觉有些许弹性时，说明菌棒养菌完成。

4. 大棚栽培

当室外温度适宜时，即可移植到大棚栽培。需选择通风良好、排水方便的背风向阳地搭建荫棚，清除栽培地杂草、害虫，经阳光暴晒数日后进行作畦，选择气温为20℃左右的晴天进行破筒、取材、埋土，即当菌棒养好并转色后，将菌棒运至大田栽培大棚，将菌棒菌袋脱去，依次竖直栽培在畦上。菌棒间距10 cm，菌棒间要填满泥土，并覆盖菌棒不外露。覆土后对畦面喷1次透水，使土壤与菌棒紧密接触，利于菌棒吸收水分。埋土后要严格控制好棚内温度、水分，注意通风，直至出芝。

四、病虫害及其防治

（一）病害

1. 杂菌

杂菌有绿色木霉、曲霉、链孢霉、青霉、毛霉、根霉、褐腐病等，在无菌操作不严或高温高湿的环境下，培养室久不换气就易出现。防治方法：培养基灭菌要彻底，无菌操作要严格；适当通风降低相对湿度；可通过注射克霉灵进行防治，还可在子实体上覆盖石灰与克霉灵混合物进行防治；也可选用乙蒜素和乙蒜素乳油进行防治；轻度感染的可局部清除、重新灭菌后再接种，如果病害较为严重，则需及时铲除染病灵芝并进行火烧或深埋。

2. 灵芝白僵病

此病发生在芝蕾期，属生理性病害，因温度、湿度不适，造成菌蕾分化不良，生长缓慢，后渐变纯白色、僵硬，以致干死。防治方法：注意调控好出芝期的温度、湿度，加强通风换气和光照（散射光），避免环境相对湿度过高。

（二）虫害

1. 菌蝇

菌蝇主要通过在培育料表面产卵并孵化成蛆虫的方式破坏灵芝培育料上的菌丝体，同时在后期侵害灵芝子实体。防治方法：可在培养袋进棚前喷洒0.2%乐果或0.2%敌杀死，以彻底杀死虫体，也可在室内悬挂蘸敌敌畏的布条防治；可在灵芝大棚内安装光触媒灭蚊器、悬挂黄色粘虫板或者在灵芝大棚的门窗加装60目以上的防虫网来灭虫。

2. 白蚁

白蚁是侵害灵芝的主要虫害。防治方法：可根据白蚁生活习性，选择远离白蚁喜爱的腐质物、枯枝朽木、蚁巢的地方栽培灵芝，并将培养基地附近的枯树、树桩、树根清理干净；在培养基地四周挖沟渠，并在沟渠内灌适量的水，阻止白蚁进入培养基地；喷洒15%水杨酸、80%亚硝酸、5%氯化铁混合液，可起到驱赶和杀死白蚁的作用，但严禁将药液直接喷洒在段木上。

3. 星狄夜蛾、谷蛾等

此类害虫的幼虫主要取食灵芝菌盖背面和生长点的菌肉，并蛀入菌棒和子实体内，甚至造成整个菌棒或整株子实体蛀空坏死，严重降低灵芝的产量和品质。防治方法：可以将灵芝种植时间适当提前，避开病虫害暴发期，以降低灵芝被星狄夜蛾和谷蛾侵染的概率，同时要注意及时清理出棚内的病芝、烂芝，防止虫源再次传播危害；对这种虫体较大的害虫，可以进行人工捕杀或诱杀；也可选用茶树精油熏蒸进行防治。

4. 甲虫

甲虫多发生于储存期。成虫及幼虫均钻蛀灵芝柄盖，造成灵芝被蛀变空，残存大量虫粪，失去商品价值。防治方法：主要应做好贮藏场所卫生，若发现甲虫类害虫，应将灵芝摊在 45℃以上水泥地上暴晒 2 d 后密封入库，有条件的放入 0℃以下冷库中 3～5 d，将害虫冻死。

五、采收与加工

灵芝成熟后即可采收，即当灵芝菌盖不再增大、边缘有增厚层、菌盖表面的色泽一致、孢子粉弹射量明显减少时，选晴好天气用果树剪在灵芝柄底部将灵芝剪下，将灵芝上的孢子粉和接粉膜上的孢子粉用毛刷刷下，将收集好的灵芝及孢子粉及时分开晾晒，干燥后放入塑料袋保存。

瓶栽灵芝从接种到采收子实体一般需 45～60 d，成熟的标志是菌盖不再出现白色边缘，且由白色变为赤褐色，菌盖下面的管孔开始向外喷射担孢子。采收时，由菌柄下端拧下整个子实体，摊晾干燥，或低温烘干，温度不要超过 55℃，并要通风，防闷热发霉，充分干燥后放入塑料袋中封藏。如采收孢子粉，则可在子实体培养架下放干净塑料布或光滑干净纸张，用板刷收集。用套袋法将开始产生孢子的子实体包起来会收得较多孢子粉。一般收一个月即可，平均每株可收孢子粉 2～5 g。孢子粉经过晾晒，干燥后放入塑料袋保存。

第十四节　茯　苓

茯苓别名茯灵、松薯、松苓等，为多孔菌科茯苓属多年生真菌，以菌核入药，味甘、淡，性平。按切取部位分茯苓皮、赤茯苓及茯苓片等，切片中央有木心的为茯神，加朱砂粉的为朱茯苓。茯苓含有茯苓酸、β-茯苓聚糖、麦角甾醇、胆碱、组氨酸、腺嘌呤等。茯苓聚糖经人工转变为茯苓多糖，其衍生物羧甲基茯苓多糖经药理试验证明有较强抑瘤作用。中国传统医学认为茯苓片偏于利尿消肿，赤茯苓偏于清热利湿，茯神与朱茯苓均偏于安神。茯苓的食疗品较多，如茯苓夹饼、茯苓糕及茯苓挂面等。茯苓主产地在我国云南、广西、福建、安徽、河南、湖北等省区。

一、形态特征

由菌丝组成不规则块状菌核，菌核表面呈瘤状皱缩，淡灰棕色或黑褐色。菌核体积大小不等，直径 10～30 cm 或更长。在同一块菌核内部，可能部分呈白色，部分呈淡红色，粉粒状。菌核新鲜时质软，干后坚硬。子实体平伏生于菌核表面形如蜂窝，高 3～8 mm，初白色，老后淡棕色，管口多角形，壁薄，深 2～3 mm，直径 0.5～2 mm。孢子近圆柱形，有一歪尖，壁表平滑、透明无色。

二、生物学特性

野生茯苓分布较广，在海拔 50～2800 m 均可发现，说明其对环境适应能力较强。但以海拔 600～900 m、生长期长、气候温和的山区分布较多。在干燥、向阳、坡度为 10°～35°、有松林分布、土壤为微酸性沙质壤土的地区易找到茯苓。一般埋土深度为 50～80 cm。

茯苓为兼性寄生真菌。菌核中贮藏的茯苓聚糖是段木中的纤维素转化而来的，因此段木的质和量影响着茯苓的产量。一般以七至十年生、胸径为 10～45 cm 的中龄松树为好。老龄树木心大、松脂多，幼龄树木质疏松，都不宜作段木。

用 PDA 培养基培养母种时，在 22～28℃孢子即可萌发，菌丝在 18～35℃均可生长，以 25～30℃生长较快。昼夜温差大的变温条件有利于松木的分解和茯苓聚糖的积累，适宜菌核形成。子实体在 18～26℃时分化发育并能产生担孢子。菌丝能耐短期低温。

三、栽培技术

茯苓的栽培方式较多，用段木、树蔸及松针（松叶加上短枝条）均可，有些地方也进行了室内栽培试验，效果也不错。目前仍以段木为主。

（一）选择苓场及备料

苓场多选 600～900 m 海拔的山坡，要求坡度为 15°～30°、背风向阳、土质中性及微酸性、排水良好，但也不局限在上述范围。据报道，四川省会东县马头山苓场，海拔 2400 m，无白蚁为害，茯苓质量好、产量稳定。选好场地后挖窖，窖底顺着山坡挖，保持原坡度，捡除石块、草根等，窖深 50～65 cm，长和宽根据段木多少及长短而定，一般长 90 cm，窖与窖间距上下为 33 cm、左右为 17 cm。苓场四周挖好排水沟。

备料可在头年冬初进行，这时松树处于休眠阶段，含水量低，不易脱皮，有利于菌种生长延伸。砍树应砍大留小，砍密留稀。砍后剃枝并依松木粗细将树皮相间纵削 3～10 条，俗称“剥皮留筋”。削面宽 3 cm，深入木质部 0.5 cm，使松木易于干燥并流出松脂。不削的皮叫筋，便于菌丝传引生长。当松木断口停止排脂，敲着有清脆响时锯料，长度为 65～85 cm，细木料可长些，但最长不超过 90 cm。锯好后的段木运往苓场附近通风透光处呈井字形堆放备用。

（二）准备菌种

菌种也叫引子，有菌丝引、肉引、木引 3 种，现多用菌丝引。

1. 菌丝引

菌丝引是经人工纯化培养的茯苓菌丝，采有此法可节约苓块。菌丝母种可用组织分离法获得，但经达长期、多次传代会出现菌种衰老发褐及生活力降低的现象。因此，最好用茯苓孢子制种。具体方法是用 8～9 kg 的鲜菌核置于盛水容器上，离水 2 cm，室温 26～28℃，空气湿度 85%以上，光线明亮。仅 1 天后菌核近水面处就会出现白色蜂窝状子实体，20 d 后子实体可大量弹射孢子。以无菌操作切取子实体 1 cm^2，挂于有 PDA 培养基的培养瓶瓶口的 S 型铁丝钩上，28℃培养。24 h 后，培养基上就有淡白色粉状孢子印。48 h 后，孢子萌发为白色菌丝，经培养纯化得到母种。母种可用 PDA 培养基斜面扩大为原种。栽培种的培养基的质量组成：松木屑 76、麸皮 22、石膏粉 1、蔗糖 1，加入适量水，使水含量在 65%，装入广口瓶（或塑料袋），常规灭菌后接菌，先在 25～28℃条件下培养半个月，将瓶子翻转再于 22～24℃培养半个月，菌丝满瓶后供接段木用。利用 18 cm×18 cm 的聚丙烯塑料袋，生产以松木枝为主的栽培种效果较好，关键是注意松木枝不要刺破塑料袋。另外高压灭菌后，气压降至零仍需等待 5～10 min，方能打开锅盖取袋，否则会出现破袋及变形。

2. 肉引

肉引为新鲜茯苓的切片。宜选用新挖的大小中等、每个约 250～1000 g、浆汁足的壮苓切片作引。

3. 木引

木引指肉引接种的木料。5 月上旬，选质地松泡、直径 9～10 cm 的干松树，剥皮留筋锯成 50 cm 长段木。10 kg 段木的窖，需接种用鲜苓 0.5 kg。用头引法把苓种片贴在段木上端靠皮处，覆土 3 cm，到 8 月可作木引。木引选黄白色、筋皮下有明显菌丝、具茯苓香气的为好。

（三）接种和管理

1. 菌丝引接种

选晴天将段木放入窖中，每窖 2～3 根或更多，粗细搭配，分层放置。先将窖中细段木的上端（即顺坡向的上端）削尖，以能插入栽培种瓶（袋）为限。接种时将栽培种倒套插在细段木尖端。细段木周围紧靠粗段木，便于菌丝由细段木向粗段木蔓延。接种后及时覆土 3 cm。也可把栽培种从瓶（袋）中取出，集中接在段木上端锯口处，不要放得太分散，并使菌种紧贴段木，为保护菌种可加盖一些木片及树叶，然后覆土。

2. 肉引接种

根据段木粗细采取上二下三或上一下二分层放置，接种时以干净刀剖开苓种，边接边剖。苓肉面紧贴段木，苓皮朝外。接种量根据栽培地区及气候而定。温度高可少接，低则多接。一般 50 kg 段木用 250～1000 g 种苓。过少易失败，过多易引起早熟减产。

3. 木引接种

将选作种用的段木挖出锯成两节。一般每窖用木引 1～2 节。接种时把木引和段木（要短于肉引的）头对头接拢即可。接种季节因地区而异，气温高的地区可在 4 月上旬接种，气温低则可延至 5 月上旬甚至 7 月初。接菌后 3～5 d 菌丝萌发生长，蔓延开则要 10 d。这一阶段要严防白蚁为害，特别是松木条菌种易招白蚁。接种后 3～4 个月可结苓，结苓时不要撬动段木以防折断菌丝。接种早的当年结苓。结苓期茯苓生长快，地面常出现裂缝，需及时补土填缝。

四、病虫害及其防治

危害茯苓的病虫害主要是黑翅土白蚁，其蛀食松木段，使之不长茯苓而导致严重减产。防治方法：选择苓场时要避开蚁源；挖地时注意清除腐烂树根；接种用段木不要晾晒过久；下窖接种后应在周围挖一道深 50 cm、宽 40 cm 的封闭环形防虫沟，防止白蚁进入苓场，同时又可排水；在苓场四周设诱杀坑，埋入松木或蔗渣，诱白蚁聚集入坑，每月查 1 次，取蚁杀灭，再换新的诱集物继续诱杀；引进白蚁新天敌——蚀蚁菌，此菌对所有热血动物及人类均无感染力，但蚁群只要有 1 只感染，巢内就没有白蚁可幸免，灭蚁率达 100%。

五、采收与加工

茯苓分批成熟，第一批产量占总产量的 80%。当茯苓外皮呈黄褐色时即可采挖，如黄白色则还未成熟，可延迟一段时间再收。外皮发黑是过熟，应立即挖，否则会烂掉。选晴天采挖，挖出后刷去泥沙，堆在室内分层排好，底层及面上各加一层稻草，使它发汗，即蒸发水分。每隔 3 d 翻动一次。等水气干了，苓皮起皱时可削去外皮，即茯苓皮。里面切成厚薄均匀的片，粉红色为赤茯苓，白色为茯苓片，中心有木心即茯神。也可不切片，水分蒸发后再晾晒干为个苓，每 100 kg 鲜苓可加工成 60 kg 个苓。

主要参考文献

[1] 包雪声，顺庆生，王新生，等．霍山石斛 [M]．上海：上海交通大学出版社，2012.

[2] 曹妮娜，王育娜．蓝田县灵芝栽培中常见病虫害及防治方法 [J]．食用菌，2015，37（6）：56－57.

[3] 陈宏．七叶一枝花育苗栽培技术 [J]．现代农业科技，2021（1）：85－86.

[4] 陈慕松．太子参有机生态型无土栽培基质筛选与试验研究 [J]．中药材，2018，41（10）：2272－2276.

[5] 陈庆祥．霍山石斛林下生态平衡种植技术 [J]．安徽农学通报，2021，27（16）：35－36＋55.

[6] 戴玉成．我国 8 种重要药用真菌研究进展——药用真菌专刊序言 [J]．菌物学报，2017，36（1）：1－5.

[7] 董诚明，谷巍．药用植物栽培学（第 3 版）[M]．上海：上海科学技术出版社，2020.

[8] 杜庭，杜诗兴．中药材黄精栽培技术分析 [J]．种子科技，2022，40（14）：45－47.

[9] 郭巧生．药用植物栽培学 [M]．北京：高等教育出版社，2004.

[10] 郭巧生．药用植物栽培学 [M]．北京：高等教育出版社，2009.

[11] 韩俊杰，宝丽，刘宏伟．药用真菌活性次级代谢产物研究 [J]．菌物学报，2015，34（5）：900－913.

[12] 黄发冰，陈卓．湄潭县优质天麻种植管理技术 [J]．农技服务，2022，39（4）：73－74.

[13] 黄年来，林志彬，陈国良，等．中国食药用真菌学 [M]．上海：上海科学技术文献出版社，2010.

[14] 黄守擎．霍山石斛的栽培技术 [J]．农技服务，2018，35（3）：82－83.

[15] 李光宇．七叶一枝花栽培技术 [J]．南方农业，2014，8（27）：36－37.

[16] 李林玉，金航，张金渝，等．中国药用真菌概述 [J]．微生物学杂志，2007（2）：57－61.

[17] 李荣杰．微生物诱变育种方法研究进展 [J]．河北农业科学，2009，13（10）：

73－76＋78.

[18] 李瑞容，林俊芳，郑倩望，等．草菇采后生物学特性变化及保鲜技术研究进展[J]．中国蔬菜，2021（6）：27－33.

[19] 李云志，白雪．祁白术半野生和野生品以及和栽培品化学成分相似性初步研究[J]．时珍国医国药，2012，23（9）：2241－2242.

[20] 梁宇庭，周骏辉，袁媛，等．环境胁迫影响药用真菌生长及生理生化机制的研究进展[J]．中国现代中药.2017，19（12）：1780－1784.

[21] 刘超雄，冯婷婷，李亚娇，等．物理诱变技术在药用真菌育种中的应用现状与展望[J]．北方农业学报.2021，49（2）：56－62.

[22] 刘盛益，黎绍震，方权．大别山区林下天麻丰产栽培技术[J]．现代农业科技，2013（17）：140＋142.

[23] 骆美花．灵芝栽培技术及常见病虫害防治措施[J]．乡村科技，2020（14）：88－89.

[24] 潘启航．天麻林下栽培技术研究[J]．种子科技，2021，39（18）：40－41.

[25] 任媛．霍山石斛仿野生栽培研究[D]．合肥：安徽农业大学，2018.

[26] 施汉钰，刘瑰琦，曹昊，等．间作东北铁线莲对病虫害生物防治的研究[J]．森林工程，2018，34（5）：15－19.

[27] 宋向文，张丽，陈乃富，等．大别山区灵芝生产现状与存在问题研究[J]．现代中药研究与实践，2015，29（5）：4－6＋17.

[28] 唐蕾．连翘的包装与贮藏研究[D]．郑州：河南大学，2019.

[29] 田义新．药用植物栽培学[M]．北京：中国农业出版社，2011.

[30] 王谦，胡卫静．大型食药用真菌深层发酵研究进展[J]．食品安全质量检测学报.2016，7（3）：1240－1246.

[31] 夏紫茜，李辣梅，严涵，等．食用菌采后保鲜研究进展[J]．中国果蔬，2021，41（5）：15－22.

[32] 徐宝红，马文瑞，董兴军．林下种植人参栽培技术[J]．农业与技术，2018，38（22）：120.

[33] 徐锦堂．我国天麻栽培50年研究历史的回顾[J]．食药用真菌，2013，21（1）：58－63.

[34] 薛诒安．黄精林下仿野生环境栽培技术及其必要性探讨[J]．安徽农学通报，2020，26（11）：42－43

[35] 杨友志，马磊，李耀亭．断血流栽培技术研究[J]．安徽农业科学，2014，42（33）：11662－11663.

[36] 于红卫．黄精栽培技术[J]．河南农业，2020（22）：12－13.

[37] 张仁强．金寨县代料灵芝主要病虫害调查及防治[D]．合肥：安徽农业大

学，2020.

[38] 章承林，胡孔峰．药用植物栽培技术［M］．北京：中国农业大学出版社，2009.

[39] 赵红怡，孙志蓉，张子龙．我国中药材种植模式研究进展［J］．中国现代中药，2021，23（2）：372-380.

[40] 祖超，王灿，鱼欢，等．适宜与胡椒混作的作物初探［J］．中国热带农业，2018（2）：45-52.